仓颉语言网络编程

张 磊◎著

清華大學出版社
北京

内容简介

本书基于网络通信的基础理论和仓颉语言的自身特点，系统地讲解了如何实现高效、安全的网络传输；对于网络编程中的常见问题，详细分析了其产生原因并探讨了具体的解决方案，然后使用仓颉语言的类库和语法给出开发示例。

本书共 13 章，第 1～3 章讲解网络编程的基础知识和常用工具；第 4～7 章讲解套接字编程的具体实现；第 8 章和第 9 章讲解如何实现安全网络通信；第 10～13 章讲解 Web 编程的具体实现。

本书按照从底层到高层、从明文通信到安全通信的顺序进行讲解，既涵盖了理论知识和方案分析，也涵盖了精心设计的代码示例，无论是对于网络编程的初学者，还是工作多年的开发者都有重要的参考意义。

图书在版编目（CIP）数据

仓颉语言网络编程 / 张磊著. -- 北京：清华大学出版社，2025.2. --（开发者成长丛书）.
ISBN 978-7-302-67957-8

Ⅰ. TP312

中国国家版本馆 CIP 数据核字第 20259V7B31 号

责任编辑：赵佳霓
封面设计：刘　键
责任校对：刘惠林
责任印制：刘海龙

出版发行：清华大学出版社
　　网　　址：https://www.tup.com.cn，https://www.wqxuetang.com
　　地　　址：北京清华大学学研大厦 A 座　　　　**邮　　编**：100084
　　社 总 机：010-83470000　　　　**邮　　购**：010-62786544
　　投稿与读者服务：010-62776969，c-service@tup.tsinghua.edu.cn
　　质量反馈：010-62772015，zhiliang@tup.tsinghua.edu.cn
　　课件下载：https://www.tup.com.cn，010-83470236
印 装 者：三河市铭诚印务有限公司
经　　销：全国新华书店
开　　本：186mm×240mm　　**印　　张**：25.75　　**字　　数**：576 千字
版　　次：2025 年 3 月第 1 版　　**印　　次**：2025 年 3 月第 1 次印刷
印　　数：1～1500
定　　价：109.00 元

产品编号：104349-01

前 言

PREFACE

现代的信息产业延伸到了世界的每个角落,对人类社会的重要性不言而喻,而网络通信则是信息产业的基础,无论是过去还是现在,网络通信都支撑起了社会的高速发展,在可预见的未来,这个趋势还将一直持续下去。

作为软件开发的从业者,我自然深知网络开发的重要性,几十年来的开发工作也一直和网络通信相关,在仓颉语言内测期间,深入研究了内置的网络开发库,从中感受到了强大的网络通信处理功能,有点遗憾的是,关于仓颉网络库的资料较少,毕竟仓颉推出时间有限,所以决定编写一本仓颉语言网络编程的实战书籍。

在编写本书时,并不仅局限在仓颉类库的使用上,而是以帮助读者系统地掌握网络编程为目标,从基础原理讲起,分析问题出现的原因,剖析各种解决方案,最后落脚到仓颉语言的实现上,从而形成一个问题发现、分析、解决、实现的闭环。在本书的整个篇幅中,仓颉语言的内容占比只有一半左右,其他关于网络基础概念、抓包工具、问题分析的内容同样重要,即使把这些内容应用在其他语言上也是合适的,这也是本书的读者并不局限于仓颉语言后端开发者的原因。

仓颉语言本身在快速迭代中,类库的具体实现也可能有所调整,再加上作者水平有限,所以书中难免有疏漏的地方,还请读者海涵。

本书主要内容

第 1 章网络编程基础,介绍了计算机网络的层次结构和 IP 地址、MAC 地址等基础概念。

第 2 章网络报文分析工具,讲解了 Wireshark 和 Fiddler 的基本用法,这些工具是报文分析和网络调试必不可少的,在后续章节中会经常使用。

第 3 章 TCP/IP,分别讲解了 TCP、UDP 和 IP,通过分析报文格式掌握协议的使用规范,还重点讲解了 TCP 三次握手和四次挥手的过程以及 TCP/IP 高级选项的用法。

第 4 章 Socket 网络通信,详细地介绍了 Socket 相关类库的使用,并演示了简易 SMTP 客户端的实现;最后介绍了经典的回显服务器(又名回声服务器),并分别通过 TCP 和 UDP 实现。

第 5 章粘包问题及解决方法。粘包对于网络编程的初学者来说,是一个比较难解决的问题。本章从粘包产生的原因开始分析,逐步讲解解决粘包问题的多种方法。

第 6 章基于缓冲区的高效网络 I/O，通过对比的方式演示是否使用缓冲区对网络 I/O 的影响，最后从原理出发讲解缓冲区的实现。

第 7 章非阻塞 Socket 通信，首先通过餐厅取餐类比阻塞与非阻塞，然后讲解非阻塞的实现，最后通过单线程处理一万个并发连接的示例演示非阻塞的强大能力。

第 8 章 TLS 与数字证书，通过人类社会通信的演化史讲解安全通信遇到的挑战及这些问题的解决方案，从而引出 TLS 通信及数字证书的必要性，最后讲解如何实现自签名数字证书。

第 9 章安全网络通信，介绍了仓颉语言常用的安全相关类库，并且以示例形式演示了编程实现数字证书的签发，最后基于 TlsSocket 实现了通信安全的回显服务器。

第 10 章 HTTP。HTTP 是应用最广泛的通信协议之一。本章介绍了 HTTP 演进的历史及各版本的消息结构，最后整理出请求方法、状态码、首部字段、首部压缩静态表等多个备查表格，方便查阅使用。

第 11 章 HTTP 服务器端，介绍了服务器端相关类库的使用方法，通过 3 个综合示例演示了 HTTPS 服务器端、基本身份认证及 Cookie 身份认证的实现。

第 12 章 HTTP 客户端，介绍了客户端相关类库的使用方法，通过模拟自动登录并下载服务器端文件的示例，演示了网络爬虫的基本实现。

第 13 章 WebSocket，首先介绍了 WebSocket 握手过程及帧结构，然后介绍了基于 HTML5 的 WebSocket API 及仓颉语言的 WebSocket 类库，最后通过加密的多端聊天室示例演示 WebSocket 的用法。

致谢

感谢华为仓颉语言开发团队的辛苦工作，虽然仓颉语言历经数次延迟发布，但仍然初心不改、负重前行，其中的无奈、毅然和坚持，我也感同身受。

还要特别感谢清华大学出版社赵佳霓编辑，仓颉语言因为本身迭代，审校的工作增加了数倍，出版的时间也一再推迟，对此赵编辑还是一如既往地全力支持，再次表示感谢。

作　者

2024 年 12 月于青岛

目录

CONTENTS

教学课件

本书源码

第 1 章

网络编程基础

本章简要介绍网络编程的基础概念和常用术语，对这些内容熟悉的读者可以有选择性地阅读或者跳过该章节。

1.1 什么是计算机网络

计算机网络是指将地理位置不同的具有独立功能的多台计算机及其外部设备，通过通信线路和通信设备连接起来，在网络操作系统、网络管理软件及网络通信协议的管理和协调下，实现资源共享和信息传递的计算机系统[1]。一般来讲，计算机网络包括以下要素：

- 具有独立功能的计算机
- 实现连接的通信线路和通信设备
- 网络管理软件
- 实现资源共享和信息传递

计算机网络中的计算机也经常被称为节点，在现代的计算机网络中，节点不一定是严格意义上的计算机，一台智能手机、一个可穿戴设备，甚至能联网的冰箱、扫地机器人等都可以认为是一个节点。

计算机网络按照地理范围和规模划分，可以分为局域网、城域网和广域网。

（1）局域网（Local Area Network，LAN）是一种覆盖范围从几十米到几千米以内的小型私有网络，安装简单、扩展方便，常用于家庭、办公室、企业等场所，被用来连接个人计算机、办公设备及消费类电子产品，方便共享资源和交换信息。

（2）城域网（Metropolitan Area Network，MAN）是在一座城市范围内建立的计算机网络，主要使用光纤进行数据传输，具有传输速度快、时延低的特点，典型的应用是宽带城域网。

（3）广域网（Wide Area Network，WAN）覆盖范围可达几十千米到几千千米，可以跨越不同的国家和大洲，用来连接不同地区的局域网和城域网，互联网就是一个典型的公共广域网。

1.2 计算机网络的层次

不同厂家生产的计算机不同,在不同局域网内使用的具体通信协议也可能不一样,为了方便异种计算机之间进行通信,实现异构网络之间的互联,国际标准化组织(ISO)于1984年发布了ISO/IEC 7498标准,定义了"开放系统互连参考模型",即著名的OSI/RM(Open Systems Interconnection Reference Model,OSI)模型。

OSI模型从上到下包括应用层、表示层、会话层、传输层、网络层、数据链路层和物理层,如图1-1所示。

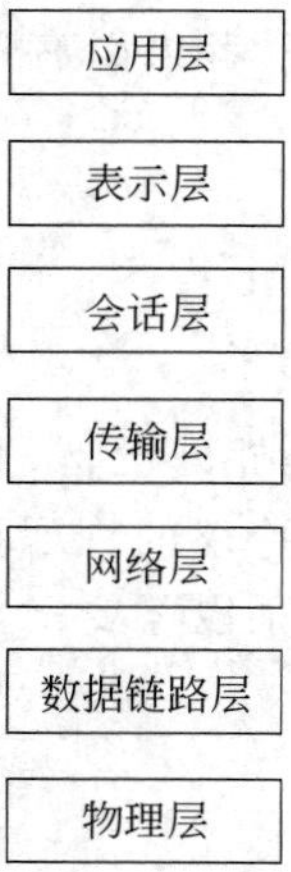

应用层
表示层
会话层
传输层
网络层
数据链路层
物理层

图1-1 OSI七层模型

(1) 应用层(Application Layer)是最接近最终用户的一层,它是计算机用户,以及各种应用程序和网络之间的接口,通过直接向用户提供服务,完成用户期望在网络上完成的工作。典型的应用程序如Web浏览器、电子邮件程序等。

(2) 表示层(Presentation Layer)用于处理用户信息的表示问题,定义在两个通信系统中交换信息的表达方式,包括数据格式的转换、数据加解密及数据压缩与恢复等。例如,用户要发送的数据是中文的"你好",在表示层可能就需要把它转换成机器可以理解的二进制格式。

(3) 会话层(Session Layer)是用户应用程序和网络之间的接口,维护两个节点之间的传输链接,确保传输不会中断,同时管理数据交换等功能。例如,一个需要用户身份验证的客户端服务器应用,客户端只有通过服务器的身份验证才能在两者之间建立起会话。

(4) 传输层(Transport Layer)为应用进程提供端到端的可靠通信,支持流量控制、多路复用等服务。

OSI模型的传输层和后面要介绍的TCP/IP模型的传输层不完全相同,TCP/IP模型的传输层也是向应用进程提供端到端的通信,但是,根据在通信前是否建立连接,可以分为面向连接服务的可靠传输及无连接服务的不可靠传输。

传输层接收会话层的数据后,对数据进行分段(Segment)处理,形成数据单元(Data Unit),数据单元包括源端口号、目的端口号等信息,方便接收方重新组合数据并提供给合适的处理程序。

(5) 网络层(Network Layer)为数据在节点之间传输创建逻辑链路,发送方把来自传输层的数据段封装为数据报(Datagram),并且为每个数据报分配发送方和接收方的IP地址,确保数据报发送到正确的目标节点。

(6) 数据链路层(Data Link Layer)负责建立和管理节点间的链路,通过差错控制、流量控制等方法,将物理层提供的可能出错的物理连接改造成逻辑上无差错的数据链路。数据链路层接收到网络层的数据报后,在数据报中添加上发送节点和目标节点的实际物理地址,即 MAC 地址。

(7) 物理层(Physical Layer)是网络通信的数据传输介质,为数据链路层提供物理连接,实现数据流的透明传输。

OSI 模型的分层很详细,各层的功能很清晰,是一种理想化的计算机网络通信标准,但是,OSI 模型也存在结构复杂、实现周期长、设计冗余等缺点,在实际使用中,更多的是以 TCP/IP 协议簇为代表的 TCP/IP 模型。

TCP/IP 模型和 OSI 模型类似,也有分层的概念,并且两者的分层有大致对应关系。TCP/IP 模型常见的分层方式是分为四层或者分为五层,主要是对底层中物理层的理解有所不同。TCP/IP 模型分层示意图如图 1-2 所示。

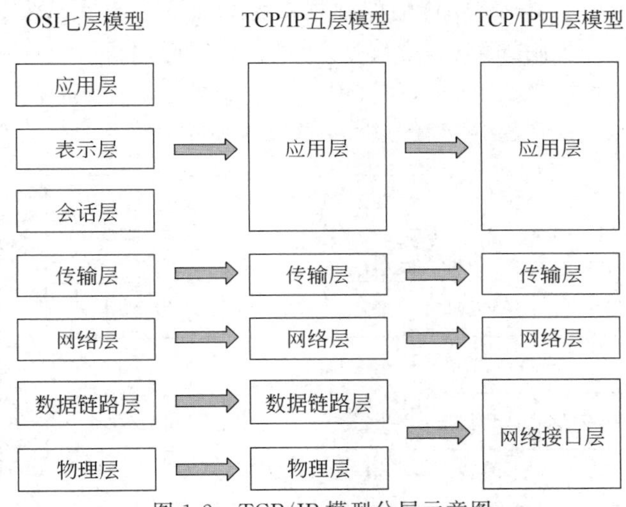

图 1-2　TCP/IP 模型分层示意图

在 TCP/IP 五层模型中,把 OSI 模型中的应用层、表示层、会话层合并成了应用层,在 TCP/IP 四层模型中,进一步把数据链路层和物理层合并为网络接口层。TCP/IP 分层模型更多是一种逻辑上的概念,不管是分为五层还是四层,对实际的网络传输没有影响。

在 TCP/IP 参考模型中,TCP 协议属于传输层,IP 协议属于网络层,除此之外还有位于应用层的 HTTP 协议、数据链路层的 PPP 协议等,每层都有多个相关的协议,所有这些协议组成了一个庞大的协议簇。但是,通常的网络编程并不需要了解这么多协议,只需熟悉常用的十几个。按照 TCP/IP 的五层模型,这些常用协议所处的层次如表 1-1 所示。

表 1-1　协议在模型中的层次

TCP/IP 分层名称	该层包含的典型协议
应用层	TFTP、HTTP、SNMP、FTP、SMTP、DNS、Telnet
传输层	TCP、UDP
网络层	IP、ARP、RARP、ICMP、AKP、UUCP

续表

TCP/IP 分层名称	该层包含的典型协议
数据链路层	FDDI、Ethernet、Arpanet、PDN、SLIP、PPP
物理层	IEEE802.1A、IEEE802.2 到 IEEE802.11

1.3 网络数据传输

计算机网络的主要功能是数据交换，也就是把数据从一个节点传输到另一个节点，在TCP/IP 模型的应用层中，这种需要传输的数据被称为报文。报文从发送节点的应用层沿着协议栈向下，在每层加上附加信息，这被称为封装；然后通过通信线路到达目标节点，最后从目标节点的物理层沿着协议栈向上，在每层去除附加信息，这被称为解封，最终原始报文到达应用层。发送节点进行报文封装的过程如图 1-3 所示。

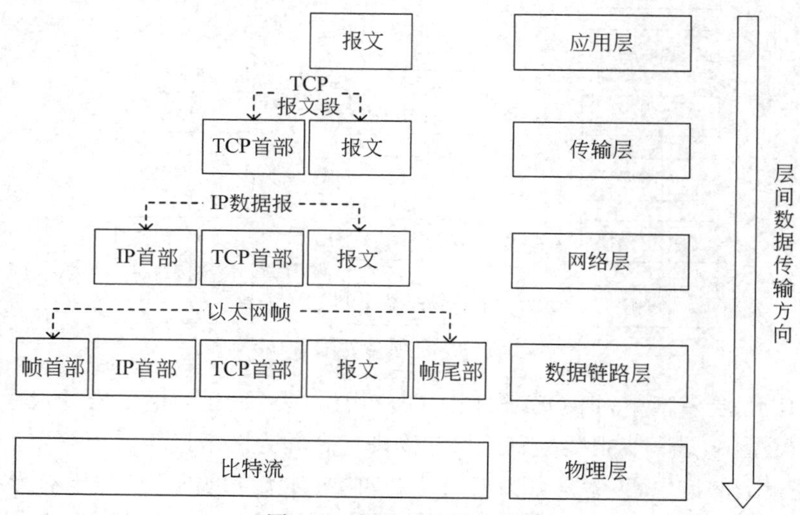

图 1-3 发送时的报文封装

应用层的报文到达传输层后(这里假设传输层使用的是 TCP)，传输层对该报文进行封装，加上了 TCP 首部等信息，形成 TCP 报文段，然后 TCP 报文段到达网络层，网络层使用 IP，在 TCP 报文段附加上 IP 首部，形成 IP 数据报；IP 数据报继续下沉到数据链路层(这里假设数据链路层使用的是以太网协议)，数据链路层在 IP 数据报的前后都会附加信息，形成以太网帧，这一层的帧尾部一般是 CRC 校验信息；最后以太网帧下沉到物理层，转换为二进制比特流，从发送节点传输出去。在目标节点的解封过程是发送节点封装过程的反向操作，此处不再赘述。

1.4 网络地址

在计算机网络中包括多个节点，要进行报文传输就要能够唯一确定每个节点，或者说能够定位到要传输的目标节点，解决这个问题的方式是给每个节点一个唯一的地址，这个地址被称为节点的网络地址，在网络层的 IP 协议下，这个地址又被称为 IP 地址。目前在使用的 IP 有两个版本，分别是 IPv4 和 IPv6，对应的寻址方式分别是 IPv4 编址和 IPv6 编址。

1.4.1 IPv4 编址

IPv4 编址规定每个 IP 地址长度为 32 位（4 字节），可以提供 2^{32} 个网络地址（约 42 亿个）。在计算机系统中 IP 地址是以二进制形式存放的，但这种格式人工读取和书写都不方便，为了提高可读性，习惯上常把 IP 地址中每字节用其十进制数字表示，各字节间使用点号隔开，这种方式称为点分十进制记法（Dotted Decimal Notation）。以十进制的 IP 地址 192.168.1.1 为例，从二进制代码到点分十进制记法的转换如图 1-4 所示。

位序号	0	1	2	3	4	5	6	7	8	9	10	11	12	13	14	15	16	17	18	19	20	21	22	23	24	25	26	27	28	29	30	31
二进制IP地址	1	1	0	0	0	0	0	0	1	0	1	0	1	0	0	0	0	0	0	0	0	0	0	1	0	0	0	0	0	0	0	1
十进制IP地址	192								168								1								1							
点分十进制记法	192.168.1.1																															

图 1-4 点分十进制记法

在实际的计算机网络中，如果一个局域网内的计算机都是通过以太网交换机或者通过无线接入点来互联的，也就是没有通过路由器连接，则这个局域网可以称为一个子网。对于一个子网内的每个节点，它的 IP 地址可以分为两部分：前 x 位和后 $32-x$ 位，其中前 x 位称为网络位，后 $32-x$ 位称为主机位，还是以 192.168.1.1 为例，假如子网长度为 24 位，那么它的网络位和主机位表示如图 1-5 所示。

位序号	0	1	2	3	4	5	6	7	8	9	10	11	12	13	14	15	16	17	18	19	20	21	22	23	24	25	26	27	28	29	30	31
二进制IP地址	1	1	0	0	0	0	0	0	1	0	1	0	1	0	0	0	0	0	0	0	0	0	0	1	0	0	0	0	0	0	0	1
十进制IP地址	192								168								1								1							
	网络位																								主机位							

图 1-5 网络位和主机位表示

对于同一个子网内的 IP 地址，网络位总是相同的，主机位被分配给子网内不同的设备，网络位称为子网的地址，又称为网络地址（子网的网络地址，区别于节点的网络地址），对于上文的子网来讲，子网地址表示为 192.168.1.0/24，其中/24 表示 32 位网络地址的左侧 24 位是子网地址，/24 记法又称为子网掩码（Network Mask）。子网掩码是一个 32 位的二进制数，从左至右由一系列连续的 1 和 0 组成，左侧是连续的 1，右侧是连续的 0，其中 1 的个数表示网络位的长度，0 的个数表示主机位的长度。子网掩码与 IPv4 地址按位进行“与”运算，可以得到网络地址。对于两个 IP 地址，如 192.168.1.1 和 192.168.1.99，如果它们的子网掩码都是/24，也就是左侧 24 位是 1，右侧 8 位是 0，则分别计算网络地址的步骤如图 1-6 所示。

通过子网掩码计算192.168.1.1的网络地址

位序号	0	1	2	3	4	5	6	7	8	9	10	11	12	13	14	15	16	17	18	19	20	21	22	23	24	25	26	27	28	29	30	31
十进制IP地址	192								168								1								1							
二进制IP地址	1	1	0	0	0	0	0	0	1	0	1	0	1	0	0	0	0	0	0	0	0	0	0	1	0	0	0	0	0	0	0	1
/24子网掩码	1	1	1	1	1	1	1	1	1	1	1	1	1	1	1	1	1	1	1	1	1	1	1	1	0	0	0	0	0	0	0	0
按位与运算	1	1	0	0	0	0	0	0	1	0	1	0	1	0	0	0	0	0	0	0	0	0	0	1	0	0	0	0	0	0	0	0
网络地址	192								168								1								0							

通过子网掩码计算192.168.1.99的网络地址

位序号	0	1	2	3	4	5	6	7	8	9	10	11	12	13	14	15	16	17	18	19	20	21	22	23	24	25	26	27	28	29	30	31
十进制IP地址	192								168								1								99							
二进制IP地址	1	1	0	0	0	0	0	0	1	0	1	0	1	0	0	0	0	0	0	0	0	0	0	1	0	1	1	0	0	0	1	1
/24子网掩码	1	1	1	1	1	1	1	1	1	1	1	1	1	1	1	1	1	1	1	1	1	1	1	1	0	0	0	0	0	0	0	0
按位与运算	1	1	0	0	0	0	0	0	1	0	1	0	1	0	0	0	0	0	0	0	0	0	0	1	0	0	0	0	0	0	0	0
网络地址	192								168								1								0							

图 1-6　网络地址计算

通过上述计算可以得知，这两个 IP 地址经过同一个子网掩码计算后得到的网络地址是相同的，这样就表明这两个 IP 地址属于同一个子网。

主机位的位数并不是固定的，也不一定是 8 的倍数，对于一个子网网址为 192.168.1.96/29 的子网来讲，它的主机位是 3 位，理论上可以分配给 8 个子网内的设备，具体的子网 IP 地址如图 1-7 所示。

位序号	0	1	2	3	4	5	6	7	8	9	10	11	12	13	14	15	16	17	18	19	20	21	22	23	24	25	26	27	28	29	30	31
十进制子网地址	192								168								1								96							
二进制子网地址	1	1	0	0	0	0	0	0	1	0	1	0	1	0	0	0	0	0	0	0	0	0	0	1	0	1	1	0	0	0	0	0
/29子网掩码	1	1	1	1	1	1	1	1	1	1	1	1	1	1	1	1	1	1	1	1	1	1	1	1	1	1	1	1	1	0	0	0
十进制子网IP地址	192								168								1								96							
二进制子网IP地址	1	1	0	0	0	0	0	0	1	0	1	0	1	0	0	0	0	0	0	0	0	0	0	1	0	1	1	0	0	0	0	0
十进制子网IP地址	192								168								1								97							
二进制子网IP地址	1	1	0	0	0	0	0	0	1	0	1	0	1	0	0	0	0	0	0	0	0	0	0	1	0	1	1	0	0	0	0	1
十进制子网IP地址	192								168								1								98							
二进制子网IP地址	1	1	0	0	0	0	0	0	1	0	1	0	1	0	0	0	0	0	0	0	0	0	0	1	0	1	1	0	0	0	1	0
十进制子网IP地址	192								168								1								99							
二进制子网IP地址	1	1	0	0	0	0	0	0	1	0	1	0	1	0	0	0	0	0	0	0	0	0	0	1	0	1	1	0	0	0	1	1
十进制子网IP地址	192								168								1								100							
二进制子网IP地址	1	1	0	0	0	0	0	0	1	0	1	0	1	0	0	0	0	0	0	0	0	0	0	1	0	1	1	0	0	1	0	0
十进制子网IP地址	192								168								1								101							
二进制子网IP地址	1	1	0	0	0	0	0	0	1	0	1	0	1	0	0	0	0	0	0	0	0	0	0	1	0	1	1	0	0	1	0	1
十进制子网IP地址	192								168								1								102							
二进制子网IP地址	1	1	0	0	0	0	0	0	1	0	1	0	1	0	0	0	0	0	0	0	0	0	0	1	0	1	1	0	0	1	1	0
十进制子网IP地址	192								168								1								103							
二进制子网IP地址	1	1	0	0	0	0	0	0	1	0	1	0	1	0	0	0	0	0	0	0	0	0	0	1	0	1	1	0	0	1	1	1

图 1-7　子网 IP 列表

图 1-7 表明，子网 IP 地址有 8 个，从 192.168.1.96 到 192.168.1.103，这些地址中有两个比较特殊，第 1 个是 192.168.1.96，它的主机位（3 位）全是 0，被用作子网地址；另一个是 192.

168.1.103，它的主机位(3 位)全是 1，被用作子网的广播地址，除了这两个地址一般不分配给子网的设备外，其余的 6 个都可以分配。

虽然 IPv4 的地址有 42 亿多个，但相对于互联网上海量的上网设备还是太少了，IPv4 的顶级地址在 2012 年就已全部分配给全球五大区域互联网注册机构，2019 年 11 月 26 日，全球最后一个 IPv4 地址分配完毕。IPv4 地址过少的问题在很早以前就被关注了，并提出了解决方案，这就是 1.4.2 节要介绍的 IPv6。

1.4.2　IPv6 编址

IPv6 地址使用 128 位表示，理论上可以提供 2^{128} 个网络地址，这个数量足以为地球上的每粒沙子都分配一个地址，人们再也不用担心 IP 地址不够用的情况了，具体的 IPv6 地址表示方法如下。

(1) 将 128 位的地址按每 16 位分为一组，一共分为 8 组，每组转换为十六进制数字，并用冒号分隔。如 fe80:0000:0000:0000:0052:013a:60fb:abcd。

(2) 每组开头的前导 0 都可以省略，每组至少有一个数字，上例的 IP 地址可以压缩为下面的表示形式：fe80:0:0:0:52:13a:60fb:abcd，这样书写起来就短了一些。

(3) 如果几个连续的组值都是 0，则这些 0 可以简记为::，每个地址中只能有一个::，同样，上例的 IP 地址可以表示为这种形式：fe80::52:13a:60fb:abcd。

(4) IP 地址中的字母对大小写不敏感，不影响地址的实际表示。

IPv6 地址由两部分组成：地址前缀和接口标识，其中，地址前缀相当于 IPv4 地址中的网络位部分，接口标识相当于 IPv4 地址中的主机位部分；地址前缀表示形式为 IPv6 地址/前缀长度，前缀长度是一个十进制数，表示 IPv6 地址最左边多少位为地址前缀。

IPv6 地址分为三大类型，分别是单播地址(Unicast Address)、组播地址(Multicast Address)和任播地址(Anycast Address)，详细说明如下。

1. 单播地址

用来唯一标识一个接口，类似于 IPv4 中的单播地址，目的地为单播地址的报文将被传送给此地址所标识的接口。单播地址又可以细分为以下几种主要地址类型。

1) 未指定地址

IPv6 中的未指定地址为 0:0:0:0:0:0:0:0/128，也可以表示为::/128。该地址表示某个接口或者节点还没有 IP 地址，可以作为某些报文的源 IP 地址，源 IP 地址是::的报文不会被路由设备转发。

2) 环回地址

IPv6 中的环回地址为 0:0:0:0:0:0:0:1/128，也可以表示为::1/128。该地址与 IPv4 中的 127.0.0.1 作用类似，主要用于一个节点给自己发送报文，对本节点的协议栈进行测试。

3) 全球单播地址

全球单播地址是带有全球单播前缀的 IPv6 地址，其作用类似于 IPv4 中的公网地址，可在全球范围内路由和到达。这种类型的地址允许路由前缀的聚合，从而限制了全球路由表项的数量。全球单播地址由全球路由前缀(Global Routing Prefix)、子网 ID(Subnet ID)和接口标识(Interface ID)组成。全球单播地址前 3 位目前固定为 001,前 48 位被称为路由前缀,前 64 位被称为子网前缀。

4) 唯一本地地址

唯一本地地址是一种应用范围受限的地址类型,仅能在本地网络内使用,不能在全球网络中被路由转发,类似于 IPv4 中的私网地址,前缀固定为 FC00::/7。

5) 链路本地地址

链路本地地址也是一种应用范围受限制的地址类型,只能在连接到同一本地链路的节点之间使用,相当于 IPv4 里面的 169.254.0.0/16 地址。它使用了特定的本地链路前缀 FE80::/10(前 10 位为 11 1111 1010),同时将接口标识添加在后面作为地址的低 64 位,IPv6 的路由器不会转发链路本地地址的数据包。

2. 组播地址

用来标识多个接口,类似于 IPv4 中的组播地址,目的地为组播地址的报文将被传送给被标识的所有接口。一个 IPv6 组播地址由前缀、标志字段、范围字段及组播组 ID 4 部分组成,其中前缀固定为 8 位 1,即 1111 1111;标志字段长度为 4 位,当值为 0000 时,表示当前的组播地址是永久分配或众所周知的,当值为 0001 时,表示是用户可使用的临时组播地址;范围字段长度为 4 位,用来限制组播数据流在网络中发送的范围;组播组 ID 的长度为 112 位,用来标识组播组。

3. 任播地址

用来标识多个接口,发送到任播地址的报文将被传送给被标识的多个接口中最近的一个接口,根据使用的路由协议定义最近的节点,任播地址和单播地址使用同一个地址空间。

1.5 MAC 地址与地址解析

MAC 地址(Media Access Control Address)的全称叫作媒体访问控制地址,也称作局域网地址、以太网地址或者物理地址;每个网卡或三层网口都有一个 MAC 地址,MAC 地址作为数据链路设备的地址标识符,需要保证网络中的每个 MAC 地址都是唯一的。MAC 地址共 48 位(6 字节),前 24 位由 IEEE(电气和电子工程师协会)分配,被称为厂商识别码,后 24 位由厂商给每个网卡进行分配,厂商保证生产出来的网卡不会有相同的 MAC 地址。

当一台主机将数据发送给另一台主机时,发送端知道目的主机的网络层地址(IP 地址),在 IP 数据报中包含了该地址,但是,IP 数据报需要被封装成帧后才能通过数据链路进行发送,所以,数据帧必须包含目的 MAC 地址,发送端需要根据目的 IP 地址获取目的 MAC 地址,在 IPv4 协议中,这是通过地址解析协议(Address Resolution Protocol,ARP)实现的。

实际的 ARP 地址解析比较复杂,这里只是简略地介绍其工作的原理,大体上可以分为两种情况,一种是发送端主机和目的主机在同一个子网内,另一种是目的主机在其他子网中。

先看一下在同一个子网内的情况，发送主机首先检查自己的ARP缓存表（用来存放IP地址和MAC地址的关联信息）是否存在目的主机的MAC地址（该缓存条目的有效期一般为20min或者更短），如果存在就直接使用该MAC地址；如果不存在，就发送一条ARP广播给子网内的所有设备查询目的IP地址的MAC地址，当然，该广播报文也包含发送端自己的IP地址和MAC地址；子网内的设备收到该广播报文后，就更新自己的ARP缓存，记录发送端IP地址和MAC地址的对应关系，然后查看目的IP地址是不是自己，如果不是就丢弃，如果是就向发送端单播一条ARP回复报文，该报文包含了自己的IP地址和MAC地址；发送端收到该回复报文后，在自己ARP缓存表中记录目的主机IP地址和MAC地址的对应关系，下次就可以直接使用了。

对于目的主机在其他子网的情况，发送端无法在自己所在的子网内找到目的主机的MAC地址，它把数据发送给子网网关，让子网网关负责后续的数据转发。在将数据发送给子网网关的过程中，发送端首先通过本地路由表找到网关IP地址，然后通过ARP缓存查找网关IP对应的MAC地址，如果查到了就使用该MAC地址进行数据转发，如果查不到就和上一段内容介绍的流程一样，使用ARP协议查找对应的MAC地址。

第 2 章 网络报文分析工具

在网络编程中，网络报文分析是重要的调试手段，但网络报文是一个非常抽象的概念，它隐藏在一串串的二进制位中，抓取和分析都存在一定的困难。为了解决这个难题，人们开发了多种网络分析辅助工具，封包分析工具 Wireshark 和 HTTP 协议调试代理工具 Fiddler 无疑是其中的佼佼者，在特定的领域为使用者提供了极大的便利，本章将简要介绍它们的使用方法，为后续的学习与调试打下基础。

2.1 Wireshark

Wireshark 是一款开源免费的网络封包分析工具，基于 GPL-2.0 发布，支持多种主流操作系统平台，如 Windows、macOS、Linux 等，本节将以 Windows 平台为基础介绍它的基本用法。

2.1.1 Wireshark 的安装

Wireshark 的官方下载网址为 https://www.wireshark.org/download.html，截至本书编写时，最新版本为 4.0.6，Windows Intel Installer 版本的下载网址为 https://2.na.dl.wireshark.org/win64/Wireshark-win64-4.0.6.exe，读者可以下载该版本或者其他适合的版本，下面将以该版本为例讲解安装步骤。

步骤 1：在下载后的安装文件上双击，此时会弹出欢迎页面，如图 2-1 所示。

步骤 2：单击 Next 按钮，然后一直单击 Next 按钮，直到出现组件选择窗口，如图 2-2 所示。

步骤 3：这里列出了可选的 Wireshark 组件，一般保持默认选项即可，然后单击 Next 按钮，进入快捷方式和关联文件配置窗口，如图 2-3 所示。

步骤 4：根据需要选择快捷方式和关联文件，然后单击 Next 按钮进入安装路径选择窗口，如图 2-4 所示。

步骤 5：选择合适的安装路径，然后单击 Next 按钮进入 Npcap 安装窗口，如图 2-5 所示。Npcap 用来支持 Windows 平台的回环(Loopback)数据包发送等功能。

步骤 6：单击 Next 按钮进入 USB 捕获配置窗口，如图 2-6 所示。如果需要对 USB 设

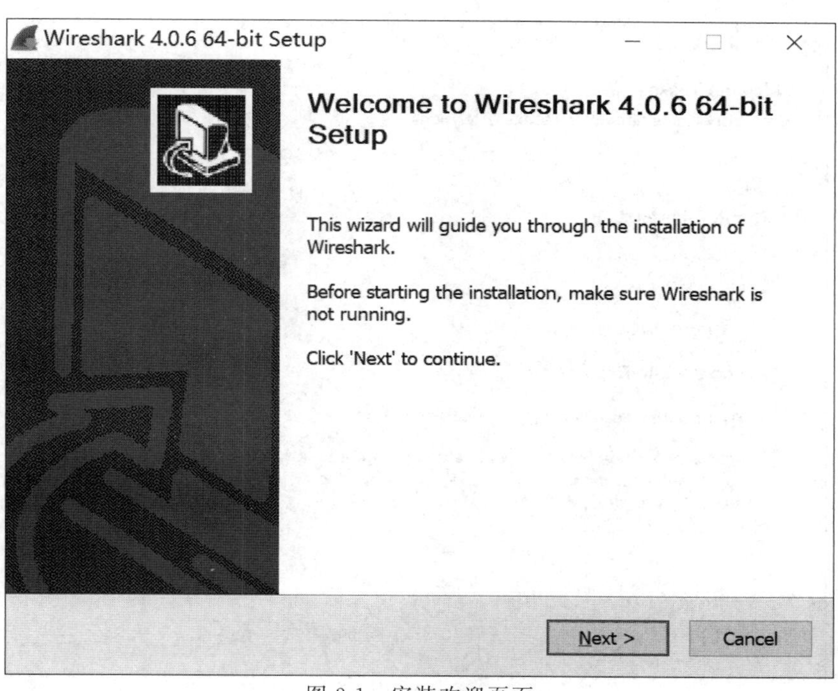

图 2-1　安装欢迎页面

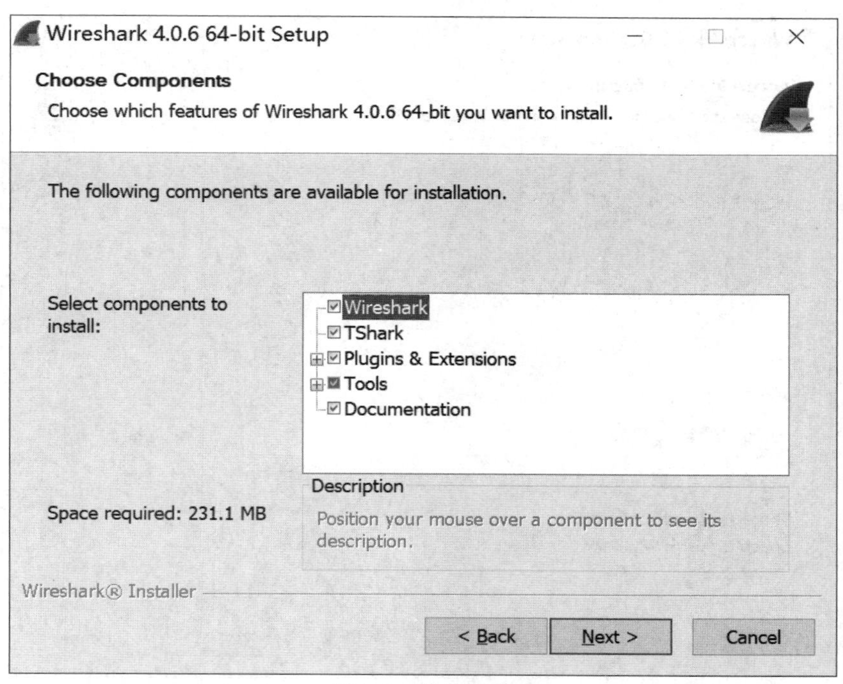

图 2-2　组件选择

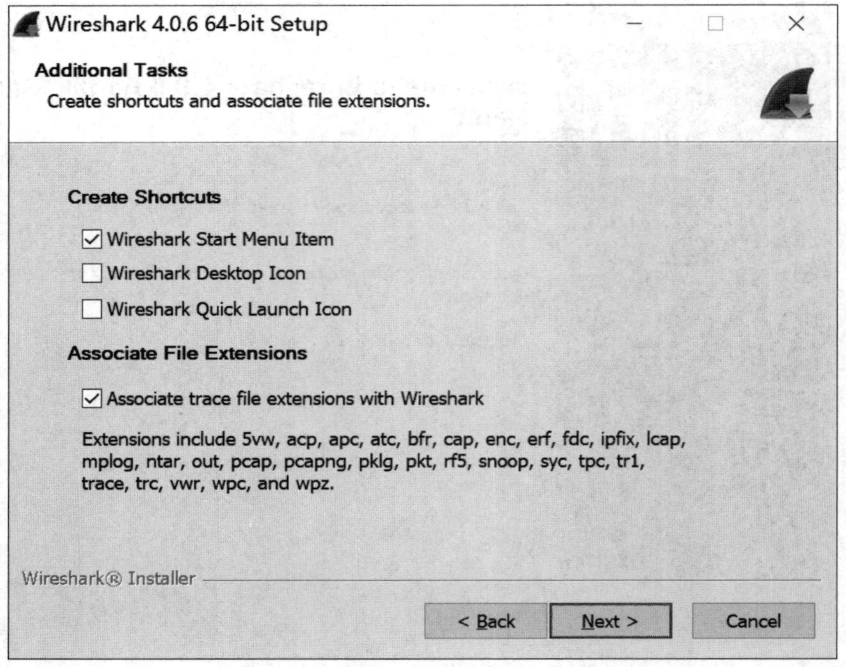

图 2-3　快捷方式和关联文件配置

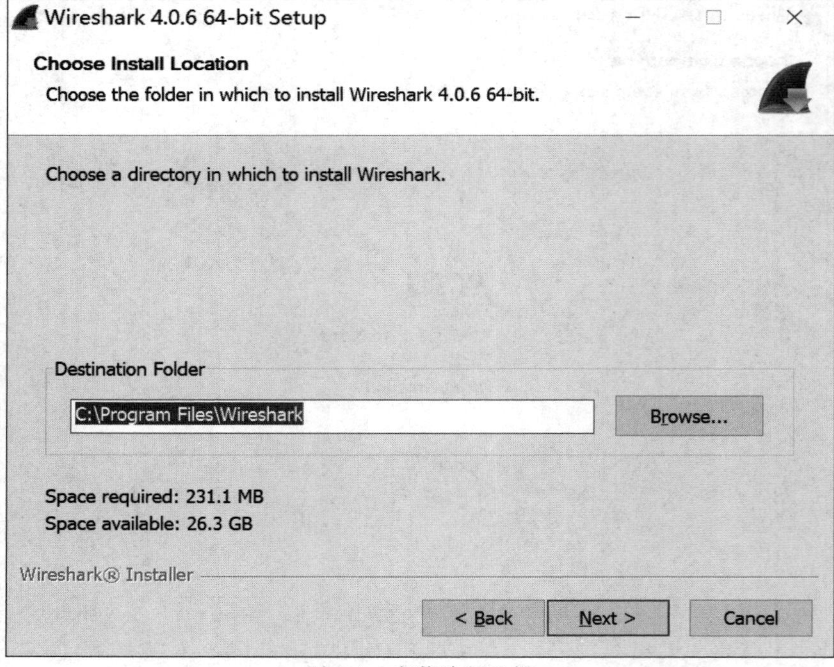

图 2-4　安装路径选择

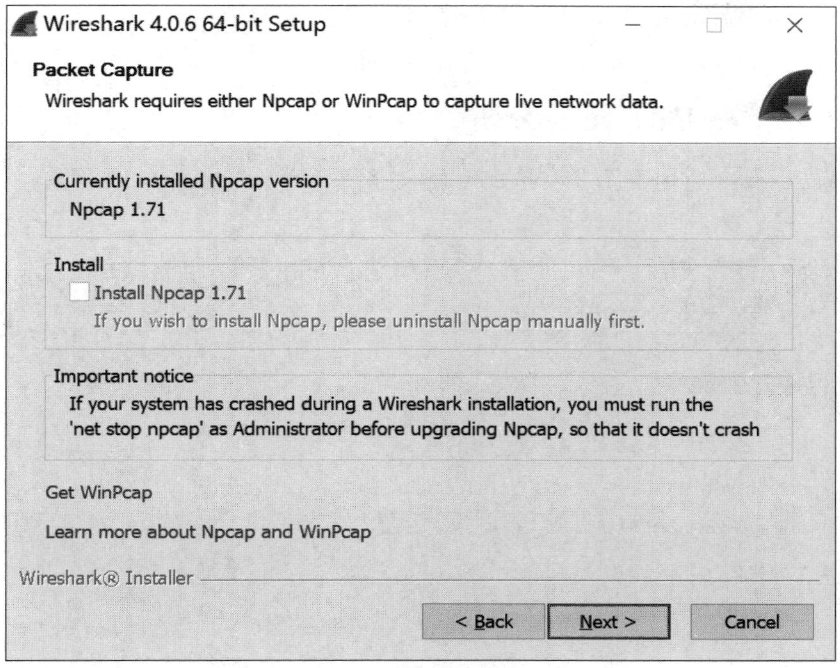

图 2-5 Npcap 安装窗口

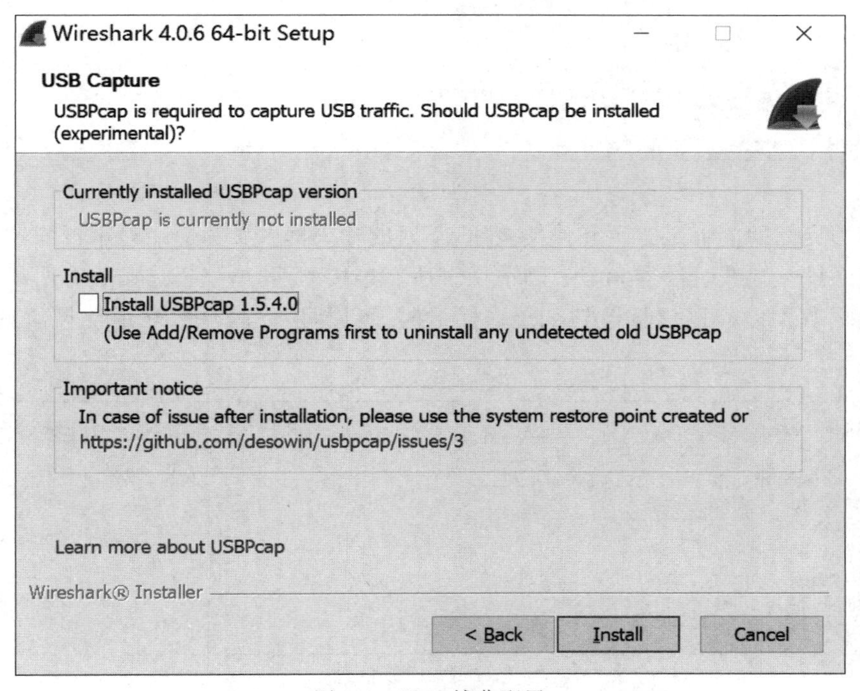

图 2-6 USB 捕获配置

备进行抓包分析，则可以选择安装该模块，否则不需要安装。

步骤 7：单击 Install 按钮即可完成最后的安装。

2.1.2 Wireshark 报文分析

打开 Wireshark 应用程序进入起始界面，如图 2-7 所示。

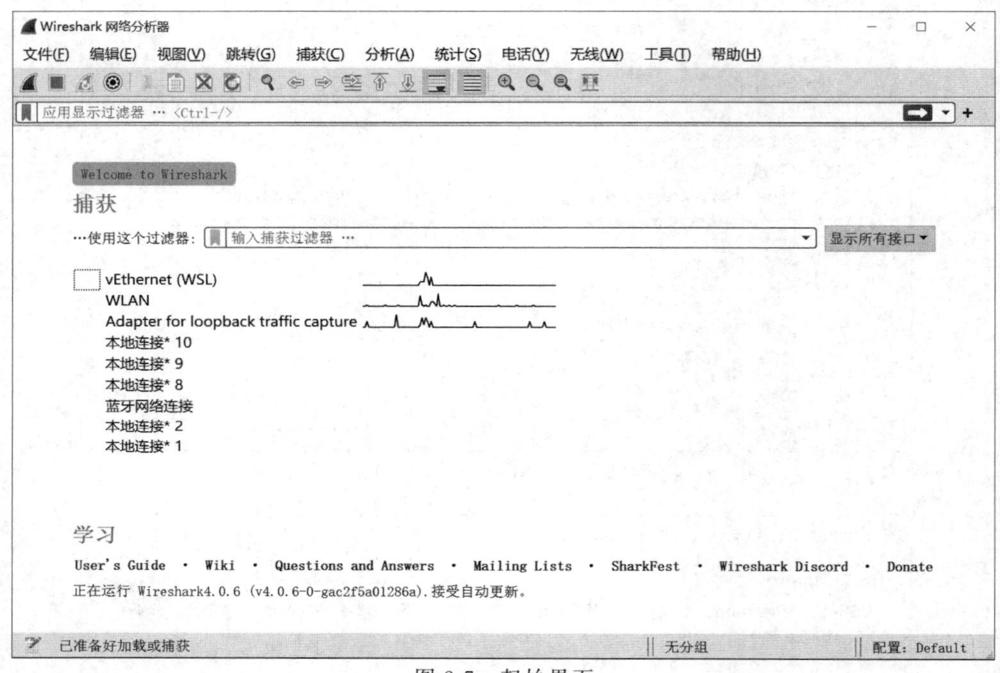

图 2-7 起始界面

在起始界面的上部是菜单和快捷按钮，下面的输入框区域为应用显示过滤器，界面最主要的中间区域是捕获过滤器和显示当前系统所有连接的地方，如果连接后有曲线，则表明该连接有数据收发。当鼠标悬停到某个连接上时，可以显示连接的 IP 地址等信息，如图 2-8 所示。

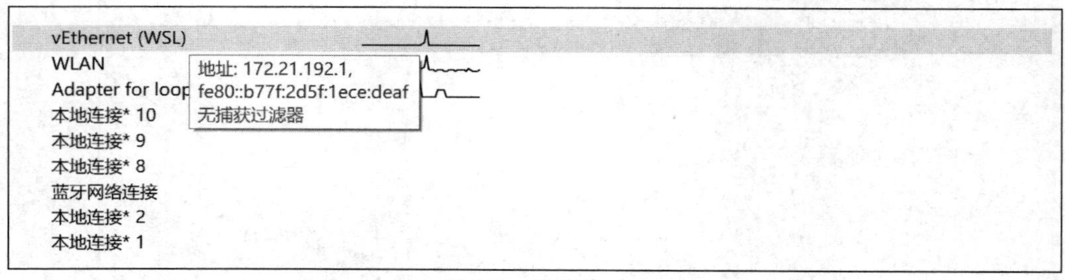

图 2-8 连接信息

如果要开启网络数据包(也称为分组)的捕获,则可采用以下几种方式:

(1) 选中一个连接,然后直接在选中的连接上双击,如图 2-9 所示。

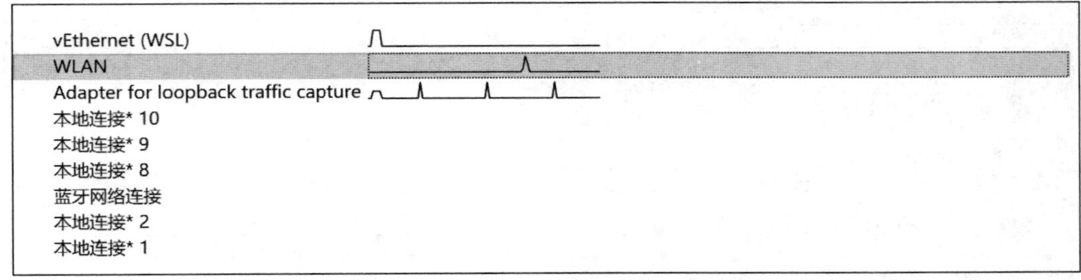

图 2-9 选中连接

(2) 选中一个连接,单击"捕获"菜单项,从下拉的菜单列表中单击"开始"子菜单项,如图 2-10 所示,也可以通过单击快捷方式栏的图标开启捕获。

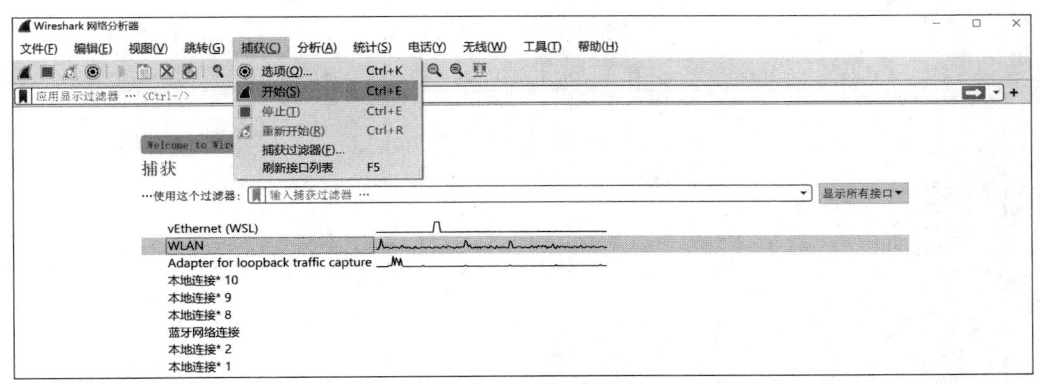

图 2-10 "开始"菜单项

(3) 单击"捕获"菜单项,从下拉的菜单列表中单击"选项"子菜单项,或者单击快捷方式栏的图标,如图 2-11 所示,此时会弹出捕获选项窗口,如图 2-12 所示。在捕获选项窗口中选中一个连接,双击该连接,或者单击窗口下面的"开始"按钮都可以开启捕获功能。

开启捕获后的界面如图 2-13 所示,该界面的主要部分被分成了 3 个区域,这里分别使用数字 1、2、3 标识。

其中,标识为 1 的区域为封包列表区(Packet List Pane),展示了 Wireshark 捕获到的所有数据包的列表,包括序号、捕获的时间、源 IP 地址、目的 IP 地址、通信协议、数据包长度、对数据包的说明等信息。标识为 2 的区域为封包详情区(Packet Details Pane),显示选定数据包的详细信息,这里是按照分层协议展示的,展开其中某一层协议后会列出该层协议每个字段的详细信息。标识为 3 的区域为封包字节区(Packet Bytes Pane),显示选定数据包的源数据,该区域也分为两部分,如图 2-14 所示,左侧可以按照字节显示,右侧按照文本显示,字节部分可以按照二进制或者十六进制等格式展示,右侧部分可以按照 ASCII 或者 EBCDIC 格式显示,在该区域右击,在弹出的菜单里可以选择展示格式,如图 2-15 所示。

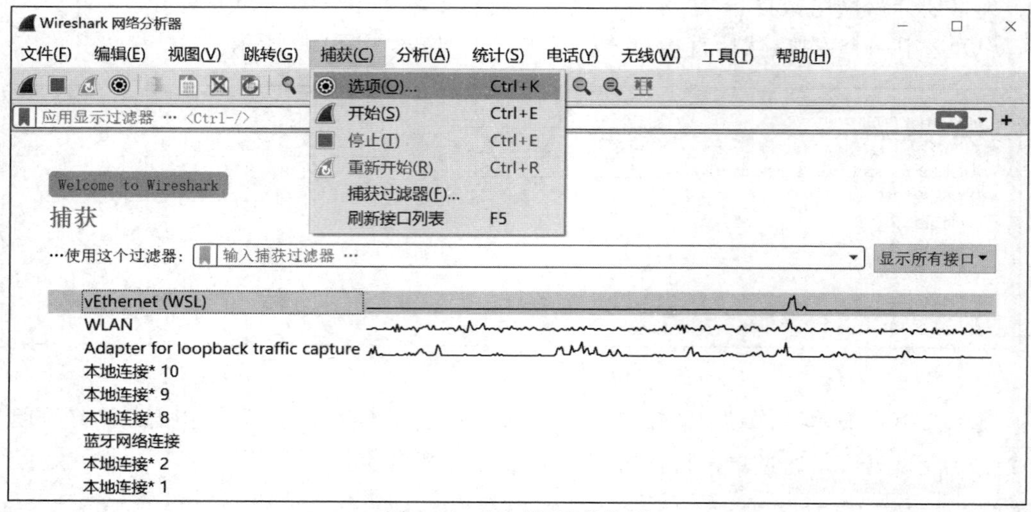

图 2-11 “选项”子菜单项

Wireshark · 捕获选项

Input 输出 选项

接口	流量	链路层	混杂	捕获长度	缓冲区(	监控模	捕获过滤器
本地连接* 10	—	Ethernet	☑	默认	2	—	
本地连接* 9	—	Ethernet	☑	默认	2	—	
本地连接* 8	—	Ethernet	☑	默认	2	—	
vEthernet (WSL)	—	Ethernet	☑	默认	2	—	
蓝牙网络连接		Ethernet	☑	默认	2	—	
WLAN		Ethernet	☑	默认	2	—	
本地连接* 2		Ethernet	☑	默认	2	—	
本地连接* 1	—	Ethernet	☑	默认	2	—	
Adapter for loopback traffic capture		BSD loopback	☑	默认	2	—	

地址：172.21.192.1, fe80::b77f:2d5f:1ece:deaf

☑ 在所有接口上使用混杂模式　　Manage Interfaces…

Capture filter for selected interfaces: 输入捕获过滤器 …　　Compile BPFs

开始　Close　Help

图 2-12 捕获选项窗口

封包详情区联动封包字节区，对于封包详情区中某层协议的某个字段，如果要查看它的源数据，则可以单击选中该字段，在右侧封包字节区中会高亮显示对应的字节，如图 2-16 所示，在该示例中，左侧选中了 Source Port 字段，显示对应的值应该是 443，右侧会高亮显示对应的两字节，分别是 00000001 和 10111011，将其转换为十进制即为 443。

在封包列表区，每个数据包的显示颜色可能是不一样的，如图 2-17 所示，这里的每种颜色都有特定的含义，例如，UDP 底色使用淡蓝色、HTTP 底色使用淡绿色，要查看所有的着

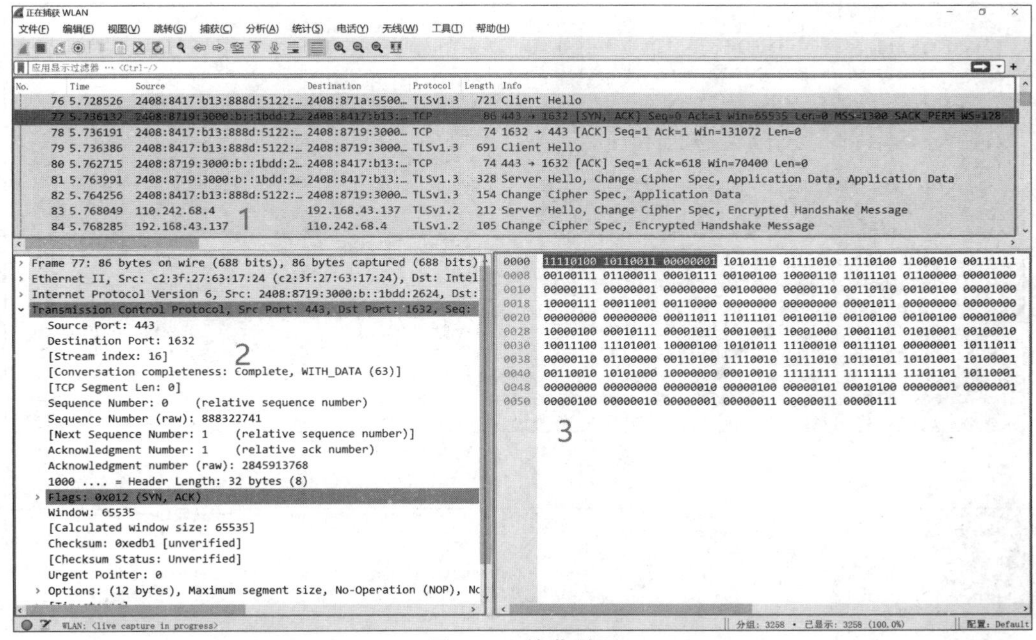

图 2-13　捕获界面

```
0000  11110100 10110011 00000001 10101110 01111010 11110100 11000010 00111111   ····z··?
0008  00100111 01100011 00010111 00100100 10000110 11011101 01100000 00001111   'c·$··`·
0010  10010100 10001100 00000010 01011111 00000110 00110100 00100100 00001000   ···_·4$·
0018  10000000 11110001 00000000 00100001 01000000 00010011 00000000 00000000   ···!@···
0020  00000000 00000000 00000000 00000000 00000000 11000101 00100100 00001000   ······$·
0028  10000100 00010111 00001011 00010011 10001000 10001101 01010001 00100010   ······Q"
0030  10011100 11101001 10000100 10101011 11100010 00111101 00000000 01010000   ·····=·P
0038  00001000 00001100 11100001 00110011 10110100 10100011 10001101 00010010   ···3····
0040  11111101 10010010 01010000 00011000 00000001 11110101 10101011 00000101   ··P·····
0048  00000000 00000000 01001000 01010100 01010100 01010000 00101111 00110001   ··HTTP/1
0050  00101110 00110001 00100000 00110010 00110000 00110000 00100000 01001111   .1 200 O
0058  01001011 00001101 00001010 01000011 01101111 01101110 01101110 01100101   K··Conne
0060  01100011 01110100 01101001 01101111 01101110 00111010 00100000 01100011   ction: c
0068  01101100 01101111 01110011 01100101 00001101 00001010 01000011 01101111   lose··Co
0070  01101110 01110100 01100101 01101110 01110100 00101101 01010100 01111001   ntent-Ty
0078  01110000 01100101 00111010 00100000 01100001 01110000 01110000 01101100   pe: appl
0080  01101001 01100011 01100001 01110100 01101001 01101111 01101110 00101111   ication/
0088  01101111 01100011 01110100 01100101 01110100 00101101 01110011 01110100   octet-st
0090  01110010 01100101 01100001 01101101 00001101 00001010 01000011 01101111   ream··Co
0098  01101110 01110100 01100101 01101110 01110100 00101101 01001100 01100101   ntent-Le
```

图 2-14　源数据

色规则，可以单击“视图”菜单的子菜单项“着色规则”，如图 2-18 所示，此时会弹出着色规则配置窗口，如图 2-19 所示，这里也可以自定义着色规则。

因为封包列表区、封包详情区和封包字节区都在同一个窗口，有时因为显示区域的限制查看信息不太方便，通过在封包列表区的数据包上双击，可以弹出独立的封包查看窗口，如图 2-20 所示，在此窗口可以进行数据包信息分析。

```
0060  01100011 01110100 01101001 01101111 01101110 00111010 00100000 01100011   ction: c
0068  01101100 01101111 01110011 01100101 ...01111   lose··Co
0070  01101110 01110100 01100101 01101110 ...11001   ntent-Ty
0078  01110000 01100101 00111010 00100000 ...01100   pe: appl
0080  01101001 01100011 01100001 01110100 ...01111   ication/
0088  01101111 01100011 01110100 01100101 ...10100   octet-st
0090  01110010 01100101 01100001 01101101 ...01111   ream··Co
0098  01101110 01110100 01100101 01101110 ...00101   ntent-Le
00a0  01101110 01100111 01110100 01101000 ...11000   ngth: 48
00a8  00111000 00001101 00001010 00001101 ...00100   8·······
00b0  00000000 00101110 00000000 00000000 ...00100   ·····*··
00b8  11110001 00000000 10101000 01001000 ...00010   ···H····
00c0  11001100 01010001 00101100 11010100 ...01001   ·Q,·l···
00c8  01110101 10111101 01110101 00000011 ...10000   u·u··&·0
00d0  00100000 10110001 00011010 01001100 ...00010    ··L·=·b
00d8  00000110 10011001 11111000 00000000 00000000 00000000 00000001 00000000   ········
00e0  00010110 11110001 00000100 00000000 00110111 00001100 01110010 10101010   ····7·r·
00e8  11100111 11101000 10111010 01111100 01010011 01100110 00111111 11110000   ···|Sf?·

Allow hover highlighting
将字节复制为十六进制 + ASCII 转储
...as Hex Dump
...as Printable Text
...as a Hex Stream
...as Raw Binary
...as Escaped String
将字节显示为十六进制
...as bits
根据分组显示文本
...as ASCII
...as EBCDIC
```

图 2-15 在数据区域右击菜单

```
> Frame 540: 85 bytes on wire (680 bits), 85 bytes captured (
> Ethernet II, Src: NewH3CTe_32:46:01 (74:3a:20:32:46:01), Ds
> Internet Protocol Version 4, Src: 111.206.209.35, Dst: 10.1
v Transmission Control Protocol, Src Port: 443, Dst Port: 222
    Source Port: 443
    Destination Port: 2221
    [Stream index: 15]
    [Conversation completeness: Complete, WITH_DATA (63)]
    [TCP Segment Len: 31]
    Sequence Number: 353    (relative sequence number)
    Sequence Number (raw): 863400977
    [Next Sequence Number: 384    (relative sequence number)]
    Acknowledgment Number: 8714    (relative ack number)
    Acknowledgment number (raw): 2457355221
    0101 .... = Header Length: 20 bytes (5)

0000  11110100 10110011 00000001 10101110 01111010 11110100 01110100 00111010   ····z·t:
0008  00100000 00110010 01000110 00000001 00001000 00000000 01000101 00000000    2F···E·
0010  00000000 01000111 01110100 11010011 01000000 00000000 00100100 00000110   ·Gt·@·$·
0018  01101011 01011111 01101111 11001110 11010001 00100011 00001010 10111111   k_o··#··
0020  00101010 11001110 00000001 10111011 00001000 10101101 00110011 01110110   *·····3v
0028  01110100 00010001 10010010 01111000 01000011 11010101 01010000 00011000   t··xC·P·
0030  00000101 10110000 01010000 10111001 00000000 00000000 00010101 00000011   ··P·····
0038  00000011 00000000 00011010 00000000 00000000 00000000 00000000 00000000   ········
0040  00000000 00000000 00000011 00011110 11001000 01001100 10101110 11101001   ·····L··
0048  10011001 10111100 10100110 11000110 11111101 11110101 11001110 00111101   ·······=
0050  10110000 10010101 11110111 11100010 11111001                              ·····
```

图 2-16 信息联动

No.	Time	Source	Destination	Protocol	Length	Info
452	3.207334	10.191.42.206	111.206.209.35	TCP	54	2220 → 443 [ACK] Seq=2261 Ack=353 W
453	3.207556	10.191.42.206	111.206.209.35	TCP	54	2220 → 443 [FIN, ACK] Seq=2261 Ack=
454	3.214292	10.191.42.206	110.242.68.3	TLSv1.2	765	Application Data
455	3.217000	111.206.209.35	10.191.42.206	TCP	96	[TCP Spurious Retransmission] 443 →
456	3.217043	10.191.42.206	111.206.209.35	TCP	66	[TCP Dup ACK 452#1] 2220 → 443 [ACK
457	3.222630	10.191.42.206	111.206.208.245	TCP	1506	2216 → 443 [ACK] Seq=1 Ack=1 Win=51
458	3.222630	10.191.42.206	111.206.208.245	TLSv1.2	896	Application Data
459	3.225943	111.206.209.35	10.191.42.206	TCP	60	443 → 2220 [ACK] Seq=353 Ack=2262 W
460	3.226047	111.206.209.35	10.191.42.206	TCP	60	[TCP Dup ACK 459#1] 443 → 2220 [ACK
461	3.226047	111.206.209.35	10.191.42.206	TLSv1.2	85	Encrypted Alert
462	3.226086	10.191.42.206	111.206.209.35	TCP	54	2220 → 443 [RST, ACK] Seq=2262 Ack=
463	3.226416	111.206.209.35	10.191.42.206	TCP	60	443 → 2220 [FIN, ACK] Seq=384 Ack=2
464	3.234918	110.242.68.3	10.191.42.206	TCP	60	443 → 2201 [ACK] Seq=118277 Ack=738
465	3.245048	110.242.68.3	10.191.42.206	TLSv1.2	713	Application Data
466	3.245450	111.206.208.245	10.191.42.206	TCP	60	443 → 2216 [ACK] Seq=1 Ack=2295 Win
467	3.248282	111.206.208.245	10.191.42.206	TCP	1514	443 → 2216 [ACK] Seq=1 Ack=2295 Win

图 2-17 封包显示颜色

2.1.3 Wireshark 过滤器

在默认情况下，Wireshark 会捕获所有的数据包，显示时也显示所有的数据包，这有可能会带来问题，因为通常情况下只是对特定的协议或者特定的端口做分析，过多的数据包会

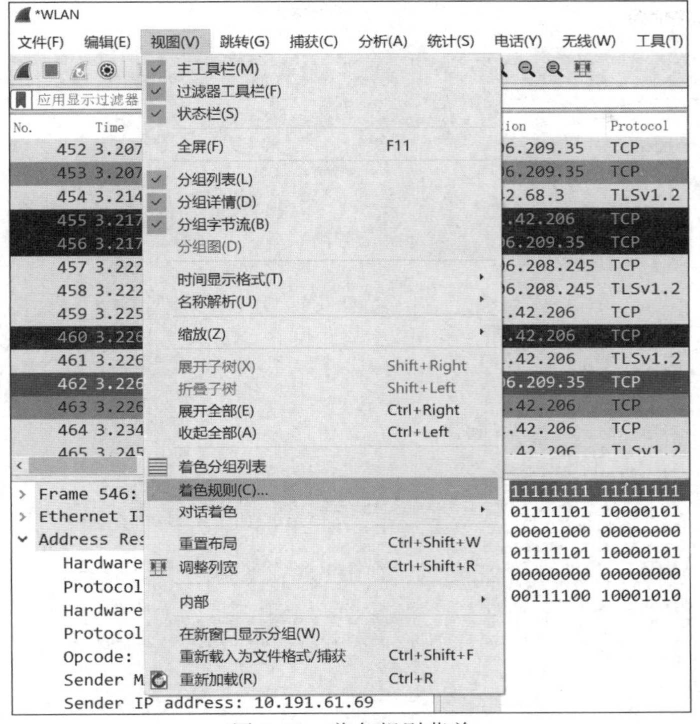

图 2-18　着色规则菜单

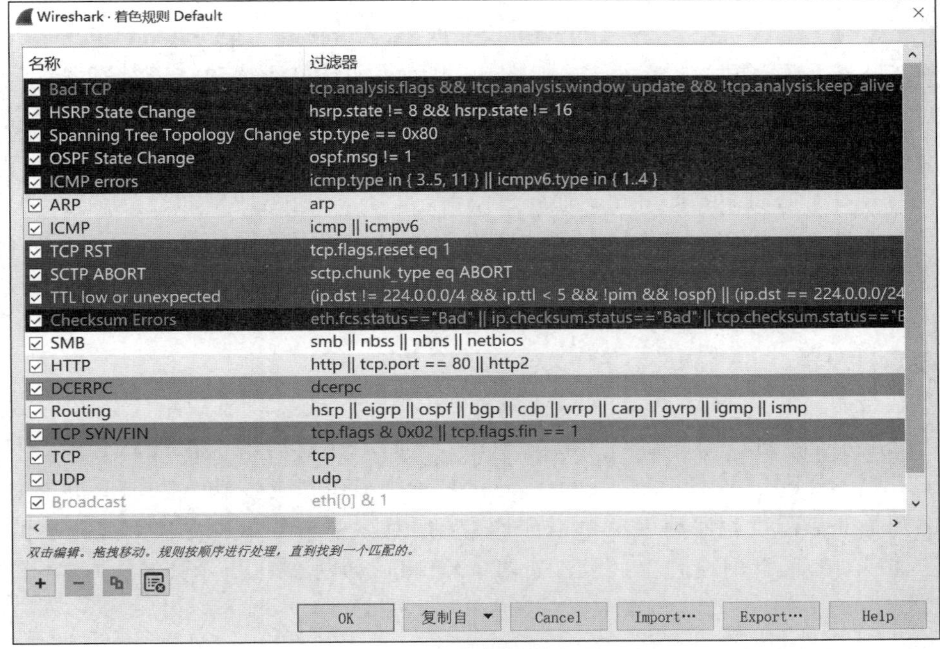

图 2-19　着色规则配置

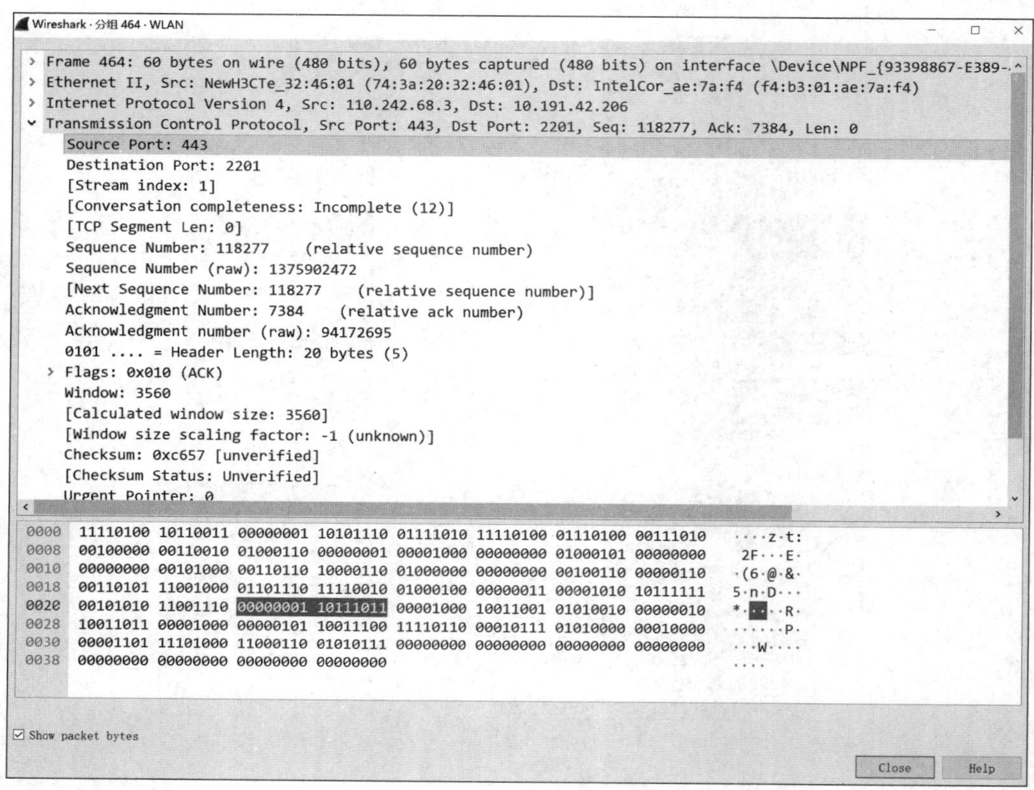

图 2-20 独立封包查看窗口

干扰分析工作。为了解决这个问题，Wireshark 提供了捕获过滤器和显示过滤器，下面讲解这两种过滤器的基本用法。

1. 捕获过滤器

在 Wireshark 的起始界面会显示捕获过滤器，如图 2-7 所示的中间部分，输入捕获表达式即可在开始捕获时生效。单击捕获表达式输入框前面的书签图标，即可弹出已配置的捕获过滤器列表菜单，如图 2-21 所示。单击捕获过滤器列表中的“管理捕获过滤器”菜单项，即可弹出捕获过滤器管理窗口，如图 2-22 所示。

2. 显示过滤器

对于已经捕获的数据包，可以通过显示过滤器进行过滤，只显示给定条件的数据，如图 2-23 所示，在显示过滤器的输入框里输入 tcp，下面的封包列表区就只显示 TCP 对应的数据包(TLS 协议下层使用的也是 TCP)。同样，单击显示过滤器输入框前面的书签，也会弹出已配置的显示过滤器列表菜单，如图 2-24 所示。单击显示过滤器列表菜单的“管理显示过滤器”菜单项，此时会弹出显示过滤器管理窗口，如图 2-25 所示。

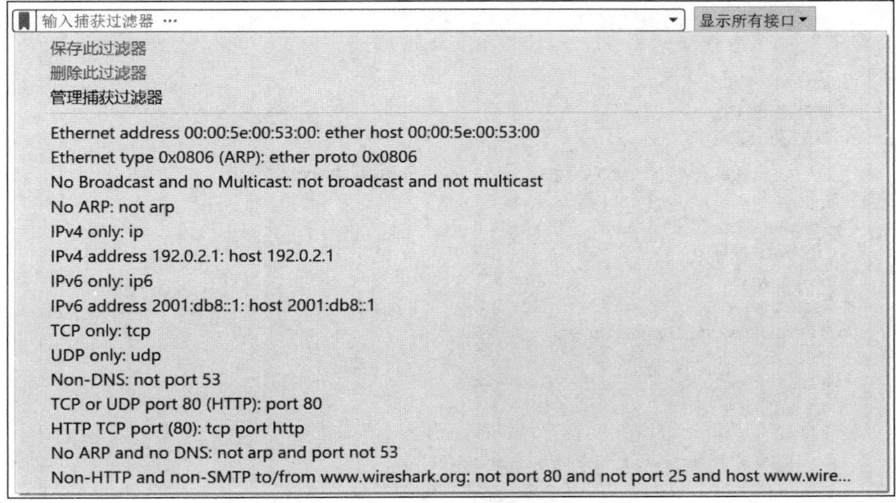

图 2-21　捕获过滤器列表菜单

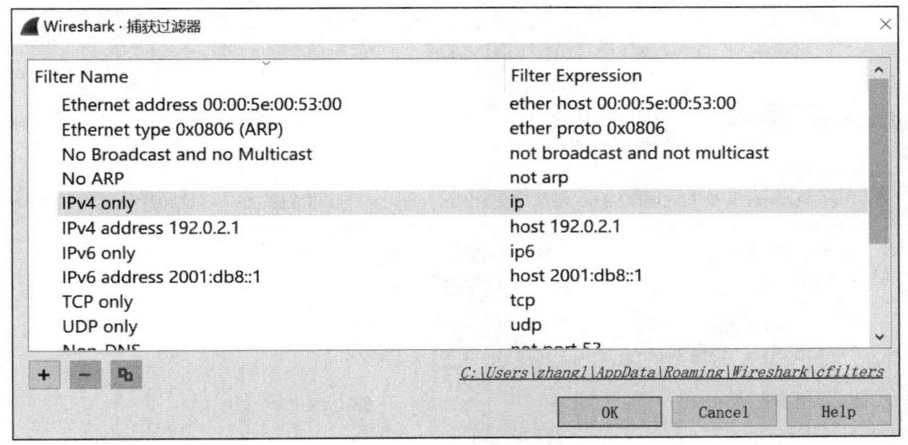

图 2-22　捕获过滤器管理窗口

*WLAN

文件(F)　编辑(E)　视图(V)　跳转(G)　捕获(C)　分析(A)　统计(S)　电话(Y)　无线(W)　工具(T)　帮助(H)

tcp

No.	Time	Source	Destination	Protocol	Length	Info
974	19.441780	27.221.71.132	10.191.42.206	TCP	60	443 → 25974 [ACK] Seq
975	19.442234	27.221.71.132	10.191.42.206	TLSv1.2	89	Application Data
976	19.442765	27.221.71.132	10.191.42.206	TLSv1.2	89	Application Data
977	19.442782	10.191.42.206	27.221.71.132	TCP	54	25974 → 443 [ACK] Seq
978	19.468891	27.221.71.132	10.191.42.206	TLSv1.2	451	Application Data
979	19.480760	10.191.42.206	27.221.120.190	TLSv1.2	127	Application Data
980	19.480837	10.191.42.206	27.221.120.190	TCP	1514	28668 → 443 [ACK] Seq
981	19.480837	10.191.42.206	27.221.120.190	TLSv1.2	306	Application Data
982	19.499970	27.221.120.190	10.191.42.206	TCP	60	443 → 28668 [ACK] Seq
983	19.516268	10.191.42.206	27.221.71.132	TCP	54	25974 → 443 [ACK] Seq
984	19.530162	27.221.120.190	10.191.42.206	TLSv1.2	375	Application Data

图 2-23　应用 tcp 显示过滤器

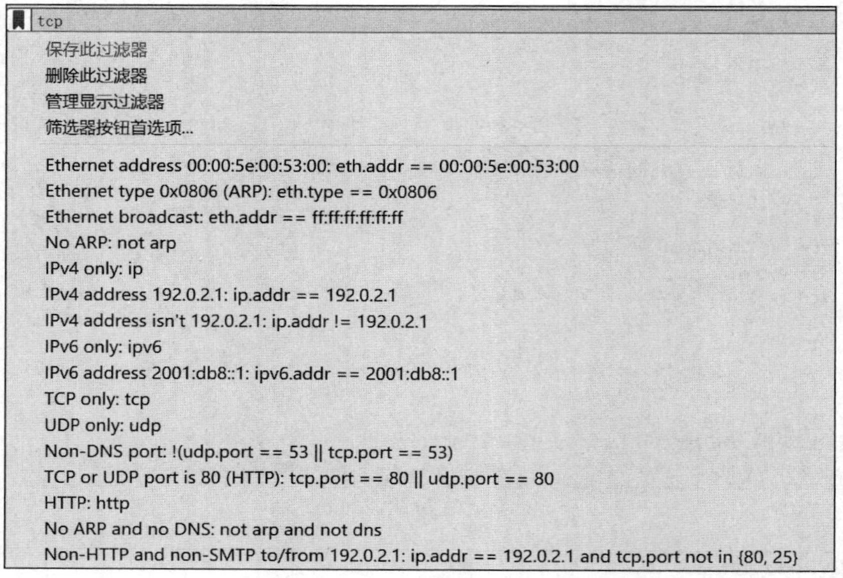

图 2-24 显示过滤器列表菜单

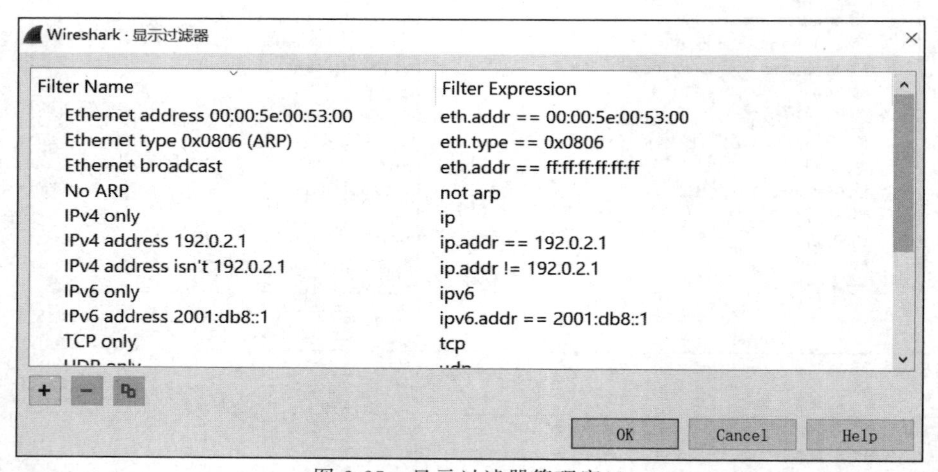

图 2-25 显示过滤器管理窗口

2.2 Fiddler

Fiddler 是一款知名的 Web 抓包工具，可以对 HTTP、HTTPS 等协议的数据包进行抓取分析，在主流的操作系统上可以使用。Fiddler 有多个版本，其中 Fiddler Classic 为免费使用版本，本节将以 Windows 平台的该版本为基础介绍它的基本用法。Fiddler 本身的功能非常丰富强大，因为篇幅的原因，本节只介绍在后续章节中对应用程序调试所需的功能。

2.2.1 Fiddler Classic 的安装

Fiddler Classic 的官方网址为 https://www.telerik.com/fiddler/fiddler-classic，访问该网址可以看到 Try For Free 按钮，如图 2-26 所示，单击该按钮，进入下载页面，如图 2-27 所示，选择使用目的，输入 e-mail 地址，选择所属国家或者地区，并选中 I accept the Fiddler End User License Agreement 复选框，最后单击 Download For Windows 按钮，页面会自动下载 Fiddler Classic 安装包，下载后的安装文件名称为 FiddlerSetup.exe。

图 2-26　官网首页

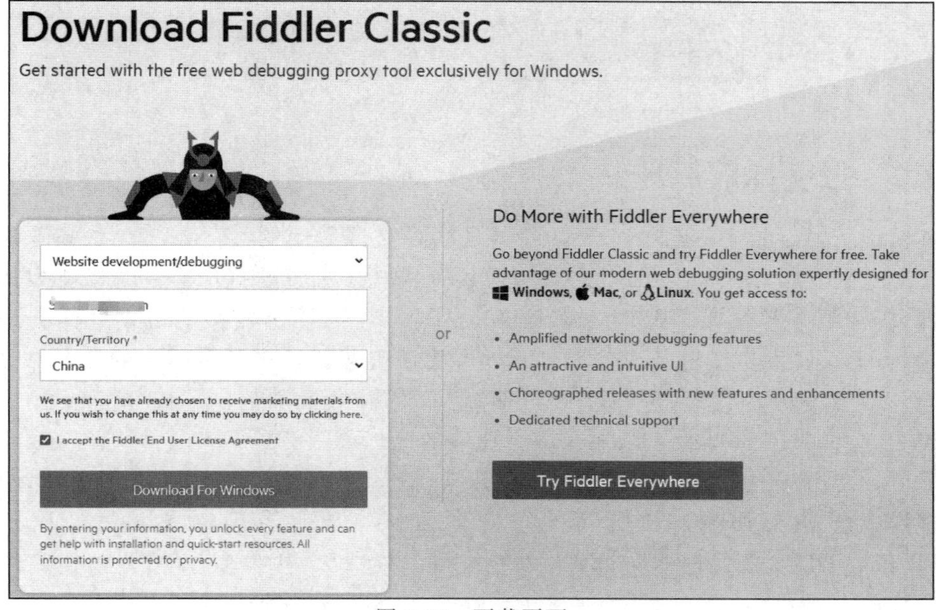

图 2-27　下载页面

在 FiddlerSetup.exe 文件上双击，以便安装该文件，此时会弹出 License 窗口，如图 2-28 所示，单击 I Agree 按钮，进入安装路径选择页面，如图 2-29 所示，选择合适的安装位置，然后单击 Install 按钮，系统会自动完成安装。

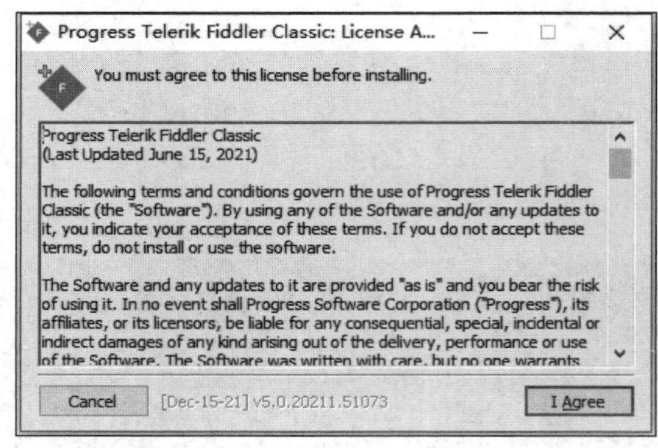

图 2-28 License 窗口

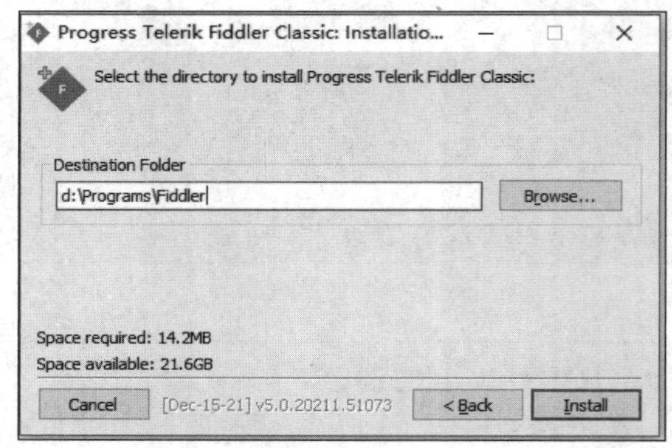

图 2-29 安装路径选择

2.2.2 报文抓取原理

通常情况下，Web 浏览器和 Web 服务器之间是直接通信的，Fiddler 无法抓取通信的报文，但 Web 浏览器可以指定代理服务器，在这种模式下浏览器把所有的请求都发送给代理服务器，代理服务器处理后再转发给 Web 服务器，Web 服务器把响应发送给代理服务器，代理服务器再转发给浏览器，在这个过程中，代理服务器承担了中间人的角色。如果把 Fiddler 设置为浏览器的代理服务器，Fiddler 就可以对接收的数据包进行分析和处理了，从而方便 Web 应该程序的调试。Fiddler 报文抓取的原理如图 2-30 所示。

Windows 系统下的代理设置页面在 Windows 设置功能的“网络和 Internet”模块下，有一个代理设置选项卡，如图 2-31 所示，可以自动或者手动设置代理，在默认情况下，Fiddler 的 HTTP 和 HTTPS 的代理地址如下：

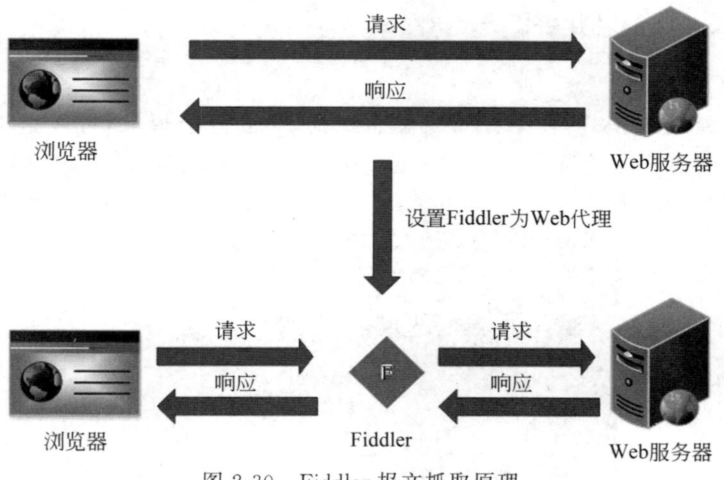

图 2-30　Fiddler 报文抓取原理

```
http=127.0.0.1:8888;https=127.0.0.1:8888
```

Fiddler 简化了代理的设置，启动时会自动设置代理，退出时会自动取消设置。

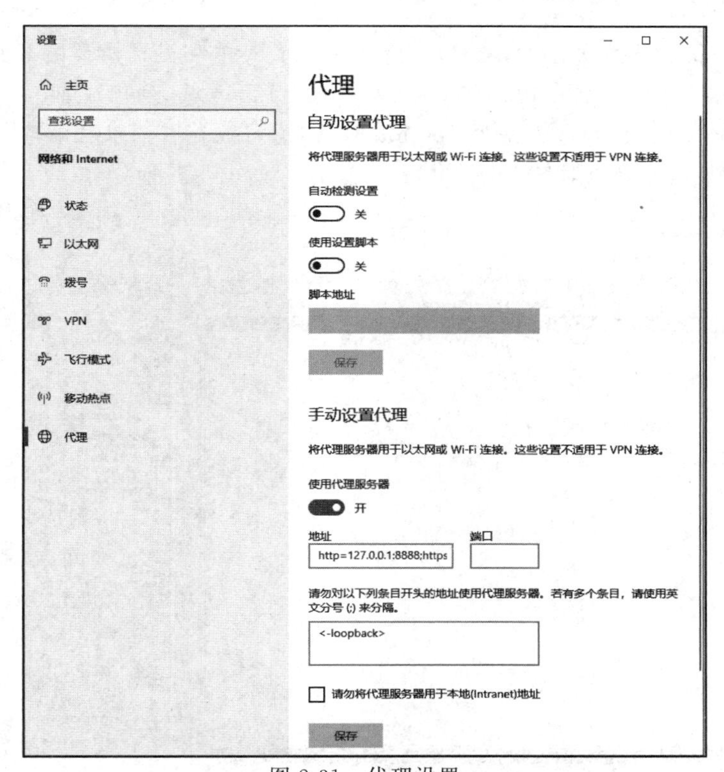

图 2-31　代理设置

2.2.3 基本功能介绍

1. 启动和停止抓取

Fiddler Classic 在启动后就开始了自动报文抓取，要停止抓取，可以单击 File 菜单，在弹出的下拉菜单列表里取消选中 Capture Traffic 菜单项，如图 2-32 所示，如果要恢复抓取，则可重新选中该菜单项。

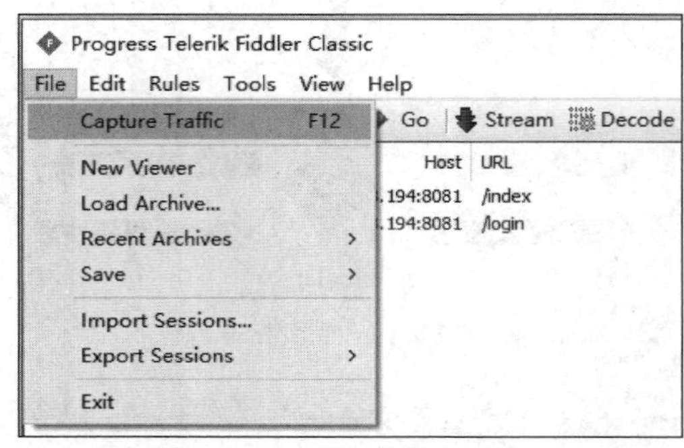

图 2-32 抓取启动和停止

2. 工具主界面

Fiddler Classic 主界面如图 2-33 所示，除了上面的菜单和工具栏及最下面的状态栏，中间主要的部分分成两个区域，左边是 Web Session（会话）区域，列出了捕获到的所有请求；右边是 Session 详情区域，当选中一个 Session 时，右边可以查看请求和响应的详细信息，以及统计、日志等内容，也可以对 Session 进行过滤、模拟请求等其他操作。

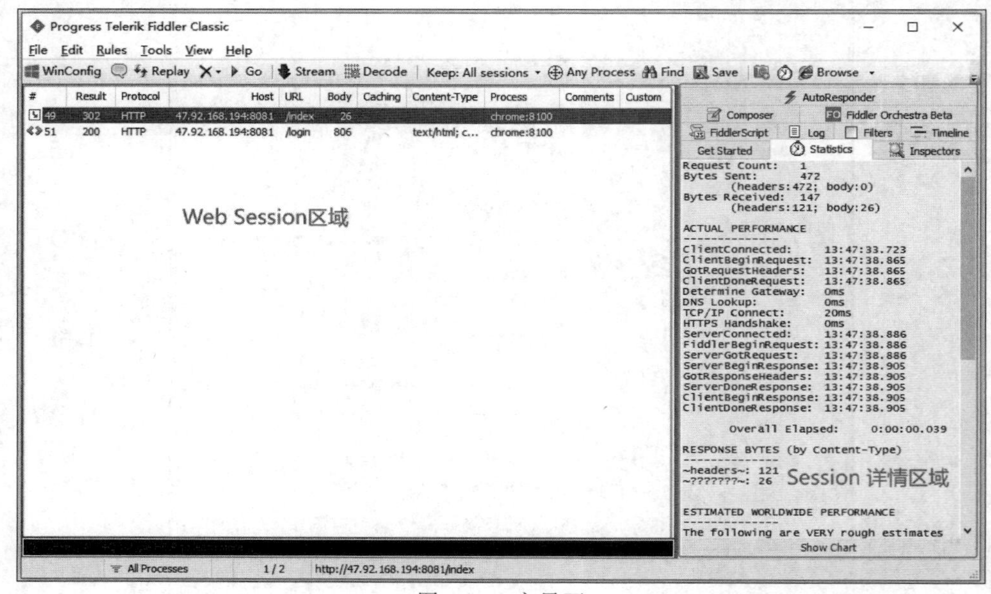

图 2-33 主界面

Web Session 区域是表格形式，包括如表 2-1 所示的列。

表 2-1　Web Session 列说明

列　名　称	列　说　明
#	请求抓取序号，从 1 开始，依次递增
Result	HTTP 状态码
Protocol	请求使用的协议，如 HTTP、HTTPS 等
Host	请求地址的主机名及端口号
URL	请求资源在服务器端的位置
Body	请求的大小，以字节为单位
Caching	请求的缓存信息
Content-Type	请求响应的类型
Process	发送此请求的进程名称和进程 ID
Comments	用户通过脚本或者菜单给此 Session 增加的备注
Custom	用户通过脚本设置的自定义值

在 Web Session 区域右击，此时会弹出对 Session 进一步处理的菜单，如图 2-34 所示，可以执行删除、保存、过滤等操作。

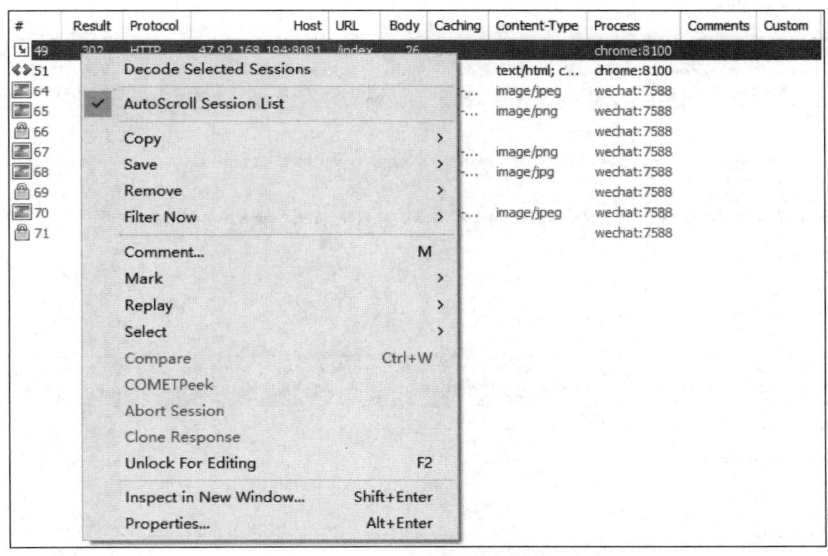

图 2-34　右击弹出的菜单

Session 详情区域包括多个页签，主要的页签功能如下所示。

1）Statistics

统计页签，可以选择一个或者多个 Session 计算这些会话总的统计信息，如图 2-35 所示，单击页签下方的 Show Chart 超链接会显示以图表形式展示的统计信息。

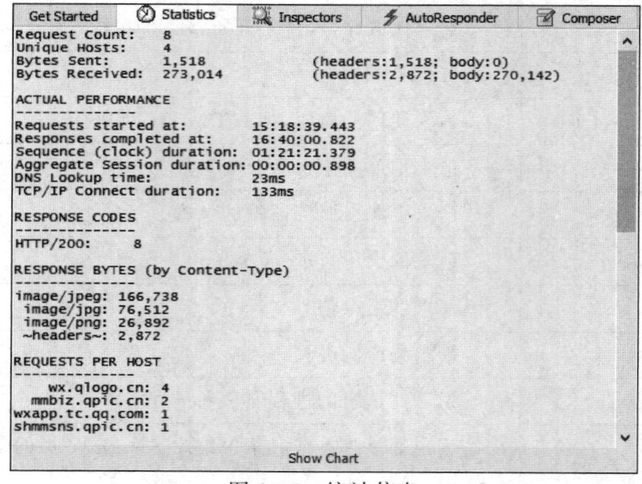

图 2-35 统计信息

2）Inspectors

检查页签，该页签只有选择一个 Session 时才有效，页签分为上下两部分，上部分展示 HTTP 请求的信息，下部分展示 HTTP 响应的信息，如图 2-36 所示。

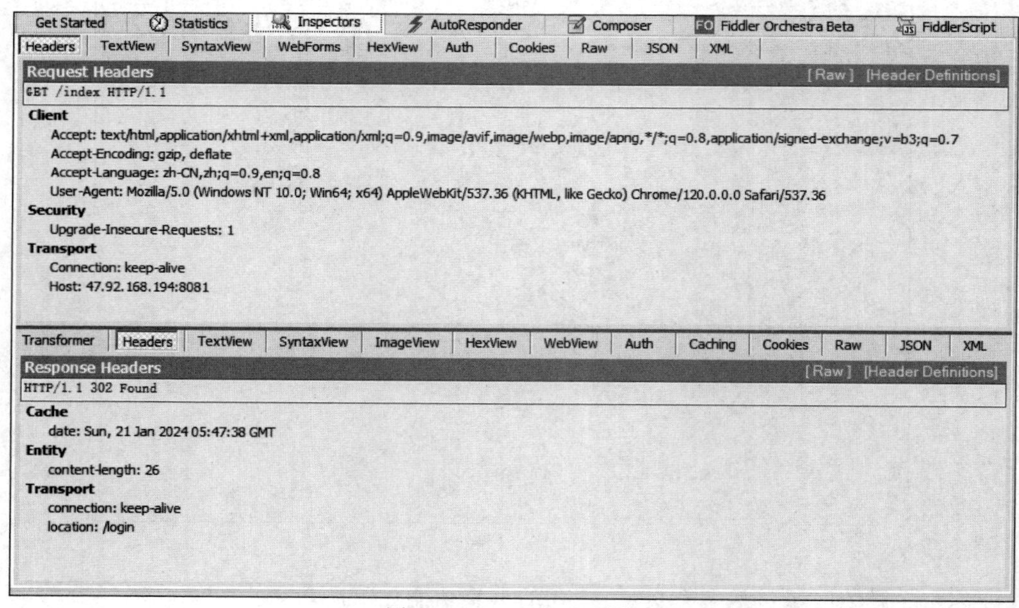

图 2-36 Inspectors 页签

该页签为 HTTP 应用的调试提供了重要功能，可以查看请求和响应的首部及 Body 信息，并且可以单独查看 Cookie 及 WebForms 信息，在需要查看二进制的消息流时，也可以单击 HexView 子页签，查看二进制信息。

3) AutoResponder

自动响应页签，可以针对特定的请求直接设置响应的内容，从而方便调试。单击页签内的 Add Rule 按钮，在下面的 Rule Editor 输入框输入请求的匹配规则及响应的方式，如图 2-37 所示，这里选择了最简单的 URL 完全匹配方式，响应的内容是本地的一张图片。

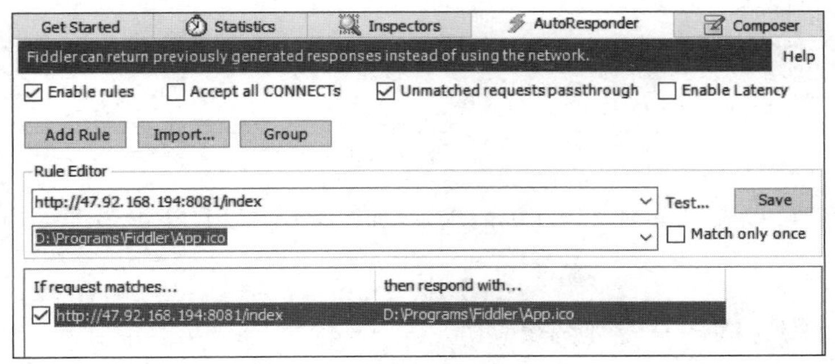

图 2-37　AutoResponder 页签

设置好规则后，选中 Enable rules 复选框及 Unmatched requests passthrough 复选框，然后在浏览器访问规则对应的网址会直接显示对应的图片，如图 2-38 所示。

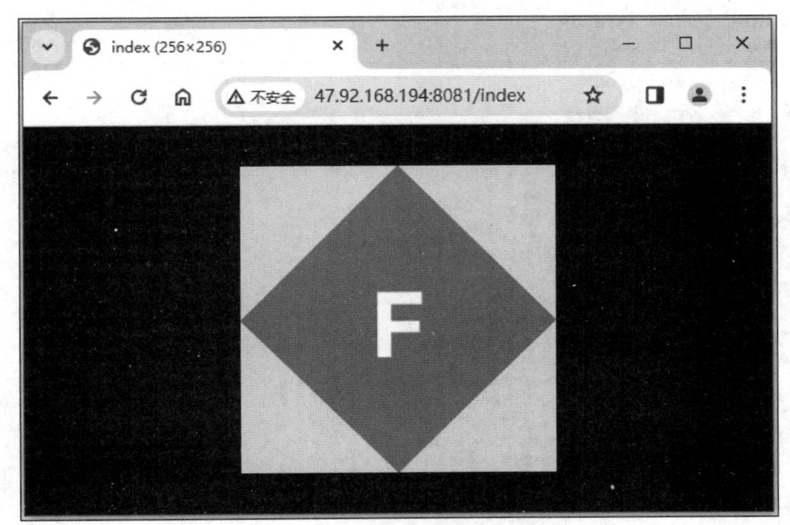

图 2-38　响应内容

4) Composer

请求构建页签，支持手动构建和发送请求，还可以从 Web Session 的列表中将 Session 拖曳到该页签，当单击 Execute 按钮时，将把请求发送到服务器端，如图 2-39 所示。

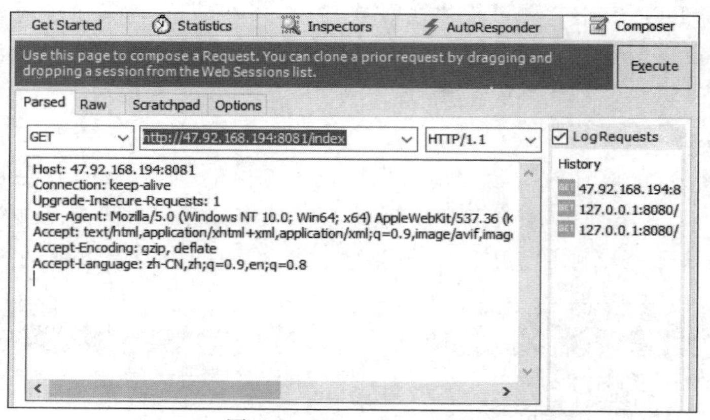

图 2-39　Composer 页签

使用该功能可以模拟多种 HTTP 请求，从而方便对 HTTP 服务器端功能进行测试和调试。

2.2.4　HTTPS 报文解析

除了 HTTP，Fiddler Classic 也支持对 HTTPS 进行抓包分析，如图 2-40 所示，因为 HTTPS 需要数字证书认证，而 Fiddler Classic 不可能有服务器端的数字证书，所以只能通过隧道的方式来转发浏览器的请求，如图 2-40 所示，如果要查看请求响应的信息，如图 2-41 所示，则只可以得到很有限的信息。

Progress Telerik Fiddler Classic

File　Edit　Rules　Tools　View　Help

WinConfig　Replay　X　Go　Stream　Decode　Keep: All sessions　Any Process　Find　Save

#	Result	Protocol	Host	URL	Body	Caching	Content-Type	Process	Comments	Custom
2	200	HTTP	Tunnel to	picx.zhimg.com:443	0			chrome:8100		
3	200	HTTP	Tunnel to	hm.baidu.com:443	0			chrome:8100		
4	200	HTTP	Tunnel to	zz.bdstatic.com:443	0			chrome:8100		
5	200	HTTP	Tunnel to	api.zhihu.com:443	0			chrome:8100		
6	200	HTTP	Tunnel to	content-autofill.googleapis.com:443	0			chrome:8100		
7	200	HTTP	Tunnel to	api.zhihu.com:443	0			chrome:8100		
8	200	HTTP	Tunnel to	sp0.baidu.com:443	0			chrome:8100		
9	200	HTTP	Tunnel to	mqtt-web.zhihu.com:443	0			chrome:8100		
10	200	HTTP	Tunnel to	safebrowsing.googleapis.com:443	0			chrome:8100		
11	200	HTTP	Tunnel to	content-autofill.googleapis.com:443	0			chrome:8100		
12	200	HTTP	Tunnel to	content-autofill.googleapis.com:443	0			chrome:8100		
13	200	HTTP	Tunnel to	content-autofill.googleapis.com:443	0			chrome:8100		
14	200	HTTP	Tunnel to	content-autofill.googleapis.com:443	0			chrome:8100		
15	200	HTTP	Tunnel to	content-autofill.googleapis.com:443	0			chrome:8100		
16	200	HTTP	Tunnel to	clientservices.googleapis.com:443	0			chrome:8100		
17	-	HTTP	Tunnel to	content-autofill.googleapis.com:443	-1			chrome:8100		
18	-	HTTP	Tunnel to	content-autofill.googleapis.com:443	-1			chrome:8100		
19	-	HTTP	Tunnel to	content-autofill.googleapis.com:443	-1			chrome:8100		
20	-	HTTP	Tunnel to	content-autofill.googleapis.com:443	-1			chrome:8100		
21	200	HTTP	Tunnel to	mqtt-web.zhihu.com:443	0			chrome:8100		
22	-	HTTP	Tunnel to	content-autofill.googleapis.com:443	-1			chrome:8100		
1	502	HTTP	Tunnel to	www.google.com:443	582	no-cach...	text/html; c...	chrome:8100		

图 2-40　默认 HTTPS 协议抓包

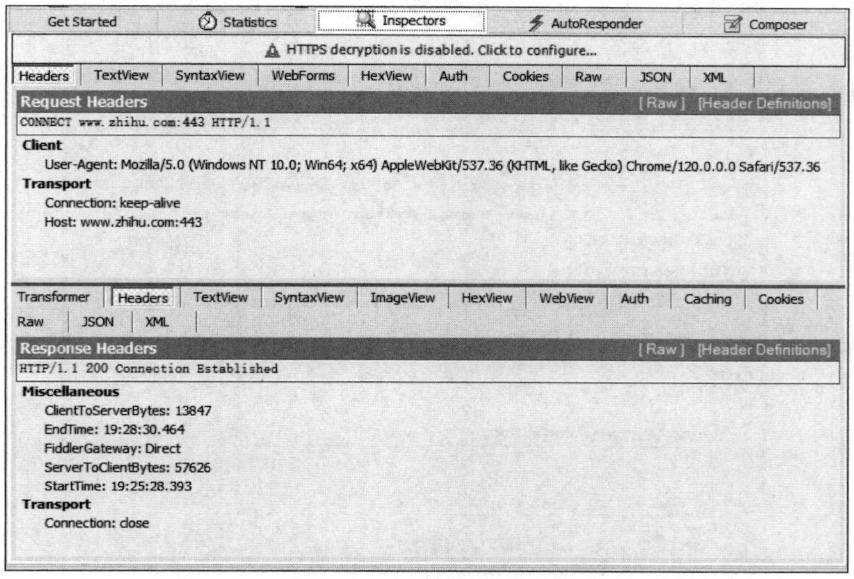

图 2-41　HTTPS会话信息

为了解决这个问题，Fiddler Classic 提供了 HTTPS 解密功能，单击图 2-41 的 HTTPS decryption is disabled. Click to configure 按钮，或者单击 Tools 菜单项下的 Options 子菜单项，在弹出的配置窗口里选择 HTTPS 页签，如图 2-42 所示，单击选中 Decrypt HTTPS traffic 复选框，如图 2-43 所示，此时可能会弹出一个要求信任 Fiddler Classic 签发的证书为根证书的窗口，如图 2-44 所示，单击 Yes 按钮，此时会弹出证书安装窗口，如图 2-45 所示，单击“是”按钮，此时又会弹出一个将证书添加到计算机根证书列表的窗口，如图 2-46 所示，

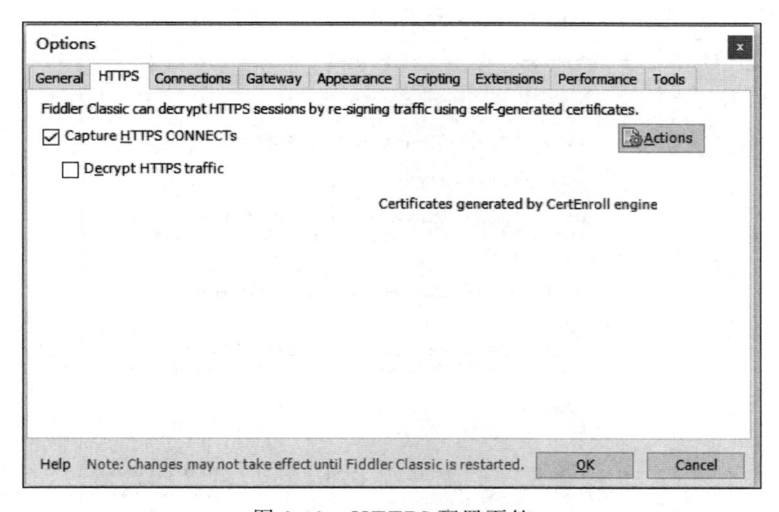

图 2-42　HTTPS配置页签

单击“是”按钮，随后就安装成功了。此时再查看基于 HTTPS 协议的 Web Session，如图 2-47 所示，可以看到明确的 HTTPS 的会话，选择一个会话，在 Inspectors 页签也能看到解密后的请求和响应详细信息，如图 2-48 所示。

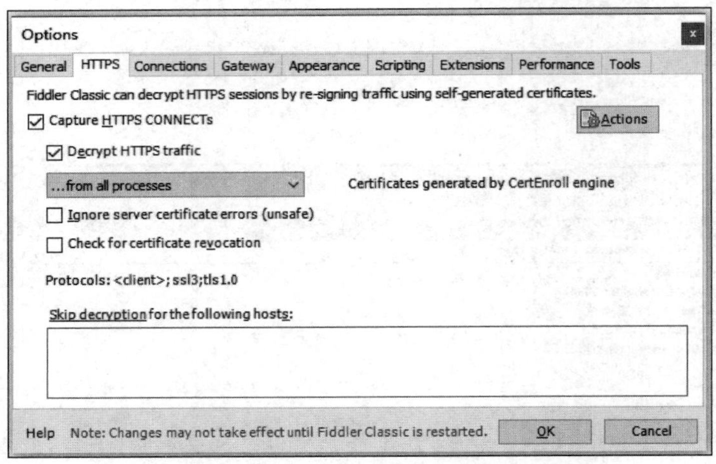

图 2-43 HTTPS 解密配置

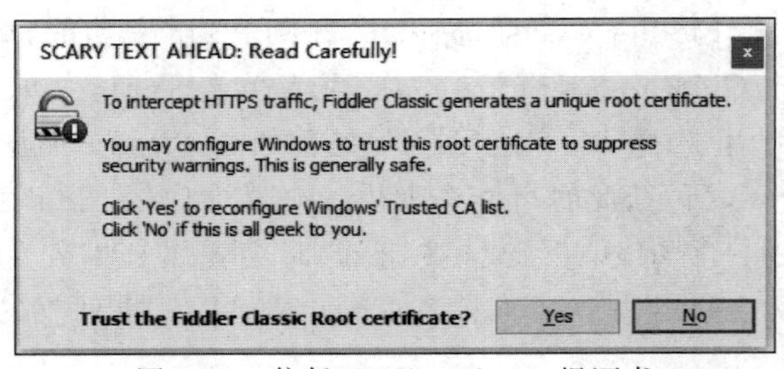

图 2-44 信任 Fiddler Classic 根证书

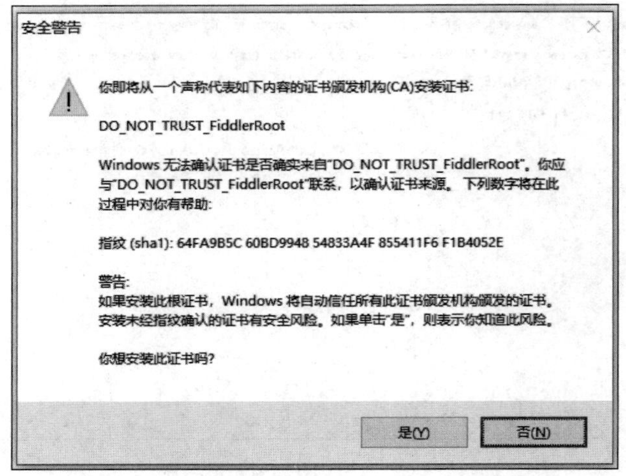

图 2-45 安装证书

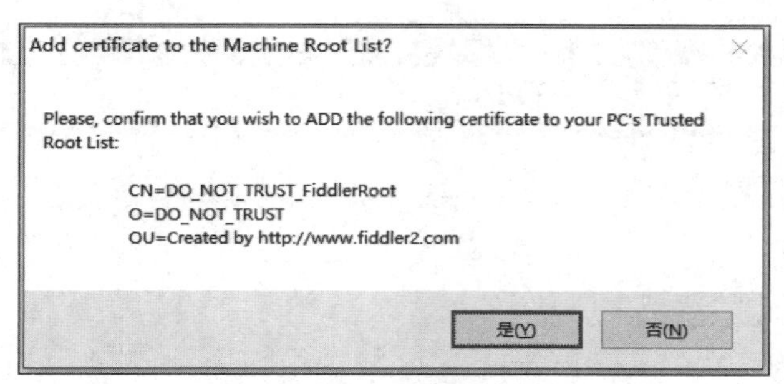

图 2-46　添加证书

Progress Telerik Fiddler Classic

File　Edit　Rules　Tools　View　Help

WinConfig　Replay　X▾　Go　Stream　Decode　Keep: All sessions ▾　Any Process　Find　Save

#	Result	Protocol	Host	URL	Body	Caching	Content-Type	Process
1	200	HTTP	Tunnel to	v10.events.data.microsoft.com:443	0			svchost:5660
2	200	HTTPS	www.zhihu.com	/question/375396826/answer/31...	23...	private, ...	text/html; c...	chrome:13884
3	200	HTTP	Tunnel to	static.zhihu.com:443	0			chrome:13884
4	200	HTTPS	zhihu-web-analyti...	/api/v2/za/logs/batch	0		text/html; c...	chrome:13884
5	200	HTTPS	zhihu-web-analyti...	/api/v3inv2/za/logs/batch	0		text/html; c...	chrome:13884
6	200	HTTP	Tunnel to	apm.zhihu.com:443	0			chrome:13884
7	200	HTTPS	apm.zhihu.com	/collector/apm	0			chrome:13884
8	200	HTTP	Tunnel to	pic1.zhimg.com:443	0			chrome:13884
9	200	HTTP	Tunnel to	hm.baidu.com:443	0			chrome:13884
10	200	HTTPS	pic1.zhimg.com	/v2-ae8cba7b20b258400d27adda...	4,...	public, m...	image/jpeg	chrome:13884
11	304	HTTPS	hm.baidu.com	/hm.js?98beee57fd2ef70ccdd5ca...	0	max-age...		chrome:13884
12	200	HTTPS	hm.baidu.com	/hm.gif?cc=1&ck=1&cl=24-bit&ds...	43	private, ...	image/gif	chrome:13884
13	200	HTTPS	www.zhihu.com	/commercial_api/banners_v3/ans...	1,...	private, ...	application/...	chrome:13884
14	200	HTTPS	www.zhihu.com	/api/v4/questions/375396826/con...	267	private, ...	application/...	chrome:13884
15	200	HTTPS	www.zhihu.com	/api/v4/answers/3124307547/rel...	248	private, ...	application/...	chrome:13884
16	200	HTTPS	www.zhihu.com	/api/v3/entity_word?type=answe...	56	private, ...	application/...	chrome:13884
17	200	HTTPS	www.zhihu.com	/api/v4/questions/375396826/fee...	9,...	private, ...	application/...	chrome:13884
18	200	HTTPS	www.zhihu.com	/api/v4/questions/375396826/dra...	3	private, ...	application/...	chrome:13884
19	200	HTTPS	www.zhihu.com	/api/v4/topics/rank_list/question/...	39	private, ...	application/...	chrome:13884
20	200	HTTP	Tunnel to	api.zhihu.com:443	0			chrome:13884
21	200	HTTPS	www.zhihu.com	/api/v4/questions/375396826/invi...	2	private, ...	application/...	chrome:13884
22	200	HTTPS	www.zhihu.com	/api/v4/members/huang-kang-36-...	965	private, ...	application/...	chrome:13884
23	200	HTTP	Tunnel to	content-autofill.googleapis.com:443	0			chrome:13884
24	200	HTTPS	www.zhihu.com	/api/v4/answers/3124307547/cop...	270	private, ...	application/...	chrome:13884
25	200	HTTPS	www.zhihu.com	/api/v4/answers/3124307547/fav...	370	private, ...	application/...	chrome:13884
26	200	HTTPS	www.zhihu.com	/api/v4/questions/375396826/simi...	596	private, ...	application/...	chrome:13884
27	200	HTTPS	api.zhihu.com	/v5.1/topics/question/375396826...	0	private, ...	text/html	chrome:13884
28	200	HTTPS	www.zhihu.com	/api/v4/market/rhea/questions/37...	95	private, ...	application/...	chrome:13884
29	200	HTTP	Tunnel to	api.zhihu.com:443	0			chrome:13884

Capturing　All Processes　1 / 124　https://www.zhihu.com/question/375396826/answer/3124307547

图 2-47　HTTPS 解密后的 Web Session

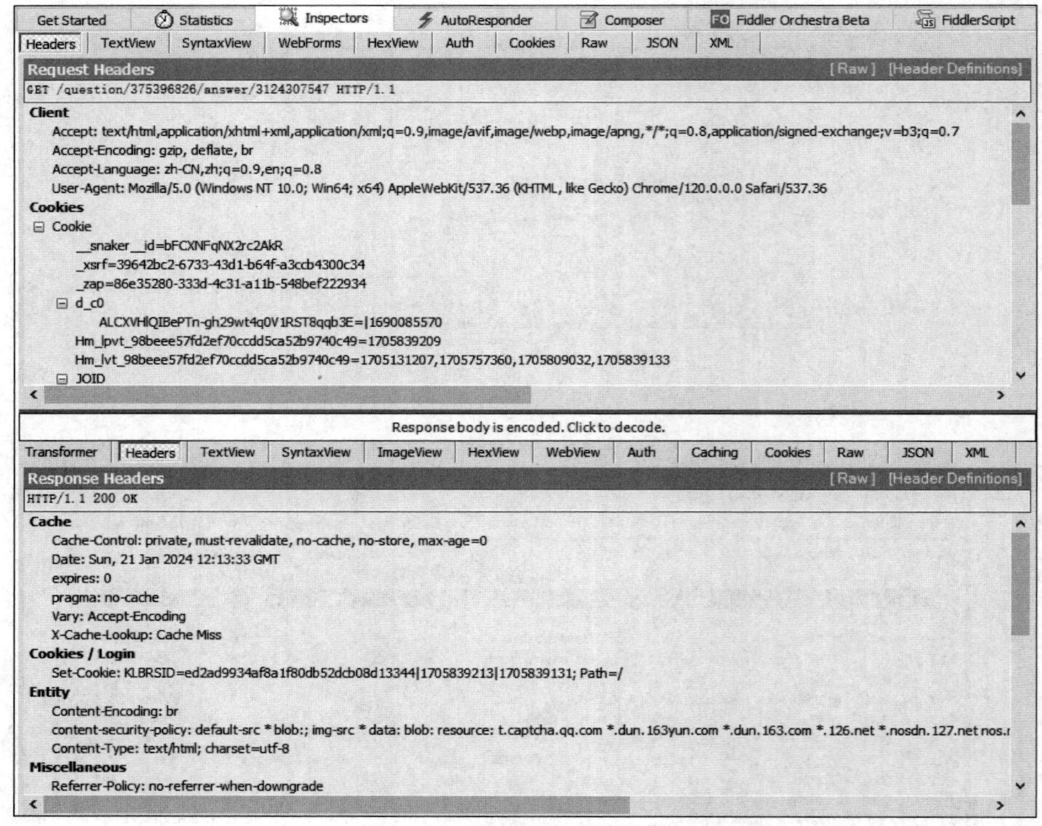

图 2-48 HTTPS 会话详细信息

第 3 章 TCP/IP

3.1 TCP

TCP 是传输层最重要的协议，提供了可靠、有序的数据传输，是多个广泛使用的表示层协议的运行基础，理解了 TCP 的基本原理，有助于更好地掌握仓颉语言网络编程。

3.1.1 TCP 报文格式

1981 年 IETF 的 RFC 793 定义了 TCP，该协议的报文格式如图 3-1 所示。

0 1 2 3 4 5 6 7 8 9 10 11 12 13 14 15 16 17 18 19 20 21 22 23 24 25 26 27 28 29 30 31

首部长度（4位）	保留位	URG	ACK	PSH	RST	SYN	FIN	窗口大小
源端口								目的端口
序号								
确认号								
首部长度（4位）	保留位	URG	ACK	PSH	RST	SYN	FIN	窗口大小
校验和								紧急指针
选项（变长，最长40字节）								
数据（变长）								

图 3-1　RFC 793 TCP 报文格式

2022 年 8 月 IETF 公布了 RFC 9293，该协议替代了 RFC 793，两者的差异很小，在 RFC 9293 中，保留位变成了 4 位，也就是最后两个保留位被使用了，作为控制位的前两位，协议报文格式如图 3-2 所示。

TCP 报文包括首部和数据两部分，其中首部包括 20 字节的固定部分和变长的选项，数据部分也是变长的。TCP 的功能体现在首部各字段上，下面分别介绍这些字段的作用。

1. 源端口和目的端口

每个主机上都运行着多个应用，当发送端主机发送的报文经过网络到达目的主机时，目的主机需要知道这个报文应该传递给哪一个具体的应用，这个区分是通过端口号实现的。IP 地址标识了一台主机，端口号标识了一个具体的应用；借用寄送快递来类比，IP 地址就相当于一个具体的物理地址，如山东省青岛市崂山区海尔路 1 号×××大厦，但是，这个××

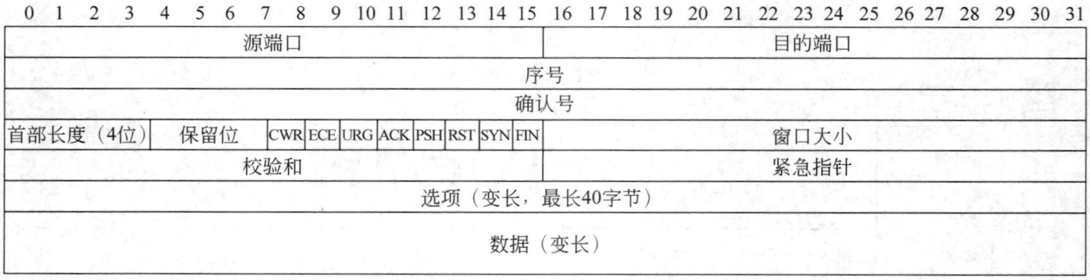
0 1 2 3 4 5 6 7 8 9 10 11 12 13 14 15 16 17 18 19 20 21 22 23 24 25 26 27 28 29 30 31
源端口
目的端口
序号
确认号
首部长度（4位）
保留位
CWR
ECE
URG
ACK
PSH
RST
SYN
FIN
窗口大小
校验和
紧急指针
选项（变长，最长40字节）
数据（变长）
图 3-2　RFC 9293 TCP 报文格式

×大厦里面有几百人，光凭这个地址还不能顺利送达，还需要具体的收件人姓名，例如张磊，这个姓名就相当于端口号，在这个地址里是唯一的。

源端口是发送端主机的端口号，目的端口是接收端主机的端口号，每个端口号用 16 位表示，占用 2 字节，由此可以推算出，每个主机最多有 65 536 个端口（在实际应用中端口号 0 不直接使用，一般用来表示所有端口或者动态端口）。

2. 序号和确认号

序号和确认号都分别占用 32 位，也就是 4 字节，它们是 TCP 实现可靠传输的关键。假如有 10 000 字节需要通过 TCP 进行传输，每次传输的数据量是 1000 字节，那么，可以对这 10 000 字节进行编号，从第 1 字节的 0 到最后一个的 9999，如图 3-3 所示。

	第1个报文段数据				第2个报文段数据				第N个报文段数据	第10个报文段数据			
序号	0	1	…	999	1000	1001	…	1999	…	9000	9001	…	9999

图 3-3　报文序号

当第 1 次传输数据时，序号为第 1 个报文段的开始序号，也就是 0（这个 0 是逻辑上的，实际上可能是 0～2^{32} 的一个数字），确认号表示已经收到了报文，期望发送方继续发送下一个报文段的第 1 字节数据的编号，这里因为是第 1 次发送报文，所以确认号是 0。当接收方接收到发送方的报文时，就回复一个确认报文，这时确认报文的序号还是 0，因为这个序号表示接收方第 1 个报文段的开始序号，但是，确认号变成了 1000，表示接收方已经收到了序号 1000 以前的所有报文，希望发送方开始发送从序号 1000 开始的下一个报文段（这里假设接收方只确认数据包，不发送其他数据，也就是确认报文的数据部分的长度为 0）。发送方收到该确认报文后，继续发送第 2 个报文段，此时序号变成了 1000，确认号变成了 1，这样一直下去，直到发送完所有数据，假如每次都可以顺利发送和接收，前 4 次收发报文的序号和确认号如表 3-1 所示。

表 3-1　前 4 次收发报文的序号和确认号

次　序	方　向	序　号	确　认　号
1	发送方到接收方	0	0
2	接收方到发送方	0	1000

续表

次　序	方　向	序　号	确　认　号
3	发送方到接收方	1000	1
4	接收方到发送方	1	2000

3. 首部长度

表示首部占用多少个 32 位，也就是多少个 4 字节，换句话说，首部的字节数量必须是 4 的整数倍数。因为 4 位最多表示 15，所以首部最多 60 字节，去掉首部固定部分的 20 字节，首部选项部分最多占用 40 字节。

4. 保留位

在 RFC 793 中占用 6 位，在 RFC 9293 中占用 4 位，保留以后使用，目前都置为 0。

5. 控制位

在 RFC 793 中占用 6 位，在 RFC 9293 中占用 8 位，功能如下所示。

1) CWR

CWR(Congestion Window Reduced)标志与后面的 ECE(ECN-Echo)标志都用于 IP 首部的 ECN 字段，如果 ECE 标志为 1，则通知对方已将拥塞窗口缩小。

2) ECE

若其值为 1，则会通知对方，从对方到本地的网络有阻塞。在收到数据包的 IP 首部中当 ECN 为 1 时将 TCP 首部中的 ECE 设为 1。

3) URG

将 URG(Urgent Pointer Field is Significant)设为 1，表示包中有需要紧急处理的数据，对于需要紧急处理的数据，与后面的紧急指针有关。

4) ACK

将 ACK(Acknowledgement Field is Significant)设为 1，确认应答的字段有效，TCP 规定除了最初建立连接时的 SYN 包之外该位必须设为 1。

5) PSH

将 PSH(Push Function)设为 1，表示需要将收到的数据立刻传给上层应用协议，若设为 0，则先对数据进行缓存。

6) RST

将 RST(Reset the Connection)设为 1，表示 TCP 连接出现异常必须强制断开连接。

7) SYN(Synchronize Sequence Numbers)

用于建立连接，将该位设为 1，表示这是一个连接请求或连接接受报文。

8) FIN

将 FIN(No more Data from Sender)设为 1，表明此报文段的发送端的数据已发送完毕，并要求释放连接。

6. 窗口大小

窗口大小字段用来控制对方发送的数据量，单位为字节。TCP 连接的一端根据设置的缓存空间大小确定自己的接收窗口大小，然后通知对方以确定对方的发送窗口的上限。窗口大小是一个 16 位的字段，所以窗口最大为 65 535。

7. 校验和

长度为 16 位，由发送端填充，接收端对 TCP 报文段执行 CRC 校验以验证 TCP 报文段在传输过程中是否损坏(校验过程中包括一个伪首部，伪首部的数据是从 IP 数据报头获取的，其目的是检测 TCP 数据段是否已经正确到达)，如果校验失败，则 TCP 直接丢弃这个报文段，这是 TCP 可靠传输的一个重要保障。

8. 紧急指针

长度为 16 位，它只在 URG 标志被设置为 1 时生效。

3.1.2 三次握手

TCP 传输的可靠性是建立在 TCP 连接的基础上的，TCP 的传输是双工的，也就是说报文可以同时在两个方向上传输，为了建立稳定的连接，传输的双方需要分别确认自己和对方都具备数据发送和接收能力，为了验证这种能力，就需要双方进行三次报文发送和接收，简称三次握手。下面通过一个实际的示例进行演示，客户端 IP 地址为 10.191.42.206，端口为 19516，服务器端 IP 地址为 1.15.152.31，端口为 6379，为了直观地展示握手过程，使用 Wireshark 捕获了双方通信的数据包，如图 3-4 所示。

No.	Time	Source	Destination	Protocol	Length	Info
47	1.813091	10.191.42.206	1.15.152.31	TCP	66	19516 → 6379 [SYN] Seq=0 Win=64240 Len=0 MSS=1460 WS=256 SACK_PERM 第1次握手
48	1.837924	1.15.152.31	10.191.42.206	TCP	66	6379 → 19516 [SYN, ACK] Seq=0 Ack=1 Win=64240 Len=0 MSS=1424 SACK_PERM WS=128 第2次握手
49	1.837991	10.191.42.206	1.15.152.31	TCP	54	19516 → 6379 [ACK] Seq=1 Ack=1 Win=132352 Len=0 第3次握手

图 3-4 三次握手

1. 第 1 次握手

客户端首先向服务器端发起连接请求，重点关注请求报文中的两个字段：一个是 SYN 标志，要置为 1；另一个是序号，会随机生成一个序号作为起始序号，第 1 次握手的报文如图 3-5 所示，图中封包字节区中的高亮部分即为 TCP 协议的首部。

根据 TCP 的格式，标识出序号、确认号和控制位等关键字段所占用的字节，如图 3-6 所示。

这里随机生成的初始序号为 11011101 00110101 11011110 01101100，即十进制的 3 711 295 084；因为是发起连接请求，所以确认号是 00000000 00000000 00000000 00000000，也就是十进制的 0；12 位控制位为 0000 00000010，只有 SYN 控制位被设置为 1，其余均为 0。

2. 第 2 次握手

服务器端收到客户端的连接请求后，如果同意连接就向客户端发送应答包，服务器端将第 1 次握手收到的客户端序号加 1 作为确认号，同时将 ACK 控制位设置为 1，然后生成服务器端的随机序号，把 SYN 控制位也设置为 1，第 2 次握手的报文如图 3-7 所示。

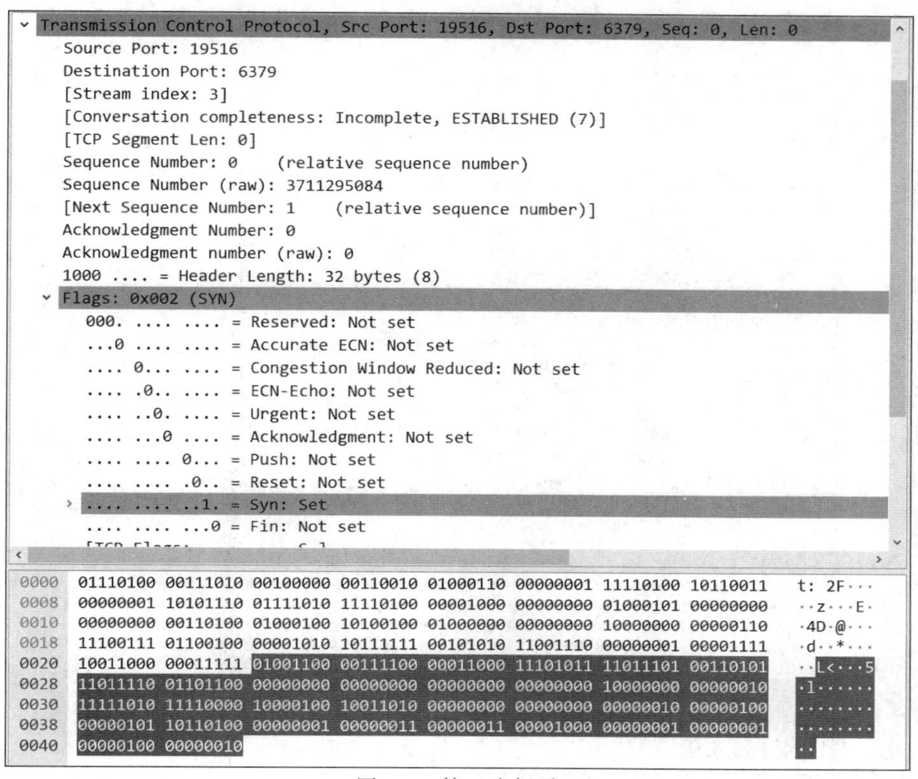

图 3-5 第 1 次握手

```
0020  10011000 00011111 01001100 00111100 00011000 11101011 11011101 00110101
0028  11011110 01101100 00000000 00000000 00000000 00000000 10000000 00000010
0030  11111010 11110000 10000100 10011010 00000000 00000000 00000010 00000100
0038  00000101 10110100 00000001 00000011 00000011 00001000 00000001 00000001
0040  00000100 00000010
```

图 3-6 第 1 次握手的关键字段

根据 TCP 的格式，标识出序号、确认号和控制位等关键字段所占用的字节，如图 3-8 所示。

这里随机生成的服务器端初始序号为 11101001 01011101 00111111 00111111，即十进制的 3 915 202 367；确认号是 11011101 00110101 11011110 01101101，也就是十进制的 3 711 295 085，正好比客户端发送的序号多 1；12 位控制位为 0000 00010010，其中 ACK 和 SYN 控制位都被设置为 1，其余均为 0。

3. 第 3 次握手

客户端收到了服务器端发送的应答包，并且发现 ACK 和确认号是正确的，表示从客户端到服务器端的通信链路是正常的，并且服务器端同意连接请求，这时客户端给服务器端回复一个应答包，在应答包里把收到的服务器端序号加 1 作为确认号，同时将 ACK 控制位设

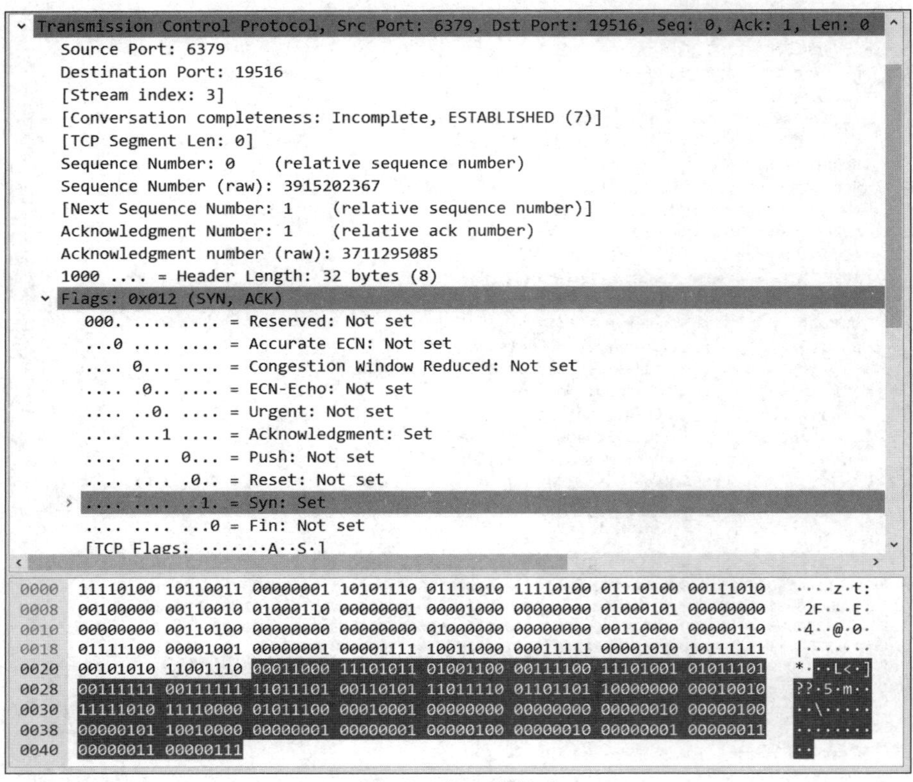

图 3-7 第 2 次握手

```
0020  00101010 11001110 00011000 11101011 01001100 00111100 11101001 01011101
0028  00111111 00111111 11011101 00110101 11011110 01101101 10000000 00010010
0030  11111010 11110000 01011100 00010001 00000000 00000000 00000010 00000100
0038  00000101 10010000 00000001 00000001 00000100 00000010 00000001 00000011
0040  00000011 00000111
```

图 3-8 第 2 次握手的关键字段

置为 1，服务器端收到应答包后发现 ACK 和确认号也是正确的，就表明客户端收到了服务器端的报文，这样客户端和服务器端就建立起了 TCP 连接。第 3 次握手的报文如图 3-9 所示。

根据 TCP 的格式，标识出序号、确认号和控制位等关键字段所占用的字节，如图 3-10 所示。

这里序号为 11011101 00110101 11011110 01101101，即十进制的 3 711 295 085，虽然 SYN 报文不包含数据，但是，TCP 协议规定了 SYN 报文也占用 1 个序号，所以客户端第 2 次向服务器端发送报文时，序号就比初始序号多 1；确认号是 11101001 01011101 00111111 01000000，也就是十进制的 3 915 202 368，比服务器端发送的序号多 1；12 位控制位为 0000 00010000，其中 ACK 控制位被设置为 1，其余均为 0。

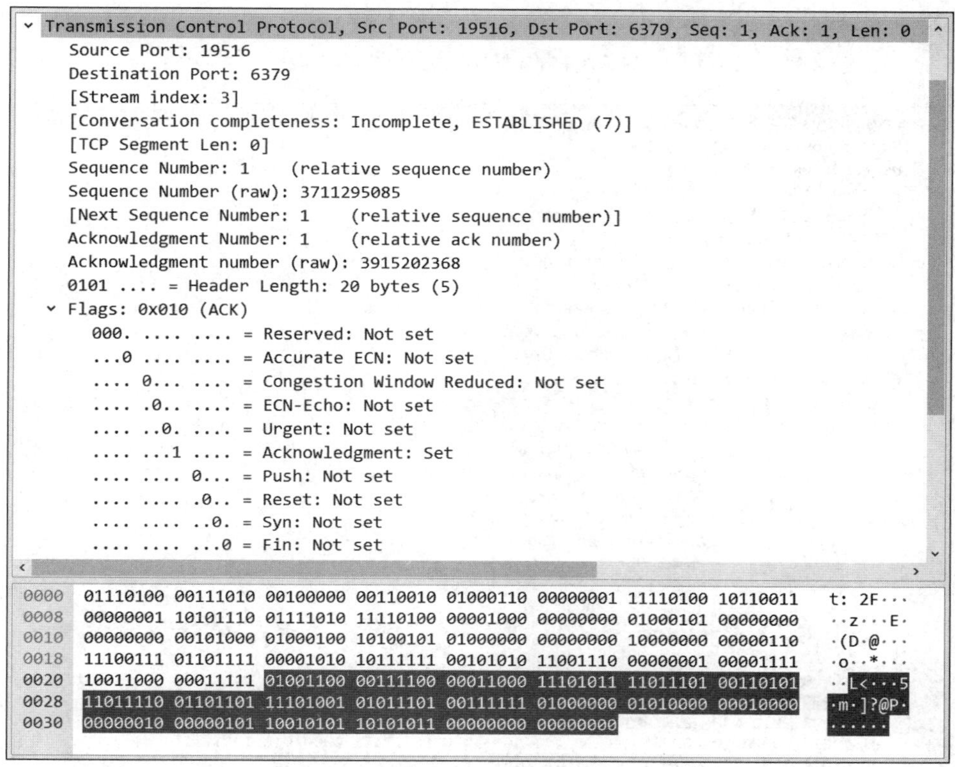

图 3-9 第 3 次握手

```
0020  10011000 00011111 01001100 00111100 00011000 11101011 11011101 00110101
0028  11011110 01101101 11101001 01011101 00111111 01000000 01010000 00010000
0030  00000010 00000101 10010101 10101011 00000000 00000000
```

图 3-10 第 3 次握手的关键字段

3.1.3 四次挥手

在 TCP 连接建立以后可以进行数据的传输，当数据传输完毕后，任何一方都可以提出断开连接的请求，这一点和建立连接时不同，建立连接时只能客户端发起连接。TCP 断开连接的过程需要发送 4 次数据包，被称为四次挥手。

下面通过一个实际的示例进行演示，客户端 IP 地址为 10.191.42.206，端口为 21826，服务器端 IP 地址为 1.15.152.31，端口为 6379，为了直观地展示挥手过程，使用 Wireshark 捕获了双方通信的数据包，本次断开连接是由服务器端发起的，如图 3-11 所示。

No.	Time	Source	Destination	Protocol	Length	Info	
404	11.173148	1.15.152.31	10.191.42.206	TCP	60	6379 → 21826 [FIN, ACK] Seq=42 Ack=20 Win=502 Len=0	第 1 次挥手
405	11.173171	10.191.42.206	1.15.152.31	TCP	54	21826 → 6379 [ACK] Seq=20 Ack=43 Win=517 Len=0	第 2 次挥手
406	11.173808	10.191.42.206	1.15.152.31	TCP	54	21826 → 6379 [FIN, ACK] Seq=20 Ack=43 Win=517 Len=0	第 3 次挥手
407	11.200788	1.15.152.31	10.191.42.206	TCP	60	6379 → 21826 [ACK] Seq=43 Ack=21 Win=502 Len=0	第 4 次挥手

图 3-11 四次挥手

1. 第 1 次挥手

服务器端发起断开连接请求，将控制位 FIN 设置为 1，如图 3-12 所示。

```
v Transmission Control Protocol, Src Port: 6379, Dst Port: 21826, Seq: 42, Ack: 20, Len: 0
    Source Port: 6379
    Destination Port: 21826
    [Stream index: 2]
    [Conversation completeness: Incomplete (28)]
    [TCP Segment Len: 0]
    Sequence Number: 42    (relative sequence number)
    Sequence Number (raw): 3931871351
    [Next Sequence Number: 43    (relative sequence number)]
    Acknowledgment Number: 20    (relative ack number)
    Acknowledgment number (raw): 1726936341
    0101 .... = Header Length: 20 bytes (5)
  v Flags: 0x011 (FIN, ACK)
      000. .... .... = Reserved: Not set
      ...0 .... .... = Accurate ECN: Not set
      .... 0... .... = Congestion Window Reduced: Not set
      .... .0.. .... = ECN-Echo: Not set
      .... ..0. .... = Urgent: Not set
      .... ...1 .... = Acknowledgment: Set
      .... .... 0... = Push: Not set
      .... .... .0.. = Reset: Not set
      .... .... ..0. = Syn: Not set
    > .... .... ...1 = Fin: Set

0000  11110100 10110011 00000001 10101110 01111010 11110100 01110100 00111010   ····z·t:
0008  00100000 00110010 01000110 00000001 00001000 00000000 01000101 00000000    2F···E·
0010  00000000 00101000 00101001 00010011 01000000 00000000 00110000 00000110   ·()·@·0·
0018  01010011 00000010 00000001 00001111 10011000 00011111 00001010 10111111   S·······
0020  00101010 11001110 00011000 11101011 01010101 01000010 11101010 01011011   *···UB·[
0028  10011000 01110111 01100110 11101110 11110101 00010101 01010000 00010001   ·wf···P·
0030  00000001 11110110 10010010 00011101 00000000 00000000 00000000 00000000   ········
0038  00000000 00000000 00000000 00000000                                       ····
```

图 3-12 第 1 次挥手

根据 TCP 的格式，标识出序号、确认号和控制位等关键字段所占用的字节，如图 3-13 所示。

```
0020  00101010 11001110 00011000 11101011 01010101 01000010 11101010 01011011
0028  10011000 01110111 01100110 11101110 11110101 00010101 01010000 00010001
0030  00000001 11110110 10010010 00011101 00000000 00000000 00000000 00000000
0038  00000000 00000000 00000000 00000000
```

图 3-13 第 1 次挥手的关键字段

可以看到，序号为 11101010 01011011 10011000 01110111，十进制形式为 3 931 871 351；控制位为 0000 00010001，其中 ACK 和 FIN 控制位都是 1，其余均为 0。因为断开连接前双方已经发送了多次数据包，所以本次 ACK 为 1 是正常的，这和发起连接时不同，那时为第 1 次发送数据包，ACK 为 0；此时服务器端进入 FIN_WAIT_1 状态。

2. 第 2 次挥手

客户端收到断开连接的请求后，发送应答包，表示收到了该请求，如图 3-14 所示。

根据 TCP 的格式，标识出序号、确认号和控制位等关键字段所占用的字节，如图 3-15

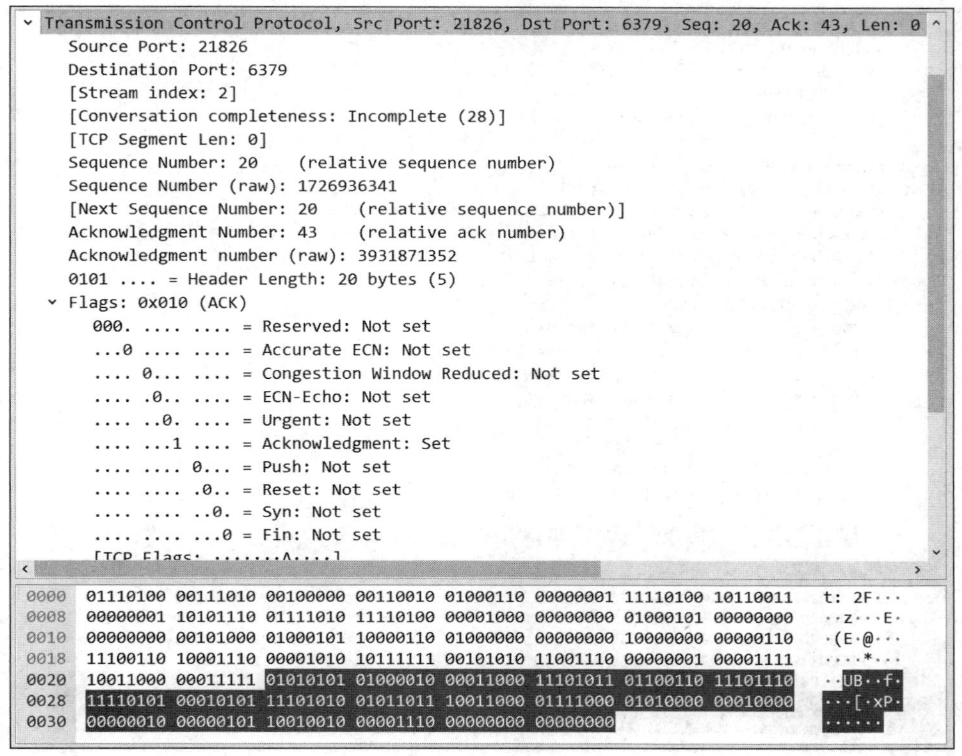

图 3-14 第 2 次挥手

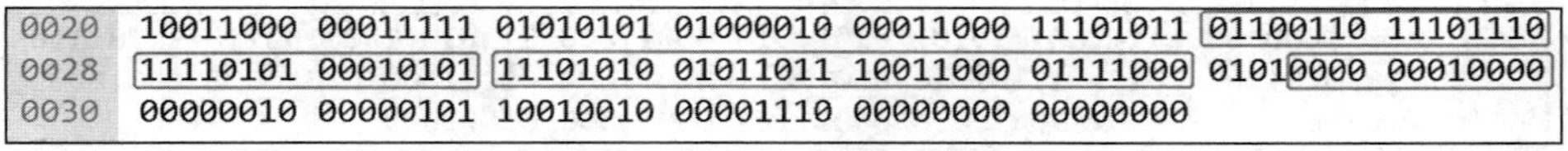

```
0020  10011000 00011111 01010101 01000010 00011000 11101011 01100110 11101110
0028  11110101 00010101 11101010 01011011 10011000 01111000 01010000 00010000
0030  00000010 00000101 10010010 00001110 00000000 00000000
```

图 3-15 第 2 次挥手的关键字段

所示。

可以看到,序号为 01100110 11101110 11110101 00010101,十进制形式为 1 726 936 341;确认号为 11101010 01011011 10011000 01111000,十进制形式为 3 931 871 352;控制位为 0000 00010000,ACK 控制位为 1,其余均为 0;此时客户端进入 CLOSE_WAIT 状态。

3. 第 3 次挥手

第 2 次挥手后,如果客户端还有需要发送给服务器端的数据,就继续发送,否则就将 FIN 数据包发送给服务器端,表示客户端也做好了断开连接的准备,报文如图 3-16 所示。

根据 TCP 的格式,标识出序号、确认号和控制位等关键字段所占用的字节,如图 3-17 所示。

可以看到,序号为 01100110 11101110 11110101 00010101,十进制形式为 1 726 936 341,和第 2 次挥手时的序号一样,这是因为四次挥手的报文都不包含数据,序号不改变,只有发送 FIN 数据包时序号才会加 1,第 2 次挥手发送的是确认包,不改变发送方的序号。确认号

```
Transmission Control Protocol, Src Port: 21826, Dst Port: 6379, Seq: 20, Ack: 43, Len: 0
    Source Port: 21826
    Destination Port: 6379
    [Stream index: 2]
    [Conversation completeness: Incomplete (28)]
    [TCP Segment Len: 0]
    Sequence Number: 20    (relative sequence number)
    Sequence Number (raw): 1726936341
    [Next Sequence Number: 21    (relative sequence number)]
    Acknowledgment Number: 43    (relative ack number)
    Acknowledgment number (raw): 3931871352
    0101 .... = Header Length: 20 bytes (5)
  Flags: 0x011 (FIN, ACK)
      000. .... .... = Reserved: Not set
      ...0 .... .... = Accurate ECN: Not set
      .... 0... .... = Congestion Window Reduced: Not set
      .... .0.. .... = ECN-Echo: Not set
      .... ..0. .... = Urgent: Not set
      .... ...1 .... = Acknowledgment: Set
      .... .... 0... = Push: Not set
      .... .... .0.. = Reset: Not set
      .... .... ..0. = Syn: Not set
      .... .... ...1 = Fin: Set
      [TCP Flags: .......A...F]

0000  01110100 00111010 00100000 00110010 01000110 00000001 11110100 10110011   t: 2F···
0008  00000001 10101110 01111010 11110100 00001000 00000000 01000101 00000000   ··z···E·
0010  00000000 00101000 01000101 10000111 01000000 00000000 10000000 00000110   ·(E·@···
0018  11100110 10001101 00001010 10111111 00101010 11001110 00000001 00001111   ····*···
0020  10011000 00011111 01010101 01000010 00011000 11101011 01100110 11101110   ··UB··f·
0028  11110101 00010101 11101010 01011011 10011000 01111000 01010000 00010001   ···[·xP·
0030  00000010 00000101 10010010 00001101 00000000 00000000                     ······
```

图 3-16　第 3 次挥手

```
0020  10011000 00011111 01010101 01000010 00011000 11101011 01100110 11101110
0028  11110101 00010101 11101010 01011011 10011000 01111000 01010000 00010001
0030  00000010 00000101 10010010 00001101 00000000 00000000
```

图 3-17　第 3 次挥手的关键字段

为 11101010 01011011 10011000 01111000，十进制形式为 3 931 871 352，因为没有收到新的服务器端数据包，所以也和第 2 次挥手时一样；控制位为 0000 00010001，ACK 和 FIN 控制位都为 1，其余均为 0；此时客户端进入 LAST_ACK 状态。

4. 第 4 次挥手

服务器端收到客户端发送的 FIN 数据包后，进入 TIME_WAIT 状态，然后将一个应答包回复给客户端，客户端收到该应答包后就进入 CLOSED 状态；服务器端在 TIME_WAIT 状态等待 2×MSL（Maximum Segment Lifetime，报文最大生存时间）时间后也进入 CLOSED 状态；这样双方就断开了 TCP 连接。第 4 次挥手的报文如图 3-18 所示。

根据 TCP 的格式，标识出序号、确认号和控制位等关键字段所占用的字节，如图 3-19 所示。

可以看到，序号为 11101010 01011011 10011000 01111000，十进制形式为 3 931 871 352；确认号为 01100110 11101110 11110101 00010110，十进制形式为 1 726 936 342；控制位为

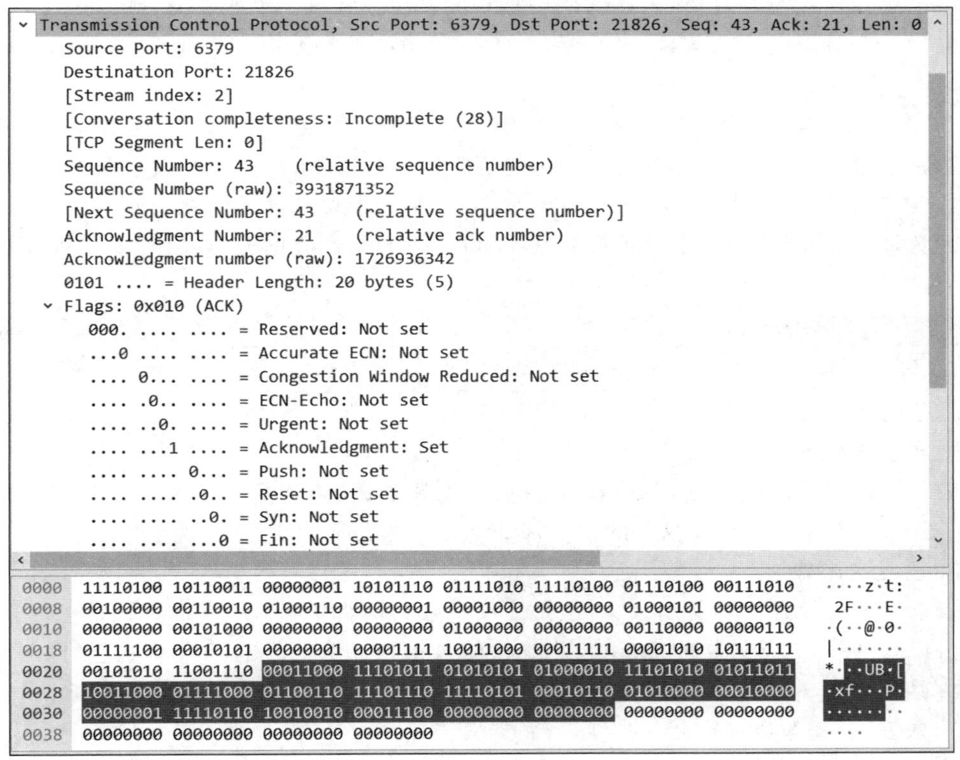

图 3-18 第 4 次挥手

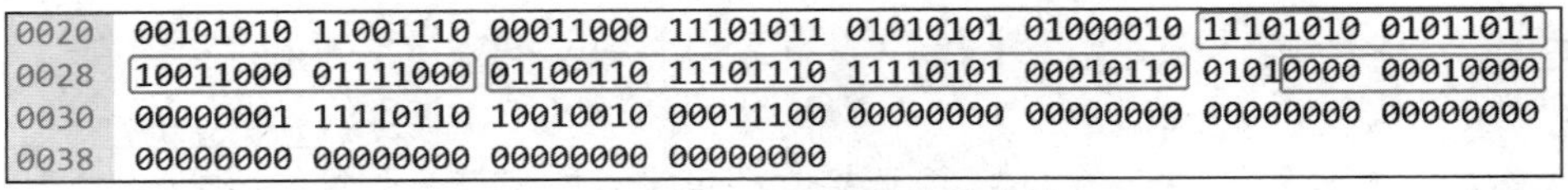

```
0020  00101010 11001110 00011000 11101011 01010101 01000010 11101010 01011011
0028  10011000 01111000 01100110 11101110 11110101 00010110 01010000 00010000
0030  00000001 11110110 10010010 00011100 00000000 00000000 00000000 00000000
0038  00000000 00000000 00000000 00000000
```

图 3-19 第 4 次挥手的关键字段

0000 00010000,ACK 控制位为 1,其余均为 0。

3.1.4 滑动窗口机制

在不可靠链路上实现可靠传输的基本原理是发送确认和超时重传,也就是说,当发送端发送完一个分组后,就处于等待状态,接收端将确认应答发送给发送端,发送端收到确认应答后开始下一次分组传输;如果发送端在规定的超时时间内没有收到确认应答,就重新传输该分组。这种确保分组可靠传输的机制又称为停等协议(stop-and-wait),是一种最简单、最基础的数据传输协议,但是,这种协议有一个非常致命的缺点,就是信道利用率非常低,每发送一个分组都需要等待确认,大部分时间被用于等待应答包。

解决停等协议低效问题的方法是发送端可以连续发送多个分组,不必每个分组都等待确认,接收端告诉发送端它的接收能力,只要在这个接收能力之内,发送端可以一直发送。

接收端回复确认应答时，可以累计确认，例如，接收端收到了 3 个连续的分组，只需向发送端发送最后一个分组的确认信息，表示最后一个及前面的分组全部收到了；这种机制被 TCP 采纳，称为滑动窗口机制。

TCP 是双工协议，会话的双方都各自维护一个发送端窗口和接收端窗口，接收端窗口的大小是由自己的系统、硬件及处理能力等因素决定的，发送端窗口的大小取决于对方的通知，在 TCP 的报文格式中，有一个窗口大小字段，是接收端对自己接收能力的声明。对于发送端的数据，结合滑动窗口的数据确认状态，可以分为 4 种数据类型，如图 3-20 所示。

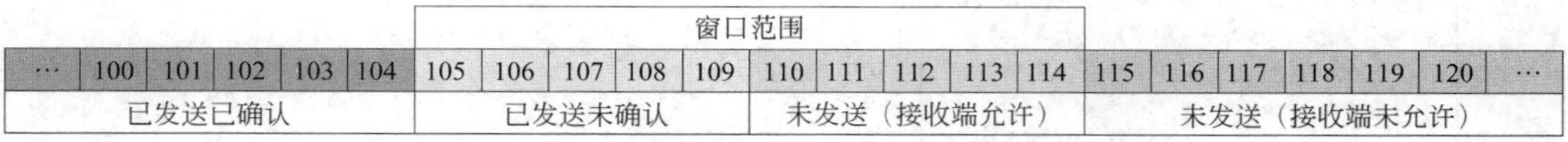

窗口范围

… 100 101 102 103 104 105 106 107 108 109 110 111 112 113 114 115 116 117 118 119 120 …

已发送已确认　已发送未确认　未发送（接收端允许）　未发送（接收端未允许）

图 3-20　滑动窗口的 4 种数据类型

1. 已发送已确认

表示已经发送给接收端，并且接收端确认收到了数据，该数据不属于发送端窗口的范围，在图 3-20 中编号 104 及以前的字节都处于已发送已确认状态。

2. 已发送未确认

表示已经从发送端发送出去了，但是还没有收到接收端确认报文的数据，该数据属于发送端窗口的范围，如果被接收端确认，则确认的数据将变为已发送已确认状态，同时窗口位置会右移。在图 3-20 中编号 105～109 的字节都处于已发送未确认状态。

3. 未发送（接收端允许）

表示还没有从发送端发送出去，但接收端同意接收数据，该数据属于发送端窗口范围，已经被加载到缓存中，需要尽快发送出去。在图 3-20 中编号 110～114 的字节都处于未发送（接收端允许）状态。

4. 未发送（接收端未允许）

表示还没有从发送端发送出去，而且接收端也没有同意接收数据，这部分数据超出了当前接收端所能接收的能力。在图 3-20 中编号 115 及之后的字节都处于未发送（接收端未允许）状态。

假如上述发送端数据有了如下变化：一是发送端收到了接收端的确认报文，确认编号 105 和 106 的数据已接收；二是原先未发送的数据 110 已经发送了出去，那么此时滑动窗口的状态如图 3-21 所示。

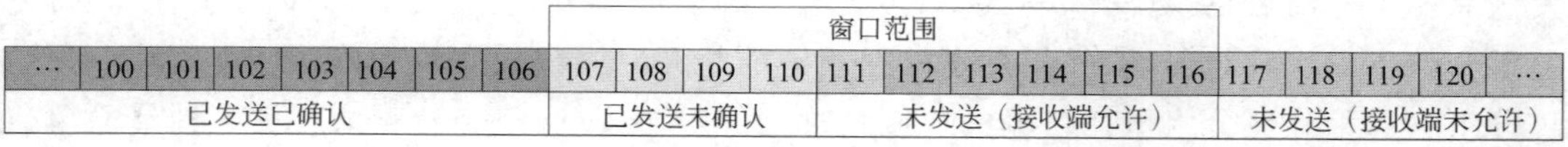

窗口范围

… 100 101 102 103 104 105 106 107 108 109 110 111 112 113 114 115 116 117 118 119 120 …

已发送已确认　已发送未确认　未发送（接收端允许）　未发送（接收端未允许）

图 3-21　窗口滑动

可以看到，窗口整体向右滑动了两字节，并且窗口范围内已发送未确认和未发送（接收端允许）的数据范围也发生了相应的改变。

3.2 UDP

UDP 也是传输层协议的一种，相对 TCP 来讲，它不需要建立连接，是不可靠、无序的，但是报文更简单，在特定场景下有更高的数据传输效率，在现代的网络通信中同样有广泛的应用。

UDP 报文格式如图 3-22 所示，包括固定 8 字节的首部和可变的数据部分。

位 0 1 2 3 4 5 6 7 8 9 10 11 12 13 14 15 16 17 18 19 20 21 22 23 24 25 26 27 28 29 30 31

0～15	16～31
源端口	目的端口
长度	校验和
数据（变长）	

图 3-22 UDP 报文格式

UDP 报文首部各个字段的说明如下。

1. 源端口

该字段占用 16 位，表示应用程序使用哪个端口发送数据，如果不需要对方回复，则可以使用 0。

2. 目的端口

该字段占用 16 位，表示接收端的端口。

3. 长度

该字段占用 16 位，表示包括首部字段在内的 UDP 数据包的长度。

4. 校验和

该字段占用 16 位，用来对数据包进行校验，检查在传输过程中是否存在差错，如果出错就丢弃。

一个典型的 UDP 报文如图 3-23 所示，该报文使用 Wireshark 捕获，图中封包字节区中

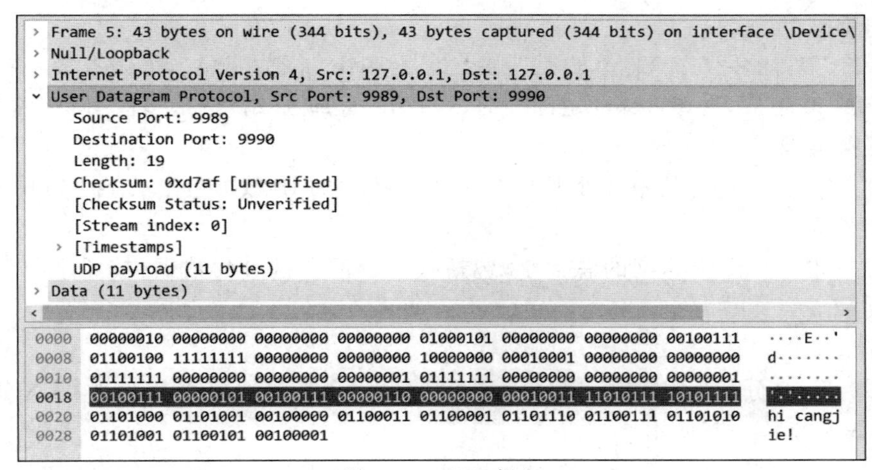

图 3-23 UDP 报文

的高亮部分即为 UDP 的首部。

3.3 IP

目前 IP 的两个版本(IPv4 和 IPv6)都处于正常使用状态,随着时间的推移,IPv6 会逐渐取代 IPv4 的统治地位,但这是一个漫长的过程,对于网络编程开发者来讲,两个协议都需要了解,特别是两个协议的报文格式有较大的区别,下面分别进行说明。

3.3.1 IPv4

IPv4 的报文格式如图 3-24 所示,如果不包含选项和数据,则单纯的报文首部占用固定的 20 字节,如果包含选项,则选项的字节数必须为 4 的倍数,不足部分使用 0 填充。

位 0 1 2 3 4 5 6 7 8 9 10 11 12 13 14 15 16 17 18 19 20 21 22 23 24 25 26 27 28 29 30 31

版本	首部长度	服务类型	总长度	
标识			标志位	分片偏移
存活时间		协议	首部校验和	
源IP地址				
目的IP地址				
选项（变长，最长40字节）				
数据（变长）				

图 3-24　IPv4 报文格式

IPv4 报文首部各个字段的说明如下。

1. 版本

该字段占用 4 位,对于 IP 来讲,可能是 0100 或者 0110,分别代表 IPv4 和 IPv6,该字段处于报文头位置,非常重要,决定了后续数据按照哪一个 IP 版本进行解析。

2. 首部长度

表示首部占用多少个 32 位,也就是多少个 4 字节。因为 4 位二进制数最多表示 15,所以首部最多 60 字节,去掉首部固定部分的 20 字节,首部选项部分最多占用 40 字节。

3. 服务类型

占用 8 位,指定特殊的报文处理方式,用于为不同的 IP 数据包定义不同的服务质量。

4. 总长度

占用 16 位,表示 IP 报文的总大小,包括报文首部和携带的数据,按照字节计数,所以 IPv4 报文的最大长度为 65 535。

5. 标识

用来实现 IP 分片的重组,标识分片属于哪个进程,不同进程通过不同 ID 区分,与标志位和分片偏移字段一起使用。

6. 标志位

占用 3 位,用来确认是否还有 IP 分片或是否能执行分片操作。

7. 分片偏移

占用 13 位,用于标识 IP 分片的位置,实现 IP 分片的重组。

8. 存活时间

IPv4 报文可以经过最多三层设备(如路由器)数,存活时间(Time To Live,TTL)的初始值由源主机设置,该值在经过一个处理它的三层设备时减 1,当 TTL 值减为 0 时被丢弃,此时会发送 ICMP 报文通知源主机,其所发送的报文并未到达目标地址。该字段主要是为了防止路由出现环路问题而导致 IP 报文在网络中不停地被转发。

9. 协议

标识上层所使用的协议,常用协议号如下。

- ICM:1
- IGMP:2
- TCP:6
- EGP:8
- UDP:17

10. 首部校验和

用于校验 IP 数据包是否完整或被修改,不包含数据部分,若校验失败,则丢弃数据包。

11. 源 IP 地址和目的 IP 地址

标识发送端和接收端的 IP 地址,各占用 32 位。

一个典型的 IPv4 报文如图 3-25 所示,该报文使用 Wireshark 捕获,图中封包字节区中的高亮部分即为 IPv4 协议的首部。

3.3.2 IPv6

IPv6 的报文格式如图 3-26 所示,首部中去除了 IPv4 中选项的概念,使用扩展首部代替首部中的选项功能;IPv6 首部固定占用 40 字节,这样可以大幅地提高路由器的处理效率,从而有助于提高网络的整体吞吐量。

IPv6 报文首部各个字段的说明如下。

1. 版本

该字段占用 4 位,和 IPv4 的作用一样,在 IPv6 中固定为 0110。

2. 流量区分

类似于 IPv4 中的服务类型,为报文赋予不同的类型,占用 8 位。

3. 流标识

用来标识对传输有特殊要求的流,占用 20 位。

4. 有效载荷长度

表示除固定首部以外的报文字节数,占用 16 位。

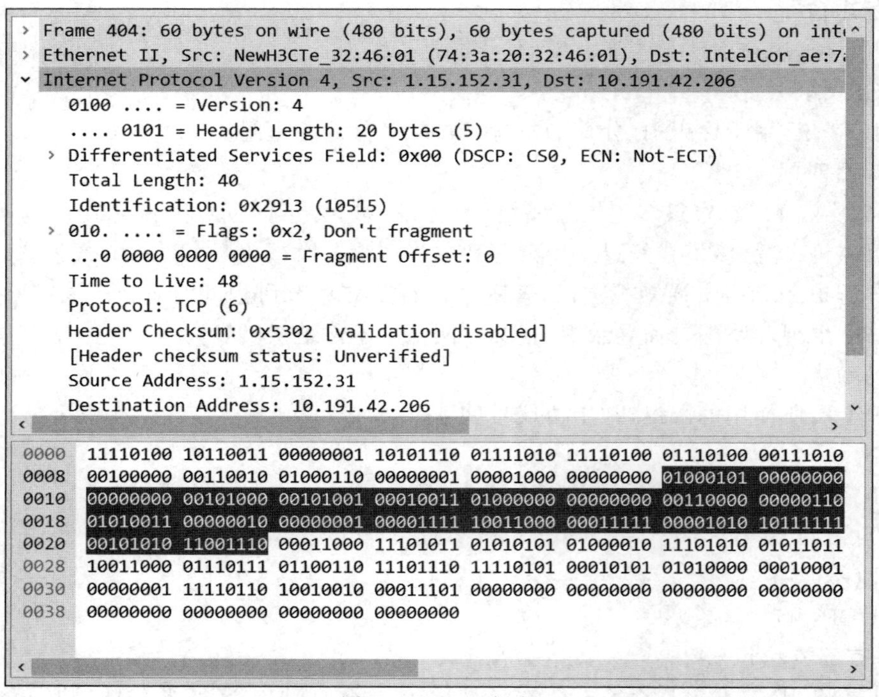

图 3-25 IPv4 报文

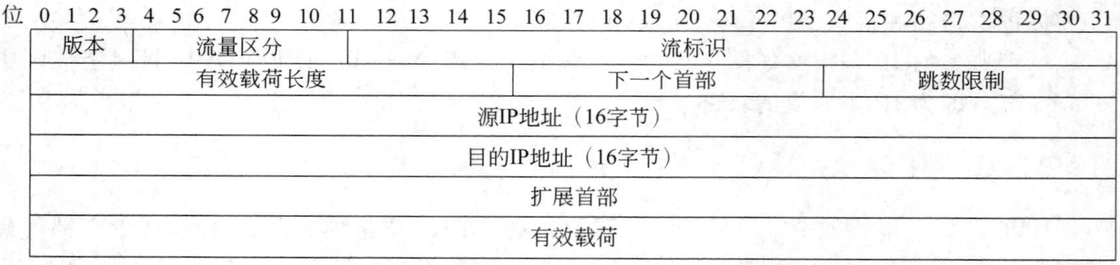

位 0 1 2 3 4 5 6 7 8 9 10 11 12 13 14 15 16 17 18 19 20 21 22 23 24 25 26 27 28 29 30 31

版本	流量区分	流标识	
有效载荷长度		下一个首部	跳数限制
源IP地址（16字节）			
目的IP地址（16字节）			
扩展首部			
有效载荷			

图 3-26 IPv6 报文格式

5. 下一个首部

相当于 IPv4 的协议字段，占用 8 位。

6. 跳数限制

相当于 IPv4 中的存活时间，占用 8 位。

7. 源 IP 地址和目的 IP 地址

标识发送端和接收端的 IP 地址，各占用 128 位。

一个典型的 IPv6 报文如图 3-27 所示，该报文使用 Wireshark 捕获，图中封包字节区中的高亮部分即为 IPv6 的首部。

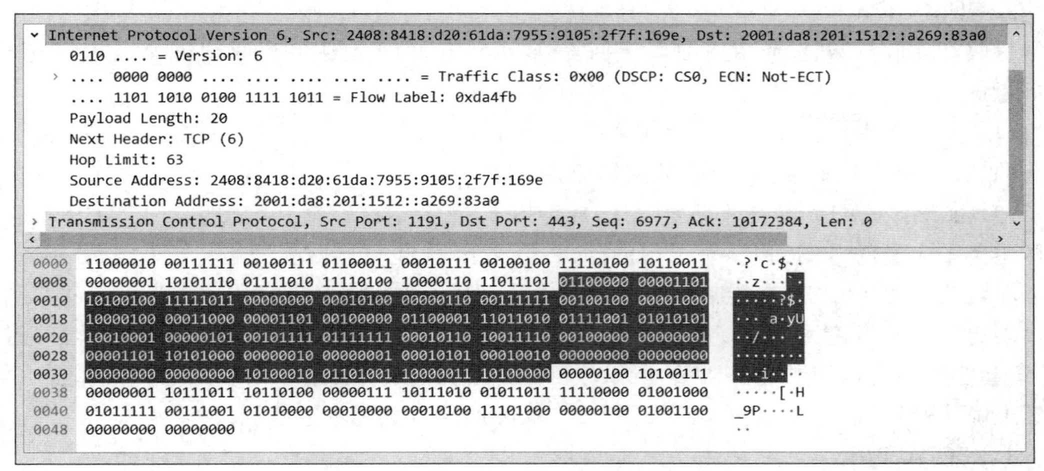

图 3-27 IPv6 报文

3.4 TCP/IP 高级选项

在 TCP 的发送端和接收端，对于报文的发送和确认可以配置不同的策略，这就是 TCP 套接字的 NODELAY 与 QUICKACK；对于连接存活的检测，可以通过 KEEPALIVE 配置，这些都是 TCP Socket 通信的常用高级选项，下面分别进行介绍。

1. NODELAY

以太网的最大传输单元(Maximum Transmission Unit，MTU)为 1500 字节，TCP 在发送报文时，为了避免被发送方分片会主动把数据分割成小段后再交给网络层，这个最大的分段大小称为 MSS(Max Segment Size)，MSS 的计算公式如下：

MSS＝MTU－IP 首部大小－TCP 首部大小

因为 IP 报文首部(IPv4)占用 20 字节，TCP 报文首部也占用 20 字节，所以 MSS 的大小为 1460 字节，如果一个报文的有效数据小于 MSS，则该报文可以被称为小包。

在一些特定情况下，如 Telnet 会有一字节一字节进行报文发送的情景，每次发送一字节的有效数据，就要额外发送 40 字节的首部信息，这在广域网上容易导致拥塞。为了解决类似的小包问题，TCP 引入了 Nagle 算法，该算法的规则如下：

(1) 如果包长度达到 MSS，则允许发送。

(2) 如果该包包含 FIN，则允许发送。

(3) 如果所有发出去的数据包均被确认，则允许发送。

(4) 如果发生了超时，则立即发送。

如果不满足上述条件，则 Nagle 算法会把数据累积起来不发送，使用 TCP 的 NODELAY 选项可以禁用 Nagle 算法，在默认情况下 Nagle 算法是启用的。

2. QUICKACK

接收端在收到数据后，并不是马上回复确认 ACK，而是延迟一段时间再确认，主要基于以下考虑：

（1）为了合并 ACK，如果连续收到两个 TCP 报文，并不一定需要 ACK 两次，只要回复最终的 ACK 就可以确认，从而降低网络流量。

（2）如果接收端恰好有数据要发送，就可以在发送数据的 TCP 报文里带上 ACK 信息。这样避免了大量的 ACK 以一个单独的 TCP 报文发送，也可以减少网络流量。

在默认情况下 TCP 套接字启用了延迟确认，但是，如果发送端启用了 Nagle 算法，而且接收端启用了延迟确认会出现什么情况呢？发送端尽可能延迟发送，接收端尽可能延迟确认，这会使网络延迟问题变得严重，所以尽可能不要同时启用，要么关闭 Nagle 算法，要么关闭延迟确认；通过设置 TCP 套接字的 QUICKACK 即可关闭延迟确认。

3. KEEPALIVE

在 TCP 连接建立后，如果网络一切正常，并且双方都没有主动发起关闭连接的请求，则此 TCP 连接理论上可以永久保持，但是，网络情况比较复杂，在双方长时间未通信时，如何得知对方还活着？如何得知当前连接是否仍然具备通信能力？而且，TCP 建立连接需要 3 次握手，需要双方分配资源，这说明 TCP 连接的建立是昂贵的，如果有必要，则可以持续保持连接，如果确认对方不再存活了，就可以关闭连接，从而释放资源。

TCP 的连接保活机制正是用来解决这个问题的，被称为 KEEPALIVE，当连接的一方等待超过一定时间后自动给对方发送一个空的报文，如果对方回复确认了，则证明连接还存活着，如果对方没有确认且进行多次尝试都是一样的结果，就认为连接已经丢失，没必要继续保持。该机制默认为关闭的，连接的任何一方都可开启此功能，通过 3 个主要参数来配置该功能。

1）tcp_keepalive_time

空闲时长，即每次正常发送心跳的周期，默认值为 7200s(2h)。

2）tcp_keepalive_intvl

探测报文的发送间隔，默认值为 75s。

3）tcp_keepalive_probes

计数器，如果没有接收到对方的确认报文，则继续发送保活探测报文次数，默认值为 9。

第 4 章 Socket 网络通信

一个通常的 Socket 网络通信，需要指定通信协议并提供源 IP 地址、源端口、目的 IP 地址、目的端口，它们构成了 Socket 通信的基础五元组；在此基础上，基于连接的通信还需要经过三次握手建立起连接，然后才可以正常地进行数据收发，这个过程具有一定的复杂性。为了方便开发者进行网络通信开发，简化相关程序代码的编写，仓颉封装了用于 Socket 通信的基础类库，位于 std 模块的 Socket 包下，导入方式如下：

```
from std import socket.*
```

下面详细讲解 Socket 包中常用接口的基本用法。

4.1 Socket 辅助类库

4.1.1 SocketAddressKind

SocketAddressKind 为枚举类型，表示 Socket 的地址类型，包括 IPv4、IPv6 和 UNIX 3 个构造器，分别代表字面意义上的地址类型。

4.1.2 IPMask

IPMask 类表示子网掩码，支持 IPv4 和 IPv6 协议的子网掩码(关于 IP 地址和子网掩码的详细介绍，可以参考本书 1.4 节)，IPMask 类包括的主要函数如下。

1) public init(buf: Array<UInt8>)

构造函数，使用指定的数组 buf 初始化实例。

2) public init(ones: Int64, bits: Int64)

构造函数，ones 表示子网掩码中 1 的位数，bits 表示子网掩码的总位数，其中 IPv4 的子网掩码总位数为 32，IPv6 的子网掩码总位数为 128。

3) public init(a: UInt8, b: UInt8, c: UInt8, d: UInt8)

构造函数，使用 IPv4 格式的子网掩码 a.b.c.d 初始化实例，其中 a、b、c、d 分别表示 IPv4 子网掩码的第 1、第 2、第 3、第 4 字节。

4) public func size(): (Int64, Int64)

返回子网掩码中 1 的位数和总的位数,因为子网掩码前部是连续的 1,后部是连续的 0,如果不符合这个规则,就不是合法的子网掩码,这时返回(0,0)。

5) public func toString(): String

返回字符串类型的 IPMask。

IPMask 类型的成员函数,示例代码如下:

```
//Chapter4/ip_mask/src/demo.cj

from std import socket.*

main() {
    let ipv4Mask = IPMask(255, 255, 254, 0)
    let ipv6Mask = IPMask(96, 128)

    printMaskInfo(ipv4Mask)
    printMaskInfo(ipv6Mask)
}

func printMaskInfo(ipMask: IPMask) {
    //输出子网掩码的十六进制字符串形式
    println("The subnet mask is:${ipMask}")

    let size = ipMask.size()

    //输出子网掩码中 1 的个数及总位数
    println("The subnet mask has a total of ${size[1]} bits, and the number of 1 is
${size[0]}")
}
```

编译后运行该示例,命令及输出如下:

```
cjc .\demo.cj
.\main.exe
The subnet mask is:FFFFFE00
The subnet mask has a total of 32 bits, and the number of 1 is 23
The subnet mask is:FFFFFFFFFFFFFFFFFFFFFFFF00000000
The subnet mask has a total of 128 bits, and the number of 1 is 96
```

4.1.3 SocketNet

SocketNet 为枚举类型,表示用于 Socket 通信的不同网络协议,包括 TCP、UDP 和 UNIX 3 个构造器,分别代表字面意义上的传输层协议类型。

4.1.4 SocketAddress

SocketAddress 类表示 Socket 地址,包括套接字地址类型、网络地址和端口号,主要成员属性如下。

1）public prop address：Array<UInt8>

获取 UInt8 数组形式的地址。

2）public prop hostAddress：String

获取字符串形式的主机地址，不包括端口号。

3）public prop hostName：Option<String>

获取主机名称。

4）public prop kind：SocketAddressKind

获取地址类型。

5）public prop port：UInt16

获取端口号。

6）public prop zone：Option<String>

获取 IPv6 地址族，如果不存在，则返回 None。

7）public prop defaultMask：Option<IPMask>

获取地址相关的默认子网掩码，对于 IPv4 类型的地址，如果是 A 类地址，则默认子网掩码为 FF000000；如果是 B 类地址，则默认子网掩码为 FFFF0000；如果是 C 类地址，则默认子网掩码为 FFFFFF00。

SocketAddress 类的构造函数如下。

1）public init(kind：SocketAddressKind，address：Array<UInt8>，port：UInt16)

使用指定的地址类型、地址和端口号初始化实例。

2）public init(hostAddress：String，port：UInt16)

使用指定的主机地址和端口号初始化实例。

3）public init(unixPath!：String)

使用连接的文件地址 unixPath 初始化实例。

SocketAddress 类的其他常用函数如下。

1）public func kapString()：String

获取字符串形式的 IP 协议、地址和端口号。

2）public func mask(mask：IPMask)：SocketAddressWithMask

使用传入的子网掩码 mask 处理当前地址，并返回一个带有子网掩码信息的 SocketAddressWithMask。

3）public func setHostName(name：String)：Unit

设置主机名称。

4）public static func resolve(domain：String，port：UInt16)：?SocketAddress

静态成员函数，解析域 domain 和端口 port 并构造为 SocketAddress 实例，如果 domain 为域名地址，则将对其进行解析，从而得到 IP 地址，并优先解析为 IPv4 地址。

5）public func toString()：String

返回字符串类型的套接字地址，包括地址和端口号。

6）public operator func ==（that：SocketAddress）：Bool

操作符重载函数，判断两个 SocketAddress 是否相等，如果相等，则返回值为 true，否则返回值为 false。

7）public operator func !=（that：SocketAddress）：Bool

操作符重载函数，判断两个 SocketAddress 是否不相等，如果不相等，则返回值为 true，否则返回值为 false。

SocketAddress 类型的示例代码如下，在该示例中，将构造几种形式的 SocketAddress，然后调用成员属性和函数输出该实例的相关信息：

```
//Chapter4/socket_address/src/demo.cj

from std import socket.*

main() {
    let ipv4SocketAddr = SocketAddress("172.16.1.8", 6379)
    let ipv6Loopback = SocketAddress(SocketAddressKind.IPv6, [0, 0, 0, 0, 0, 0, 0,
0, 0, 0, 0, 0, 0, 0, 0, 1], 8080)
    printSocketAddressInfo(ipv4SocketAddr)
    printSocketAddressInfo(ipv6Loopback)

    let resovedAddress = SocketAddress.resolve("180.76.198.77", 80)
    if (let Some(address) <- resovedAddress) {
        printSocketAddressInfo(address)
    }

    let resovedDomainAddress = SocketAddress.resolve("gitee.com", 80)
    if (let Some(address) <- resovedDomainAddress) {
        printSocketAddressInfo(address)
    }
}

//输出 Socket 地址的信息
func printSocketAddressInfo(socketAddr: SocketAddress) {
    //输出字符串形式的 IP 协议类型、地址和端口号
    println("The kapString is:${socketAddr.kapString()}")

    //输出字符串形式的地址和端口号
    println("The Socket Address is:${socketAddr}")

    //输出字符串形式的地址
    println("The hostAddress is:${socketAddr.hostAddress}")

    //输出默认子网掩码
```

```
    if (let Some(mask) <-socketAddr.defaultMask) {
        println("The mask is:${mask}")
    }

    println()
}
```

编译后运行该示例，命令及输出如下：

```
cjc .\demo.cj
.\main.exe
The kapString is:ipv4:172.16.1.8:6379
The Socket Address is:172.16.1.8:6379
The hostAddress is:172.16.1.8
The mask is:FFFF0000

The kapString is:ipv6:[::1]:8080
The Socket Address is:[::1]:8080
The hostAddress is:[::1]

The kapString is:ipv4:180.76.198.77:80
The Socket Address is:180.76.198.77:80
The hostAddress is:180.76.198.77
The mask is:FFFF0000

The kapString is:ipv4:180.76.198.77:80
The Socket Address is:180.76.198.77:80
The hostAddress is:180.76.198.77
The mask is:FFFF0000
```

4.1.5 SocketAddressWithMask

SocketAddressWithMask 类是 SocketAddress 类的子类，表示具有子网掩码的 Socket 地址，该地址经过了掩码处理，主要接口如下。

1）public mut prop ipMask：IPMask

和 Socket 地址相关联的子网掩码。

2）public init(kind：SocketAddressKind，address：Array<UInt8>，port：UInt16，mask:IPMask)

使用指定的地址类型、地址、端口号和子网掩码初始化实例。

3）public init(hostAddress：String，port：UInt16，mask：IPMask)

使用指定的主机地址、端口号和子网掩码初始化实例。

4）public init(socketAddr：SocketAddress，mask：IPMask)

使用指定的 Socket 地址和子网掩码初始化实例。

5）public func clone()：SocketAddressWithMask

克隆当前实例并返回。

6）public override func toString()：String

返回当前实例的字符串形式，包括子网掩码和端口号。

SocketAddressWithMask 类型的示例代码如下：

```
//Chapter4/socket_address_with_mask/src/demo.cj

from std import socket.*

main() {
    let ipv4Mask = IPMask(255, 255, 255, 0)
    let ipv4SocketAddr = SocketAddress("192.168.1.8", 6379)
    let socketAddrWithMask = ipv4SocketAddr.mask(ipv4Mask)

    let newAddrMask = socketAddrWithMask.clone()

    println("kapString:${newAddrMask.kapString()}")
    println("ipMask:${newAddrMask.ipMask}")
    println("SocketAddressWithMask:${newAddrMask}")
}
```

编译后运行该示例，命令及输出如下：

```
cjc .\demo.cj
.\main.exe
kapString:ipv4:192.168.1.0:6379
ipMask:FFFFFF00
SocketAddressWithMask:192.168.1.0/24:6379
```

4.1.6 SocketKeepAliveConfig

SocketKeepAliveConfig 用来对 TCP 连接的保活机制进行配置，关于连接保活的详细介绍见 3.4 节的第 3 部分 KEEPALIVE。SocketKeepAliveConfig 的主要接口如下。

1）public let idle：Duration

允许 Socket 连接空闲的时长，如果超过该空闲时长，则将关闭连接。

2）public let interval：Duration

保活报文发送周期，即每次正常发送心跳的周期。

3）public let count：UInt32

查询连接是否失效的报文个数，如果没有接收到对方的确认报文，则继续发送保活探测报文的次数。

4）public init(idle!：Duration = Duration.second * 45，interval!：Duration = Duration.second * 5，count!：UInt32 = 5)

初始化 SocketKeepAliveConfig 实例对象，默认允许空闲的时长为 45s，默认保活报文发送周期为 45s，默认查询连接是否失效的报文个数为 5 个。

5）public init(idleSeconds：UInt32，intervalSeconds：UInt32，count：UInt32)

初始化 SocketKeepAliveConfig 实例对象，其中参数 idleSeconds 为允许空闲的时长，intervalSeconds 为保活报文发送周期，count 为查询连接是否失效的报文个数。

4.1.7　SocketOptions

结构体，成员变量为配置 SocketOption 所需要的常量值，主要成员如下。

- SOL_SOCKET：表示 Socket 层。
- IPPROTO_TCP：表示 TCP 层。
- IPPROTO_UDP：表示 UDP 层。
- SO_KEEPALIVE：保活。
- TCP_NODELAY：延时选项。
- TCP_QUICKACK：快速确认选项。
- SO_LINGER：延迟关闭。
- SO_SNDBUF：发送缓冲区。
- SO_RCVBUF：接收缓冲区。
- SO_REUSEADDR：地址重用。
- SO_REUSEPORT：端口重用。
- SO_BINDTODEVICE：绑定到设备。

4.2　Socket 基础接口

4.2.1　StreamingSocket

双工流式 Socket 的接口，支持读写，可以保证数据传输的顺序，但不能保证收发时分包策略和大小一致(详细分析见第 5 章)，可以设置绑定的本地地址或者连接的远端地址，主要成员属性如下。

1）prop localAddress：SocketAddress

Socket 的本地地址。

2）prop remoteAddress：SocketAddress

Socket 的远端地址。

3）mut prop readTimeout：?Duration

读超时时间。Socket 在读取数据时，如果没有数据到来，则会默认一直阻塞等待；如果设置了该属性，则超过该时间后会触发超时。如果设置的超时时间过小，则会被设置为最小时钟周期值；如果过大，则会被设置为 None；如果小于 0，则将抛出 IllegalArgumentException

异常；默认值为 None。

4）mut prop writeTimeout：?Duration

写超时时间。Socket 在写入数据时，如果缓存不足，或者写入速度快于转发速度，则写操作将会阻塞等待缓存空闲；如果设置了该属性，则超过该时间后会触发超时。如果设置的超时时间过小，则会被设置为最小时钟周期值；如果过大，则会被设置为 None；如果小于 0，则将抛出 IllegalArgumentException 异常；默认值为 None。

4.2.2 DatagramSocket

数据包套接字接口，数据包大小由发送端决定，如果接收端成功接收，则会得到完整的数据包，但这种套接字是一种不可靠的传输类型，不能保证传输的数据顺序，也就是说，如果发送了多个数据包，则接收端接收的数据包顺序不是固定的，也不能保证一定收到。

DatagramSocket 的主要成员属性和成员函数如下。

1）prop localAddress：SocketAddress

Socket 的本地地址。

2）prop remoteAddress：?SocketAddress

Socket 已经连接的远端地址，如果尚未连接，则返回 None。

3）mut prop receiveTimeout：?Duration

调用 receiveFrom 函数时的超时时间。Socket 在读取数据时，如果没有数据到来，则会默认一直阻塞等待；如果设置了该属性，则超过该时间后会触发超时。如果设置的超时时间过小，则会被设置为最小时钟周期值；如果过大，则会被设置为 None；如果小于 0，则将抛出 IllegalArgumentException 异常；默认值为 None。

4）mut prop sendTimeout：?Duration

调用 sendTo 函数时的超时时间。如果设置了该属性，则超过该时间后会触发超时；如果设置的超时时间过小，则会被设置为最小时钟周期值，如果过大，则会被设置为 None，如果小于 0，则将抛出 IllegalArgumentException 异常；默认值为 None。

5）func receiveFrom(buffer：Array＜Byte＞)：(SocketAddress，Int64)

阻塞式等待收取报文并存储到缓存空间 buffer 中，返回值为包含两个元素的元组类型，第 1 个元素为报文发送地址，第 2 个元素为收取到的报文大小。需要注意的是，本接口的实现协议一般是 UDP，而 UDP 会一次性收取整个数据包，需要保证缓存空间 buffer 能容纳完整的报文，否则报文会被截断并抛出 SocketException 异常。

6）func sendTo(address：SocketAddress，payload：Array＜Byte＞)：Unit

将 payload 承载的报文发送到指定的远端地址，当对端无足够缓存时此操作可能被阻塞，报文可能被丢弃。

4.2.3 ServerSocket

表示服务器端的套接字接口，主要成员属性和成员函数如下。

1）prop localAddress：SocketAddress

Socket 的本地地址。

2）func bind()：Unit

绑定套接字。

3）func accept(timeout!：?Duration)：StreamingSocket

阻塞式等待客户端的连接请求，如果没有连接就一直等待，直到 timeout 指定的超时时间，然后抛出 SocketTimeoutException 异常；连接成功后返回 StreamingSocket 类型的客户端套接字。

4）func accept()：StreamingSocket

阻塞式等待客户端的连接请求，该函数的内部是通过如下调用实现的：

```
accept(timeout: None)
```

执行时会一直阻塞等待，超时时间设置为 None。

4.3 TcpSocket

TcpSocket 是仓颉封装的进行 TCP 网络通信的套接字类，继承自 StreamingSocket 接口，可以执行连接远端套接字、收发数据等操作。TcpSocket 使用 connect 函数创建连接，在结束时需要显式调用 close 函数关闭连接，包括以下主要成员属性。

1）public override prop remoteAddress：SocketAddress

获取远程主机地址。

2）public override prop localAddress：SocketAddress

获取本地主机地址。

3）public mut prop bindToDevice：?String

设置或者读取绑定的网卡。

4）public override mut prop writeTimeout：?Duration

写超时时间，详细见接口介绍。

5）public override mut prop readTimeout：?Duration

读超时时间，详细见接口介绍。

6）public mut prop keepAlive：?SocketKeepAliveConfig

获取或者设置连接的保活配置，None 表示关闭保活，当用户未设置时将使用系统默认配置。设置此配置可能会被延迟或被系统忽略，取决于系统的处理能力。

7）public mut prop noDelay：Bool

获取或设置套接字的 TCP_NODELAY 属性，关于该属性的详细介绍见 3.4 节的第 1 部分 NODELAY。

8) public mut prop quickAcknowledge: Bool

获取或设置套接字的 TCP_QUICKACK 属性,关于该属性的详细介绍见 3.4 节的第 2 部分 QUICKACK。

9) public mut prop linger: ?Duration

获取或设置 Socket 的 SO_LINGER 选项,用来影响 Socket 关闭时的行为,如果设置为 None,则表示禁用该选项。

当将 linger 设置为 Some(v)时,Socket 关闭时如果缓冲区中有待发送的数据,则将在关闭前等待 v 时间,如果超过该时间仍未发送完毕,则连接将被异常终止(通过 RST 报文关闭)。

如果 linger 被设置为 None,则当套接字关闭时,连接将被立即关闭,如果当前没有待发送的数据,则使用 FIN-ACK 关闭连接,如果还有待发送的数据,则使用 RST 关闭连接。

10) public mut prop sendBufferSize: Int64

获取或设置 Socket 发送缓冲区的容量上限,对应 Socket 的 SO_SNDBUF 选项,生效情况取决于系统。

11) public mut prop receiveBufferSize: Int64

获取或设置 Socket 接收缓冲区的容量上限,对应 Socket 的 SO_RCVBUF 选项,生效情况取决于系统。

TcpSocket 类的构造函数如下。

1) public init(address: String, port: UInt16)

使用指定的远程主机地址和远程主机端口号初始化未连接的套接字,目前仅支持 IPv4 地址。

2) public init(address: SocketAddress)

使用远端 Socket 地址初始化未连接的套接字,目前仅支持 IPv4 地址。

3) public init(address: SocketAddress,localAddress!: ?SocketAddress)

使用远端 Socket 地址和将要绑定到的本地地址初始化未连接的套接字,目前仅支持 IPv4 地址。当本地地址为 None 时,将随机选定地址进行绑定,如果不为 None,则需要默认将 Socket 的 SO_REUSEADDR 选项设置为 true,否则可能导致"address already in use"错误。

TCPSocket 类的其他常用函数如下。

1) public func connect(timeout!: ?Duration = None): Unit

与远端服务器建立连接,timeout 表示连接超时时间。连接操作无重试,当服务器端拒绝连接时将返回连接失败。如果将 timeout 设置为 None,则表示无超时时间,这不代表没有超时,而是使用系统默认的配置进行连接,实际的行为和具体的系统有关;当 timeout 大于或等于 Duration.Zero 时,如果超过该时间仍未建立连接,则将抛出 SocketTimeoutException 异常。

下面通过一个示例演示不同超时时间下网络连接的行为,在这个示例中,生成了 4 个 TcpSocket 实例,分别连接 4 个不存在的服务器(连接最终肯定会失败);第 1 个实例的超时时间设置为 None，第 2 个实例的超时时间设置为 0s，第 3 个实例的超时时间设置为 3s，第 4 个实例的超时时间设置为 9s，代码如下：

```
//Chapter4/connect_timeout/src/demo.cj

from std import socket.*
from std import time.*

main() {
    //开始时间
    println(DateTime.now())

    try {
        let socket = TcpSocket("192.168.5.1", 10000)
        socket.connect()
    } catch (err: Exception) {
        println(err)
    }

    //不设置超时时间的结束时间
    println(DateTime.now())

    try {
        let socket = TcpSocket("192.168.6.1", 10000)
        socket.connect(timeout: Duration.Zero)
    } catch (err: Exception) {
        println(err)
    }

    //将超时时间设置为 0 的结束时间
    println(DateTime.now())

    try {
        let socket = TcpSocket("192.168.7.1", 10000)
        socket.connect(timeout: Duration.second * 3)
    } catch (err: Exception) {
        println(err)
    }

    //设置 3s 超时时间的结束时间
    println(DateTime.now())

    try {
        let socket = TcpSocket("192.168.8.1", 10000)
        socket.connect(timeout: Duration.second * 9)
    } catch (err: Exception) {
        println(err)
    }
```

```
    //设置 9s 超时时间的结束时间
    println(DateTime.now())
}
```

在 Windows 10 系统下编译后运行该示例，命令及输出如下：

```
cjc .\demo.cj
.\main.exe
2024-03-04T23:50:31.2292642Z
SocketException: Failed to connect 10060: A connection attempt failed because the
connected party did not properly respond after a period of time, or established
connection failed because connected host has failed to respond.
2024-03-04T23:50:52.2652519Z
SocketTimeoutException: Failed to connect: connect timeout.
2024-03-04T23:50:52.2661631Z
SocketTimeoutException: Failed to connect: connect timeout.
2024-03-04T23:50:55.2786749Z
SocketTimeoutException: Failed to connect: connect timeout.
2024-03-04T23:51:04.2960708Z
```

输出显示，当将超时时间设置为 None 时，连接从开始到抛出异常使用了大概 21s 时间；当设置为 Duration.Zero 时，立刻抛出异常；当设置为 3s 的超时时间时，抛出异常大概也是 3s；当设置为 9s 的超时时间时，抛出异常大概是 9s。使用 Wireshark 进行抓包分析，详细的连接过程如图 4-1 所示。

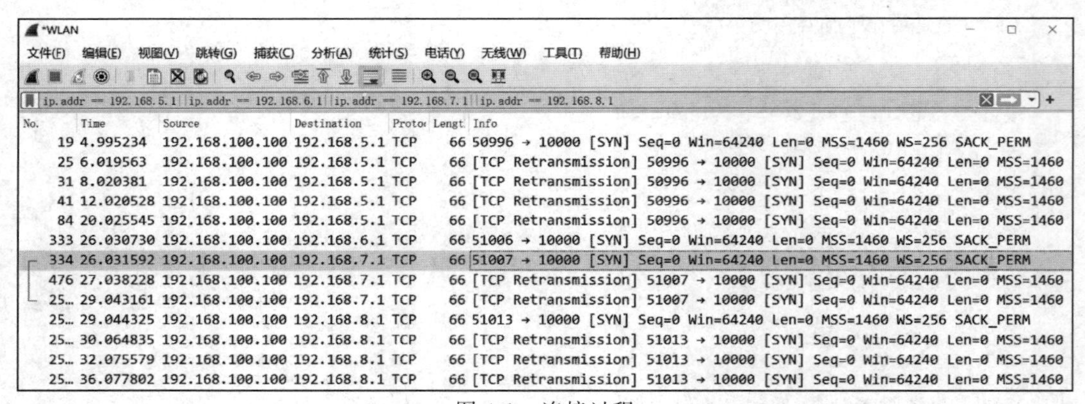

No.	Time	Source	Destination	Protoc	Lengt	Info
19	4.995234	192.168.100.100	192.168.5.1	TCP	66	50996 → 10000 [SYN] Seq=0 Win=64240 Len=0 MSS=1460 WS=256 SACK_PERM
25	6.019563	192.168.100.100	192.168.5.1	TCP	66	[TCP Retransmission] 50996 → 10000 [SYN] Seq=0 Win=64240 Len=0 MSS=1460
31	8.020381	192.168.100.100	192.168.5.1	TCP	66	[TCP Retransmission] 50996 → 10000 [SYN] Seq=0 Win=64240 Len=0 MSS=1460
41	12.020528	192.168.100.100	192.168.5.1	TCP	66	[TCP Retransmission] 50996 → 10000 [SYN] Seq=0 Win=64240 Len=0 MSS=1460
84	20.025545	192.168.100.100	192.168.5.1	TCP	66	[TCP Retransmission] 50996 → 10000 [SYN] Seq=0 Win=64240 Len=0 MSS=1460
333	26.030730	192.168.100.100	192.168.6.1	TCP	66	51006 → 10000 [SYN] Seq=0 Win=64240 Len=0 MSS=1460 WS=256 SACK_PERM
334	26.031592	192.168.100.100	192.168.7.1	TCP	66	51007 → 10000 [SYN] Seq=0 Win=64240 Len=0 MSS=1460 WS=256 SACK_PERM
476	27.038228	192.168.100.100	192.168.7.1	TCP	66	[TCP Retransmission] 51007 → 10000 [SYN] Seq=0 Win=64240 Len=0 MSS=1460
25…	29.043161	192.168.100.100	192.168.7.1	TCP	66	[TCP Retransmission] 51007 → 10000 [SYN] Seq=0 Win=64240 Len=0 MSS=1460
25…	29.044325	192.168.100.100	192.168.8.1	TCP	66	51013 → 10000 [SYN] Seq=0 Win=64240 Len=0 MSS=1460 WS=256 SACK_PERM
25…	30.064835	192.168.100.100	192.168.8.1	TCP	66	[TCP Retransmission] 51013 → 10000 [SYN] Seq=0 Win=64240 Len=0 MSS=1460
25…	32.075579	192.168.100.100	192.168.8.1	TCP	66	[TCP Retransmission] 51013 → 10000 [SYN] Seq=0 Win=64240 Len=0 MSS=1460
25…	36.077802	192.168.100.100	192.168.8.1	TCP	66	[TCP Retransmission] 51013 → 10000 [SYN] Seq=0 Win=64240 Len=0 MSS=1460

图 4-1　连接过程

从图 4-1 可以看出，当将超时时间设置为 None 时，进行了 5 次连接尝试，每次重试之间的时间间隔依次是 1s、2s、4s 和 8s；当设置为 Duration.Zero 时只连接了一次；当设置 3s 超时时间时进行了 3 次连接，当设置 9s 超时时间时进行了 4 次连接，每次连接的重试时间都满足第 1 次为 1s，后续每次翻倍的规则。上述的连接行为只是 Windows 系统下的表现，在 Linux 系统下的情况有所不同，如果在 Ubuntu 18.04 版本的操作系统上运行上述示例，则命令及输出如下：

```
cjc .\demo.cj
./main
2024-03-05T07:44:17.508378519+08:00
SocketException: Failed to connect 110: Connection timed out.
2024-03-05T07:46:28.42421421+08:00
SocketTimeoutException: Failed to connect: connect timeout.
2024-03-05T07:46:28.424322982+08:00
SocketTimeoutException: Failed to connect: connect timeout.
2024-03-05T07:46:31.428236126+08:00
SocketTimeoutException: Failed to connect: connect timeout.
2024-03-05T07:46:40.437451837+08:00
```

输出信息表明，当将超时时间设置为 None 时，系统抛出异常的时间大概为 130s。这是因为，Linux 默认会尝试连接 7 次，每次连接后的等待秒数依次为 1s、2s、4s、8s、16s、32s、64s，加起来正好是 127s，加上连接过程耗费的时间，恰好符合 130s 抛出异常的现象。

2）public override func read(buffer：Array<Byte>)：Int64

在指定的时间间隔 readTimeout 内从已经建立的 Socket 连接中读取数据，将数据读取的结果存储到 buffer 中，从 buffer 的下标 0 位置处开始存储，返回值为读取的字节数，如果读取时对方已关闭，则返回 0。如果无法读取数据，则会一直等待，直到超时抛出 SocketTimeoutException 异常。

3）public override func write(payload：Array<Byte>)：Unit

在指定的时间间隔 writeTimeout 内将 payload 中的数据写入已经建立的 Socket 连接中，如果写入失败，则抛出异常。

4）public func close()：Unit

关闭 Socket 连接，允许多次调用。

5）public func isClosed()：Bool

返回 Socket 是否关闭，允许多次调用。

6）public func getSocketOptionIntNative(level：Int32，option：Int32)：IntNative

读取层级 level 下 option 指定的套接字参数，level 和 option 的取值可以使用 SocketOptions 的静态成员变量。

7）public func setSocketOptionIntNative(level：Int32，option：Int32，value：IntNative)：Unit

使用 value 设置层级 level 下 option 指定的套接字参数值，level 和 option 的取值可以使用 SocketOptions 的静态成员变量。

8）public func getSocketOptionBool(level：Int32，option：Int32)：Bool

读取层级 level 下 option 指定的套接字参数，level 和 option 的取值可以使用 SocketOptions 的静态成员变量，如果参数是 0，则返回值为 false，否则返回值为 true。

9）public func setSocketOptionBool(level：Int32，option：Int32，value：Bool)：Unit

使用 value 设置层级 level 下 option 指定的套接字参数值，level 和 option 的取值可以使用 SocketOptions 的静态成员变量。

4.4 TcpSocket 客户端示例

4.3 节介绍了 TcpSocket 类的常用接口，TcpSocket 是对 TCP 的封装，而 SMTP (Simple Mail Transfer Protocol)可以基于 TCP 协议实现，本节通过对一个 SMTP 服务器进行连接、登录，演示 TcpSocket 类的基本用法。作为本书第 1 个稍微复杂的综合网络通信示例，为了简单起见，本示例不演示 SMTP 发送邮件的过程，也不处理分包、粘包和连接异常问题，这些在后续章节会专门讲述。

4.4.1 SMTP 简介

SMTP 是用来进行邮件发送的应用层协议，被称为简单邮件传达协议，采用请求应答方式进行通信，也就是客户端发送命令后，服务器端返回响应内容。在最初的 SMTP 中不用进行身份认证，后期为了防止垃圾邮件的泛滥，在 ESMTP(Extended SMTP)协议中扩展了身份认证功能，虽然不是协议中强制要求的，但现实的 SMTP 服务器普遍都需要进行身份认证。

SMTP 命令和响应是基于 ASCII 文本的，并且以回车换行符(CR 和 LF)结束；响应包括表示返回状态的三位数字响应码和描述文本信息，两者之间使用空格分隔。SMTP 的默认端口号为 25，如果支持 SSL 协议，则默认端口号是 465；如果采用的是 STARTTLS 协议，则默认端口是 587，不同的 SMTP 服务器使用的端口号可能不同，但一般支持上述的一个或多个端口。

SMTP 的标准命令有 14 个，后来通过扩展命令又增加了一些，针对本节的演示示例，只需掌握其中的两个，分别是 ehlo 和 auth login。下面通过 Wireshark 工具对 SMTP 协议的连接和认证进行抓包，其中包括这两个命令的具体使用，如图 4-2 所示。

	Time	Source	Destination	Protocol	Length	Info
536	16.940222	157.148.54.34	10.191.62.112	SMTP	119	S: 220 newxmesmtplogicsvrszc2-1.qq.com XMail Esmtp QQ Mail Server.
537	16.955152	10.191.62.112	157.148.54.34	SMTP	67	C: ehlo
540	17.003854	157.148.54.34	10.191.62.112	SMTP	225	S: 250-newxmesmtplogicsvrszc2-1.qq.com | PIPELINING | SIZE 73400320
541	17.017779	10.191.62.112	157.148.54.34	SMTP	66	C: auth login
542	17.066989	157.148.54.34	10.191.62.112	SMTP	72	S: 334 VXNlcm5hbWU6
543	17.080092	10.191.62.112	157.148.54.34	SMTP	80	C: User: em[illegible]jb20=
546	17.129035	157.148.54.34	10.191.62.112	SMTP	72	S: 334 UGFzc3dvcmQ6
547	17.143308	10.191.62.112	157.148.54.34	SMTP	80	C: Pass: cX[illegible]14Y2FiZw==
551	17.465535	157.148.54.34	10.191.62.112	SMTP	85	S: 235 Authentication successful

图 4-2 SMTP 抓包

图 4-2 中有 9 条数据收发记录，第 1 条是以状态码 220 开头的数据，这是客户端连接 SMTP 服务器成功后，服务器的响应信息，其中 220 表示服务就绪，后面的是服务器描述信息。第 2 条是客户端发送给服务器端的问候信息，并用来查询服务器支持的扩充功能，其中 ehlo 是命令，后面是发件人的服务器地址或标识。第 3 条是服务器端的响应，这是一个多行文本，其中每个竖线表示一个回车换行，如果正常展开，则应该是这样的：

```
250-newxmesmtplogicsvrszc2-1.qq.com
250-PIPELINING
250-SIZE 73400320
250-STARTTLS
250-AUTH LOGIN PLAIN XOAUTH XOAUTH2
250-AUTH=LOGIN
250-MAILCOMPRESS
250 8BITMIME
```

这里列出了服务器支持的扩展功能，例如，PIPELINING 表示提供发送命令流的能力，SIZE 表示最大邮件大小，AUTH LOGIN PLAIN XOAUTH XOAUTH2 表示支持的身份验证方式，本例采用的是 LOGIN。第 4 条是客户端向服务器端发送认证命令 auth login。第 5 条是服务器端向客户端响应，内容为 334 vxNlcm5hbWU6，其中 vxNlcm5hbWU6 是经过 base64 编码的字符串"username"，也就是说服务器端希望客户端提供用户名。第 6 条是客户端向服务器端发送经过 base64 编码后的用户名。第 7 条是服务器端向客户端响应，内容为 334 UGFzc3dvcmQ6，其中 UGFzc3dvcmQ6 是经过 base64 编码的字符串"Password"，也就是说服务器端希望客户端提供登录密码。第 8 条是客户端向服务器端发送经过 base64 编码后的密码。第 9 条是服务器端向客户端响应，状态码为 235，表示身份认证成功。

4.4.2 SMTP 客户端示例

本节演示通过 TcpSocket 类连接腾讯邮箱 SMTP 服务器并登录认证的过程，不同的邮件服务器对密码的定义可能不一样，在腾讯的邮件服务器里，密码是指授权码，可以登录官方网站了解生成方式，示例代码如下，在该示例里，为了方便查看客户端命令和服务器端响应，把两者都打印了出来，并且通过 C 和 S 分别表示客户端和服务器端。

```
//Chapter4/smtp_client/src/demo.cj

from std import socket.*
from encoding import base64.*

main() {
    //SMTP 服务器
    let smtpServer = "smtp.qq.com"

    //SMTP 服务器端口
    let port: UInt16 = 587

    let smtpClient = TcpSocket(smtpServer, port)

    //连接服务器
    smtpClient.connect()

    //输出服务器响应信息
```

```
    println("S:" +readFromServer(smtpClient))

    //发送 ehlo 命令
    writeToServerWithCRLF(smtpClient, "ehlo 账号名或者服务器地址")

    //输出服务器响应信息
    println("S:" +readFromServer(smtpClient))

    //发送登录命令
    writeToServerWithCRLF(smtpClient, "auth login")

    //输出服务器响应信息,需要登录名称
    println("S:" +readFromServer(smtpClient))

    //发送登录名称
    writeToServerWithCRLF(smtpClient, toBase64String("你的邮箱账号".toArray()))

    //输出服务器响应信息,需要登录密码
    println("S:" +readFromServer(smtpClient))

    //发送登录密码
    writeToServerWithCRLF(smtpClient, toBase64String("你的腾讯邮箱授权码".
toArray()))

    //输出服务器响应信息,登录成功
    println("S:" +readFromServer(smtpClient))
}

//从 Socket 读取数据并转换为字符串,然后去除字符串后的空白字符(回车换行符号)
func readFromServer(smtpClient: TcpSocket): String {
    let readBuf =Array<UInt8>(1024, item: 0)
    let readCount =smtpClient.read(readBuf)
    return String.fromUtf8(readBuf[0..readCount]).trimAsciiRight()
}

//将命令发送到 SMTP 服务器
func writeToServerWithCRLF(smtpClient: TcpSocket, command: String) {
    println("C:${command}")
    let commandCrlf =command +"\r\n"
    smtpClient.write(commandCrlf.toArray())
}
```

编译后运行该示例,命令及输出如下:

```
cjc .\demo.cj
main.exe
S:220 newxmesmtplogicsvrszb9-0.qq.com XMail Esmtp QQ Mail Server.
C:ehlo 你的用户名
S:250-newxmesmtplogicsvrszb9-0.qq.com
```

```
250-PIPELINING
250-SIZE 73400320
250-STARTTLS
250-AUTH LOGIN PLAIN XOAUTH XOAUTH2
250-AUTH=LOGIN
250-MAILCOMPRESS
250 8BITMIME
C:auth login
S:334 VXNlcm5hbWU6
C:base64 编码的用户名
S:334 UGFzc3dvcmQ6
C:base64 编码的密码
S:235 Authentication successful
```

上述输出只是在一切正常情况下的执行结果，如果出现错误，如密码错误，则最后一行可能是如下的内容：

```
S:535 Login Fail. Please enter your authorization code to login. More information
in http://service.mail.qq.com/cgi-bin/help?subtype=1&&id=28&&no=1001256
```

如果使用的是其他邮箱服务器，如网易或者谷歌等，则需要修改对应的服务器地址和端口，密码也需要根据服务器的实际情况进行修改。

4.5 TcpServerSocket

TcpServerSocket 是 TCP 网络通信的服务器端处理类，它被用于启动一个 TcpSocket 服务器，监听来自客户端的 TCP 连接请求并进行处理。在接受了客户端的连接请求后，服务器会返回一个 TcpSocket 对象，通过该对象和客户端进行实际通信，TcpServerSocket 本身不提供发送或者接收数据功能。

在实际的函数实现上，套接字被创建后，可以直接配置属性，或者通过 setSocketOptionXX 函数配置属性；启动监听时使用 bind 函数将套接字绑定到本地端口，使用 accept 函数接受 TCP 连接，在默认情况下，accept 函数调用时如果队列中有连接，则会马上返回，否则会阻塞等待，直到队列中有连接或者超时为止。TcpServerSocket 需要显式关闭，关闭函数为 close。

TcpServerSocket 的主要成员属性如下。

1）public override prop localAddress：SocketAddress

获取已绑定或将要绑定的本地地址。

2）public mut prop reuseAddress：Bool

对应 Socket 的 SO_REUSEADDR 选项，该属性默认设置为 true，对于不同的系统有不同的作用，下面针对 Linux 系统和 Windows 系统分别进行介绍。

（1）Linux 系统：该属性设置为 true 允许立即重用处于 TIME_WAIT 状态下的端口。

在 TCP 连接中,主动断开的一方会进入 TIME_WAIT 状态等待 2MSL 的时间,然后才会真正关闭连接,从而确保对端接收到了第 4 次握手的报文;如果这时重启服务,在未设置 SO_REUSEADDR 时,可能会出现绑定失败的情况,这是因为服务的端口仍可能处在 TIME_WAIT 状态下 2MSL 长的时间段;如果在绑定之前对套接字设置 SO_REUSEADDR 选项,则即使在 TIME_WAIT 状态下的端口也会被立即重新使用。

(2) Windows 系统:如果服务器的一个 IP 地址和端口组合被绑定了,则当该属性为 true 时可以重新绑定,也就是同时存在两个本地地址和端口都一样的 Socket,当然,还要考虑通配符地址(0.0.0.0)和特定地址的情况,下面通过示例演示不同组合下的绑定情况,示例代码如下:

```
//Chapter4/tcp_reuse_addr/src/demo.cj

from std import socket.*

main() {
    //服务监听端口
    let port: UInt16 =9990

    //通配符地址
    let socketUnifiedAddress =SocketAddress("0.0.0.0", port)

    //特定地址
    let socketAddress127 =SocketAddress("127.0.0.1", port)

    println("两个都是通配符地址,reuseAddress 都是 true:")
    bind2Socket(socketUnifiedAddress, socketUnifiedAddress, true, true)

    println("两个都是通配符地址,reuseAddress 都是 false:")
    bind2Socket(socketUnifiedAddress, socketUnifiedAddress, false, false)

    println("两个都是通配符地址,第 1 个 reuseAddress 是 false,第 2 个是 true:")
    bind2Socket(socketUnifiedAddress, socketUnifiedAddress, false, true)

    println("两个都是特定地址,reuseAddress 都是 true:")
    bind2Socket(socketAddress127, socketAddress127, true, true)

    println("第 1 个是通配符地址,第 2 个是特定地址,reuseAddress 都是 true:")
    bind2Socket(socketUnifiedAddress, socketAddress127, true, true)

    println("第 1 个是通配符地址,第 2 个是特定地址,reuseAddress 都是 false:")
    bind2Socket(socketUnifiedAddress, socketAddress127, false, false)

    println(
        "第 1 个是通配符地址,第 2 个是特定地址,第 1 个 reuseAddress 是 false,第 2 个是
true:"
```

```
    )
    bind2Socket(socketUnifiedAddress, socketAddress127, false, true)
}

//根据不同的参数生成两个套接字并绑定
func bind2Socket (SocketAddr1: SocketAddress, SocketAddr2: SocketAddress, reuseAddress1: Bool, reuseAddress2: Bool) {
    let tcpServer1 =TcpServerSocket(bindAt: SocketAddr1)
    tcpServer1.reuseAddress =reuseAddress1

    let tcpServer2 =TcpServerSocket(bindAt: SocketAddr2)
    tcpServer2.reuseAddress =reuseAddress2

    try {
        tcpServer1.bind()
        tcpServer2.bind()
        println("\t同时绑定成功")
    } catch (ex: Exception) {
        println("\t同时绑定失败:${ex}")
    } finally {
        tcpServer1.close()
        tcpServer2.close()
    }
}
```

编译后运行该示例,命令及输出如下:

```
cjc .\demo.cj
.\main.exe
两个都是通配符地址,reuseAddress都是 true:
        同时绑定成功
两个都是通配符地址,reuseAddress都是 false:
        同时绑定失败:SocketException: Failed to bind 10048: Only one usage of each socket address (protocol/network address/port) is normally permitted.
两个都是通配符地址,第 1 个 reuseAddress是 false,第 2 个是 true:
        同时绑定失败:SocketException: Failed to bind 10013: An attempt was made to access a socket in a way forbidden by its access permissions.
两个都是特定地址,reuseAddress都是 true:
        同时绑定成功
第 1 个是通配符地址,第 2 个是特定地址,reuseAddress都是 true:
        同时绑定成功
第 1 个是通配符地址,第 2 个是特定地址,reuseAddress都是 false:
        同时绑定成功
第 1 个是通配符地址,第 2 个是特定地址,第 1 个 reuseAddress是 false,第 2 个是 true:
        同时绑定成功
```

输出表明,在 Windows 系统下,同一个端口,只要两个地址不同,即使其中一个是通配符地址,也可以同时绑定成功;同样地,即使两个地址相同,只要将 reuseAddress 设置为 true,也可以同时绑定成功。

但是，在 Linux 系统下结果就不一样了，同样的代码，在 Linux 系统下的输出如下：

```
cjc demo.cj
./main
两个都是通配符地址,reuseAddress 都是 true:
  同时绑定失败:SocketException: Failed to bind 98: Address already in use.
两个都是通配符地址,reuseAddress 都是 false:
  同时绑定失败:SocketException: Failed to bind 98: Address already in use.
两个都是通配符地址,第 1 个 reuseAddress 是 false,第 2 个是 true:
  同时绑定失败:SocketException: Failed to bind 98: Address already in use.
两个都是特定地址,reuseAddress 都是 true:
  同时绑定失败:SocketException: Failed to bind 98: Address already in use.
第 1 个是通配符地址,第 2 个是特定地址,reuseAddress 都是 true:
  同时绑定失败:SocketException: Failed to bind 98: Address already in use.
第 1 个是通配符地址,第 2 个是特定地址,reuseAddress 都是 false:
  同时绑定失败:SocketException: Failed to bind 98: Address already in use.
第 1 个是通配符地址,第 2 个是特定地址,第 1 个 reuseAddress 是 false,第 2 个是 true:
  同时绑定失败:SocketException: Failed to bind 98: Address already in use.
```

可以看到，在 Linux 系统中，所有情况下都不允许同时绑定，这是因为 Linux 系统是通过 reusePort 属性解决同时绑定问题的。

3）public mut prop reusePort：Bool

对应 Socket 的 SO_REUSEPORT 选项，该选项不能在 Windows 系统下使用，否则会抛出异常。在 Linux 系统下，该选项用来设置同一个服务器下两个相同或者不同的地址是否允许重用同一个端口，示例代码如下：

```
//Chapter4/tcp_reuse_port/src/demo.cj

from std import socket.*

main() {
    //服务监听端口
    let port: UInt16 =9990

    //通配符地址
    let socketUnifiedAddress =SocketAddress("0.0.0.0", port)

    //特定地址
    let socketAddress127 =SocketAddress("127.0.0.1", port)

    println("两个都是通配符地址,reusePort 都是 true:")
    bind2Socket(socketUnifiedAddress, socketUnifiedAddress, true, true)

    println("两个都是通配符地址,reusePort 都是 false:")
    bind2Socket(socketUnifiedAddress, socketUnifiedAddress, false, false)

    println("两个都是通配符地址,第 1 个 reusePort 是 false,第 2 个是 true:")
```

```
    bind2Socket(socketUnifiedAddress, socketUnifiedAddress, false, true)

    println("两个都是特定地址,reusePort 都是 true:")
    bind2Socket(socketAddress127, socketAddress127, true, true)

    println("第 1 个是通配符地址,第 2 个是特定地址,reusePort 都是 true:")
    bind2Socket(socketUnifiedAddress, socketAddress127, true, true)

    println("第 1 个是通配符地址,第 2 个是特定地址,reusePort 都是 false:")
    bind2Socket(socketUnifiedAddress, socketAddress127, false, false)

    println(
        "第 1 个是通配符地址,第 2 个是特定地址,第 1 个 reusePort 是 false,第 2 个是
true:"
    )
    bind2Socket(socketUnifiedAddress, socketAddress127, false, true)
}

//根据不同的参数生成两个套接字并绑定
func bind2Socket (SocketAddr1: SocketAddress, SocketAddr2: SocketAddress,
reusePort1: Bool, reusePort2: Bool) {
    let tcpServer1 =TcpServerSocket(bindAt: SocketAddr1)
    tcpServer1.reusePort =reusePort1

    let tcpServer2 =TcpServerSocket(bindAt: SocketAddr2)
    tcpServer2.reusePort =reusePort2

    try {
        tcpServer1.bind()
        tcpServer2.bind()
        println("\t 同时绑定成功")
    } catch (ex: Exception) {
        println("\t 同时绑定失败:${ex}")
    } finally {
        tcpServer1.close()
        tcpServer2.close()
    }
}
```

编译后运行该示例,命令及输出如下:

```
cjc demo.cj
./main
两个都是通配符地址,reusePort 都是 true:
  同时绑定成功
两个都是通配符地址,reusePort 都是 false:
  同时绑定失败:SocketException: Failed to bind 98: Address already in use.
两个都是通配符地址,第 1 个 reusePort 是 false,第 2 个是 true:
  同时绑定失败:SocketException: Failed to bind 98: Address already in use.
```

```
两个都是特定地址,reusePort 都是 true:
  同时绑定成功
第 1 个是通配符地址,第 2 个是特定地址,reusePort 都是 true:
  同时绑定成功
第 1 个是通配符地址,第 2 个是特定地址,reusePort 都是 false:
  同时绑定失败:SocketException: Failed to bind 98: Address already in use.
第 1 个是通配符地址,第 2 个是特定地址,第 1 个 reusePort 是 false,第 2 个是 true:
  同时绑定失败:SocketException: Failed to bind 98: Address already in use.
```

输出表明,对于同一个端口,在 reusePort 被设置为 true 时,两个地址相同或者不同,即使是通配符地址,也可以同时绑定成功;同样地,在 reusePort 被设置为 false 时,即使地址不相同,也会绑定失败。

4) public mut prop sendBufferSize: Int64

获取或设置 Socket 发送缓冲区的容量上限,对应 Socket 的 SO_SNDBUF 选项,生效情况取决于系统。

5) public mut prop receiveBufferSize: Int64

获取或设置 Socket 接收缓冲区的容量上限,对应 Socket 的 SO_RCVBUF 选项,生效情况取决于系统。

6) public mut prop bindToDevice: ?String

设置或者读取绑定网卡。

7) public mut prop backlogSize: Int64

设置或者读取 backlog 的大小,仅可在调用 bind()函数前调用,否则将抛出异常。变量是否生效取决于系统行为,可能会不可预知地被忽略。

TcpServerSocket 类的构造函数如下。

1) public init(bindAt!: UInt16)

创建一个 TcpServerSocket 对象,该对象指定的本地绑定端口为 bindAt,如果 bindAt 为 0,则表示随机绑定空闲的本地端口;创建对象后由于尚未绑定本地端口,因此客户端无法连接,需要后续成功调用 bind()函数后才可以连接。

2) public init(bindAt!: SocketAddress)

创建一个 TcpServerSocket 对象,该对象指定的本地绑定地址为 bindAt;创建对象后由于尚未绑定,因此客户端无法连接,需要后续成功调用 bind()函数后才可以连接。

TcpServerSocket 类的其他常用函数如下。

1) public override func bind(): Unit

绑定本地端口,失败后需要调用 close()函数关闭套接字,不支持多次重试。

2) public override func accept(timeout!: ?Duration): TcpSocket

监听 TcpSocket,在指定的时间间隔 timeout 内等待被连接,建立连接后返回与客户端通信的 TcpSocket 实例;如果监听失败,则抛出 SocketTimeoutException 异常。

3）public override func accept()：TcpSocket

监听 TcpSocket 等待客户端的连接，该接口为阻塞接口，调用后会一直等待，直到建立连接或发生异常，返回值为与客户端通信的 TcpSocket 实例。

下面通过一个示例演示 accept()函数的用法，通过对比方式比较 accept 两个重载函数的区别，示例代码如下：

```
//Chapter4/tcp_accept/src/demo.cj

from std import socket.*
from std import time.*
from std import sync.*

let SERVER_PORT: UInt16 = 33333
let SERVER_PORT_WITH_TIMEOUT: UInt16 = 33334

//启动服务器端 TCP 套接字，当该套接字为 accept 时会一直等待
func runTcpServer() {
    try (serverSocket = TcpServerSocket(bindAt: SERVER_PORT)) {
        serverSocket.bind()
        try (client = serverSocket.accept()) {
             println("[${DateTime.now()}][runTcpServer] Successfully accept:
${client.remoteAddress}")
        } catch (ex: Exception) {
            println("[${DateTime.now()}][runTcpServer] Error:${ex}")
        }
    }
}

//启动服务器端 TCP 套接字，当该套接字为 accept 时最多等待 timeout 时间
func runTcpServerWithAcceptTimeout(timeout: Duration) {
    try (serverSocket = TcpServerSocket(bindAt: SERVER_PORT_WITH_TIMEOUT)) {
        serverSocket.bind()
        try (client = serverSocket.accept(timeout: timeout)) {
              println("[${DateTime.now()}][runTcpServerWithAcceptTimeout]
Successfully accept:${client.remoteAddress}")
        } catch (ex: Exception) {
              println("[${DateTime.now()}][runTcpServerWithAcceptTimeout]
Error:${ex}")
        }
    }
}

main() {
    //单独线程启动 runTcpServer
    spawn {
        runTcpServer()
    }
```

```
    //单独线程启动 runTcpServerWithAcceptTimeout
    spawn {
        runTcpServerWithAcceptTimeout(Duration.second * 3)
    }

    //当前时间
    println(DateTime.now())

    //休眠 4s,为了确保 runTcpServerWithAcceptTimeout 的 accept 调用超时
    sleep(Duration.second * 4)

    //连接 runTcpServer 启动的套接字服务
    try (socket =TcpSocket("127.0.0.1", SERVER_PORT)) {
        socket.connect()

        println("[${DateTime.now()}]Successfully
connected:${socket.remoteAddress}")
    } catch (ex: Exception) {
        println("[${DateTime.now()}]Connected Error:${ex}")
    }

    //连接 runTcpServerWithAcceptTimeout 启动的套接字服务
    try (socket =TcpSocket("127.0.0.1", SERVER_PORT_WITH_TIMEOUT)) {
        socket.connect()

        println("[${DateTime.now()}]Successfully
connected:${socket.remoteAddress}")
    } catch (ex: Exception) {
        println("[${DateTime.now()}]Connected Error:${ex}")
    }

    return 0
}
```

编译后运行该示例,命令及输出如下:

```
cjc .\demo.cj
.\main.exe
2024-04-03T00:40:16.7443127Z
[2024-04-03T00:40:19.7570329Z][runTcpServerWithAcceptTimeout]
Error:SocketTimeoutException: Failed to accept: accept timeout.
[2024-04-03T00:40:20.747038Z]Successfully connected:127.0.0.1:33333
[2024-04-03T00:40:20.7475669Z][runTcpServer] Successfully
accept:127.0.0.1:53045
[2024 - 04 - 03T00: 40: 22. 786551Z] Connected Error: SocketException: Failed to
connect 10061: No connection could be made because the target machine actively
refused it.
```

输出表明，在启动 runTcpServerWithAcceptTimeout 函数 3s 后，该函数就抛出了 SocketTimeoutException 异常，这是因为在主线程内休眠了 4s，也就是说由于在给定的 3s 内没有客户端连接该服务器端，所以抛出异常；在第 4s 的时候，客户端对第 1 个 TcpSocket 服务连接成功；对第 2 个 TcpSocket 服务连接失败，因为第 2 个服务在第 3s 的时候就因为异常退出了。

当然，如果把休眠的 4s 改为小于 3s 的时间，如 2s，再执行该示例，两个客户端就都可以连接成功了，此时的输出如下：

```
2024-04-03T00:42:18.9512554Z
[2024-04-03T00:42:20.9606575Z]Successfully connected:127.0.0.1:33333
[2024-04-03T00:42:20.960789Z][runTcpServer] Successfully
accept:127.0.0.1:53080
[2024-04-03T00:42:20.9619391Z]Successfully connected:127.0.0.1:33334
[2024-04-03T00:42:20.9621799Z][runTcpServerWithAcceptTimeout]
Successfully accept:127.0.0.1:53081
```

4）public override func close()：Unit

关闭 TcpServerSocket，该函数可以被多次调用。

5）public override func isClosed()：Bool

TcpServerSocket 是否关闭，如果已关闭，则返回值为 true，否则返回值为 false。

6）public func getSocketOptionIntNative(level：Int32，option：Int32)：IntNative

读取层级 level 下 option 指定的套接字参数，level 和 option 的取值可以使用 SocketOptions 的静态成员变量。

7）public func setSocketOptionIntNative(level：Int32，option：Int32，value：IntNative)：Unit

使用 value 设置层级 level 下 option 指定的套接字参数值，level 和 option 的取值可以使用 SocketOptions 的静态成员变量。

8）public func getSocketOptionBool(level：Int32，option：Int32)：Bool

读取层级 level 下 option 指定的套接字参数，level 和 option 的取值可以使用 SocketOptions 的静态成员变量，如果参数是 0，则返回值为 false，否则返回值为 true。

9）public func setSocketOptionBool(level：Int32，option：Int32，value：Bool)：Unit

使用 value 设置层级 level 下 option 指定的套接字参数值，level 和 option 的取值可以使用 SocketOptions 的静态成员变量。

4.6 TCP 回显服务器示例

回显服务器指的是这样一种服务器，它接受客户端的连接，并且把收到的数据原样返回客户端。本节将基于 TCP 实现一个简单的回显服务器，通过这种方式演示 TcpServerSocket 的基本用法，为了简单起见，对于实现的回显服务器有以下约定：

（1）客户端每次发送的数据大小不超过 1024 字节。

(2) 服务器端收到客户端信息后原样回复。

(3) 客户端可以通过发送字符串"quit"通知服务器端结束会话。

为了演示回显服务器的完整数据收发过程,除了服务器端以外,还需要有一个客户端,以便进行配合,完整的示例将包括两个独立的应用程序:一个是回显服务器的服务器端,叫作 TcpEchoServer;另一个是回显服务器的客户端,叫作 TcpEchoClient,两个应用程序都运行起来,TcpEchoClient 负责发送数据,TcpEchoServer 负责接收数据并回传给 TcpEchoClient,只有两者配合才能完成信息的发送和回显。

4.6.1 TcpEchoServer 的实现

TcpEchoServer 的实现思路是:在创建一个 TcpServerSocket 实例后,启动一个线程,在该线程中监听客户端的连接;监听时使用阻塞方式,如果没有客户端的连接请求,就一直处于等待状态,直到有新的连接请求出现。对于新的连接请求,TcpServerSocket 实例会返回一个 TcpSocket 对象,应用启动一个新线程来处理该对象,随后会继续监听客户端的连接。为了方便退出,应用循环读取控制台输入,如果发现输入的是字符串"quit"就退出程序。

在处理和客户端通信的 TcpSocket 对象时,使用的是 dealWithEchoSocket 函数,该函数会使用阻塞模式持续从客户端读取数据,每次读取成功后把该消息发回客户端,然后开始下一轮的客户端消息读取;如果客户端发送过来的消息是字符串"quit",则表明客户端请求终止会话,TcpEchoServer 就关闭该客户端连接。为了方便了解应用的运行状态,TcpEchoServer 在建立新连接和收到消息时都会打印输出相应的内容。

下面是 TcpEchoServer 的示例代码,监听端口使用的是 9990,读者可以根据实际需要更改,建议使用 8000 以上的端口:

```
//Chapter4/tcp_echo_server/src/demo.cj

from std import socket.*
from std import console.*

main() {
    //服务监听端口
    let port: UInt16 = 9990

    let socketAddress = SocketAddress("0.0.0.0", port)

    //回显 TcpSocket 服务器端
    let echoServer = TcpServerSocket(bindAt: socketAddress)

    println("Echo server started listening on port ${port}")

    //启动一个线程,用于监听客户端连接
```

```
    spawn {
        //绑定到本地端口
        echoServer.bind()
        while (true) {
            let echoSocket =echoServer.accept()
            println("New connection accepted, remote address
is:${echoSocket.remoteAddress}")

            //启动一个线程,用于处理新的 Socket
            spawn {
                try {
                    dealWithEchoSocket(echoSocket)
                } catch (err: SocketException) {
                    println(err.message)
                }
            }
        }
    }

    //监听控制台输入,如果输入 quit 就退出程序
    while (true) {
        let readContent =Console.stdIn.readln().getOrThrow().trimAscii()

        //如果用户输入 quit 就退出程序
        if (readContent =="quit") {
            return
        }
    }
}

//从 Socket 读取数据并回写到 Socket
func dealWithEchoSocket(echoSocket: TcpSocket) {
    //存放从 Socket 读取数据的缓冲区
    let buffer =Array<UInt8>(1024, item: 0)

    while (true) {
        //从 Socket 读取数据
        var readCount =echoSocket.read(buffer)
        if (readCount >0) {
            //把接收的数据转换为字符串
            let content =String.fromUtf8(buffer[0..readCount])

            //把 content 写入 echoSocket
            writeToEchoSocket(echoSocket, content)

            //如果接收的内容是 quit 就关闭连接
            if (content =="quit") {
                echoSocket.close()
                return
```

```
                }
            }
        }
    }

    //把 content 在控制台输出并写入 echoSocket
    func writeToEchoSocket(echoSocket: TcpSocket, content: String) {
        println("${echoSocket.remoteAddress}:${content}")
        echoSocket.write(content.toArray())
    }
```

编译后运行该示例,命令及输出如下:

```
cjc .\demo.cj
.\main.exe
Echo server started listening on port 9990
```

此时还没有客户端连接接入,应用只打印了开始监听的日志。

4.6.2 TcpEchoClient 的实现

TcpEchoClient 在实现时,要根据服务器端的实际 IP 地址和端口号进行配置;在连接上服务器端后,通过一个独立的线程从 Socket 中读取服务器端发送的消息,处理消息读取的函数为 readFromEchoServer。在客户端的主线程会循环读取客户的控制台输入,并且把输入发送到服务器端;为了方便退出,应用会判断用户的输入,如果发现输入的是字符串"quit"就退出程序,TcpEchoClient 的实现代码如下:

```
//Chapter4/tcp_echo_client/src/demo.cj

from std import socket.*
from std import console.*

//回显服务器端口
let port: UInt16 =9990

//回显服务器地址
let echoServerAddress ="127.0.0.1"

//异常退出标志
var quit =false

main() {
    //回显服务器客户端
    let echoClient =TcpSocket(echoServerAddress, port)

    //连接回显服务器
    echoClient.connect()
```

```
    //启动一个线程,用于读取服务器的消息
    spawn {
        try {
            readFromEchoServer(echoClient)
        } catch (exp: SocketException) {
            println("Error reading data from socket:${exp}")
        } catch (exp: Exception) {
            println(exp)
        }
        quit =true
        println("Enter to quit!")
    }

    //循环读取用户的输入并发送到回显服务器
    while (true) {
        let readContent =Console.stdIn.readln().getOrThrow()

        //服务器端出现异常,退出程序
        if (quit) {
            return
        }
        echoClient.write(readContent.toArray())
        if (readContent =="quit") {
            return
        }
    }
}

//从 Socket 读取数据并打印输出
func readFromEchoServer(echoSocket: TcpSocket) {
    //存放从 Socket 读取数据的缓冲区
    let buffer =Array<UInt8>(1024, item: 0)

    while (true) {
        //从 Socket 读取数据
        var readCount =echoSocket.read(buffer)

        //把接收的数据转换为字符串
        let content =String.fromUtf8(buffer[0..readCount])

        //输出读取的内容,加上前缀 S:
        println("S:${content}")

        //如果收到了退出指令就关闭连接
        if (content =="quit") {
```

```
                echoSocket.close()
                return
            }
        }
    }
```

编译后运行该示例，然后输入"hi cangjie!"，可以看到命令及输出如下：

```
cjc .\demo.cj
.\main.exe
hi cangjie!
S:hi cangjie!
```

输出表明，客户端收到了服务器端的回显信息。

此时如果查看服务器端，则可以看到的输出如下：

```
Echo server started listening on port 9990
New connection accepted, remote address is:127.0.0.1:58993
127.0.0.1:58993:hi cangjie!
```

服务器端成功地打印了新连接接入的信息和客户端发送来的消息。

4.7 UdpSocket

UdpSocket 是仓颉封装的进行 UDP 网络通信的套接字类，继承自 DatagramSocket 接口，可以执行数据包收发等操作，UDP 协议要求传输报文大小不可超过 64KB。和 TcpSocket 不同，UdpSocket 可以在不与远端建立连接的情况下接收报文，也可以通过 connect()和 disconnect()接口建立连接和断开连接；在结束时，UDPSocket 需要显式调用 close 函数以关闭连接。

UdpSocket 的主要成员属性如下。

1) public override prop remoteAddress: ?SocketAddress

已经连接的远端地址，当 Socket 未连接时返回 None，当 Socket 已经被关闭时抛出 SocketException 异常。

2) public override prop localAddress: SocketAddress

将要或已经被绑定的本地地址。

3) public override mut prop receiveTimeout: ?Duration

调用 receive/receiveFrom 函数时的超时时间；Socket 在读取数据时，如果没有数据到来，则会默认一直阻塞等待；如果设置了该属性，则超过该时间后会触发超时。如果设置的超时时间过小，则会被设置为最小时钟周期值；如果过大，则会被设置为 None；如果小于 0，则将抛出 IllegalArgumentException 异常；默认值为 None。

4）public override mut prop sendTimeout：?Duration

调用 send/sendTo 函数时的超时时间；如果设置了该属性，则超过该时间后会触发超时；如果设置的超时时间过小，则会被设置为最小时钟周期值，如果过大，则会被设置为 None，如果小于 0，则将抛出 IllegalArgumentException 异常；默认值为 None。

5）public mut prop reuseAddress：Bool

reuseAddress 的作用和 TcpServerSocket 中 reuseAddress 的作用类似，在 Windows 系统下的表现是一致的，但在 Linux 系统下的表现有所不同，在 Linux 系统下，只要两个地址对应的 UdpSocket 都将 reuseAddress 属性设置为 true，就可以同时绑定，示例代码如下：

```
//Chapter4/udp_reuse_addr/src/demo.cj

from std import socket.*

main() {
    //服务监听端口
    let port: UInt16 =9990

    //通配符地址
    let socketUnifiedAddress =SocketAddress("0.0.0.0", port)

    //特定地址
    let socketAddress127 =SocketAddress("127.0.0.1", port)

    println("两个都是通配符地址,reuseAddress 都是 true:")
    bind2Socket(socketUnifiedAddress, socketUnifiedAddress, true, true)

    println("两个都是通配符地址,reuseAddress 都是 false:")
    bind2Socket(socketUnifiedAddress, socketUnifiedAddress, false, false)

    println("两个都是通配符地址,第 1 个 reuseAddress 是 false,第 2 个是 true:")
    bind2Socket(socketUnifiedAddress, socketUnifiedAddress, false, true)

    println("两个都是特定地址,reuseAddress 都是 true:")
    bind2Socket(socketAddress127, socketAddress127, true, true)

    println("第 1 个是通配符地址,第 2 个是特定地址,reuseAddress 都是 true:")
    bind2Socket(socketUnifiedAddress, socketAddress127, true, true)

    println("第 1 个是通配符地址,第 2 个是特定地址,reuseAddress 都是 false:")
    bind2Socket(socketUnifiedAddress, socketAddress127, false, false)

    println("第 1 个是通配符地址,第 2 个是特定地址,第 1 个 reuseAddress 是 false,第 2
个是 true:"
    )
    bind2Socket(socketUnifiedAddress, socketAddress127, false, true)
}
```

```
//根据不同的参数生成两个套接字并绑定
func bind2Socket (SocketAddr1: SocketAddress, SocketAddr2: SocketAddress,
reuseAddress1: Bool, reuseAddress2: Bool) {
    let udpServer1 =UdpSocket(bindAt: SocketAddr1)
    udpServer1.reuseAddress =reuseAddress1

    let udpServer2 =UdpSocket(bindAt: SocketAddr2)
    udpServer2.reuseAddress =reuseAddress2

    try {
        udpServer1.bind()
        udpServer2.bind()
        println("\t 同时绑定成功")
    } catch (ex: Exception) {
        println("\t 同时绑定失败:${ex}")
    } finally {
        udpServer1.close()
        udpServer2.close()
    }
}
```

在 Linux 系统下编译后运行该示例，命令及输出如下：

```
cjc demo.cj
./main
两个都是通配符地址,reuseAddress 都是 true:
  同时绑定成功
两个都是通配符地址,reuseAddress 都是 false:
  同时绑定失败:SocketException: Failed to bind 98: Address already in use.
两个都是通配符地址,第 1 个 reuseAddress 是 false,第 2 个是 true:
  同时绑定失败:SocketException: Failed to bind 98: Address already in use.
两个都是特定地址,reuseAddress 都是 true:
  同时绑定成功
第 1 个是通配符地址,第 2 个是特定地址,reuseAddress 都是 true:
  同时绑定成功
第 1 个是通配符地址,第 2 个是特定地址,reuseAddress 都是 false:
  同时绑定失败:SocketException: Failed to bind 98: Address already in use.
第 1 个是通配符地址,第 2 个是特定地址,第 1 个 reuseAddress 是 false,第 2 个是 true:
  同时绑定失败:SocketException: Failed to bind 98: Address already in use.
```

6）public mut prop reusePort：Bool

reusePort 属性的作用和 TcpServerSocket 中 reusePort 属性的作用一致，此处就不再重复说明了。

7）public mut prop sendBufferSize：Int64

获取或设置 Socket 发送缓冲区的容量上限，对应 Socket 的 SO_SNDBUF 选项，生效情况取决于系统。

8) public mut prop receiveBufferSize: Int64

获取或设置 Socket 接收缓冲区的容量上限,对应 Socket 的 SO_RCVBUF 选项,生效情况取决于系统。

UdpSocket 类的构造函数如下。

1) public init(bindAt!: UInt16)

使用指定的本地端口 bindAt 创建一个未绑定的 UdpSocket,如果 bindAt 为 0,则表示绑定一个未使用的随机端口。

2) public init(bindAt!: SocketAddress)

使用包含本地地址及本地端口的 bindAt 创建一个未绑定的 UdpSocket。

UdpSocket 类的其他常用函数如下。

1) public func bind()

绑定本地端口,失败后需要调用 close()函数关闭套接字,不支持多次重试,当因系统原因绑定失败时抛出 SocketException 异常。

2) public func connect(remote: SocketAddress): Unit

连接 remote 指定的远端地址,可以通过 disconnect()函数断开连接;这里的连接指的是仅接受该远端地址的报文,并不需要像 TCP 那样进行握手;connect()必须在调用 bind()函数后执行,该函数要求远端地址与本地地址都在 IPv4 协议下。

3) public func disconnect(): Unit

断开连接,即取消仅收取特定对端报文的限制,可以在 connect 前调用,也可以多次调用。

4) public override func receiveFrom(buffer: Array<Byte>): (SocketAddress, Int64)

收取报文并存储到 buffer 指定的缓存中,返回值为收到的报文的发送端地址,以及实际收到的报文大小;当本机缓存过小而无法读取报文时,抛出 SocketException 异常,当读取超时时抛出 SocketTimeoutException 异常。

5) public override func sendTo(recipient: SocketAddress, payload: Array<Byte>): Unit

将报文 payload 发送到地址 recipient,当没有足够的发送缓存时可能会被阻塞。根据 3.2 节和 3.3.1 节可知,IP 报文的总长度最大为 65 535 字节,减去 20 字节的 IP 报文首部,还剩 65 515 字节,当用来传输 UDP 报文时,UDP 首部占用 8 字节,剩下的 UDP 数据部分的最大长度为 65 507 字节,这就是 UDP 套接字 sendTo 和 send 函数能发送的最大数据长度。

下面通过一个示例演示 receiveFrom 和 sendTo 的用法,在这个示例中,将接收端的接收缓冲区大小设置为 8 字节,然后在发送端依次发送 3 字节、9 字节和 65 508 字节的数据,从而演示正常接收、接收异常及发送异常 3 种场景,示例代码如下:

```
//Chapter4/udp_sendto_receivefrom/src/demo.cj

from std import socket.*
from std import time.*
```

```
from std import sync.*

let SERVER_PORT: UInt16 = 33333

//启动 UDP 套接字接收端
func runUdpServer() {
    try (serverSocket = UdpSocket(bindAt: SERVER_PORT)) {
        serverSocket.bind()

        //接收缓冲区为 8 字节
        let buf = Array<Byte>(8, item: 0)

        while (true) {
            try {
                let (clientAddr, count) = serverSocket.receiveFrom(buf)
                 println("Server receive ${count} bytes: ${buf[0..count]} from
${clientAddr}")
            } catch (ex: Exception) {
                println("receive error:${ex}")
                break
            }
        }
    }
}

main() {
    //单独线程启动 runUdpServer
    spawn {
        runUdpServer()
    }

    sleep(Duration.second)

    try (udpSocket = UdpSocket(bindAt: 0)) { //0 表示绑定到一个未使用的随机端口
        let remoteAddress = SocketAddress("127.0.0.1", SERVER_PORT)

        udpSocket.bind()

        //第 1 次发送 3 字节,服务器端可以成功接收
        udpSocket.sendTo(remoteAddress, Array<Byte>([1, 2, 3]))
        sleep(Duration.second)

        //第 2 次发送 9 字节,超出了服务器端缓冲区大小,服务器端接收会抛出异常
        udpSocket.sendTo(remoteAddress, Array<Byte>(9, item: 9))
        sleep(Duration.second)

        try {
          //第 3 次发送 65 508 字节,超出了发送端一次发送的最大数量,发送会失败并抛出异常
            udpSocket.sendTo(remoteAddress, Array<Byte>(65508, item: 1))
```

```
        } catch (ex: Exception) {
            println("send error:${ex}")
        }
        sleep(Duration.second)
    }
    return 0
}
```

编译后运行该示例，命令及输出如下：

```
cjc .\demo.cj
.\main.exe
Server receive 3 bytes: [1, 2, 3] from 127.0.0.1:63901
receive error: SocketException: Failed to read data 10040: A message sent on a
datagram socket was larger than the internal message buffer or some other network
limit, or the buffer used to receive a datagram into was smaller than the datagram
itself.
send error:SocketException: Unable to send datagram larger than 65507
```

6）public func receive(buffer: Array<Byte>): Int64

从 connect 函数连接到的地址收取报文并存储到 buffer 指定的缓存中，返回值为收到的报文大小；当本机缓存过小而无法读取报文时，抛出 SocketException 异常，当读取超时时抛出 SocketTimeoutException 异常。

7）public func send(payload: Array<Byte>): Unit

将报文 payload 发送到 connect 函数连接到的地址。

下面通过一个示例演示 receive 和 send 的用法，该示例和上面的 udp_sendto_receivefrom 示例类似，把其中的 sendTo 和 receiveFrom 函数换成了 send 和 receive 函数，同时在绑定后马上调用 connect 函数执行连接，示例代码如下：

```
//Chapter4/udp_send_receive/src/demo.cj

from std import socket.*
from std import time.*
from std import sync.*

let SERVER_PORT: UInt16 =33333
let CLIENT_PORT: UInt16 =33332

//启动 UDP 套接字接收端
func runUdpServer() {
    try (serverSocket =UdpSocket(bindAt: SERVER_PORT)) {
        serverSocket.bind()

        //接收缓冲区为 8 字节
        let buf =Array<Byte>(8, item: 0)
        let clientAddress =SocketAddress("127.0.0.1", CLIENT_PORT)
```

```
        serverSocket.connect(clientAddress)
        while (true) {
            try {
                let count =serverSocket.receive(buf)
                 println("Server receive ${count} bytes: ${buf[0..count]} from
${clientAddress}")
            } catch (ex: Exception) {
                println("receive error:${ex}")
                break
            }
        }
    }
}

main() {
    //单独线程启动 runUdpServer
    spawn {
        runUdpServer()
    }

    sleep(Duration.second)

    try (udpSocket =UdpSocket(bindAt: CLIENT_PORT)) {
        let remoteAddress =SocketAddress("127.0.0.1", SERVER_PORT)

        udpSocket.bind()
        udpSocket.connect(remoteAddress)

        //第 1 次发送 3 字节,服务器端可以成功接收
        udpSocket.send(Array<Byte>([1, 2, 3]))
        sleep(Duration.second)

        //第 2 次发送 9 字节,超出了服务器端缓冲区大小,服务器端接收会抛出异常
        udpSocket.send(Array<Byte>(9, item: 9))
        sleep(Duration.second)

        try {
            //第 3 次发送 65 508 字节,超出了发送端一次发送的最大数量,发送会失败并抛出异常
            udpSocket.send(Array<Byte>(65508, item: 1))
        } catch (ex: Exception) {
            println("send error:${ex}")
        }
        sleep(Duration.second)
    }
    return 0
}
```

编译后运行该示例,命令及输出如下:

```
cjc .\demo.cj
.\main.exe
Server receive 3 bytes: [1, 2, 3] from 127.0.0.1:33332
receive error: SocketException: Failed to read data 10040: A message sent on a
datagram socket was larger than the internal message buffer or some other network
limit, or the buffer used to receive a datagram into was smaller than the datagram
itself.
send error:SocketException: Unable to send datagram larger than 65507
```

8）public func getSocketOptionIntNative(level: Int32,option: Int32): IntNative

读取层级 level 下 option 指定的套接字参数，level 和 option 的取值可以使用 SocketOptions 的静态成员变量。

9）public func setSocketOptionIntNative(level: Int32, option: Int32, value: IntNative): Unit

使用 value 设置层级 level 下 option 指定的套接字参数值，level 和 option 的取值可以使用 SocketOptions 的静态成员变量。

10）public func getSocketOptionBool(level: Int32,option: Int32): Bool

读取层级 level 下 option 指定的套接字参数，level 和 option 的取值可以使用 SocketOptions 的静态成员变量，如果参数是 0，则返回值为 false，否则返回值为 true。

11）public func setSocketOptionBool(level: Int32,option: Int32,value: Bool): Unit

使用 value 设置层级 level 下 option 指定的套接字参数值，level 和 option 的取值可以使用 SocketOptions 的静态成员变量。

4.8 UDP 回显服务器示例

和 4.6 节类似，本节使用 UDP 编写一个回显服务器的示例，该示例同样分为服务器端和客户端两部分，服务器端示例为 UdpEchoServer，客户端示例为 UdpEchoClient，对于实现的回显服务器有以下约定：

（1）客户端每次发送的数据大小不超过 1024 字节。

（2）服务器端对收到的客户端信息原样回复。

和 TCP 示例不同的是，UDP 是无连接的，结束会话时服务器端不用关闭和客户端通信的套接字。

4.8.1 UdpEchoServer 的实现

下面是 UdpEchoServer 的示例代码，监听端口使用的是 9990，读者可以根据实际需要更改，建议使用 8000 以上的端口：

```
//Chapter4/udp_echo_server/src/demo.cj
```

```
from std import socket.*
from std import console.*

main() {
    //服务监听端口
    let port: UInt16 =9990

    let socketAddress =SocketAddress("0.0.0.0", port)

    //回显 UdpSocket 服务器端
    let echoServer =UdpSocket(bindAt: socketAddress)

    println("Echo server started listening on port ${port}")

    //启动一个线程,用于监听客户端连接
    spawn {
        echoServer.bind() //绑定到本地端口 9990

        //存放从 Socket 读取数据的缓冲区
        let buffer =Array<UInt8>(1024, item: 0)
        while (true) {
            let receiveResult =echoServer.receiveFrom(buffer)
            println("New message accepted, remote address
is:${receiveResult[0]}")

            //启动一个线程,用于处理接收的数据
            spawn {
                try {
                    dealWithReceive(echoServer, receiveResult[0],
buffer[0..receiveResult[1]])
                } catch (err: SocketException) {
                    println(err.message)
                }
            }
        }
    }

    //监听控制台输入,如果输入 quit 就退出程序
    while (true) {
        let readContent =Console.stdIn.readln().getOrThrow().trimAscii()

        //如果用户输入 quit 就退出程序
        if (readContent =="quit") {
            return
        }
    }
}

//解析数据并回写到客户端
```

```
func dealWithReceive(serverUdp: UdpSocket, remoteAddress: SocketAddress, buf: Array<UInt8>) {
    //把接收的数据转换为字符串
    let content = String.fromUtf8(buf)
    println("${remoteAddress}:${content}")

    serverUdp.sendTo(remoteAddress, content.toArray())
}
```

编译后运行该示例，命令及输出如下：

```
cjc .\demo.cj
.\main.exe
Echo server started listening on port 9990
```

此时还没有客户端连接接入，应用只打印了开始监听的日志。

4.8.2 UdpEchoClient 的实现

UdpEchoClient 的实现代码如下：

```
//Chapter4/udp_echo_client/src/demo.cj

from std import socket.*
from std import console.*

//客户端端口
let clientPort: UInt16 = 9989

//客户端绑定地址
let clientAddress = "127.0.0.1"

//回显服务器端口
let serverPort: UInt16 = 9990

//回显服务器地址
let echoServerAddress = "127.0.0.1"

//异常退出标志
var quit = false

main() {
    let clientAddress = SocketAddress(clientAddress, clientPort)

    //回显客户端
    let echoClient = UdpSocket(bindAt: clientAddress)

    //绑定本地端口
    echoClient.bind()
```

```
    let serverAddress = SocketAddress(echoServerAddress, serverPort)

    //连接回显服务器
    echoClient.connect(serverAddress)

    //启动一个线程,用于读取服务器的消息
    spawn {
        try {
            readFromEchoServer(echoClient)
        } catch (exp: SocketException) {
            println("Error reading data from socket:${exp}")
        } catch (exp: Exception) {
            println(exp)
        }
        quit = true
        println("Enter to quit!")
    }

    //循环读取用户的输入并发送到回显服务器
    while (true) {
        let readContent = Console.stdIn.readln().getOrThrow()

        //服务器端出现异常,退出程序
        if (quit) {
            return
        }

        echoClient.send(readContent.toArray())
        if (readContent == "quit") {
            return
        }
    }
}

//从 Socket 读取数据并打印输出
func readFromEchoServer(echoSocket: UdpSocket) {
    //存放从 Socket 读取数据的缓冲区
    let buffer = Array<UInt8>(1024, item: 0)

    while (true) {
        //从 Socket 读取数据
        var readCount = echoSocket.receive(buffer)

        //把接收的数据转换为字符串
        let content = String.fromUtf8(buffer[0..readCount])

        //输出读取的内容,加上前缀 S:
        println("S:${content}")
```

```
            //如果收到了退出指令就关闭套接字
            if (content =="quit") {
                echoSocket.close()
                return
            }
        }
    }
```

编译后运行该示例,然后输入"hi cangjie!",可以看到命令及输出如下:

```
cjc .\demo.cj
.\main.exe
hi cangjie!
S:hi cangjie!
```

输出表明,客户端收到了服务器端的回显信息。

此时如果查看服务器端,则可以看到的输出如下:

```
Echo server started listening on port 9990
New message accepted, remote address is:127.0.0.1:9989
127.0.0.1:9989:hi cangjie!
```

服务器端成功地打印了新连接接入的信息和客户端发送来的消息。

第 5 章 粘包问题及解决方法

在基于 TCP 的端到端通信中，如果一端连续发送两个或者两个以上的数据包，对端在一次接收时，收到的数据包数量可能大于 1 个，也可能是几个完整的数据包加上一个完整包的一部分数据，这些统称为粘包。

5.1 网络通信粘包的表现

为了展示粘包的具体表现，这里以 4.6 节“TCP 回显服务器示例”中的示例为基础，对其有针对性地进行改造。改造时服务器端代码保持不变，只修改客户端，改造后的客户端被命名为 sticky_echo_client，代码如下：

```
//Chapter5/sticky_echo_client/src/demo.cj

from std import socket.*
from std import console.*
from std import sync.*
from std import time.*
from std import random.*

//回显服务器端口
let port: UInt16 =9990

//回显服务器地址
let echoServerAddress ="127.0.0.1"

//异常退出标志
var quit =false

main() {
    //回显服务器客户端
    let echoClient =TcpSocket(echoServerAddress, port)

    //连接回显服务器
    echoClient.connect()
```

```
    //启动一个线程,用于读取服务器的消息
    spawn {
        try {
            readFromEchoServer(echoClient)
        } catch (exp: SocketException) {
            println("Error reading data from socket:${exp}")
        } catch (exp: Exception) {
            println(exp)
        }
        quit = true
        println("Enter to quit!")
    }

    let rand = Random()

    for (i in 0..100) {
        echoClient.write(i.toString().toArray())
        sleep(Duration.microsecond * rand.nextInt64(100))
    }

    //循环读取用户的输入并发送到回显服务器
    while (true) {
        let readContent = Console.stdIn.readln().getOrThrow()

        //服务器端出现异常,退出程序
        if (quit) {
            return
        }
        echoClient.write(readContent.toArray())
        if (readContent == "quit") {
            return
        }
    }
}

//从 Socket 读取数据并打印输出
func readFromEchoServer(echoSocket: TcpSocket) {
    //存放从 Socket 读取数据的缓冲区
    let buffer = Array<UInt8>(1024, item: 0)

    while (true) {
        //从 Socket 读取数据
        var readCount = echoSocket.read(buffer)

        //把接收的数据转换为字符串
        let content = String.fromUtf8(buffer[0..readCount])

        //输出读取的内容,加上前缀 S:
```

```
        println("S:${content}")

        //如果收到了退出指令就关闭连接
        if (content =="quit") {
            echoSocket.close()
            return
        }
    }
}
```

可以看到，改造的方式就是在 main 函数里添加了如下代码：

```
    let rand =Random()

    for (i in 0..100) {
        echoClient.write(i.toString().toArray())
        sleep(Duration.microsecond * rand.nextInt64(100))
    }
```

该部分代码会循环 100 次，把 0～99 的数字依次发送给服务器端，只是每次发送时会随机挂起 0～100μs 的时间，在理想情况下，客户端会收到服务器端的 100 次回复，每次回复的都是客户端发送到服务器端的 0～99 的数字，但是，实际情况怎样呢？为了达到更好的演示效果，客户端运行在本地，服务器端被部署到互联网上的某台服务器上，下面是某次程序运行的结果，客户端的输出如下（Windows 系统）：

```
.\main.exe
S:0
S:1234
S:5678910
S:111213
S:1415
S:161718
S:192021
S:222324
S:2526
S:272829
S:303132
S:3334
S:353637
S:383940
S:4142
S:434445
S:464748
S:495051
S:5253
S:545556
S:575859
```

```
S:606162
S:6364
S:65666768
S:6970
S:717273
S:747576
S:777879
S:8081
S:828384
S:858687
S:8889
S:909192
S:939495
S:9697
S:9899
```

对应的服务器端输出如下（Ubuntu 系统）：

```
./main
Echo server started listening on port 9990
New connection accepted, remote address is:223.99.217.219:52023
223.99.217.219:52023:0
223.99.217.219:52023:1234
223.99.217.219:52023:5678910
223.99.217.219:52023:111213
223.99.217.219:52023:1415
223.99.217.219:52023:161718
223.99.217.219:52023:192021
223.99.217.219:52023:222324
223.99.217.219:52023:2526
223.99.217.219:52023:272829
223.99.217.219:52023:303132
223.99.217.219:52023:3334
223.99.217.219:52023:353637
223.99.217.219:52023:383940
223.99.217.219:52023:4142
223.99.217.219:52023:434445
223.99.217.219:52023:464748
223.99.217.219:52023:495051
223.99.217.219:52023:5253
223.99.217.219:52023:545556
223.99.217.219:52023:575859
223.99.217.219:52023:606162
223.99.217.219:52023:6364
223.99.217.219:52023:65666768
223.99.217.219:52023:6970
223.99.217.219:52023:717273
223.99.217.219:52023:747576
223.99.217.219:52023:777879
```

```
223.99.217.219:52023:8081
223.99.217.219:52023:828384
223.99.217.219:52023:858687
223.99.217.219:52023:8889
223.99.217.219:52023:909192
223.99.217.219:52023:939495
223.99.217.219:52023:9697
223.99.217.219:52023:9899
```

虽然客户端将数据发送给服务器端时是按照从 0～99 的顺序逐次发送的，但是，服务器端在接收的时候，并不是每次都接收一个数字，有的是两个，也有 3 个和 4 个的情况，这就是一个典型的通信粘包的表现。

5.2 粘包产生的原因

TCP 是一种面向流的数据传输协议，传输的对象是连续的字节流，内容之间并没有明确的分界标志，严格来讲，并不存在粘包的问题，而通常所讲的粘包，更多的是一种逻辑上的概念，也就是人为地把 TCP 传输的字节流划分成了一个个数据包，发送端确定了数据包之间的边界，但接收端并不能保证按照数据包的边界来接收。例如，要发送两个数据包，第 1 个数据包 10 字节，第 2 个数据包 15 字节，在发送端是分两次发送的，接收端可能是两次接收，第 1 次 10 字节，第 2 次 15 字节，也可能是一次性接收 25 字节，或者第 1 次接收 10 字节，第 2 次接收 5 字节，第 3 次接收 10 字节，每次接收的字节数都不是固定的，详细的接收端数据包分析如图 5-1 所示。

发送端

数据包	发送的第1个包										发送的第2个包														
字节序号	1	2	3	4	5	6	7	8	9	10	11	12	13	14	15	16	17	18	19	20	21	22	23	24	25

接收端

情形1

数据包	接收的第1个包										接收的第2个包														
字节序号	1	2	3	4	5	6	7	8	9	10	11	12	13	14	15	16	17	18	19	20	21	22	23	24	25

情形2

数据包	接收的第1个包																								
字节序号	1	2	3	4	5	6	7	8	9	10	11	12	13	14	15	16	17	18	19	20	21	22	23	24	25

情形3

数据包	接收的第1个包					接收的第2个包																			
字节序号	1	2	3	4	5	6	7	8	9	10	11	12	13	14	15	16	17	18	19	20	21	22	23	24	25

情形4

数据包	接收的第1个包												接收的第2个包												
字节序号	1	2	3	4	5	6	7	8	9	10	11	12	13	14	15	16	17	18	19	20	21	22	23	24	25

情形5

数据包	接收的第1个包										接收的第2个包					接收的第3个包									
字节序号	1	2	3	4	5	6	7	8	9	10	11	12	13	14	15	16	17	18	19	20	21	22	23	24	25

⋮

情形*N*

数据包	接收的第1个包																				接收的第*M*个包				
字节序号	1	2	3																				23	24	25

图 5-1 接收端数据包分析

之所以会出现接收端和发送端数据批次不一定匹配的情况，原因比较多，这与网络状态、接收端的运行情况、发送端的网络配置等因素都有关系，具体来讲，大体可以分为以下几类。

1. 发送端启用了 Nagle 算法

对于小包，发送端可能会将其累计起来，到了一定的数据量或者其他条件满足时才发送给接收端，这是导致粘包的一个重要原因，详情见 3.4 节的第 1 部分 NODELAY。

2. TCP 的滑动窗口机制

根据滑动窗口机制，发送端一次发送数据量的多少并不完全是由自己决定的，还要受接收端的缓存大小限制，这也会导致发送端原本计划一次发送的数据包被分为多次发送。滑动窗口的详细解释参考 3.1.4 节。

3. MSS 和 MTU 分片

MSS(Maximum Segment Size)表示 TCP 报文中数据部分的最大长度，MTU(Maximum Transmission Unit)是链路层一次可以发送最大数据的限制，以太网中一般为 1500 字节；如果一次需要发送的数据大于 MSS 或者 MTU，则数据会被拆分成多个包进行传输，这也会导致粘包的产生。

4. 接收端不及时接收

如果接收端不能及时接收缓冲区的数据包，则在其后的某次接收中就会出现接收多个数据包的情况。

5.3 粘包解决方法

通过 5.2 节的分析可知，粘包产生的主要原因是接收端不知道数据包的边界，因为 TCP 协议本身并不包含数据包的边界信息，所以解决粘包问题的主要思路就是给数据包定义边界，常用的解决方案主要有两种，一种是以指定的字符或者字符串作为结束标志，另一种是把数据包分为固定的包首和可变的包体两部分，在包首部分标识包体的大小；其实，这两种方案在本质上都是设计应用层的协议，从应用层入手解析字节流，从而得到正确的数据包。

5.3.1 指定数据包结束标志

指定数据包结束标志是一种比较简单的确定数据包边界的方法，通过一些特殊字符作为分界标志，在接收的数据中如果发现了该分界标志，就认为本包数据结束了。当然，这种方式还要考虑一些特殊情形，例如，如果发送的内容本身包含作为分界标志的特殊字符，就需要对这些字符进行转义处理。

为了演示这种解决方法，下面以 4.6 节中的示例为基础，把回车换行作为数据包分界标志，也就是说客户端每次发送消息时都在消息末尾添加上回车换行符，服务器端解析时，也以回车换行符作为消息结束标志，为了简单起见，这里假设客户端发送的内容不包含回车换行符，并且每次发送的数据大小不超过 1024 字节；带分界标志的回显服务器示例代码如下，首先是服务器端：

```
//Chapter5/echo_server_with_crlf/src/demo.cj

from std import socket.*
from std import console.*

main() {
    //服务监听端口
    let port: UInt16 =9990

    let socketAddress =SocketAddress("0.0.0.0", port)

    //回显 TcpSocket 服务器端
    let echoServer =TcpServerSocket(bindAt: socketAddress)

    println("Echo server started listening on port ${port}")

    //启动一个线程,用于监听客户端连接
    spawn {
        //绑定到本地端口
        echoServer.bind()
        while (true) {
            let echoSocket =echoServer.accept()
            println("New connection accepted, remote address
is:${echoSocket.remoteAddress}")

            //启动一个线程,用于处理新的 Socket
            spawn {
                try {
                    dealWithEchoSocket(echoSocket)
                } catch (err: SocketException) {
                    println(err.message)
                }
            }
        }
    }

    //监听控制台输入,如果输入 quit 就退出程序
    while (true) {
        let readContent =Console.stdIn.readln().getOrThrow().trimAscii()

        //如果用户输入 quit 就退出程序
        if (readContent =="quit") {
            return
        }
    }
}
```

```
//从 Socket 读取数据并回写到 Socket
func dealWithEchoSocket(echoSocket: TcpSocket) {
    //存放从 Socket 读取数据的缓冲区
    let buffer =Array<UInt8>(1024, item: 0)

    //已经写入缓冲区的有效字节数
    var readableCount =0

    while (true) {
        //从 Socket 读取数据
        var readCount =echoSocket.read(buffer[readableCount..])

        //如果读取的字节数为 0,则表明对端关闭,直接退出
        if (readCount ==0) {
            return
        }

        //已经读取的字节数
        readableCount =readableCount +readCount

        //查找已经读取的内容里是否有回车换行符
        var pos =getCRLFPos(buffer[0..readableCount])

        //如果查找到了回车换行符,就将内容输出到 Socket,一直循环,直到找不到回车换行
        //符,然后从外层循环再次读取 Socket
        while (let Some(crlfPos) <-pos) {
            //把接收的数据转换为字符串,不包括最后的回车换行
            let content =String.fromUtf8(buffer[0..crlfPos])

            //把 content 写入 echoSocket
            writeToEchoSocketWithCRLF(echoSocket, content)

            //如果接收的内容是 quit 就关闭连接
            if (content =="quit") {
                echoSocket.close()
                return
            }

            //回车换行后未处理的字节数
            let undealByteLen =readableCount -crlfPos -2

            //把未处理的字节复制到缓冲区首部
            buffer.copyTo(buffer, crlfPos +2, 0, undealByteLen)

            //把未处理的字节数作为缓冲区有效字节数
            readableCount =undealByteLen
```

```
                //查找下一个回车换行符
                pos =getCRLFPos(buffer[0..readableCount])
            }
        }
}

//在数组 buf 中查找回车换行符第 1 次出现的位置
public func getCRLFPos(buf: Array<UInt8>) {
    var pos: ?Int64 =None

    //如果 buf 包含的字节数小于 2,则直接返回 None
    if (buf.size <2) {
        return pos
    }

    //从第 1 个可读位置开始
    var indx =0

    //遍历数组查找匹配位置
    while (indx <buf.size -1) {
        //如果从 indx 开始的两个连续字符是回车换行,就认为匹配,将 indx 设置为匹配位置
        //并跳出循环
        if (buf[indx] ==13 && buf[indx +1] ==10) {
            pos =indx
            break
        }

        //如果不匹配就从数组的下一个位置开始判断
        indx++
    }

    return pos
}

//把 content 和回车换行写入 echoSocket
func writeToEchoSocketWithCRLF(echoSocket: TcpSocket, content: String) {
    println("${echoSocket.remoteAddress}:${content}")
    let contentCrlf =content +"\r\n"
    echoSocket.write(contentCrlf.toArray())
}
```

服务器端处理 Socket 数据收发的是函数 dealWithEchoSocket，该函数把从 Socket 读取的数据都存放在缓冲区 buffer 中，然后从 buffer 中循环查找回车换行符，如果查到了，就将内容回写到客户端，否则跳出循环，再次从 Socket 读取数据。

客户端代码如下：

```
//Chapter5/echo_client_with_crlf/src/demo.cj

from std import socket.*
from std import console.*
from std import sync.*
from std import time.*
from std import random.*

//回显服务器端口
let port: UInt16 =9990

//回显服务器地址
let echoServerAddress ="127.0.0.1"

//异常退出标志
var quit =false

main() {
    //回显服务器客户端
    let echoClient =TcpSocket(echoServerAddress, port)

    //连接回显服务器
    echoClient.connect()

    //启动一个线程,用于读取服务器的消息
    spawn {
        try {
            readFromEchoServer(echoClient)
        } catch (exp: SocketException) {
            println("Error reading data from socket:${exp}")
        } catch (exp: Exception) {
            println(exp)
        }
        quit =true
        println("Enter to quit!")
    }

    let rand =Random()

    for (i in 0..100) {
        writeToEchoSocketWithCRLF(echoClient, i.toString())
        sleep(Duration.microsecond * rand.nextInt64(100))
    }

    //循环读取用户的输入并发送到回显服务器
    while (true) {
        let readContent =Console.stdIn.readln().getOrThrow().trimAscii()
```

```
        //服务器端出现异常,退出程序
        if (quit) {
            return
        }
        writeToEchoSocketWithCRLF(echoClient, readContent)
        if (readContent =="quit") {
            return
        }
    }
}

//从 Socket 读取数据并打印输出
func readFromEchoServer(echoSocket: TcpSocket) {
    //存放从 Socket 读取数据的缓冲区
    let buffer =Array<UInt8>(1024, item: 0)

    //已经写入缓冲区的有效字节数
    var readableCount =0

    while (true) {
        //从 Socket 读取数据
        var readCount =echoSocket.read(buffer[readableCount..])

        //如果读取的字节数为 0,则表明对端关闭,直接退出
        if (readCount ==0) {
            return
        }

        //增加缓冲区中的有效字节数
        readableCount =readableCount +readCount

        //从缓冲区的有效内容里查找回车换行符位置
        var pos =getCRLFPos(buffer[0..readableCount])

        //如果查找到了回车换行符,就输出内容,一直循环,直到找不到回车换行符,然后从外层
        //循环再次读取 Socket
        while (let Some(crlfPos) <-pos) {
            //把接收的数据转换为字符串,不包括最后的回车换行
            let content =String.fromUtf8(buffer[0..crlfPos])

            //输出读取的内容,加上前缀 S:
            println("S:${content}")

            //如果收到了退出指令就关闭连接
            if (content =="quit") {
                echoSocket.close()
                return
            }
```

```
            //回车换行后未处理的字节数
            let undealByteLen = readableCount - crlfPos - 2

            //把未处理的字节复制到缓冲区首部
            buffer.copyTo(buffer, crlfPos + 2, 0, undealByteLen)

            //把未处理的字节数作为缓冲区有效字节数
            readableCount = undealByteLen

            //查找下一个回车换行符
            pos = getCRLFPos(buffer[0..readableCount])
        }
    }
}

//从数组 buf 中查找回车换行符第 1 次出现的位置
public func getCRLFPos(buf: Array<UInt8>) {
    var pos: ?Int64 = None

    //如果 buf 包含的字节数小于 2,则直接返回 None
    if (buf.size < 2) {
        return pos
    }

    //从第 1 个可读位置开始
    var indx = 0

    //遍历数组查找匹配位置
    while (indx < buf.size - 1) {
        //如果从 indx 开始的两个连续字符是回车换行,就认为匹配,将 indx 设置为匹配位置
        //并跳出循环
        if (buf[indx] == 13 && buf[indx + 1] == 10) {
            pos = indx
            break
        }

        //如果不匹配就从数组的下一个位置开始判断
        indx++
    }

    return pos
}

//把 content 和回车换行写入 echoSocket
func writeToEchoSocketWithCRLF(echoSocket: TcpSocket, content: String) {
    let contentCrlf = content + "\r\n"
    echoSocket.write(contentCrlf.toArray())
}
```

先后运行服务器端程序和客户端程序，下面是某次程序运行的结果，客户端的输出如下（Windows 系统）：

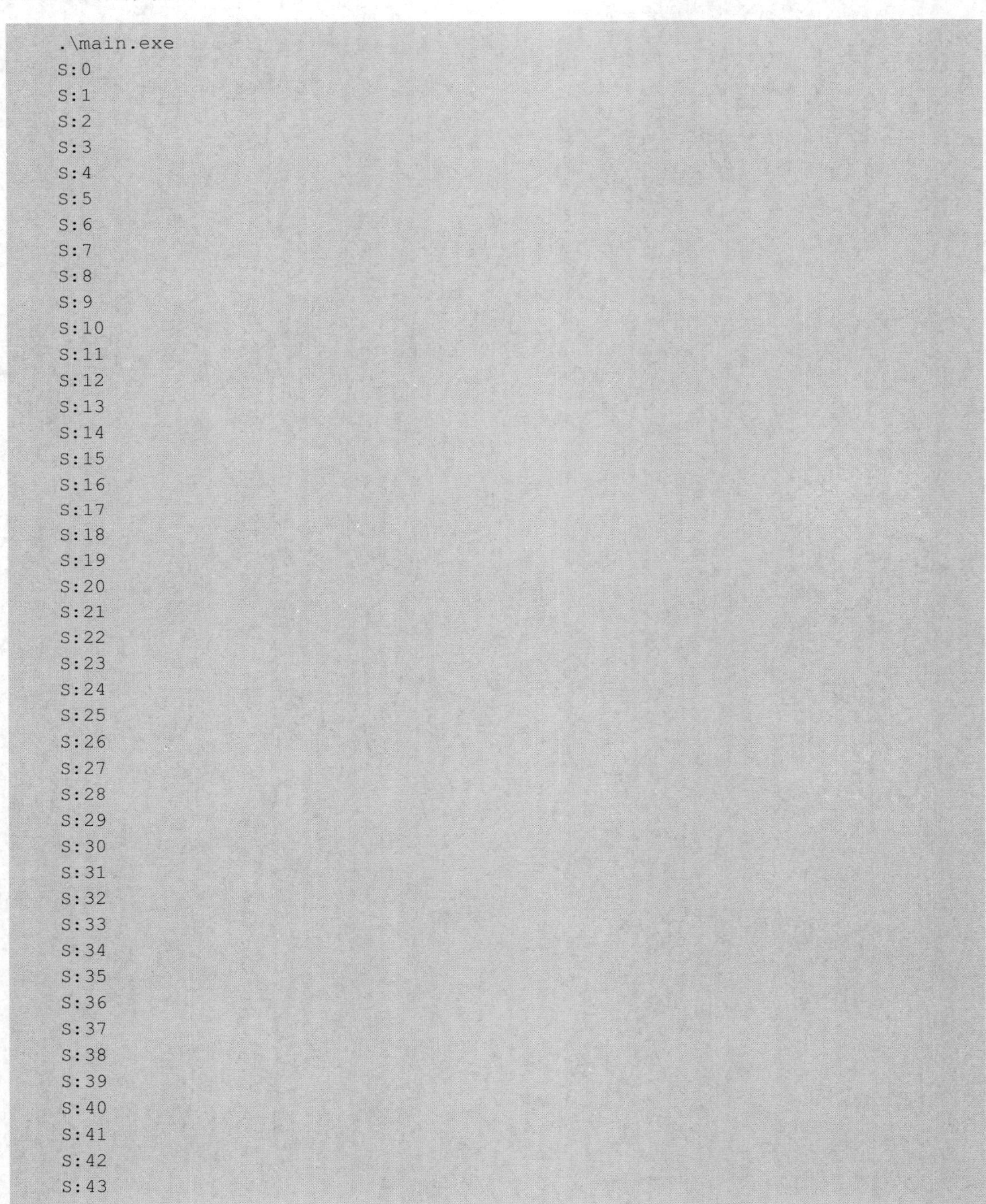

```
.\main.exe
S:0
S:1
S:2
S:3
S:4
S:5
S:6
S:7
S:8
S:9
S:10
S:11
S:12
S:13
S:14
S:15
S:16
S:17
S:18
S:19
S:20
S:21
S:22
S:23
S:24
S:25
S:26
S:27
S:28
S:29
S:30
S:31
S:32
S:33
S:34
S:35
S:36
S:37
S:38
S:39
S:40
S:41
S:42
S:43
```

```
S:44
S:45
S:46
S:47
S:48
S:49
S:50
S:51
S:52
S:53
S:54
S:55
S:56
S:57
S:58
S:59
S:60
S:61
S:62
S:63
S:64
S:65
S:66
S:67
S:68
S:69
S:70
S:71
S:72
S:73
S:74
S:75
S:76
S:77
S:78
S:79
S:80
S:81
S:82
S:83
S:84
S:85
S:86
S:87
S:88
S:89
S:90
S:91
S:92
```

```
S:93
S:94
S:95
S:96
S:97
S:98
S:99
```

对应的服务器端输出如下(Ubuntu 系统):

```
./main
Echo server started listening on port 9990
New connection accepted, remote address is:112.225.161.126:54588
112.225.161.126:54588:0
112.225.161.126:54588:1
112.225.161.126:54588:2
112.225.161.126:54588:3
112.225.161.126:54588:4
112.225.161.126:54588:5
112.225.161.126:54588:6
112.225.161.126:54588:7
112.225.161.126:54588:8
112.225.161.126:54588:9
112.225.161.126:54588:10
112.225.161.126:54588:11
112.225.161.126:54588:12
112.225.161.126:54588:13
112.225.161.126:54588:14
112.225.161.126:54588:15
112.225.161.126:54588:16
112.225.161.126:54588:17
112.225.161.126:54588:18
112.225.161.126:54588:19
112.225.161.126:54588:20
112.225.161.126:54588:21
112.225.161.126:54588:22
112.225.161.126:54588:23
112.225.161.126:54588:24
112.225.161.126:54588:25
112.225.161.126:54588:26
112.225.161.126:54588:27
112.225.161.126:54588:28
112.225.161.126:54588:29
112.225.161.126:54588:30
112.225.161.126:54588:31
112.225.161.126:54588:32
112.225.161.126:54588:33
112.225.161.126:54588:34
112.225.161.126:54588:35
```

```
112.225.161.126:54588:36
112.225.161.126:54588:37
112.225.161.126:54588:38
112.225.161.126:54588:39
112.225.161.126:54588:40
112.225.161.126:54588:41
112.225.161.126:54588:42
112.225.161.126:54588:43
112.225.161.126:54588:44
112.225.161.126:54588:45
112.225.161.126:54588:46
112.225.161.126:54588:47
112.225.161.126:54588:48
112.225.161.126:54588:49
112.225.161.126:54588:50
112.225.161.126:54588:51
112.225.161.126:54588:52
112.225.161.126:54588:53
112.225.161.126:54588:54
112.225.161.126:54588:55
112.225.161.126:54588:56
112.225.161.126:54588:57
112.225.161.126:54588:58
112.225.161.126:54588:59
112.225.161.126:54588:60
112.225.161.126:54588:61
112.225.161.126:54588:62
112.225.161.126:54588:63
112.225.161.126:54588:64
112.225.161.126:54588:65
112.225.161.126:54588:66
112.225.161.126:54588:67
112.225.161.126:54588:68
112.225.161.126:54588:69
112.225.161.126:54588:70
112.225.161.126:54588:71
112.225.161.126:54588:72
112.225.161.126:54588:73
112.225.161.126:54588:74
112.225.161.126:54588:75
112.225.161.126:54588:76
112.225.161.126:54588:77
112.225.161.126:54588:78
112.225.161.126:54588:79
112.225.161.126:54588:80
112.225.161.126:54588:81
112.225.161.126:54588:82
112.225.161.126:54588:83
112.225.161.126:54588:84
```

```
112.225.161.126:54588:85
112.225.161.126:54588:86
112.225.161.126:54588:87
112.225.161.126:54588:88
112.225.161.126:54588:89
112.225.161.126:54588:90
112.225.161.126:54588:91
112.225.161.126:54588:92
112.225.161.126:54588:93
112.225.161.126:54588:94
112.225.161.126:54588:95
112.225.161.126:54588:96
112.225.161.126:54588:97
112.225.161.126:54588:98
112.225.161.126:54588:99
```

输出表明，客户端和服务器端都得到了期望的结果。

5.3.2 固定包首可变包体

固定包首可变包体是定义应用层协议时常用的方法，其实在其他层也有使用，如网络层的 IP 协议，不管是 IPv4 还是 IPv6，在报文首部的固定位置都定义了数据包的长度字段，具体可以参考 3.3 节。为了演示固定包首可变包体的用法，本节同样以 4.6 节中的示例为基础，把发送的信息封装为固定包首和可变包体的组合，固定包首部分为 2 字节，内容为包体的长度，包体紧跟着包首，用于存储要发送的信息，不需要任何分界标志，在实际发送时发送封装后的数据包，封装前后数据包对比如图 5-2 所示。

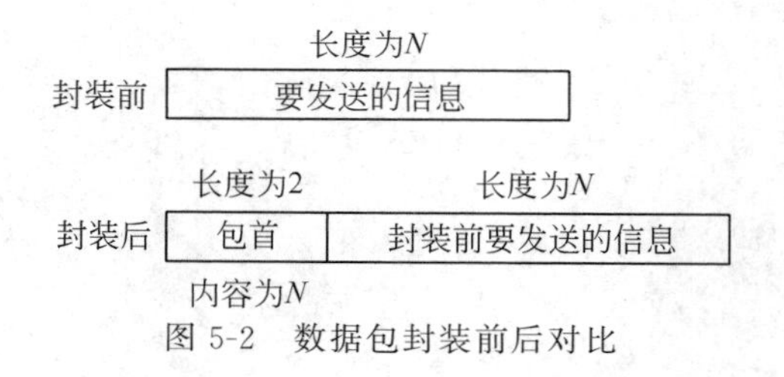

图 5-2 数据包封装前后对比

下面是演示实例代码，为了简单起见，假设每次发送的数据大小不超过 1024 字节，首先是服务器端代码：

```
//Chapter5/echo_server_with_len/src/demo.cj

from std import socket.*
from std import console.*

main() {
    //服务监听端口
    let port: UInt16 =9990
```

```
    let socketAddress = SocketAddress("0.0.0.0", port)

    //回显 TcpSocket 服务器端
    let echoServer = TcpServerSocket(bindAt: socketAddress)

    println("Echo server started listening on port ${port}")

    //启动一个线程,用于监听客户端连接
    spawn {
        //绑定到本地端口
        echoServer.bind()
        while (true) {
            let echoSocket = echoServer.accept()
            println("New connection accepted, remote address
is:${echoSocket.remoteAddress}")

            //启动一个线程,用于处理新的 Socket
            spawn {
                try {
                    dealWithEchoSocket(echoSocket)
                } catch (err: SocketException) {
                    println(err.message)
                }
            }
        }
    }

    //监听控制台输入,如果输入 quit 就退出程序
    while (true) {
        let readContent = Console.stdIn.readln().getOrThrow().trimAscii()

        //如果用户输入 quit 就退出程序
        if (readContent == "quit") {
            return
        }
    }
}

//从 Socket 读取数据并回写到 Socket
func dealWithEchoSocket(echoSocket: TcpSocket) {
    //存放从 Socket 读取数据的缓冲区
    let buffer = Array<UInt8>(1024, item: 0)

    //已经写入缓冲区的有效字节数
    var readableCount = 0

    while (true) {
        //从 Socket 读取数据
```

```
        var readCount = echoSocket.read(buffer[readableCount..])

        //如果读取的字节数为 0,则表明对端关闭,直接退出
        if (readCount == 0) {
            return
        }

        //已经读取的字节数
        readableCount = readableCount + readCount

        //如果缓冲区有效字节数大于或等于 2,则说明数据包长度已经可以读取了
        while (readableCount >= 2) {
            //包体长度
            var packDatalen = Int64(buffer[0]) + Int64(UInt16(buffer[1]) << 8u8)

            //如果缓冲区有效字节数大于或等于可变包体长度+2,则说明缓冲区包含完整的数据包
            if (readableCount >= packDatalen + 2) {
                let content = String.fromUtf8(buffer[2..packDatalen + 2])

                //把 content 写入 echoSocket
                writeToEchoSocketWithLen(echoSocket, content)

                //如果接收的内容是 quit 就关闭连接
                if (content == "quit") {
                    echoSocket.close()
                    return
                }

                //完整包后未处理的字节数
                let undealByteLen = readableCount - 2 - packDatalen

                //把未处理的字节复制到缓冲区首部
                buffer.copyTo(buffer, 2 + packDatalen, 0, undealByteLen)

                //把未处理的字节数作为缓冲区有效字节数
                readableCount = undealByteLen
            } else { //否则从外层循环再次读取 Socket
                break
            }
        }
    }
}

//把 content 封装后写入 echoSocket
func writeToEchoSocketWithLen(echoSocket: TcpSocket, content: String) {
    println("${echoSocket.remoteAddress}:${content}")

    //要发送的消息长度
    let length = UInt16(content.size)
```

```
    //长度的低字节
    let low =UInt8(length & 0xffu16)

    //长度的高字节
    let high =UInt8(length >>8u8)

    //发送低字节
    echoSocket.write(low)

    //发送高字节
    echoSocket.write(high)

    //发送内容
    echoSocket.write(content.toArray())
}
```

服务器端函数 dealWithEchoSocket 处理 Socket 数据的收发，该函数从 Socket 读取数据并存放在缓冲区 buffer 中，然后从 buffer 中循环读取包的固定首部和可变包体，如果读取到了完整的数据包，就回写内容到客户端，否则就跳出循环，再次从 Socket 读取数据。

客户端代码如下：

```
//Chapter5/echo_client_with_len/src/demo.cj

from std import socket.*
from std import console.*
from std import sync.*
from std import time.*
from std import random.*

//回显服务器端口
let port: UInt16 =9990

//回显服务器地址
let echoServerAddress ="127.0.0.1"

//异常退出标志
var quit =false

main() {
    //回显服务器客户端
    let echoClient =TcpSocket(echoServerAddress, port)

    //连接回显服务器
    echoClient.connect()

    //启动一个线程,用于读取服务器的消息
```

```
    spawn {
        try {
            readFromEchoServer(echoClient)
        } catch (exp: SocketException) {
            println("Error reading data from socket:${exp}")
        } catch (exp: Exception) {
            println(exp)
        }
        quit =true
        println("Enter to quit!")
    }

    let rand =Random()

    //将一系列序号字符串发送到服务器端,字符串内容为指定数量的序号,数量的计算方式为
    //"序号 * 10",例如,如果是 5,就将 50 个数字 5 发送到服务器端
    for (i in 0..20) {
        writeToEchoSocketWithLen(echoClient, i.toString() * 10 * i)
        sleep(Duration.microsecond * rand.nextInt64(100))
    }

    //循环读取用户的输入并发送到回显服务器
    while (true) {
        let readContent =Console.stdIn.readln().getOrThrow().trimAscii()

        //服务器端出现异常,退出程序
        if (quit) {
            return
        }
        writeToEchoSocketWithLen(echoClient, readContent)
        if (readContent =="quit") {
            return
        }
    }
}

//从 Socket 读取数据并打印输出
func readFromEchoServer(echoSocket: TcpSocket) {
    //存放从 Socket 读取数据的缓冲区
    let buffer =Array<UInt8>(1024, item: 0)

    //已经写入缓冲区的有效字节数
    var readableCount =0

    while (true) {
        //从 Socket 读取数据
        var readCount =echoSocket.read(buffer[readableCount..])

        //如果读取的字节数为 0,则表明对端关闭,直接退出
```

```
        if (readCount ==0) {
            return
        }

        //已经读取的字节数
        readableCount =readableCount +readCount

        //如果缓冲区有效字节数大于或等于 2,则说明数据包长度已经可以读取了
        while (readableCount >=2) {
            //包体长度
            var packDatalen =Int64(buffer[0]) +Int64(UInt16(buffer[1]) <<8u8)

            //如果缓冲区有效字节数大于或等于可变包体长度+2,则说明缓冲区包含完整的数据包
            if (readableCount >=packDatalen +2) {
                let content =String.fromUtf8(buffer[2..packDatalen +2])

                //输出读取的内容,加上前缀 S:
                println("S:${content}")

                //如果接收的内容是 quit 就关闭连接
                if (content =="quit") {
                    echoSocket.close()
                    return
                }

                //完整包后未处理的字节数
                let undealByteLen =readableCount -2 -packDatalen

                //把未处理的字节复制到缓冲区首部
                buffer.copyTo(buffer, 2 +packDatalen, 0, undealByteLen)

                //把未处理的字节数作为缓冲区有效字节数
                readableCount =undealByteLen
            } else { //否则从外层循环再次读取 Socket
                break
            }
        }
    }
}

//把 content 封装后写入 echoSocket
func writeToEchoSocketWithLen(echoSocket: TcpSocket, content: String) {
    //要发送的消息长度
    let length =UInt16(content.size)

    //长度的低字节
    let low =UInt8(length & 0xffu16)

    //长度的高字节
```

```
        let high =UInt8(length >>8u8)

        //发送低字节
        echoSocket.write(low)

        //发送高字节
        echoSocket.write(high)

        //发送内容
        echoSocket.write(content.toArray())
    }
```

客户端将内容循环输出到服务器端的程序逻辑和 5.3.1 节示例不同，因为本节主要用于演示固定包首和可变包体，所以循环了 20 次，每次输出的内容为指定数量的序号，数量的计算方式为“序号 * 10”，例如，如果是 5，就将 50 个数字 5 发送到服务器端，如果是 0，就只发送固定包首，不发送可变包体。

先后运行服务器端程序和客户端程序，下面是某次程序运行的结果，客户端的输出如下（Windows 系统）：

```
.\main.exe
S:
S:1111111111
S:22222222222222222222
S:333333333333333333333333333333
S:4444444444444444444444444444444444444444
S:55555555555555555555555555555555555555555555555555
S:666666666666666666666666666666666666666666666666666666666666
S:7777777777777777777777777777777777777777777777777777777777777777777777
S:8888888888888888888888888888888888888888888888888888888888888888888888888888
8888
S:9999999999999999999999999999999999999999999999999999999999999999999999999999
99999999999999
S:1010101010101010101010101010101010101010101010101010101010101010101010101010
101010101010101010101010101010101010101010101010101010101010101010101010101010
1010101010101010101010101010101010101010101010
S:1111111111111111111111111111111111111111111111111111111111111111111111111111
111111111111111111111111111111111111111111111111111111111111111111111111111111
111111111111111111111111111111111111111111111111111111111111111111
S:1212121212121212121212121212121212121212121212121212121212121212121212121212
121212121212121212121212121212121212121212121212121212121212121212121212121212
12121212121212121212121212121212121212121212121212121212121212121212121212
121212121212
S:1313131313131313131313131313131313131313131313131313131313131313131313131313
131313131313131313131313131313131313131313131313131313131313131313131313131313
131313131313131313131313131313131313131313131313131313131313131313131313131313
1313131313131313131313131313
```

```
S:141414141414141414141414141414141414141414141414141414141414141414141414141414141414
14141414141414141414141414141414141414141414141414141414141414141414141414141414141414
14141414141414141414141414141414141414141414141414141414141414141414141414141414141414
14141414141414141414141414141414141414141414141414141414
S:151515151515151515151515151515151515151515151515151515151515151515151515151515151515
15151515151515151515151515151515151515151515151515151515151515151515151515151515151515
15151515151515151515151515151515151515151515151515151515151515151515151515151515151515
1515151515151515151515151515151515151515151515151515151515151515151515151515
S:161616161616161616161616161616161616161616161616161616161616161616161616161616161616
16161616161616161616161616161616161616161616161616161616161616161616161616161616161616
16161616161616161616161616161616161616161616161616161616161616161616161616161616161616
16161616161616161616161616161616161616161616161616161616161616161616161616161616
1616161616161616
S:171717171717171717171717171717171717171717171717171717171717171717171717171717171717
17171717171717171717171717171717171717171717171717171717171717171717171717171717171717
17171717171717171717171717171717171717171717171717171717171717171717171717171717177171
71717171717171717171717171717171717171717171717171717171717171717171717171717171
71717171717171717171717171717171717
S:181818181818181818181818181818181818181818181818181818181818181818181818181818181818
18181818181818181818181818181818181818181818181818181818181818181818181818181818181818
18181818181818181818181818181818181818181818181818181818181818181818181818181818181818
18181818181818181818181818181818181818181818181818181818181818181818181818181818181818
1818181818181818181818181818181818181818181818181818181818
S:191919191919191919191919191919191919191919191919191919191919191919191919191919191919
19191919191919191919191919191919191919191919191919191919191919191919191919191919191919
19191919191919191919191919191919191919191919191919191919191919191919191919191919191919
19191919191919191919191919191919191919191919191919191919191919191919191919191919191919
191919191919191919191919191919191919191919191919191919191919191919191919191919
```

对应的服务器端输出如下(Windows 系统):

```
.\main.exe
Echo server started listening on port 9990
New connection accepted, remote address is:127.0.0.1:61254
127.0.0.1:61254:
127.0.0.1:61254:1111111111
127.0.0.1:61254:22222222222222222222
127.0.0.1:61254:333333333333333333333333333333
127.0.0.1:61254:4444444444444444444444444444444444444444
127.0.0.1:61254:55555555555555555555555555555555555555555555555555
127.0.0.1:61254:666666666666666666666666666666666666666666666666666666666666
127.0.0.1:61254:777777777777777777777777777777777777777777777777777777777777
7777777777
127.0.0.1:61254:888888888888888888888888888888888888888888888888888888888888
88888888888888888888
127.0.0.1:61254:999999999999999999999999999999999999999999999999999999999999
999999999999999999999999999999
127.0.0.1:61254:101010101010101010101010101010101010101010101010101010101010
01010101010101010101010101010101010101010101010101010101010101010101010101010
```

```
10101010101010101010101010101010101010101010101010101010
127.0.0.1:61254:11111111111111111111111111111111111111111111111111111
111111111111111111111111111111111111111111111111111111111111111111111
111111111111111111111111111111111111111111111111111111111111111111111
11111
127.0.0.1:61254:12121212121212121212121212121212121212121212121212121
212121212121212121212121212121212121212121212121212121212121212121212
121212121212121212121212121212121212121212121212121212121212121212121
21212121212121212121212
127.0.0.1:61254:13131313131313131313131313131313131313131313131313131
313131313131313131313131313131313131313131313131313131313131313131313
131313131313131313131313131313131313131313131313131313131313131313131
31313131313131313131313131313131313131313
127.0.0.1:61254:14141414141414141414141414141414141414141414141414141
414141414141414141414141414141414141414141414141414141414141414141413
114141414141414141414141414141414141414141414141414141414141414141414
141414141414141414141414141414141414141414141414141414141414
127.0.0.1:61254:15151515151515151515151515151515151515151515151515151
515151515151515151515151515151515151515151515151515151515151515151515
151515151515151515151515151515151515151515151515151515151515151515151
515151515151515151515151515151515151515151515151515151515151515151515
15151515
127.0.0.1:61254:16161616161616161616161616161616161616161616161616161
616161616161616161616161616161616161616161616161616161616161616161616
161616161616161616161616161616161616161616161616161616161616161616161
616161616161616161616161616161616161616161616161616161616161616161616
16161616161616161616161616
127.0.0.1:61254:17171717171717171717171717171717171717171717171717171
717171717171717171717171717171717171717171717171717171717171717171717
171717171717171717171717171717171717171717171717171717171717171717171
717171717171717171717171717171717171717171717171717171717171717171717
17171717171717171717171717171717171717171717
127.0.0.1:61254:18181818181818181818181818181818181818181818181818181
818181818181818181818181818181818181818181818181818181818181818181818
181818181818181818181818181818181818181818181818181818181818181818181
818181818181818181818181818181818181818181818181818181818181818181818
18181818181818181818181818181818181818181818181818181818181818
127.0.0.1:61254:1919191919191919191919191919191919191919191919191919
19191919191919191919191919191919191919191919191919191919191919191919
19191919191919191919191919191919191919191919191919191919191919191919
19191919191919191919191919191919191919191919191919191919191919191919
19191919191919191919191919191919191919191919191919191919191919191919
19191919191919191919191919191919191919191919191919191919191919191919
19191919191919
```

客户端和服务器端的输出都是期望的结果。

第6章 基于缓冲区的高效网络I/O

缓冲区是计算机中各种输入/输出操作经常使用的概念，通过缓冲区而不是直接对网络或者文件等对象进行操作，可以极大地提高处理效率，但是，如果操作不当，则可能适得其反，不但提高不了效率，还会出现预期以外的错误结果，所以只有了解缓冲区的工作原理，并掌握缓冲区的使用技巧，才能更好地进行仓颉语言的网络应用程序开发。

6.1 直接输出与缓冲区输出

假设这样一种场景，客户端有大量的数据需要发送到服务器端，客户端有两种方式可以进行数据发送：

(1) 多次发送，每次发送少量数据。

(2) 尽可能少地发送，每次发送尽可能多的数据。

根据前面章节的知识可知，网络传输是有代价的，从理论上讲，如果能尽量减少网络发送的次数，增加每次发送的数据量大小，则可以提高网络的吞吐量，那么实际上是否如此呢？下面通过一个示例比较两者的区别，服务器端还是使用4.6.1节中的示例；客户端对4.6.2节中的示例进行改造，改造后的代码如下：

```
//Chapter6/echo_client_buffer_test/src/demo.cj

from std import socket.*
from std import console.*
from std import sync.*
from std import time.*
from std import collection.*

//回显服务器端口
let port: UInt16 =9990

//回显服务器地址
let echoServerAddress ="127.0.0.1"

//异常退出标志
```

```
var quit = false

main() {
    //回显服务器客户端
    let echoClient = TcpSocket(echoServerAddress, port)

    //连接回显服务器
    echoClient.connect()

    //启动一个线程,用于读取服务器的消息
    spawn {
        try {
            readFromEchoServer(echoClient)
        } catch (exp: SocketException) {
            println("Error reading data from socket: ${exp}")
        } catch (exp: Exception) {
            println(exp)
        }
        quit = true
        println("Enter to quit!")
    }

    //进行 3 次对比
    for (i in 0..3) {
        //不使用缓冲区的时长
        let noBufDuration = writeNoBuf(echoClient)

        //使用缓冲区的时长
        let withBufDuration = writeWithBuf(echoClient)

        //输出使用和不使用缓冲区的时长对比
        println("第${i}次不使用缓冲区的输出时长:${noBufDuration}")
        println("第${i}次使用缓冲区的输出时长:${withBufDuration}")
    }

    //循环读取用户的输入并发送到回显服务器
    while (true) {
        let readContent = Console.stdIn.readln().getOrThrow().trimAscii()

        //服务器端出现异常,退出程序
        if (quit) {
            return
        }
        echoClient.write(readContent.toArray())
        if (readContent == "quit") {
            return
        }
    }
}
```

```
//不使用缓冲区将 0~100 的字符串输出到服务器端并记录时长
public func writeNoBuf(echoSocket: TcpSocket): Duration {
    //开始时间
    let start = DateTime.now()

    for (i in 0..100) {
        echoSocket.write(i.toString().toArray())
    }

    //结束时间
    let end = DateTime.now()

    return end - start
}

//使用缓冲区将 0~100 的字符串输出到服务器端并记录时长
public func writeWithBuf(echoSocket: TcpSocket): Duration {
    //开始时间
    let start = DateTime.now()

    //把 0~100 的数字先保存到 sb,相当于存储到缓冲区中
    let sb = StringBuilder()
    for (i in 0..100) {
        sb.append(i.toString())
    }

    echoSocket.write(sb.toString().toArray())

    //结束时间
    let end = DateTime.now()

    return end - start
}

//从 Socket 读取数据并打印输出
func readFromEchoServer(echoSocket: TcpSocket) {
    //存放从 Socket 读取数据的缓冲区
    let buffer = Array<UInt8>(1024, item: 0)

    while (true) {
        //从 Socket 读取数据
        var readCount = echoSocket.read(buffer)

        //如果读取的字节数为 0,则表明对端关闭,直接退出
        if (readCount == 0) {
            return
        }
```

```
            //把接收的数据转换为字符串
            let content =String.fromUtf8(buffer[0..readCount])

            //输出读取的内容,加上前缀 S:
            println("S:${content}")

            //如果收到了退出指令就关闭连接
            if (content =="quit") {
                echoSocket.close()
                return
            }
        }
    }
```

在客户端示例中,使用函数 writeNoBuf 把数字从 0～100 表示的字符串输出到了服务器端,每次输出一个数字,一共输出了 100 次,最后计算这 100 次输出的时长。函数 writeWithBuf 也是把数字从 0～100 表示的字符串输出到服务器端,不同的是,这个函数首先把 0～100 表示的数字字符串添加到 StringBuilder 类型的对象 sb 中,然后把 sb 表示的字符串转换为字节数组,随后一次性地把该字节数组输出到服务器端,也就是只调用了一次 Socket 的 write 函数,最后计算输出到服务器端的时长(为公平起见,把数字字符串保存到 sb 对象的时间也包括在内)。

在 main 函数里,对使用缓冲区和不使用缓冲区输出到服务器端的时长对比了 3 次,并且输出每次的对比结果,为了更好地模拟实际网络传输,最好把客户端和服务器端部署到不同的服务器上,某次实际运行的输出结果如下:

```
.\main.exe
第 0 次不使用缓冲区的输出时长:1ms130us100ns
第 0 次使用缓冲区的输出时长:61us600ns
第 1 次不使用缓冲区的输出时长:1ms315us900ns
第 1 次使用缓冲区的输出时长:51us400ns
第 2 次不使用缓冲区的输出时长:1ms332us800ns
第 2 次使用缓冲区的输出时长:50us400ns
```

输出结果表明,使用缓冲区耗费的时间远远短于不使用缓冲区的时间,当然因为网络传输的复杂性,这个结果在不同的服务器和网络环境下可能会有细微的差别,但即使去除这些环境因素的影响,仍然可以得出如下结论:对于频繁的网络传输,如果每次传输的数据包较小,则使用缓冲区可以显著地提高总体的网络吞吐效率。

6.2 支持输出缓冲区的 TCP 套接字

在 6.1 节了解了使用输出缓冲区提高 TcpSocket 在特定情况下总体输出效率的方法,但是具体代码实现起来有点复杂,为了简化输出缓冲区的使用,本节将提供两个类:一个是

OutputBuffer，用来提供输出缓冲区；另一个是 OutputBufferTcpSocket，用来提供支持输出缓冲区的 TCP 套接字。OutputBuffer 在初始化时支持设置缓冲区大小，缓冲区待写入位置默认为 0，在数据被添加到缓冲区后会自动移动到缓冲区中待写入的位置，详细的代码如下：

```
//Chapter6/echo_client_with_output_buffer_socket/src/output_buffer.cj

//输出缓冲区类
public class OutputBuffer {
    //缓冲区容量
    var capacity: Int64

    //数据缓冲区
    var buffer: Array<UInt8>

    //缓冲区当前可写位置
    var bufWriteIndx = 0

    //缓冲区待写入位置
    public mut prop writeIndx: Int64 {
        get() {
            bufWriteIndx
        }
        set(value) {
            bufWriteIndx = value
        }
    }

    //构造函数
    public init(capacity: Int64) {
        this.capacity = capacity
        buffer = Array<UInt8>(capacity, item: 0)
    }

    //缓冲区剩余可写字节数
    public func writeableBytesCount() {
        capacity - bufWriteIndx
    }

    //缓冲区数据字节数
    public func bytesCount() {
        return bufWriteIndx
    }

    //将数据添加到缓冲区
    public func addData(data: Array<UInt8>) {
        data.copyTo(buffer, 0, bufWriteIndx, data.size)
```

```
        incWriteIndx(data.size)
    }

    //数据字节数组
    public func getDataBuf(): Array<UInt8>{
        buffer[0..bufWriteIndx]
    }

    //根据参数指定的增量向后移动写入位置
    func incWriteIndx(increment: Int64) {
        bufWriteIndx =bufWriteIndx +increment
    }

    //重置缓冲区
    public func reset() {
        bufWriteIndx =0
    }
}
```

OutputBufferTcpSocket 类在内部封装了一个 TcpSocket 类型的变量 socket，一个 OutputBuffer 类型的变量 outputBuffer，使用 socket 执行实际的网络通信，使用 outputBuffer 缓存输出的数据。OutputBufferTcpSocket 类提供了和 TcpSocke 类兼容的 read、write、close、isClosed 函数，为了使演示尽可能简单，read、close、isClosed 函数都是直接调用 socket 的同名函数。write 函数在调用方式上和 TcpSocke 类的同名函数一致，但在具体的执行上会优先把数据写入输出缓冲区 outputBuffer 中，如果 outputBuffer 的剩余容量不足以容纳所有数据，就把 outputBuffer 中的所有数据写入 Socket 中，然后清空 outputBuffer，再次尝试把数据写入清空后的 outputBuffer 中，如果还是不足以容纳所有数据，就直接把数据写入 Socket 中。OutputBufferTcpSocket 新添加的重要函数是 flush，flush 可以把缓冲区中的所有数据一次性写入 Socket 中。如果在使用 OutputBufferTcpSocket 时希望立刻把数据写入 Socket，则可以在调用 write 后再立刻调用 flush，这样就和原先 TcpSocke 类中的 write 函数的效果一致了。详细的 OutputBufferTcpSocket 类的代码如下：

```
//Chapter6/echo_client_with_output_buffer_socket/src/output_buffer_tcp_
socket.cj

//支持输出缓冲区的 Socket 类
public class OutputBufferTcpSocket {
    //Socket 对象
    var socket: TcpSocket

    //输出缓冲区对象
    public var outputBuffer: OutputBuffer

    //构造函数
```

```
public init(
    socket: TcpSocket,
    capacity!: Int64 =1024
) {
    this.socket =socket
    outputBuffer =OutputBuffer(capacity)
}

//将数据写入缓冲区
public func write(buffer: Array<UInt8>): Unit {
    if (buffer.size <=0) {
        return
    }

    //如果缓冲区剩余空间足够容纳 buffer
    if (buffer.size <=outputBuffer.writeableBytesCount()) {
        outputBuffer.addData(buffer)
    } else { //缓冲区剩余空间不足
        //把缓冲区数据写入 Socket
        flush()

        //再次判断缓冲区剩余空间是否足够容纳 buffer
        //如果足够,就写入缓冲区
        if (buffer.size <=outputBuffer.writeableBytesCount()) {
            outputBuffer.addData(buffer)
        } else { //否则说明 buffer 比缓冲区还大,直接写入 Socket
            socket.write(buffer)
        }
    }
}

//将数据刷新到 Socket,执行实际的写入
public func flush(): Unit {
    if (outputBuffer.bytesCount() >0) {
        socket.write(outputBuffer.getDataBuf())
        outputBuffer.reset()
    }
}

//从 Socket 读数据
public func read(buffer: Array<UInt8>): Int64 {
    socket.read(buffer)
}

//关闭 Socket
public func close(): Unit {
    socket.close()
}
```

```
    //Socket 是否关闭
    public func isClosed(): Bool {
        socket.isClosed()
    }
}
```

为了演示 OutputBufferTcpSocket 的使用效果，下面改写 6.1 节的示例，把 writeWithBuf 函数使用 OutputBufferTcpSocket 重新实现，实现后的函数叫作 bufSocketWrite，代码如下：

```
//Chapter6/echo_client_with_output_buffer_socket/src/demo.cj

from std import socket.*
from std import console.*
from std import sync.*
from std import time.*
from std import collection.*

//回显服务器端口
let port: UInt16 =9990

//回显服务器地址
let echoServerAddress ="127.0.0.1"

//异常退出标志
var quit =false

main() {
    //回显服务器客户端
    let echoClient =TcpSocket(echoServerAddress, port)

    //连接回显服务器
    echoClient.connect()

    //启动一个线程,用于读取服务器的消息
    spawn {
        try {
            readFromEchoServer(echoClient)
        } catch (exp: SocketException) {
            println("Error reading data from socket:${exp}")
        } catch (exp: Exception) {
            println(exp)
        }
        quit =true
        println("Enter to quit!")
    }

    //进行 3 次对比
    for (i in 0..3) {
```

```
        //不使用缓冲区的时长
        let noBufDuration =writeNoBuf(echoClient)

        //使用缓冲区的时长
        let withBufDuration =
bufSocketWrite(OutputBufferTcpSocket(echoClient))

        //输出使用和不使用缓冲区的时长对比
        println("第${i}次不使用缓冲区的输出时长:${noBufDuration}")
        println("第${i}次使用缓冲区的输出时长:${withBufDuration}")
    }

    //循环读取用户的输入并发送到回显服务器
    while (true) {
        let readContent =Console.stdIn.readln().getOrThrow().trimAscii()

        //服务器端出现异常,退出程序
        if (quit) {
            return
        }
        echoClient.write(readContent.toArray())
        if (readContent =="quit") {
            return
        }
    }
}

//不使用缓冲区将 0~100 的字符串输出到服务器端并记录时长
public func writeNoBuf(echoSocket: TcpSocket): Duration {
    //开始时间
    let start =DateTime.now()

    for (i in 0..100) {
        echoSocket.write(i.toString().toArray())
    }

    //结束时间
    let end =DateTime.now()

    return end -start
}

//使用 OutputBufferTcpSocket 将 0~100 的字符串输出到服务器端并记录时长
public func bufSocketWrite(echoSocket: OutputBufferTcpSocket): Duration {
    //开始时间
    let start =DateTime.now()

    for (i in 0..100) {
        echoSocket.write(i.toString().toArray())
```

```
    }
    echoSocket.flush()

    //结束时间
    let end =DateTime.now()

    return end -start
}

//从 Socket 读取数据并打印输出
func readFromEchoServer(echoSocket: TcpSocket) {
    //存放从 Socket 读取数据的缓冲区
    let buffer =Array<UInt8>(1024, item: 0)

    while (true) {
        //从 Socket 读取数据
        var readCount =echoSocket.read(buffer)

        //如果读取的字节数为 0,则表明对端关闭,直接退出
        if (readCount ==0) {
            return
        }

        //把接收的数据转换为字符串
        let content =String.fromUtf8(buffer[0..readCount])

        //输出读取的内容,加上前缀 S:
        println("S:${content}")

        //如果收到了退出指令就关闭连接
        if (content =="quit") {
            echoSocket.close()
            return
        }
    }
}
```

示例的服务器端保持不变,仍然使用 4.6.1 节中的示例,在启动服务器端后,对客户端编译运行,命令和输出如下:

```
cjc * .cj
.\main.exe
第 0 次不使用缓冲区的输出时长:1ms1us900ns
第 0 次使用缓冲区的输出时长:34us800ns
第 1 次不使用缓冲区的输出时长:1ms367us800ns
第 1 次使用缓冲区的输出时长:100us700ns
第 2 次不使用缓冲区的输出时长:906us700ns
第 2 次使用缓冲区的输出时长:76us900ns
```

输出信息表明，使用 OutputBufferTcpSocket 成功地进行了数据传输，并且总体传输效率仍然远高于不使用缓冲区的方式。对比 writeNoBuf 函数和 bufSocketWrite 函数的实现会发现，两者调用方式基本一致，只是后者多了一个 flush 的函数调用，这样可以方便开发者进行实际开发，在基本不改变使用习惯的情况下，大幅提高网络传输效率。

6.3　输入缓冲区原理

在 5.3 节中，提供的两种解决示例都使用了输入缓冲区的概念，也就是把从 Socket 读取的数据临时存储起来，在读取到整包数据时，再进行下一步处理；但 5.3 节的示例只是为了演示粘包的解决方法，提供的缓冲区非常简单，效率也不高，每次读取到整包数据都要将剩余字节移动到缓冲区起始位置，缓冲区满了以后也不能自动扩展，使用起来有诸多不便。为了更好地使用输入缓冲区，需要把缓冲区封装成一个独立的对象，提供方便的读写、越界检查、缓冲区扩容等功能，特别是读写功能，要能够记住每次读写后的位置。

如果要设计这样一个支持读写的缓冲区，则需要同时提供读写指针，在开始时，读写指针都在缓冲区首部位置，每次写入数据时，向后移动写指针；每次读取数据时，同样向后移动读指针，写指针和读指针之间的字节即为可读取数据区域，写指针到缓冲区尾部的区域即为可写入区域；缓冲区多次读写的示例过程如图 6-1 所示。

在这个示例的初始状态下，由于读写指针都位于缓冲区下标为 0 的位置，所以初始状态只能写入，不能读取；第 1 次写入了 5 字节，写指针移动到了下标为 5 的位置，读指针不变，此时的可读取数据为下标 0 到下标 4 所在的数据区域；第 2 次读取了 3 字节，此时读指针移动到下标为 3 的位置，写指针不变，可读取数据变为下标 3 到下标 4 所在的数据区域；第 3 次和第 4 次分别写入 3 字节和 7 字节，写指针最终指向下标为 15 的位置，读指针不变；第 5 次读取 5 字节，读指针移动到下标为 8 的位置。

继续考虑一种特殊的情况，对于一个容量为 20 字节的缓冲区，读指针指向了下标为 15 的位置，写指针已经指向了缓冲区末尾，现在要继续写入，应该怎么办？一种可能的做法是把已经写入的数据移动到缓冲区首部位置，这样可以在缓冲区尾部空出来可写位置，从而允许继续写入，过程如图 6-2 所示。

最后分析一下缓冲区扩容的情况，对于一个容量为 10 字节的缓冲区，读指针在下标为 0 的位置，写指针在下标为 5 的位置，也就是说现在可写区域为 6 字节，这时需要写入 10 字节的数据，应该怎么办？一种常用的策略就是对缓冲区扩容，扩容的容量有多种计算方式，这里采用的是让容量增加一倍，扩容以后的可写区域大于待写入的数据数量，从而允许继续写入，过程如图 6-3 所示。

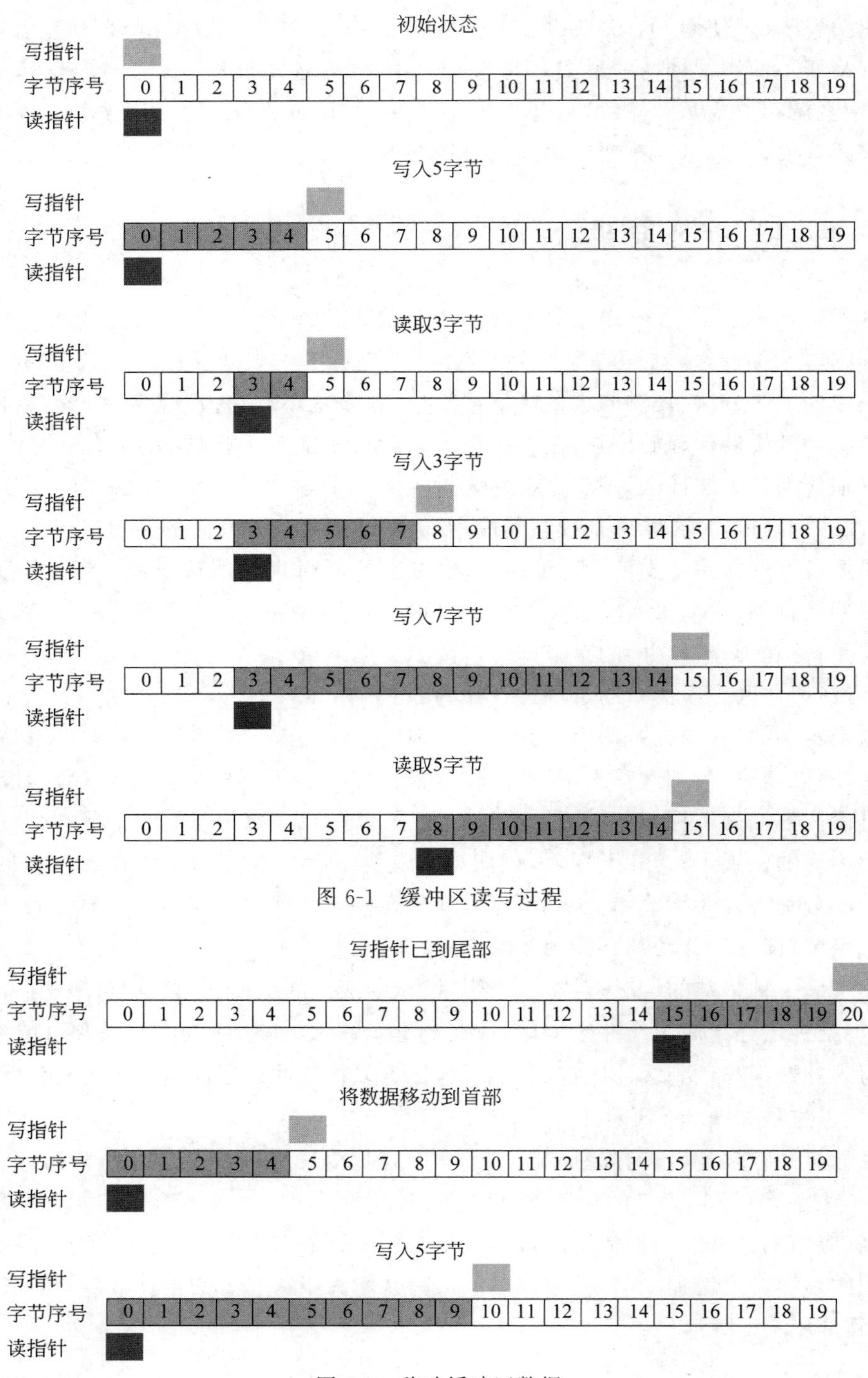

图 6-1 缓冲区读写过程

图 6-2 移动缓冲区数据

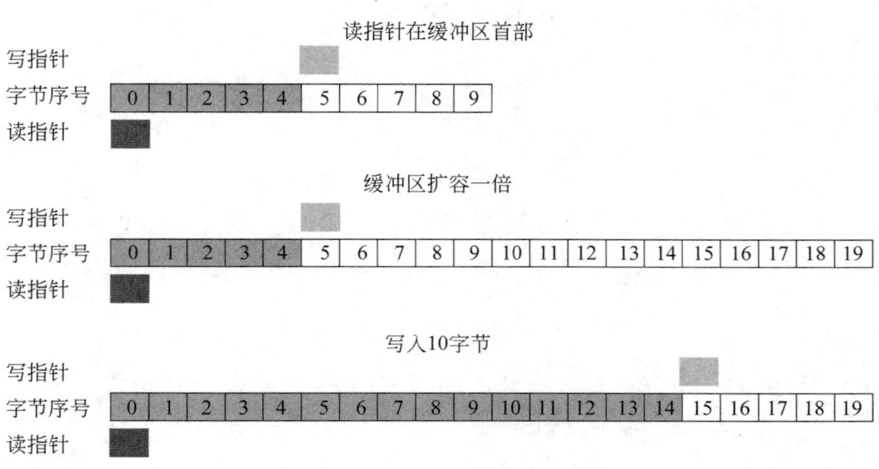

图 6-3 缓冲区扩容

6.4 输入缓冲区实现示例

根据 6.3 节描述的输入缓冲区原理，本节实现一个输入缓冲区示例，包括缓冲区初始化、读写指针位置设置、读取缓冲区数据、缓冲区扩容等功能，示例代码如下：

```
//Chapter6/input_buffer/src/input_buffer.cj

//输入缓冲区类
public class InputBuffer {
    //缓冲区容量
    public var capacity: Int64

    //数据缓冲区
    var buffer: Array<UInt8>

    //缓冲区待读取位置的变量
    var bufReadIndx = 0

    //缓冲区待读取位置的属性
    public mut prop readIndx: Int64 {
        get() {
            bufReadIndx
        }
        set(value) {
            bufReadIndx = value
        }
    }
```

```
//缓冲区待写入位置的变量
var bufWriteIndx = 0

//缓冲区待写入位置的属性
public mut prop writeIndx: Int64 {
    get() {
        bufWriteIndx
    }
    set(value) {
        bufWriteIndx = value
    }
}

//构造函数
public init(capacity: Int64) {
    this.capacity = capacity
    buffer = Array<UInt8>(capacity, item: 0)
}

//可写的缓冲区
public prop writableBuf: Array<UInt8>{
    get() {
        buffer[bufWriteIndx..]
    }
}

//可读的缓冲区
public prop readableBuf: Array<UInt8>{
    get() {
        buffer[bufReadIndx..bufWriteIndx]
    }
}

//可写的缓冲区字节数
public prop writableBytesCount: Int64 {
    get() {
        capacity - bufWriteIndx
    }
}

//可读的缓冲区字节数
public prop readableBytesCount: Int64 {
    get() {
        bufWriteIndx - bufReadIndx
    }
}

//缓冲区是否满了
public func isFull() {
```

```
        bufWriteIndx ==capacity
    }

    //缓冲区是否已经有数据被读过了
    public func isBeenRead() {
        readIndx !=0
    }

    //根据参数指定的增量向后移动写入位置
    public func incWriteIndx(increment: Int64) {
        bufWriteIndx =bufWriteIndx +increment
    }

    //根据参数指定的增量向后移动读取位置
    public func incReadIndx(increment: Int64) {
        bufReadIndx =bufReadIndx +increment
    }

    //把未读取的数据移动到缓冲区开始位置
    public func moveUnreadDataToBufferStart() {
        let moveCount =capacity -bufReadIndx
        buffer.copyTo(buffer, bufReadIndx, 0, moveCount)
        bufReadIndx =0
        bufWriteIndx =moveCount
    }

    //缓冲区扩容一倍
    public func doubleCapacity() {
        //缓冲区扩容一倍
        capacity =capacity * 2
        var newBuf =Array<UInt8>(capacity, item: 0)

        //将原缓冲区数据复制到新缓冲区
        buffer.copyTo(newBuf, 0, 0, bufWriteIndx)

        //指向新缓冲区
        buffer =newBuf
    }

    //读取 UInt8 数据,该操作不会改变 readIndx
    public func getUInt8(indx: Int64): UInt8 {
        checkIndex(indx, 1)
        buffer[indx]
    }

    //读取 UInt8 数组,该操作不会改变 readIndx
    public func getBytes(indx: Int64, len: Int64): Array<UInt8>{
        checkIndex(indx, len)
        let result =Array<UInt8>(len, item: 0)
```

```
        buffer.copyTo(result, indx, 0, len)
        return result
    }

    //检查读取的数据是否缓冲区越界
    func checkIndex(indx: Int64, len: Int64) {
        if (indx + len > bufWriteIndx) {
            throw IndexOutOfBoundsException(
                "Read ${len} bytes from position ${indx}, and the maximum readable
byte number of the buffer is ${bufWriteIndx-1}"
            )
        }
    }

    //从 readIndx 位置开始,将 len 字节缓冲区数据复制到目标数组,然后 readIndx 增加 len
    public func readBytes(dst: Array<UInt8>, dstIndx: Int64, len: Int64) {
        checkIndex(bufReadIndx, len)
        buffer.copyTo(dst, bufReadIndx, dstIndx, len)
        bufReadIndx = bufReadIndx + len
    }
}
```

为了演示输入缓冲区类型 InputBuffer 的用法，这里还是使用 5.3.1 节中的服务器端示例 echo_server_with_crlf 作为演示的服务器端，然后编写一个使用 InputBuffer 类型的客户端，客户端代码如下：

```
//Chapter6/input_buffer/src/echo_client.cj

from std import socket.*
from std import console.*
from std import sync.*
from std import time.*
from std import random.*

//回显服务器端口
let port: UInt16 = 9990

//回显服务器地址
let echoServerAddress = "127.0.0.1"

//异常退出标志
var quit = false

main() {
    //回显服务器客户端
    let echoClient = TcpSocket(echoServerAddress, port)

    //连接回显服务器
```

```
    echoClient.connect()

    //启动一个线程,用于读取服务器的消息
    spawn {
        try {
            readFromEchoServer(echoClient)
        } catch (exp: SocketException) {
            println("Error reading data from socket:${exp}")
        } catch (exp: Exception) {
            println(exp)
        }
        quit =true
        println("Enter to quit!")
    }

    let rand =Random()

    //将一系列序号字符串发送到服务器端,字符串内容为指定数量的序号,数量的计算方式为
    //"序号 * 10",例如,如果是 5,就将 50 个数字 5 发送到服务器端
    for (i in 1..21) {
        writeToEchoSocketWithCRLF(echoClient, i.toString() * 10 * i)
        sleep(Duration.microsecond * rand.nextInt64(100))
    }

    //循环读取用户的输入并发送到回显服务器
    while (true) {
        let readContent =Console.stdIn.readln().getOrThrow().trimAscii()

        //服务器端出现异常,退出程序
        if (quit) {
            return
        }
        writeToEchoSocketWithCRLF(echoClient, readContent)
        if (readContent =="quit") {
            return
        }
    }
}

//从 Socket 读取数据并回写到 Socket
func readFromEchoServer(echoSocket: TcpSocket) {
    //存放从 Socket 读取数据的缓冲区,这里设置为 100 字节是为了测试缓冲区的自动扩容
    let inputBuffer =InputBuffer(100)

    while (true) {
        //从 Socket 读取数据
        var readCount =echoSocket.read(inputBuffer.writableBuf)

        //如果读取的字节数为 0,则表明对端关闭,直接退出
```

```
        if (readCount == 0) {
            return
        }

        //设置缓冲区写指针位置
        inputBuffer.incWriteIndx(readCount)

        //如果缓冲区满了
        if (inputBuffer.isFull()) {
            //缓冲区前面有已读取的数据,可以把未读取数据覆盖到前面
            if (inputBuffer.isBeenRead()) {
                inputBuffer.moveUnreadDataToBufferStart()
            } else {
                //缓冲区扩容一倍
                inputBuffer.doubleCapacity()
            }
        }

        //查找已经读取的内容里是否有回车换行符
        var pos = getCRLFPos(inputBuffer)

        //如果查找到了回车换行符,就将内容输出到 Socket,一直循环,直至找不到回车换行
        //符,然后从外层循环再次读取 Socket
        while (let Some(crlfPos) <- pos) {
            let matchBytesCount = crlfPos - inputBuffer.readIndx

            //把接收的数据转换为字符串,不包括最后的回车换行
            let content =
String.fromUtf8(inputBuffer.getBytes(inputBuffer.readIndx, matchBytesCount))

            //输出读取的内容,加上前缀 S:
            println("S:${content}")

            //如果接收的内容是 quit 就关闭连接
            if (content == "quit") {
                echoSocket.close()
                return
            }

            //设置缓冲区读指针位置
            inputBuffer.readIndx = crlfPos + 2

            //查找下一个回车换行符
            pos = getCRLFPos(inputBuffer)
        }
    }
}

//从 buf 中查找回车换行符第 1 次出现的位置
```

```
public func getCRLFPos(buf: InputBuffer) {
    var pos: ?Int64 =None

    //如果可读的字节数小于 2,则直接返回 None
    if (buf.readableBytesCount <2) {
        return pos
    }

    //从第 1 个可读位置开始
    var indx =buf.readIndx

    //遍历数组查找匹配位置
    while (indx <buf.writeIndx -1) {
        //如果从 indx 开始的两个连续字符是回车换行,就认为匹配,将 indx 设置为匹配位置
        //并跳出循环
        if (buf.getUInt8(indx) ==13 && buf.getUInt8(indx +1) ==10) {
            pos =indx
            break
        }

        //如果不匹配就从数组的下一个位置开始判断
        indx++
    }

    return pos
}

//把 content 和回车换行写入 echoSocket
func writeToEchoSocketWithCRLF(echoSocket: TcpSocket, content: String) {
    let contentCrlf =content +"\r\n"
    echoSocket.write(contentCrlf.toArray())
}
```

客户端会将 1～21 的数字输出到服务器端，每次输出的内容为数字 10 倍的字符串形式，例如，要输出数字 5 对应的内容，就输出 50 个数字 5 组成的字符串，编译后运行该示例，命令及回显如下：

```
cjc *.cj
.\main.exe
S:1111111111
S:22222222222222222222
S:333333333333333333333333333333
S:4444444444444444444444444444444444444444
S:55555555555555555555555555555555555555555555555555
S:666666666666666666666666666666666666666666666666666666666666
S:7777777777777777777777777777777777777777777777777777777777777777777777
S:8888888888888888888888888888888888888888888888888888888888888888888888888888
8888
```

```
S:999999999999999999999999999999999999999999999999999999999999999999999999999999999999
999999999999999
S:101010101010101010101010101010101010101010101010101010101010101010101010101010101010
10101010101010101010101010101010101010101010101010101010101010101010101010101010101010
10101010101010101010101010101010101010101010101010
S:111111111111111111111111111111111111111111111111111111111111111111111111111111111111
11111111111111111111111111111111111111111111111111111111111111111111111111111111111111
111111111111111111111111111111111111111111111111111111111111111111111111
S:121212121212121212121212121212121212121212121212121212121212121212121212121212121212
12121212121212121212121212121212121212121212121212121212121212121212121212121212121212
12121212121212121212121212121212121212121212121212121212121212121212121212121212121212
12121212
S:131313131313131313131313131313131313131313131313131313131313131313131313131313131313
13131313131313131313131313131313131313131313131313131313131313131313131313131313131313
13131313131313131313131313131313131313131313131313131313131313131313131313131313131313
131313131313131313131313131313
S:141414141414141414141414141414141414141414141414141414141414141414141414141414141414
14141414141414141414141414141414141414141414141414141414141414141414141414141414141414
14141414141414141414141414141414141414141414141414141414141414141414141414141414141414
1414141414141414141414141414141414141414141414141414
S:151515151515151515151515151515151515151515151515151515151515151515151515151515151515
15151515151515151515151515151515151515151515151515151515151515151515151515151515151515
15151515151515151515151515151515151515151515151515151515151515151515151515151515151515
15151515151515151515151515151515151515151515151515151515151515151515151515
S:161616161616161616161616161616161616161616161616161616161616161616161616161616161616
16161616161616161616161616161616161616161616161616161616161616161616161616161616161616
16161616161616161616161616161616161616161616161616161616161616161616161616161616161616
16161616161616161616161616161616161616161616161616161616161616161616161616161616161616
1616161616
S:171717171717171717171717171717171717171717171717171717171717171717171717171717171717
17171717171717171717171717171717171717171717171717171717171717171717171717171717171717
17171717171717171717171717171717171717171717171717171717171717171717171717171717171717
17171717171717171717171717171717171717171717171717171717171717171717171717171717171717
17171717171717171717171717171717
S:181818181818181818181818181818181818181818181818181818181818181818181818181818181818
18181818181818181818181818181818181818181818181818181818181818181818181818181818181818
18181818181818181818181818181818181818181818181818181818181818181818181818181818181818
18181818181818181818181818181818181818181818181818181818181818181818181818181818181818
181818181818181818181818181818181818181818181818181818
S:191919191919191919191919191919191919191919191919191919191919191919191919191919191919
19191919191919191919191919191919191919191919191919191919191919191919191919191919191919
19191919191919191919191919191919191919191919191919191919191919191919191919191919191919
19191919191919191919191919191919191919191919191919191919191919191919191919191919191919
1919191919191919191919191919191919191919191919191919191919191919191919191919
S:202020202020202020202020202020202020202020202020202020202020202020202020202020202020
20202020202020202020202020202020202020202020202020202020202020202020202020202020202020
```

```
20202020202020202020202020202020202020202020202020202020202020202020202020202020202020
20202020202020202020202020202020202020202020202020202020202020202020202020202020202020
20202020202020202020202020202020202020202020202020202020202020202020202020202020202020
202020202020
```

回显表明,客户端使用输入缓冲区成功地处理了超过缓冲区原始容量的网络数据。

第 7 章

非阻塞 Socket 通信

在 4.6.1 节源码中，对于服务器端接受的每个客户端 Socket 连接，服务器端都会使用一个新线程来处理该 Socket 的数据读写，如果没有数据读写，则该线程会处于阻塞挂起状态，但是服务器端的线程数量是有限的，这和具体的服务器 CPU 及内存等硬件资源有关。对于同一台服务器，如果持续地增加线程数量，则可能会导致线程上下文切换的资源开销越来越高，所以服务器在特定类型的应用上，一般有一个最大线程数量的限制，这个数量在常用的几十个核心的服务器上，数量级是几百到几千个不等，这与大型网站中需要处理的几万到几十万个并发连接相比，是远远不够使用的。要解决这种连接数量无限而线程数量有限的问题，一个比较好的思路就是用尽可能少的线程去处理更多的连接，这就是本章要介绍的非阻塞 Socket 通信。

7.1 阻塞与非阻塞

下面通过一个模拟场景介绍什么是阻塞和非阻塞。假设有一家需要通过窗口取餐的餐厅，购买人现在通过某种方式在餐厅订了 10 份不同的套餐，这些套餐在 10 个不同的窗口制作，每个窗口制作套餐的时间是不固定的，套餐制作完毕后，需要购买人从窗口取餐并且放到餐厅门口的保温箱里。

完成窗口取餐并放到保温箱里的任务，有以下 3 种方式：

（1）派 10 个取餐人在每个窗口排队等待，某个窗口的套餐制作完毕后，这个窗口的取餐人就取走，然后放到餐厅门口的保温箱里。在这种方式下，每个取餐人都专注于取餐，在完成取餐并且放到保温箱以前不干别的事情，这就是阻塞模式。

（2）派 1 个人在每个窗口轮流询问该窗口的套餐是否制作完毕，如果没有做完就马上去下一个窗口询问；如果某个窗口制作完毕，就取走套餐并且放到餐厅门口的保温箱里，接着询问下一个窗口。在这种方式下，取餐人并不需要等待，而是一直在轮询，有制作完毕的套餐就马上取走，这就是非阻塞模式。

（3）派两种人去取餐，第 1 种是轮询人，第 2 种是取餐人；轮询人只有一个，这个人只负责去每个窗口询问套餐是否制作完毕，如果制作完毕了就通知某个取餐人去取餐；取餐人可以有一个或者多个，平时取餐人什么也不干，在接到轮询人通知后才去特定的窗口取餐，然后放到餐厅门口的保温箱，这种方式也是一种非阻塞模式。

可以简单比较一下3种方式的优缺点，第1种方式最及时，套餐制作完毕可以马上取走并放到保温箱里，缺点是人力资源浪费严重，在套餐制作完毕前需要一直无谓地等待；第2种方式最节省人力，缺点是有可能套餐制作完毕但没人取，例如，3号窗口套餐制作完毕，取餐人取餐后到餐厅门口放到保温箱里，这时有可能5号窗口和8号窗口的套餐也制作完毕了，但没人来取；第3种方式是对第2种方式的改进，可以根据实际需要安排合适数量的取餐人，这样可及时发现套餐准备完毕并马上派人取走。

7.2 非阻塞 Socket

不同的操作系统底层，对网络通信中的非阻塞 Socket 实现方式是不同的，目前的仓颉网络模型对此进行了封装，屏蔽了具体实现的细节，通过超时时间的设置来区分阻塞和非阻塞，简单来讲，当超时时间为0时，可以认为是非阻塞，当超时时间大于0时认为是阻塞。

支持超时时间设置的属性和函数如下所示。

1. TcpSocket

- public override mut prop writeTimeout：?Duration

写超时时间。

- public override mut prop readTimeout：?Duration

读超时时间。

2. TcpSocketServer

- public override func accept(timeout!：?Duration)：TcpSocket

监听 TcpSocket。

- public override func accept()：TcpSocket

监听 TcpSocket。

3. UdpSocket

- public override mut prop receiveTimeout：?Duration

调用 receive/receiveFrom 函数时的超时时间。

- public override mut prop sendTimeout：?Duration

调用 send/sendTo 函数时的超时时间。

除了这些属性和函数，还有一个 TcpSocket 类型下的 connect 函数，该函数同样接收一个表示超时时间的参数，当该参数为0时代表非阻塞，当该参数为 None 时使用系统默认的配置进行连接，当该参数大于0时表示阻塞。

7.3 单线程处理一万并发示例

非阻塞 Socket 通信在高性能网络开发和高并发量的网络开发中具有重要的作用，本节将提供一个综合的示例，通过回显客户端向服务器发起 10 000 个并发连接，然后选择特定的连接将信息发送给回显服务器，服务器端通过单线程处理这 10 000 个连接；通过该实例可以演示 TcpSocket 和 TcpSocketServer 在非阻塞网络通信中的作用。

7.3.1 源码结构

该示例包括 6 个源码文件，文件名称和作用如下：

- output_buffer.cj

输出缓冲区类，在第 6 章已经介绍了用法。

- input_buffer.cj

输入缓冲区类，在第 6 章已经介绍了用法。

- buffered_socket.cj

附带缓冲区的套接字操作增强类会在 7.3.2 节介绍。

- socket_queue.cj

线程安全的套接字队列类会在 7.3.3 节介绍。

- echo_server.cj

单线程处理海量并发连接的回显服务器会在 7.3.4 节介绍。

- echo_client.cj

模拟 10 000 个连接的客户端会在 7.3.5 节介绍。

7.3.2 带缓冲区的套接字类

源码文件 buffered_socket.cj 对应的类名称为 BufferedSocket，它封装了 TcpSocket 的变量 socket、输入缓冲区对象 inputBuffer 及输出缓冲区对象 outputBuffer，实现了对套接字输入/输出的缓存化，在合理使用的情况下，可以简化套接字编程，提高处理效率，该类的代码如下：

```
//Chapter7/non_blocking_demo/src/buffered_socket.cj

from std import socket.*
from std import time.*

/**
* 附带缓冲区的 Socket 操作增强类
*/
public class BufferedSocket {
    //Socket 对象
```

```
var socket: TcpSocket

//输入缓冲区对象
public var inputBuffer: InputBuffer

//输出缓冲区对象
public var outputBuffer: OutputBuffer

public init(
    socket: TcpSocket,
    inputBufferCapacity!: Int64 =1024,
    outputBufferCapacity!: Int64 =1024
) {
    this.socket =socket
    inputBuffer =InputBuffer(inputBufferCapacity)
    outputBuffer =OutputBuffer(outputBufferCapacity)
    socket.readTimeout =Duration.Zero
}

//对于未连接的 Socket,连接到服务器,对已连接的 Socket 无须调用该函数
public func connect() {
    socket.connect()
}

//非阻塞式从 Socket 将数据读取到缓冲区,如果成功读取,则返回值为 true,否则返回值
//为 false
public func read(): Bool {
    var result =false
    try {
        //将数据读取到缓冲区
        var readCount =socket.read(inputBuffer.writableBuf)
        result =true

        //更新缓冲区待写入位置
        inputBuffer.incWriteIndx(readCount)

        //如果缓冲区满了,则可能还有数据没有读完
        while (inputBuffer.isFull()) {
            //缓冲区前面有已读取的数据,可以把未读取的数据覆盖到前面
            if (inputBuffer.isBeenRead()) {
                inputBuffer.moveUnreadDataToBufferStart()
            } else {
                //缓冲区扩容一倍
                inputBuffer.doubleCapacity()
            }

            //继续从 Socket 将数据读取到缓冲区
            readCount =socket.read(inputBuffer.writableBuf)
```

```
                //更新缓冲区待写入位置
                inputBuffer.incWriteIndx(readCount)
            }
        } catch (except: SocketTimeoutException) {}
        return result
    }

    //远端地址
    public prop remoteAddress: SocketAddress {
        get() {
            socket.remoteAddress
        }
    }

    //本地地址
    public prop localAddress: SocketAddress {
        get() {
            socket.localAddress
        }
    }

    //将数据写到缓冲区
    public func write(buffer: Array<UInt8>): Unit {
        if (buffer.size <=0) {
            return
        }

        //如果缓冲区剩余空间足够容纳 buffer
        if (buffer.size <=outputBuffer.writeableBytesCount()) {
            outputBuffer.addData(buffer)
        } else { //缓冲区剩余空间不足
            //把缓冲区数据写入 Socket
            flush()

            //再次判断缓冲区剩余空间是否足够容纳 buffer
            //如果足够,就写入缓冲区
            if (buffer.size <=outputBuffer.writeableBytesCount()) {
                outputBuffer.addData(buffer)
            } else { //否则说明 buffer 比缓冲区还大,直接写入 Socket
                socket.write(buffer)
            }
        }
    }

    //将数据刷新到 Socket,执行实际的写入
    public func flush(): Unit {
        if (outputBuffer.bytesCount() >0) {
            socket.write(outputBuffer.getDataBuf())
            outputBuffer.reset()
```

```
        }
    }

    //将数据写到缓冲区并刷新缓冲区
    public func writeAndFlush(buffer: Array<UInt8>): Unit {
        write(buffer)
        flush()
    }

    //关闭 Socket
    public func close() {
        socket.close()
    }

    //Socket 是否关闭
    public func isClosed(): Bool {
        socket.isClosed()
    }
}
```

该类需要重点关注的是 read 函数，在该类的构造函数里已把读超时时间(readTimeout)设置为 Duration.Zero，所以当在 read 函数里调用变量 Socket 的 read 函数时是非阻塞的，如果 Socket 有数据就读取数据，如果没有数据就马上抛出 SocketTimeoutException 异常，因为在调用 socket.read 的外层结构时使用 try catch 捕获了该异常，所以在无数据时函数不会中断，只是在函数结束时返回值为 false。

在 read 函数里还要注意对于输入缓冲区的处理，如果读取数据后缓冲区满了，则有两种处理的情况：

(1) 缓冲区有被读取过的无效数据，这种情况就将缓冲区的有效数据移动到缓冲区首部，从而空出可写的空间。

(2) 缓冲区所有的数据都是有效数据，这时就需要扩容，本例对缓冲区扩容一倍。

处理完缓冲区满的情况后，继续读取数据，直到读完数据后缓冲区不满为止，这表示 Socket 中的数据都被读取完了。

7.3.3 线程安全的套接字队列类

源码文件 socket_queue.cj 包括两个类，一个是 QueueableBufferedSocket，表示支持队列的套接字类；另一个是 BufferedSocketQueue，表示线程安全的套接字队列类。QueueableBufferedSocket 类的代码如下：

```
//Chapter7/non_blocking_demo/src/socket_queue.cj

from std import socket.*
from std import time.*
```

```
//支持队列的套接字类
public class QueueableBufferedSocket {
    //上一个对象
    public var preItem: ?QueueableBufferedSocket =None

    //下一个对象
    public var nextItem: ?QueueableBufferedSocket =None

    //所属的队列
    public var parent: ?BufferedSocketQueue =None

    //套接字
    public var bufferedSocket: BufferedSocket
    public init(socket: TcpSocket, preItem!: ?QueueableBufferedSocket =
None, nextItem!: ?QueueableBufferedSocket =None) {
        bufferedSocket =BufferedSocket(socket)
        this.preItem =preItem
        this.nextItem =nextItem
    }
}
```

根据代码可知，该类包括套接字变量 bufferedSocket、指向上一个对象的 preItem、指向下一个对象的 nextItem 及所属队列的变量 parent，从而为实现基于链表的队列提供了基础。

BufferedSocketQueue 类的代码如下：

```
//Chapter7/non_blocking_demo/src/socket_queue.cj

//线程安全的套接字队列
public class BufferedSocketQueue {
    //指向队列的首对象
    var head: ?QueueableBufferedSocket =Option.None

    //指向队列的尾对象
    var tail: ?QueueableBufferedSocket =Option.None

    //操作队列的锁
    let mutex =ReentrantMutex()

    //入队列
    public func push(newItem: QueueableBufferedSocket) {
        synchronized(mutex) {
            //如果队列的首是 None,就把队列的首指向新对象
            if (let None <-head) {
                head =newItem
            } else { //否则就链接到队列的末尾
                if (let Some(value) <-tail) {
```

```
                value.nextItem = newItem
                newItem.preItem = value
            }
        }
        newItem.parent = this

        //tail 重新指向队列的尾对象
        tail = newItem
        this
    }
}

//出队列
public func pop(): ?QueueableBufferedSocket {
    synchronized(mutex) {
        var result = Option<QueueableBufferedSocket>.None

        //如果 head 不是 None,就返回 head 包含的值对象,然后把 head 指向值对象的
        //nextItem 属性
        if (let Some(value) <- head) {
            result = value
            head = value.nextItem

            //如果下一个对象不是 None,就把该对象的 preItem 属性置为 None
            if (let Some(next) <- value.nextItem) {
                next.preItem = None
            }

            //如果 head 为 None,则表明到了最后一个对象,此时 tail 也要置为 None
            if (let None <- head) {
                tail = None
            }
        }
        result
    }
}

//从队列移除对象
public func remove(removedItem: QueueableBufferedSocket) {
    synchronized(mutex) {
        //如果前一个对象存在
        if (let Some(pItem) <- removedItem.preItem) {
            //前一个对象直接指向后一个对象
            pItem.nextItem = removedItem.nextItem
        } else {
            //如果不存在,则说明该对象是 head,让 head 指向后一个对象
            head = removedItem.nextItem
        }
```

```
                //如果后一个对象存在
                if (let Some(nItem) <-removedItem.nextItem) {
                    //后一个对象直接指向前一个对象
                    nItem.preItem =removedItem.preItem
                } else {
                    //如果不存在,则说明该对象是 tail,让 tail 指向前一个对象
                    tail =removedItem.preItem
                }
                removedItem.nextItem =None
                removedItem.preItem =None
            }
        }

        //获取指向队列首部的对象
        public func getHead() {
            synchronized(mutex) {
                return head
            }
        }

        //获取指向队列尾部的对象
        public func getTail() {
            synchronized(mutex) {
                return tail
            }
        }

        //清空队列对象
        public func clear() {
            synchronized(mutex) {
                while (let Some(item) <-head) {
                    head =item.nextItem
                    item.nextItem =None
                    item.preItem =None
                }
                head =None
                tail =None
            }
        }
    }
```

BufferedSocketQueue 实现了一个基于链表的队列,提供了获取链表首部和尾部的函数,以及入队列、出队列、从队列移除和清空队列的函数。在对队列操作时,首先要获取 mutex 锁,然后才可以操作队列,所以该类是线程安全的。

7.3.4 回显服务器

源码文件 echo_server.cj 实现了回显服务器,和前面章节示例中实现的 TcpServer 服务

器不同，该服务器会把所有的客户端连接放到变量 socketQueue 中，socketQueue 是套接字的队列，回显服务器使用一个线程在函数 pollingSocketQueue 中轮询该队列；在轮询中如果发现某个 Socket 有可以读取的数据，就通过 dealWithSocketWithData 函数读取该数据并回写到对应的客户端 Socket，如果轮询一遍队列没有任何 Socket 需要读取数据，就休眠一段时间，然后开始下一轮循环。在执行 dealWithSocketWithData 函数读取数据并回写时，有多种处理方式，大体可以分为 3 类：

(1) 让轮询线程直接处理，这样最简单，也最节省线程，但是可能会出现某个客户端 Socket 处理时间过长，影响对客户端队列及时轮询的情况。

(2) 启动一个新线程执行这些任务。这样处理最及时，也不影响对客户端队列的轮询，但是如果同时有较多的客户端需要处理，则有可能出现线程不够使用的情况。

(3) 从一个自定义的线程池取出线程进行处理，相当于限制处理客户端数据读取的最大线程数量，是一种比较合理的执行方式，缺点是代码较复杂，不适合初学者。

本示例为了简单起见，使用第 1 种方式，回显服务器代码如下：

```
//Chapter7/non_blocking_demo/src/echo_server.cj

from std import socket.*
from std import console.*
from std import sync.*
from std import collection.*

//控制服务器端是否运行，如果值为 false 就退出所有的执行循环
var running =AtomicBool(false)

//所有客户端无数据时的轮询休眠时间
let NO_DATA_POLLING_SLEEP_TIME =Duration.millisecond * 100

main() {
    //服务监听端口
    let port: UInt16 =9990

    let socketAddress =SocketAddress("0.0.0.0", port)

    //回显 TcpSocket 服务器端
    let echoServer =TcpServerSocket(bindAt: socketAddress)

    println("Echo server started listening on port ${port}")

    let socketQueue =BufferedSocketQueue()

    running.store(true)

    //启动一个线程，用于监听客户端连接
    spawn {
```

```
        //绑定到本地端口
        echoServer.bind()
        while (running.load()) {
            //等待客户端连接
            let echoSocket =echoServer.accept()
            println("New connection accepted, remote address
is:${echoSocket.remoteAddress}")
            socketQueue.push(QueueableBufferedSocket(echoSocket))
        }
    }

    //启动一个线程,用于轮询客户端 Socket
    spawn {
        pollingSocketQueue(socketQueue)
    }

    //监听控制台输入,如果输入 quit 就退出程序
    while (true) {
        let readContent =Console.stdIn.readln().getOrThrow().trimAscii()

        //如果用户输入 quit 就退出程序
        if (readContent =="quit") {
            running.store(false)
            return
        } else if (readContent =="count") {
            //如果用户输入 count,则就输出当前客户端数量
            var count =0
            var dealSocket =socketQueue.getHead()
            while (let Some(currentQueueSocket) <-dealSocket) {
                dealSocket =currentQueueSocket.nextItem
                count++
            }
            println("Client count:${count}")
        }
    }
}

//轮询队列
public func pollingSocketQueue(queue: BufferedSocketQueue) {
    //外层循环,如果内层循环的所有套接字都没有数据,就休眠 100ms
    while (running.load()) {
        //是否读取到了数据的标志
        var readAtLeastOne =false

        //从首部对象开始遍历
        var dealSocket =queue.getHead()

        while (running.load()) {
            //如果当前对象存在
```

```
            if (let Some(currentQueueSocket) <-dealSocket) {
                dealSocket =currentQueueSocket.nextItem

                try {
                    //如果客户端套接字读取到了数据
                    if (currentQueueSocket.bufferedSocket.read()) {
                        readAtLeastOne =true

                        //处理读取到了数据的套接字
                        dealWithSocketWithData(currentQueueSocket)
                    }
                } catch (except: SocketException) {
                    println("removed:" +
currentQueueSocket.bufferedSocket.socket.remoteAddress.toString())

                    //如果出现异常,就关闭该 Socket,并从链表中移除
                    //注意,当上述 currentSocket.superSocket.read()语句读取超时时
                    //不会抛出异常
                    currentQueueSocket.bufferedSocket.close()
                    queue.remove(currentQueueSocket)
                }
            } else { //如果不存在,则说明到了队列尾部
                break
            }
        }

        //如果轮询一遍后所有的客户端套接字都没有数据,就休眠一段时间
        if (!readAtLeastOne) {
            sleep(NO_DATA_POLLING_SLEEP_TIME)
        }
    }
}

//处理接收到了数据的 Socket
//这里有多种处理方式,可以让轮询线程直接处理,也可以用一个新线程处理,或者从自定义的线
//程池里取一个线程进行处理
//为了简单起见,这里使用第 1 种方式,也就是让轮询线程直接处理
public func dealWithSocketWithData(qbSocket: QueueableBufferedSocket) {
    let inputBuffer =qbSocket.bufferedSocket.inputBuffer

    //查找已经读取的内容里是否有回车换行符
    var pos =getCRLFPos(inputBuffer)

    //如果查找到了回车换行符,就将内容输出到 Socket,一直循环,直到找不到回车换行符
    while (let Some(crlfPos) <-pos) {
        let matchBytesCount =crlfPos -inputBuffer.readIndx

        //把接收的数据转换为字符串,不包括最后的回车换行符
        let content =
```

```
String.fromUtf8(inputBuffer.getBytes(inputBuffer.readIndx, matchBytesCount))

        //输出接收的内容
        println(qbSocket.bufferedSocket.socket.remoteAddress.toString() +
":" +content)

        //把 content 写入 Socket,在末尾加上回车换行符
        qbSocket.bufferedSocket.write((content +"\r\n").toArray())

        //刷新输出缓冲区
        qbSocket.bufferedSocket.flush()

        //如果接收的内容是 quit 就关闭连接并从队列移除套接字对象
        if (content =="quit") {
            println("remove:" +
qbSocket.bufferedSocket.socket.remoteAddress.toString())
            qbSocket.bufferedSocket.close()
            if (let Some(queue) <-qbSocket.parent) {
                queue.remove(qbSocket)
            }
            return
        }

        //设置缓冲区读指针位置
        inputBuffer.readIndx =crlfPos +2

        //查找下一个回车换行符
        pos =getCRLFPos(inputBuffer)
    }
}

//从 buf 中查找回车换行符第 1 次出现的位置
public func getCRLFPos(buf: InputBuffer) {
    var pos: ?Int64 =None

    //如果可读的字节数小于 2,则直接返回 None
    if (buf.readableBytesCount <2) {
        return pos
    }

    //从第 1 个可读位置开始
    var indx =buf.readIndx

    //遍历数组查找匹配位置
    while (indx <buf.writeIndx -1) {
        //如果从 indx 开始的两个连续字符是回车换行符,就认为匹配,将 indx 设置为匹配位置
        //并跳出循环
        if (buf.getUInt8(indx) ==13 && buf.getUInt8(indx +1) ==10) {
            pos =indx
```

```
                break
            }

            //如果不匹配就从数组的下一个位置开始判断
            indx++
        }

    return pos
}
```

为了方便查看服务器状态，程序提供了 count 命令，输入该指令后会输出服务器当前客户端队列中所有客户端套接字的数量。

7.3.5 回显客户端

源码文件 echo_client.cj 实现了回显客户端，客户端会发起 10 000 个 TCP 连接到服务器端，并且可以选择通过任意一个连接将数据发送到服务器端，回显客户端的代码如下：

```
//Chapter7/non_blocking_demo/src/echo_client.cj

from std import socket.*
from std import console.*
from std import sync.*
from std import collection.*
from std import convert.*

//当所有客户端无数据时的轮询休眠时间
let NO_DATA_POLLING_SLEEP_TIME = Duration.millisecond * 100

//模拟 10 000 个客户端同时连接服务器，并使用指定的客户端发送消息
main() {
    let port: UInt16 = 9990
    let serverAddress = "127.0.0.1"
    let clientCount = 10000

    let clientDict = HashMap<Int64, ?BufferedSocket>()

    spawn {
        =>
        var index = 0

        //模拟 10 000 个客户端连接服务器
        while (index < clientCount) {
            try {
                let bufferedSocket = BufferedSocket(TcpSocket(serverAddress, port))
                bufferedSocket.connect()
                clientDict.put(index, bufferedSocket)
                index++
```

```
            } catch (ex: Exception) {
                println(ex)
            }
        }

        println("${clientCount} clients connected!")

        //轮询客户端套接字,检查是否有数据需要读取
        while (true) {
            //是否读取到了数据的标志
            var readAtLeastOne = false
            for (i in 0..clientCount) {
                if (let Some(client) <- clientDict[i]) {
                    try {
                        if (client.read()) {
                            //处理读取到了数据的套接字
                            dealWithSocketWithData(i, client)
                            readAtLeastOne = true
                        }
                    } catch (ex: SocketException) {
                        client.close()
                        clientDict[i] = None
                        break
                    }
                }
            }

            //如果轮询一遍后所有的客户端套接字都没有数据,就休眠一段时间
            if (!readAtLeastOne) {
                sleep(NO_DATA_POLLING_SLEEP_TIME)
            }
        }
    }

    var needExit = false;

    //输入两种指令,第 1 种是 quit,表示要退出程序
    //第 2 种形如 [序号][空格][内容],把内容通过序号指定的套接字发送到服务器
    while (!needExit) {
        if (let Some(msg) <- Console.stdIn.readln()) {
            if (msg == "quit") {
                needExit = true
            } else {
                let pos = msg.indexOf(" ")
                if (let Some(realPos) <- pos) {
                    let clientIndxString = msg[0..realPos]
                    if (let Some(clientIndx) <-
Int64.tryParse(clientIndxString)) {
                        let sendMsg = msg[realPos + 1..] + "\r\n"
```

```
                        if (let Some(client) <-clientDict[clientIndx]) {
                            client.write(sendMsg.toArray())
                            client.flush()
                        }
                    }
                }
            }
        }
    }
}

//处理接收到了数据的 Socket
//这里有多种处理方式,可以让轮询线程直接处理,也可以用一个新线程处理,或者从自定义的线
//程池里取一个线程处理
//为了简单起见,这里使用第 1 种方式,也就是让轮询线程直接处理
public func dealWithSocketWithData(index: Int64, bufSocket: BufferedSocket) {
    let inputBuffer =bufSocket.inputBuffer

    //查找已经读取的内容里是否有回车换行符
    var pos =getCRLFPos(inputBuffer)

    //如果查找到了回车换行符,就将内容输出到控制台,一直循环,直到找不到回车换行符
    while (let Some(crlfPos) <-pos) {
        let matchBytesCount =crlfPos -inputBuffer.readIndx

        //把接收的数据转换为字符串,不包括最后的回车换行符
        let content =
String.fromUtf8(inputBuffer.getBytes(inputBuffer.readIndx, matchBytesCount))

        //输出接收的内容
        println("${index}:${content}")

        //设置缓冲区读指针位置
        inputBuffer.readIndx =crlfPos +2

        //查找下一个回车换行符
        pos =getCRLFPos(inputBuffer)
    }
}

//从 buf 中查找回车换行符第 1 次出现的位置
public func getCRLFPos(buf: InputBuffer) {
    var pos: ?Int64 =None

    //如果可读的字节数小于 2,则直接返回 None
    if (buf.readableBytesCount <2) {
        return pos
    }
```

```
    //从第 1 个可读位置开始
    var indx =buf.readIndx

    //遍历数组查找匹配位置
    while (indx <buf.writeIndx -1) {
        //如果从 indx 开始的两个连续字符是回车换行符,就认为匹配,将 indx 设置为匹配位置
        //并跳出循环
        if (buf.getUInt8(indx) ==13 && buf.getUInt8(indx +1) ==10) {
            pos =indx
            break
        }

        //如果不匹配就从数组的下一个位置开始判断
        indx++
    }
    return pos
}
```

在本例中,所有的 10 000 个模拟客户端 Socket 都存放在 HashMap 类型的变量 clientDict 中,clientDict 的 key 是序号,value 是对应的客户端套接字;模拟客户端对服务器的连接,以及轮询所有的客户端套接字都是在一个线程中完成的,和回显服务器类似,对有数据的 Socket 也是通过函数 dealWithSocketWithData 进行处理的,不同的是,这里只需打印接收的数据,为了方便调试,在打印输出的同时输出了所属的客户端套接字序号。

客户端提供了形如[序号][空格][内容]的指令,可以把内容通过序号指定的套接字发送到服务器。

7.3.6 编译运行

在 Windows 系统下,进入 src 目录后,客户端和服务器端的编译指令分别如下:

```
cjc .\input_buffer.cj .\output_buffer.cj .\socket_queue.cj .\buffered_socket.cj .
\echo_client.cj -o client.exe
cjc .\input_buffer.cj .\output_buffer.cj .\socket_queue.cj .\buffered_socket.cj .
\echo_server.cj -o server.exe
```

如果是 Linux 服务器,则编译指令如下:

```
cjc input_buffer.cj output_buffer.cj socket_queue.cj buffered_socket.cj echo_
client.cj -o client

cjc buffered_socket.cj echo_server.cj input_buffer.cj output_buffer.cj socket_
queue.cj -o server
```

如果客户端和服务器端不在同一台计算机上运行,则需要修改客户端的该行代码:

```
let serverAddress ="127.0.0.1"
```

把服务器端地址修改为实际的地址。

如果在 Linux 服务器上运行服务器端，在客户端开始连接后，则可能会出现如下的错误提示：

```
SocketException: Failed to accept connection: Native function error 24: Too many
open files.
```

这是因为大部分 Linux 服务器默认允许同时打开的文件数量是 1024 个，而本示例需要建立 10 000 个连接，超出了 Linux 服务器的默认配置。可以通过如下指令查看 Linux 下同时打开的文件描述符的最大值：

```
ulimit -n
```

如果要在 Linux 服务器上正常运行该示例，则需要修改该值，如修改为 20 000，命令如下：

```
ulimit -n 20000
```

修改后就可以正常运行了。

启动服务器端和客户端后，如果两者不在同一台计算机上，例如，笔者在本地 Windows 系统运行客户端，在云端运行服务器端，建立 10 000 个连接的过程需要较长的时间，大概需要几分钟，建立好连接后，可以在服务器端输入 count 查看客户端队列的套接字数量，命令及回显如下：

```
count
Client count:10000
```

然后在客户端依次输入"1hello""999cangjie!""8999quit""9000quit""9999hello world!"指令，分别表示通过 1 号客户端 Socket 将 hello 发送到服务器端，通过 999 号客户端 Socket 将 cangjie! 发送到服务器端、通知服务器端关闭 8999 号连接、通知服务器端关闭 9000 号连接、通过 9999 号客户端 Socket 将 hello world!发送到服务器端，命令及回显如下：

```
1 hello
1:hello
999 cangjie!
999:cangjie!
8999 quit
8999:quit
9000 quit
9000:quit
9999 hello world!
9999:hello world!
```

此时的服务器端输出如下：

```
124.135.15.207:54421:hello
124.135.15.207:55425:cangjie!
124.135.15.207:63807:quit
remove:124.135.15.207:63807
124.135.15.207:63808:quit
remove:124.135.15.207:63808
124.135.15.207:64810:hello world!
```

如果再次查看服务器端中客户端队列的套接字数量,则命令及回显如下:

```
count
Client count:9998
```

可以看到,服务器端正确地关闭了客户端通知关闭的连接。

第8章

TLS与数字证书

通信是人们日常生活中必不可少的基本需求，从人类早期面对面的语言交谈、手势交流，到后来通过书信进行远程信息传播，一直到现代的全球即时信息交互，及时、安全的通信始终是人们不懈的追求。本章将从通信的历史开始，逐步讲解安全通信是如何一步一步发展到需要TLS协议和数字证书来保证安全的，最后简单介绍TLS协议及如何实现自签名的数字证书。

8.1 安全通信的演化

为了形象化地介绍安全通信的需求，本节将假设甲和乙进行通信，丙作为窃密者，随时准备窃听、篡改甲、乙之间的通信或冒充通信的某一方。

8.1.1 明文通信

明文通信是最基本的通信方式，甲、乙双方发送的信息是明文传输的，如图8-1所示；信息没有经过特殊处理，在信息传输的路径上可能被窃听，也可能被篡改，如图8-2所示，丙在甲、乙双方的通信链路中进行窃听，因为信息没有经过加密，所以丙获得的信息就是甲、乙双方传输的信息，这种攻击被称为中间人攻击(Man-in-the-Middle Attack，MITM)。

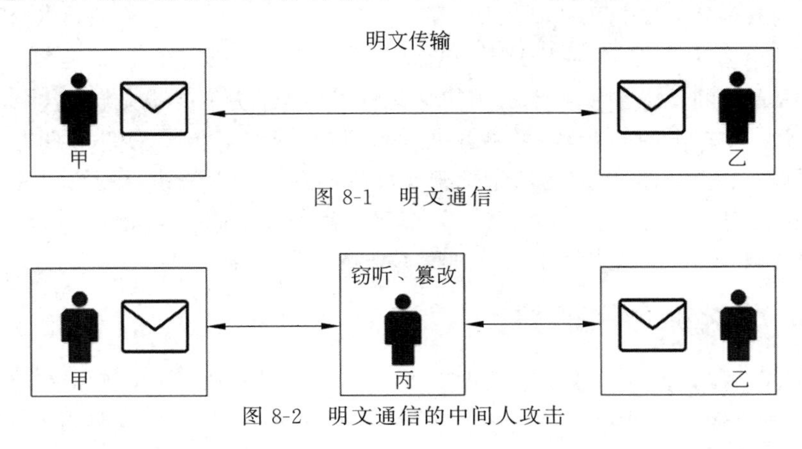

图8-1 明文通信

图8-2 明文通信的中间人攻击

8.1.2 对称加密通信

因为中间人攻击的存在，甲、乙双方直接发送明文是不安全的，为了解决这个问题，可以引入一个密钥，甲、乙双方都使用该密钥对发送的信息进行加密，接收到加密信息后，再使用该密钥对密文进行解密，如图 8-3 所示，因为加解密都使用同一个密钥，所以这种加密方法又称为对称加密；作为实施中间人攻击的丙，因为不知道甲、乙通信使用的密钥，所以即使截获了传输的密文也无法解密。

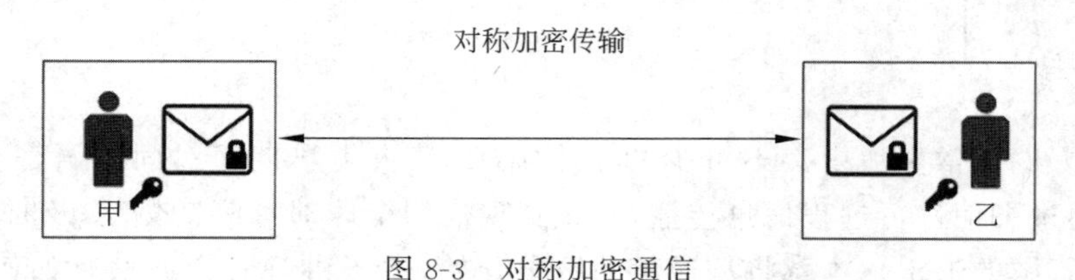

图 8-3 对称加密通信

常用的对称加密算法有多种，早期比较知名的是 DES(Data Encryption Standard)，它使用 56 位的密钥对数据进行加解密，虽然 DES 算法的细节是公开的，但是根据当时的硬件性能，基本不可能在短期内破解密钥，这在当时是非常安全的。但是，随着计算机性能的提升，特别是一些专用破解芯片的产生，暴力破解 DES 密钥变得越来越快，成本越来越低，如图 8-4 所示，丙可以穷举所有的密钥组合，直到找到正确的密钥为止。

图 8-4 对称加密通信的暴力破解

因为暴力破解的基本方式就是穷举所有的可能密钥，所以只要大幅提高密钥的长度，就可以极大地提高密钥的抗暴力破解能力，目前主要的加密算法是 Triple DES 和 AES。Triple DES 的有效密钥长度为 DES 的 3 倍，也就是 168 位，而 AES 的最长密钥可以达到 256 位，在目前的算力条件下，使用这些加密算法可以认为是安全的。

对称加密方式的安全性依赖于密钥的保密性，因为密钥本身也是信息，甲、乙双方传输密钥也存在中间人攻击的问题，如果要解决这个问题，就要对传输密钥本身进行加密，如此反复就进入了一个死循环，这就是所谓的密钥配送问题。一般来讲，甲、乙双方要通信，需要采用线下某种面对面的方式来共享密钥，只有双方都获得了同一个密钥，才能正常地进行加密通信，如图 8-5 所示，这就限制了对称加密通信的应用场景。

8.1.3 非对称加密通信

为了解决密钥配送问题，数学家们提出了非对称加密方法，在这种加密方式下，密钥是成对出现的，一个是公钥(Public Key)，另一个是私钥(Private Key)，使用公钥加密的密文

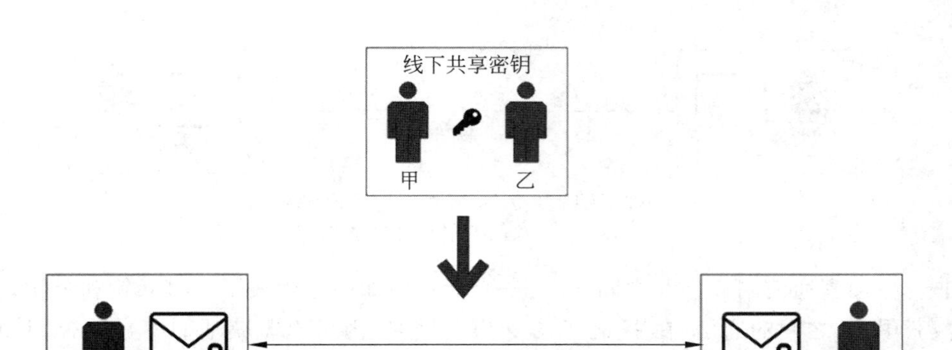

图 8-5 线下共享密钥

只能通过私钥解密，使用私钥加密的密文只能通过公钥解密，在实际应用中可以利用非对称密钥的这种特性对加密数据进行传输和身份认证。如图 8-6 所示，甲生成了一对非对称密钥，甲自己保留私钥，公开对应的公钥，现在乙获得了这个公钥，加密数据传输和身份认证可以这样实现。

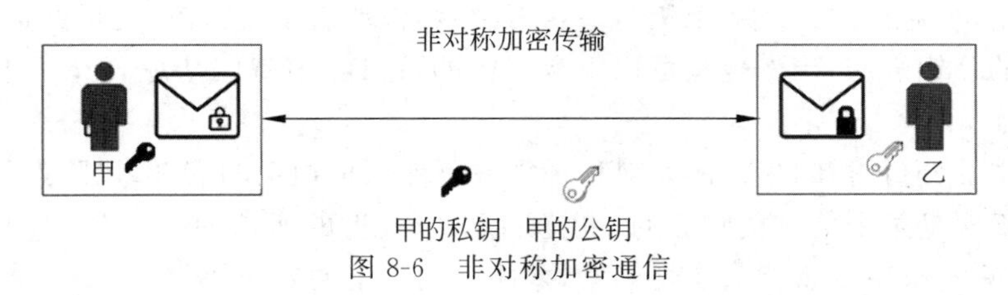

图 8-6 非对称加密通信

1. 从乙到甲的加密数据传输

乙使用甲的公钥对信息进行加密，然后将该密文传输给甲，甲使用自己的私钥对密文进行解密，从而获得原始的明文信息。因为只有甲有私钥，所以任何其他人获得了密文后都无法解密，从而保证了信息的安全性。

2. 乙对甲的身份认证

乙将一段明文信息发送给甲，甲使用自己的私钥对该信息进行加密(称为签名)，然后把密文发送给乙，乙使用公钥对该密文进行解密，如果解密成功，则证明发送方的身份一定是甲，因为乙使用的是甲的公钥，只能对甲的私钥加密的密文进行解密。

如果要实现从甲到乙的加密数据传输和甲对乙的身份认证，则可以让乙生成一对密钥，乙保留自己的私钥，将自己的公钥公开给甲，按照上文同样的方式，就可以实现相应的功能。

如果要实现双向的数据传输和双向的身份认证，则可以使甲、乙双方都生成一对密钥，各自保留自己的私钥，将自己的公钥公开给对方，如图 8-7 所示，在进行加密数据传输时，发送方使用接收方的公钥对明文加密，然后接收方使用自己的私钥对密文解密，从而得到要传输的明文信息；在进行身份验证时，发送方使用自己的私钥对要加密的信息签名，接收方使用发送方的公钥对密文解密，只要解密成功就能认证发送方的身份。

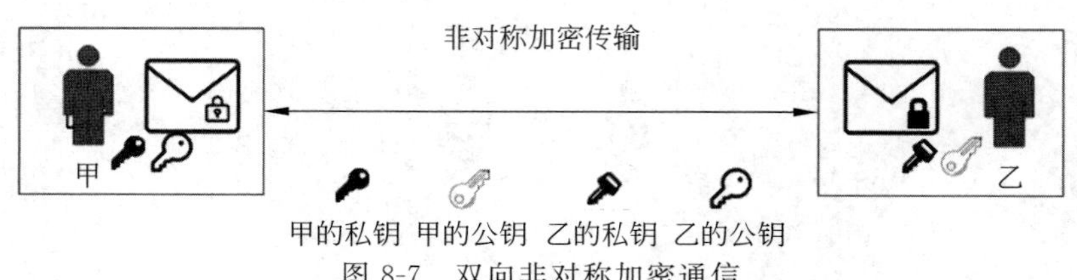

图 8-7 双向非对称加密通信

非对称加密通信同样存在中间人攻击的风险，假如丙也生成了一对私钥和公钥，并且丙可以截获甲、乙之间的通信，在甲、乙双方交换公钥时，丙可以截获他们各自的公钥，并用自己的公钥冒充，如图 8-8 所示，也就是说，实际上甲获得的所谓的乙的公钥，实际上是丙的公钥，同样，乙获得的甲的公钥，实际上也是丙的公钥，而丙同时获得了甲和乙的公钥。

在甲向乙发送信息时，使用丙的公钥加密，丙截获密文后，使用自己的私钥解密，然后可以查看或者篡改信息，之后使用乙的公钥加密并且把密文发送给乙，乙接收到密文后，可以正常使用自己的私钥解密，但是看到的是经过丙篡改的信息；乙向甲发送加密信息也存在同样的风险。

在身份认证时，甲使用自己的私钥对信息签名，签名后的密文被丙截获，丙使用甲的公钥对密文解密，然后使用自己的私钥对信息再次签名，然后发送给乙，乙得到签名后的密文，然后使用丙的公钥解密，当然也是可以正常解密的，这样，丙就成功地冒充了甲的身份并通过了签名认证。

经过上文的分析可知，单纯的非对称加密并不能保证通信的安全，风险点就在于无法证明某个公钥确实是某个信息接收方的，也就是说，甲获得的所谓的乙的公钥，无法保证一定是乙的公钥，只有解决了密钥真实性问题，才能做到真正的安全通信。

8.1.4 基于数字证书的非对称加密通信

如果要解决公钥真实性问题，则可以引入一个身份鉴定机构，通过该机构来核实并保证公钥的真实性，在现实中，这个机构被称为 CA（Certification Authority），CA 同样拥有自己的一对公钥和私钥。需要鉴定身份的用户，如乙，把自己的公钥和一些基本信息提交给 CA，CA 对乙进行身份核实后，使用哈希算法把乙提交的信息结合签名辅助信息生成数字摘要，然后使用自己的私钥对数字摘要进行签名，生成一个包含乙的公钥、乙的基本信息、签名辅助信息、CA 摘要签名的电子文件，该文件被称为数字证书，CA 为该证书的签发者，乙在以后的通信中，可以把数字证书提交给对方，用来证明自己的身份。

通信的另一方，如甲，在接收到乙的数字证书后，使用签发该证书的 CA 的公钥对证书的摘要签名进行解密，得到解密后的数字摘要，如果解密成功，则说明该证书一定是 CA 签发的，随后使用哈希算法把证书包含的元数据生成数字摘要，并和解密后的数字摘要进行对比，如果两个数字摘要一致，则说明证书是可信的，证书包含的公钥就是真实的乙的公钥。

在上述验证乙的数字证书的过程中还有一个问题，就是甲使用 CA 的公钥对证书进行验证，那么怎么保证 CA 的公钥也是真实的呢？如果这一点不能保证，则后续的验证也无从

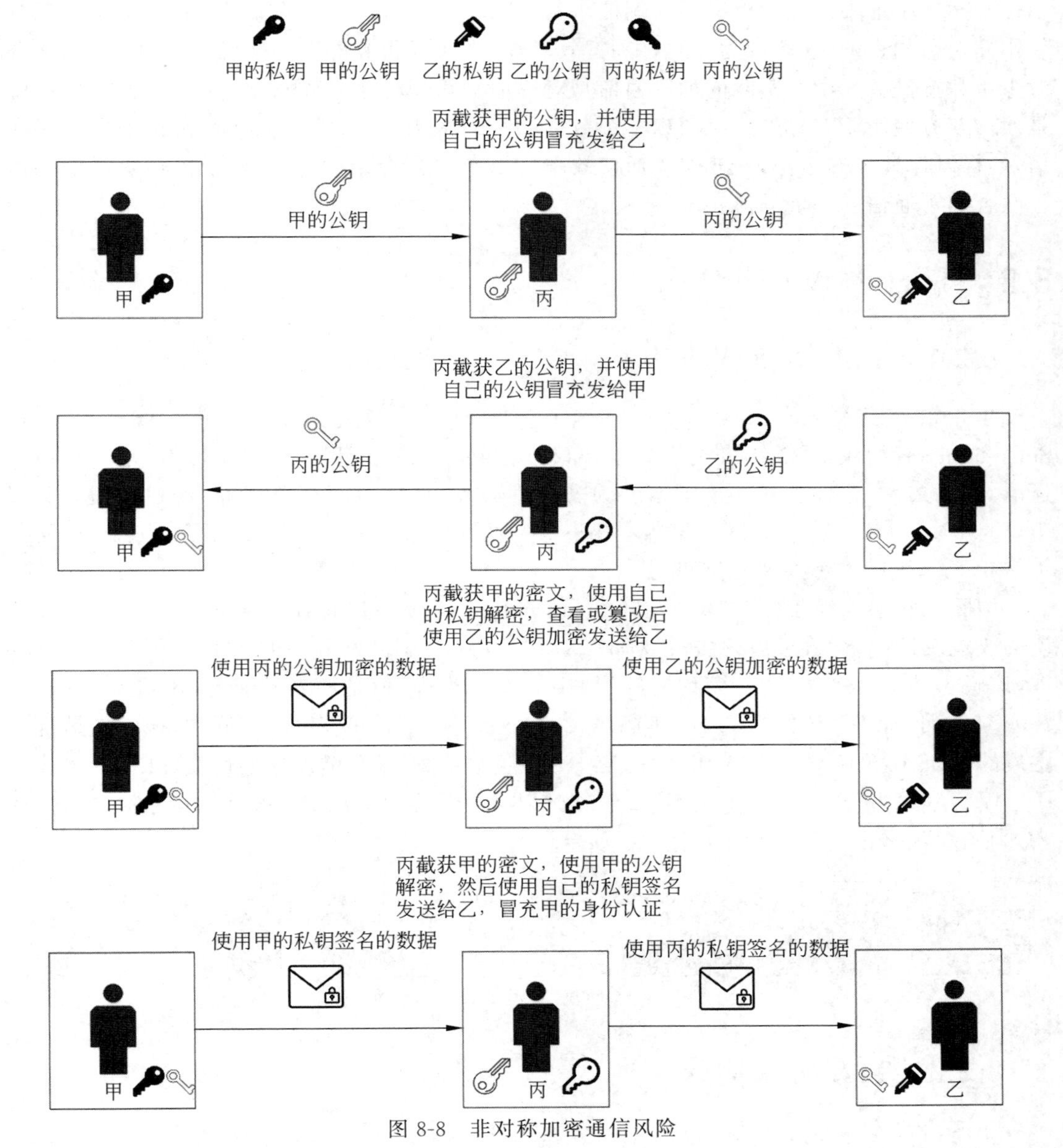

图 8-8 非对称加密通信风险

谈起。在现实中，是通过操作系统或者浏览器自带 CA 的证书实现的，在操作系统出厂之初，就内置了包含 CA 公钥的根证书，操作系统对根证书是信任的，同样地，也信任通过根证书签名认证的其他证书，这样就构成了一个完整的证书信任链。

在基于数字证书的非对称加密通信中，甲、乙进行通信，丙是无法进行中间人攻击的，假如丙冒充乙给甲发送包含自己公钥的数字证书，因为丙的数字证书没有 CA 的私钥签名，所以甲使用 CA 的公钥无法正常解密，从而不会信任丙发送的证书。

虽然数字证书的使用解决了公钥的真实性问题，但是，在实际的加密通信中并不是完全使用非对称加密的，这是因为非对称加密效率较低，加密和解密花费时间长、速度慢，只适合对少量数据进行加密。实际的加密通信是对称加密和非对称加密联合使用的，简单来讲，就是通信双方使用非对称加密协商出一个对称加密的密钥，然后使用该对称密钥进行加密通信，这样既保证了安全性，又兼顾了通信效率，8.2 节将要介绍的 TLS 安全传输协议便是这种联合加密通信的一种具体实现。

8.2 TLS 协议简介

8.2.1 TLS 协议演进史

在介绍 TLS(Transport Layer Security)协议时，一般会介绍它的前身 SSL(Secure Socket Layer)协议，SSL 指安全套接层协议，由 Netscape 公司于 1994 年提出，是一套网络通信安全协议。SSL 的第 1 个版本因为安全性较差，所以没有公开发布，经过改进的第 2 版，即 SSL 2.0 于 1995 年发布，该版本仍然有一些漏洞，随后 Netscape 公司在 1996 年发布了 SSL 3.0，该版本得到了广泛使用。

国际互联网工程任务组 IETF(The Internet Engineering Task Force)后期负责 SSL 协议的改进及标准化，改进后的协议被命名为 TLS 协议。IETF 于 1999 年发布了 TLS 1.0 版本，该版本基于 SSL 3.0，虽然只是做了微小的安全改进，但是两者不兼容，不可互相操作。2006 年 4 月，IETF 发布了 TLS 1.1 版本，2008 年 8 月，发布了 TLS 1.2 版本，该版本是目前主流的 TLS 协议版本。2018 年 3 月，TLS 1.3 版本发布，是目前发布的最新 TLS 版本。

因为 SSL 与 TLS 的演进关系，人们有时把两者统称为 SSL/TLS，目前实际指代的就是 TLS 协议，两者统一的演化史如图 8-9 所示。

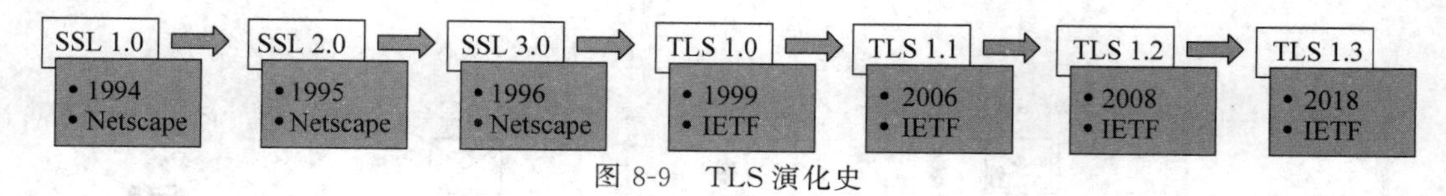

图 8-9 TLS 演化史

8.2.2 TLS 协议构成

TLS 协议本身也是分层协议，主要分为两层，即底层的 TLS 记录协议(TLS Record Protocol)及上层的握手协议(Handshake Protocol)、更改加密规范协议(Change Cipher Spec Protocol)、警告协议(Alert Protocol)、应用数据协议(Application Data Protocol)，协议之间的关系如图 8-10 所示。

TLS 记录协议作为底层协议，为上层 4 种子协议的传输提供分片、消息加密及报文传输服务，同时对接收的数据进行验证、解密、组装，然后提交给高层协议；握手协议负责在客户端和服务器端协商密码算法并共享密钥；更改加密规范协议负责向通信对象传达变更密

图 8-10 TLS 协议关系

码方式的信号；警告协议负责在发生错误时将错误传达给对方；应用数据协议负责将 TLS 承载的应用数据传达给通信对象。

TLS 协议的本质是通过非对称加密通信保护对称加密密钥的协商过程，然后通过该对称密钥进行加密传输，这一过程最复杂的部分是通过握手协议协商出对称密钥，8.2.3 节将介绍 TLS 协议的握手过程。

8.2.3 TLS 握手过程

既然 TLS 握手协议的一个主要目的是协商出对称密钥，那么生成一个对称密钥需要满足什么条件呢？最简单的方式是通信的某一方，如客户端或者服务器端，自己生成一个对称密钥，随后通过非对称加密传输给对方，然后双方就可以使用该对称密钥进行加密通信了，这种方式虽然简单，但也存在着较大的安全风险；现在主要的生成密钥方式一般需要 3 个参数，一个参数来自客户端，另一个参数来自服务器端，第 3 个参数可以来自某一端或者由双方各自再提供一个特殊的参数生成，3 个参数确定后，就可以按照特定的算法生成对称密钥了。

在 TLS 1.2 版本的协议中，密钥交换算法主要是 RSA 和 ECDHE 两种。

1. RSA 算法的握手过程

RSA 算法的握手过程相对比较简单，但因为前向安全性的问题，现在使用较少，本节只简单地介绍该算法的握手过程。

1）第 1 次握手

客户端向服务器端发送消息，消息类型为 Client Hello，包括以下信息。

- Version：协议版本，在握手协议中一般是 TLS 1.2，为了保证兼容性，在 Record Layer 的首部 Version 字段是 TLS 1.0。
- Random：客户端随机数，为后面生成对称密钥做准备。
- Session ID：可选字段，如果是第 1 个新的连接，则不产生该字段，仅包括 Session ID Length 为 0 的信息。
- Cipher Suites：客户端支持的加密套件列表。
- Compression Methods：压缩算法，在加密之前进行数据压缩，如果值为 0，则代表不压缩，因为安全性问题，在新版本中已不使用。
- Extension：扩展信息，如服务器名称指示 SNI(Server Name Indication)等，在 TLS 1.3 版本中扩展信息得到了丰富的应用。

2）第 2 次握手

服务器端向客户端发送消息，传递了多种类型的消息，依次可能为 Server Hello 消息、Certificate 消息、Certificate Request 消息、Server Hello Done 消息，下面分别进行介绍。

（1）Server Hello 消息包括以下信息。

- Version：确定通信的协议版本，如 TLS 1.2。
- Cipher Suite：从客户端支持的加密套件列表中选中使用的加密套件，例如 TLS_RSA_WITH_AES_128_GCM_SHA256，其中 TLS 代表通信协议，RSA 代表密钥交换算法，WITH 起连接作用，无实际意义，AES_128_GCM 表示握手结束后正常通信时使用的对称加密算法，SHA256 是消息摘要算法。
- Compression Methods：选中的压缩方式，一般为不压缩。
- Random：服务器端随机数，为后面生成对称密钥做准备。

（2）Certificate 消息表示服务器端的数字证书清单，除了服务器端自己的数字证书外，还包括签发该证书的中间证书或者/和根证书。

（3）Certificate Request 消息请求客户端证书，本消息为可选消息，只在双向验证时使用。

（4）Server Hello Done 消息通知客户端，表示本次消息传递完毕。

3）第 3 次握手

客户端收到服务器端发送的数字证书后，验证数字证书的真实性，并提取数字证书中的服务器端公钥，随后生成一个新的随机数 PreMaster，然后使用服务器端公钥加密 PreMaster 并发送到服务器端，如果是双向验证，则客户端还需要将自己的数字证书发送给服务器端。本次握手可能包括多种消息类型，如 Certificate 消息、Client Key Exchange 消息、Certificate Verify 消息、Change Cipher Spec 消息、Encrypted Handshake Message (Finished)消息等，下面分别进行介绍。

（1）Certificate 消息：可选消息，仅在双向验证时使用，表示客户端的数字证书。

（2）Client Key Exchange 消息：包括使用服务器端公钥加密的 PreMaster，为后面生成对称密钥做准备。

（3）Certificate Verify 消息：可选消息，如果客户端将自己的证书发送给了服务器端，就需要证明自己拥有该证书。客户端通过自己的私钥对从开始到现在所有发送过的消息进行签名，然后服务器端会用客户端的公钥验证这个签名。

（4）Change Cipher Spec 消息：通知服务器端，以后的通信都将使用协商好的对称密钥进行加密通信。因为现在客户端和服务器端都拥有了相同的客户端随机数、服务器端随机数及 PreMaster，所以双方可以使用这 3 个参数按照约定的算法生成对称密钥，又称为会话密钥。

（5）Encrypted Handshake Message(Finished)消息：客户端使用对称密钥加密之前所有收发握手消息的哈希值，发送给服务器端，服务器端将用相同的对称密钥解密此消息，校验其中的哈希值。

4）第 4 次握手

服务器端接收到客户端加密的 PreMaster 后，使用私钥解密，然后使用和客户端同样的算法生成对称密钥。服务器端向客户端发送的消息包括 Change Cipher Spec 消息、Encrypted Handshake(Finished)消息等，下面分别进行介绍。

（1）Change Cipher Spec 消息：通知客户端，以后的通信都将使用协商好的对称密钥进行加密通信。

（2）Encrypted Handshake(Finished)消息：服务器端使用对称密钥加密之前所有收发握手消息的哈希值，发送给客户端，客户端将用相同的对称密钥解密此消息，校验其中的哈希值。

2. ECDHE 算法的握手过程

ECDHE 是 Elliptic Curve Diffie-Hellman Ephemeral 的缩写，表示临时椭圆曲线 Diffie-Hellman 密钥交换算法，同时具有前向安全性和高效性的特点，是 TLS 1.2 版本中最主要的密钥交换算法，本节将详细讲解该算法的握手过程，并给出使用 Wireshark 抓包分析的截图。

1）第 1 次握手

客户端向服务器端发送消息，消息类型为 Client Hello，和 RSA 握手时类似，消息内容如图 8-11 所示，包括以下信息。

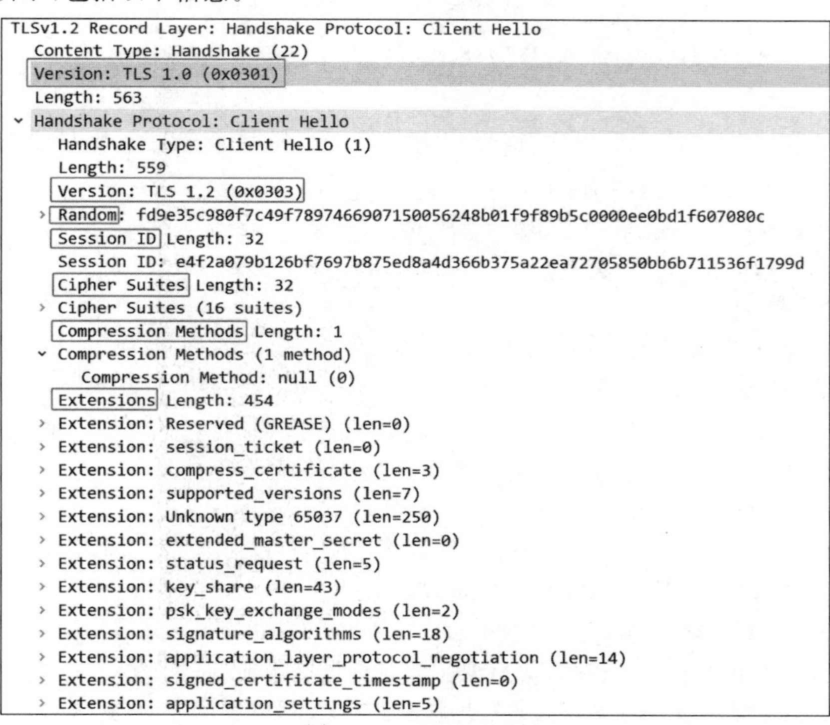

图 8-11 Client Hello

- Version：协议版本，在握手协议中一般是 TLS 1.2，为了保证兼容性，在 Record Layer 的首部 Version 字段是 TLS 1.0。
- Random：客户端随机数，为后面生成对称密钥做准备。
- Session ID：可选字段，如果是第 1 个新的连接，则不产生该字段，仅包括 Session ID Length 为 0 的信息；在本节的图示中，因为以前访问过该网站，所以客户端保留了上次访问时的 Session ID 信息，并且通过 Client Hello 发送给服务器端。
- Cipher Suites：客户端支持的加密套件列表，详细的列表如图 8-12 所示。

```
Cipher Suites (16 suites)
   Cipher Suite: Reserved (GREASE) (0x3a3a)
   Cipher Suite: TLS_AES_128_GCM_SHA256 (0x1301)
   Cipher Suite: TLS_AES_256_GCM_SHA384 (0x1302)
   Cipher Suite: TLS_CHACHA20_POLY1305_SHA256 (0x1303)
   Cipher Suite: TLS_ECDHE_ECDSA_WITH_AES_128_GCM_SHA256 (0xc02b)
   Cipher Suite: TLS_ECDHE_RSA_WITH_AES_128_GCM_SHA256 (0xc02f)
   Cipher Suite: TLS_ECDHE_ECDSA_WITH_AES_256_GCM_SHA384 (0xc02c)
   Cipher Suite: TLS_ECDHE_RSA_WITH_AES_256_GCM_SHA384 (0xc030)
   Cipher Suite: TLS_ECDHE_ECDSA_WITH_CHACHA20_POLY1305_SHA256 (0xcca9)
   Cipher Suite: TLS_ECDHE_RSA_WITH_CHACHA20_POLY1305_SHA256 (0xcca8)
   Cipher Suite: TLS_ECDHE_RSA_WITH_AES_128_CBC_SHA (0xc013)
   Cipher Suite: TLS_ECDHE_RSA_WITH_AES_256_CBC_SHA (0xc014)
   Cipher Suite: TLS_RSA_WITH_AES_128_GCM_SHA256 (0x009c)
   Cipher Suite: TLS_RSA_WITH_AES_256_GCM_SHA384 (0x009d)
   Cipher Suite: TLS_RSA_WITH_AES_128_CBC_SHA (0x002f)
   Cipher Suite: TLS_RSA_WITH_AES_256_CBC_SHA (0x0035)
```

图 8-12 加密套件列表

- Compression Methods：压缩算法，在加密之前对数据进行压缩，如果值为 0，则代表不压缩，因为安全性问题，在新版本中已不使用。
- Extension：扩展信息，如图 8-13 所示，包括服务器名称指示 SNI(Server Name Indication)、应用层协议协商 ALPN(Application Layer Protocol Negotiation)等。

2）第 2 次握手

服务器端向客户端发送消息，传递了多种类型的消息，依次可能为 Server Hello 消息、Certificate 消息、Server Key Exchange 消息、Certificate Request 消息、Server Hello Done 消息，下面分别进行介绍。

（1）Server Hello 消息：消息内容如图 8-14 所示，包括以下信息。

- Version：确定通信的协议版本，如 TLS 1.2。
- Cipher Suite：从客户端支持的加密套件列表中选中使用的加密套件，如 TLS_ECDHE_RSA_WITH_AES_128_GCM_SHA256。
- Compression Methods：选中的压缩方式，一般为不压缩。
- Random：服务器端随机数，为后面生成对称密钥做准备。
- Session ID：复用的会话 ID，如果长度为 0，则表示不复用之前的会话。
- Extensions：扩展信息。

```
˅ Extension: application_layer_protocol_negotiation (len=14)
    Type: application_layer_protocol_negotiation (16)
    Length: 14
    ALPN Extension Length: 12
  ˅ ALPN Protocol
      ALPN string length: 2
      ALPN Next Protocol: h2
      ALPN string length: 8
      ALPN Next Protocol: http/1.1
> Extension: signed_certificate_timestamp (len=0)
> Extension: application_settings (len=5)
˅ Extension: server_name (len=21)
    Type: server_name (0)
    Length: 21
  ˅ Server Name Indication extension
      Server Name list length: 19
      Server Name Type: host_name (0)
      Server Name length: 16
      Server Name: static.zhihu.com
> Extension: ec_point_formats (len=2)
```

图 8-13 扩展信息

```
˅ TLSv1.2 Record Layer: Handshake Protocol: Server Hello
    Content Type: Handshake (22)
    Version: TLS 1.2 (0x0303)
    Length: 78
  ˅ Handshake Protocol: Server Hello
      Handshake Type: Server Hello (2)
      Length: 74
      Version: TLS 1.2 (0x0303)
    > Random: f89bf08e217c4bdb75cde9aaa142cc565d688b520762dad84a2af075891c7ca3
      Session ID Length: 0
      Cipher Suite: TLS_ECDHE_RSA_WITH_AES_128_GCM_SHA256 (0xc02f)
      Compression Method: null (0)
      Extensions Length: 34
    > Extension: renegotiation_info (len=1)
    > Extension: server_name (len=0)
    > Extension: ec_point_formats (len=4)
    > Extension: session_ticket (len=0)
    > Extension: application_layer_protocol_negotiation (len=5)
    > Extension: extended_master_secret (len=0)
      [JA3S Fullstring: 771,49199,65281-0-11-35-16-23]
      [JA3S: 00447ab319e9d94ba2b4c1248e155917]
```

图 8-14 Server Hello

(2) Certificate 消息：消息内容如图 8-15 所示，表示服务器端的数字证书清单，也称为证书链，包括服务器端站点证书、中间证书和根证书，其中第 1 个是站点证书，第 2 个是签发站点证书的中间证书，第 3 个是签发中间证书的根证书。

展开服务器端站点数字证书，可以看到详细的证书信息，如图 8-16 所示。

一般来讲，典型的数字证书包括以下信息。

- Version：证书结构的版本信息，目前的最新标准是 X.509 V3，对应版本是 3 (0x2)。
- Serial Number：证书序列号，证书颁发者分配给该证书的一个整数，同一颁发者颁

```
TLSv1.2 Record Layer: Handshake Protocol: Certificate
  Content Type: Handshake (22)
  Version: TLS 1.2 (0x0303)
  Length: 3975
v Handshake Protocol: Certificate
    Handshake Type: Certificate (11)
    Length: 3971
    Certificates Length: 3968
  v Certificates (3968 bytes)
      Certificate Length: 1702
    > Certificate: 308206a23082058aa00302010202100db08d7ade1b524d11faf52de98c513a300d06092a… (id-at-commonName=*.zhihu.com,id-
      Certificate Length: 1310
    > Certificate: 3082051a30820402a00302010202100a0470d096bc8a12c890a6df826eec4b300d06092a… (id-at-commonName=GeoTrust CN RSA
      Certificate Length: 947
    > Certificate: 308203af30820297a0030201020210083be056904246b1a1756ac95991c74a300d06092a… (id-at-commonName=DigiCert Global
```

图 8-15 服务器端证书链

```
v signedCertificate
    version: v3 (2)
    serialNumber: 0x0db08d7ade1b524d11faf52de98c513a
  > signature (sha256WithRSAEncryption)
  v issuer: rdnSequence (0)
    v rdnSequence: 4 items (id-at-commonName=GeoTrust CN RSA CA G1,id-at-organizationalUnitName=www.digicert.com,id-at-organizationName=DigiCert Inc,id-at-countryName=US)
      > RDNSequence item: 1 item (id-at-countryName=US)
      > RDNSequence item: 1 item (id-at-organizationName=DigiCert Inc)
      > RDNSequence item: 1 item (id-at-organizationalUnitName=www.digicert.com)
      > RDNSequence item: 1 item (id-at-commonName=GeoTrust CN RSA CA G1)
  v validity
    v notBefore: utcTime (0)
        utcTime: 2022-12-05 00:00:00 (UTC)
    v notAfter: utcTime (0)
        utcTime: 2024-01-05 23:59:59 (UTC)
  v subject: rdnSequence (0)
    v rdnSequence: 4 items (id-at-commonName=*.zhihu.com,id-at-organizationName=智者四海（北京）技术有限公司,id-at-stateOrProvinceName=北京市,id-at-countryName=CN)
      > RDNSequence item: 1 item (id-at-countryName=CN)
      > RDNSequence item: 1 item (id-at-stateOrProvinceName=北京市)
      > RDNSequence item: 1 item (id-at-organizationName=智者四海（北京）技术有限公司)
      > RDNSequence item: 1 item (id-at-commonName=*.zhihu.com)
  v subjectPublicKeyInfo
    v algorithm (rsaEncryption)
        Algorithm Id: 1.2.840.113549.1.1.1 (rsaEncryption)
    v subjectPublicKey: 3082010a0282010100abcbe8f63e4e6a647e66dfe8e12d1f3383f0249fb8706f6116d9bc…
        modulus: 0x00abcbe8f63e4e6a647e66dfe8e12d1f3383f0249fb8706f6116d9bcee5cb594fbbeff77…
        publicExponent: 65537
  > extensions: 10 items
> algorithmIdentifier (sha256WithRSAEncryption)
  Padding: 0
  encrypted: 5ea55836a3f4feeb5b450d20da9fecf6878c6eac972ccf4f93cfde69d17449a0eec3f17c…
```

图 8-16 数字证书详情

发的证书序列号是唯一的。

- Signature：签名算法，颁发者给证书签名时使用的签名算法。
- Issuer：颁发该证书的机构名称，需要与颁发者自己的数字证书中的主体名一致，一般为 CA 服务器的名称。
- Validity：证书有效期，包含有效的起止日期。
- Subject：证书拥有者的信息，如果与颁发者相同，则说明该证书是一个自签名证书。
- Subject Public Key Info：公钥信息，证书拥有者对外公开的公钥及公钥算法信息。
- Extensions：扩展信息，包含证书用途、撤销证书列表的发布地址、证书拥有者的其他相关信息等。
- Algorithm Identifier：证书签名算法标识。
- Encrypted：签名值，证书颁发者使用自己的私钥，对证书内容做的数字签名。

（3）Server Key Exchange 消息：服务器端在使用 ECDHE 算法协商产生会话密钥时，需要告诉客户端选定的椭圆曲线类型及服务器端椭圆曲线公钥(Server Params)，并且使用自己的数字证书私钥对消息内容进行签名，保证不会被第三方更改，然后把这些信息封装为 Server Key Exchange 消息发送给客户端，如图 8-17 所示，其中 Curve Type、Named Curve 表示使用的椭圆曲线的类型；Pubkey 表示根据服务器端椭圆曲线的私钥和基点 G 计算出的服务器端椭圆曲线的公钥；Signature Algorithm 表示使用的签名算法；Signature 表示签名值。

```
TLSv1.2 Record Layer: Handshake Protocol: Server Key Exchange
  Content Type: Handshake (22)
  Version: TLS 1.2 (0x0303)
  Length: 300
 ˅ Handshake Protocol: Server Key Exchange
    Handshake Type: Server Key Exchange (12)
    Length: 296
   ˅ EC Diffie-Hellman Server Params
      Curve Type: named_curve (0x03)
      Named Curve: x25519 (0x001d)
      Pubkey Length: 32
      Pubkey: 89448e27516571a698248d4dc1a9ddb87ddeca8e8fafac2f4508d0d823fb5867
     ˅ Signature Algorithm: rsa_pss_rsae_sha256 (0x0804)
        Signature Hash Algorithm Hash: Unknown (8)
        Signature Hash Algorithm Signature: SM2 (4)
      Signature Length: 256
      Signature: 4a7c7058240565a5778b1c8628c657c0f384b3b55917c1d25235681ac6108b8ed80b80f4…
```

图 8-17 Server Key Exchange

（4）Certificate Request 消息：请求客户端证书，本消息为可选消息，只在双向验证时使用。

（5）Server Hello Done 消息：通知客户端，表示本次消息传递完毕。

3）第 3 次握手

客户端收到服务器端发送的数字证书后，验证数字证书的真实性，并提取数字证书中的服务器端公钥，验证 Server Key Exchange 消息的签名，从而确认服务器端的身份。由于双方协商使用 ECDHE 密钥交换算法，所以还需要客户端根据选定的椭圆曲线类型生成客户端椭圆曲线私钥及客户端椭圆曲线公钥，并将客户端椭圆曲线公钥（Client Params）发送给服务器端。

此时，客户端已经拥有了 ECDHE 密钥交换算法需要的两个参数（Client Params 和 Server Params），可以使用 ECDHE 算法算出一个随机数，这个随机数被叫作 Pre Master Secret，ECDHE 算法在计算 Pre Master Secret 时还使用了椭圆曲线的私钥，即使之前发送的参数被截获，也能保证第三方无法计算出 Pre Master Secret。

客户端在拥有了客户端随机数、服务器端随机数及 Pre Master Secret 后，按照特定算法可以计算出主密钥（Master Secret），双方后续对称加密通信时使用该密钥作为会话密钥。

在本次握手中，除了将客户端椭圆曲线公钥发送给服务器端外，如果是双向验证，则客户端还需要将自己的证书发送给服务器端，因此本次握手可能包括多条消息类型，如 Certificate 消息、Client Key Exchange 消息、Certificate Verify 消息、Change Cipher Spec 消息、Encrypted Handshake Message（Finished）消息等，下面分别进行介绍。

(1) Certificate 消息：可选消息，仅在双向验证时使用，表示客户端的数字证书。

(2) Client Key Exchange 消息：客户端椭圆曲线公钥，为后面生成对称密钥做准备，内容如图 8-18 所示。

```
TLSv1.2 Record Layer: Handshake Protocol: Client Key Exchange
  Content Type: Handshake (22)
  Version: TLS 1.2 (0x0303)
  Length: 37
⌄ Handshake Protocol: Client Key Exchange
    Handshake Type: Client Key Exchange (16)
    Length: 33
  ⌄ EC Diffie-Hellman Client Params
      Pubkey Length: 32
      Pubkey: ee13da2704d39b4e9128a41f3f001a429178e820545c20b89e87666b692e5a5a
```

图 8-18 Client Key Exchange

(3) Certificate Verify 消息：可选消息，如果客户端将自己的证书发送给服务器端，就需要证明自己拥有该证书。客户端通过自己的私钥签名从开始到现在所有发送过的消息，然后服务器端会用客户端的公钥验证这个签名。

(4) Change Cipher Spec 消息：通知服务器端，以后的通信都将使用协商好的会话密钥进行加密通信，内容如图 8-19 所示。

```
TLSv1.2 Record Layer: Change Cipher Spec Protocol: Change Cipher Spec
  Content Type: Change Cipher Spec (20)
  Version: TLS 1.2 (0x0303)
  Length: 1
  Change Cipher Spec Message
```

图 8-19 Change Cipher Spec

(5) Encrypted Handshake(Finished)消息：客户端使用对称密钥加密之前所有收发握手消息的哈希值，发送给服务器端，服务器端将用相同的对称密钥解密此消息，校验其中的哈希值，内容如图 8-20 所示。

```
TLSv1.2 Record Layer: Handshake Protocol: Encrypted Handshake Message
  Content Type: Handshake (22)
  Version: TLS 1.2 (0x0303)
  Length: 40
  Handshake Protocol: Encrypted Handshake Message
```

图 8-20 Encrypted Handshake

4) 第 4 次握手

服务器端接收到客户端发送的 Client Key Exchange 消息后，提取出其中的客户端椭圆曲线公钥(Client Params)，这样，服务器端也拥有了 ECDHE 密钥交换算法需要的两个参数(Client Params 和 Server Params)，从而可以生成和客户端一样的 Pre Master Secret，进而计算出相同的主密钥(Master Secret)。在本次握手中，服务器端向客户端发送的消息包括

New Session Ticket 消息、Change Cipher Spec 消息、Encrypted Handshake(Finished)消息等,下面分别进行介绍。

(1) New Session Ticket 消息:在 TLS 通过握手建立起会话连接时,需要耗费较多的计算资源,为了能够重用已经建立的会话,可以通过在服务器端和客户端分别保存 Session ID,以便在下一次访问时可以通过 Session ID 恢复会话,但这种会话恢复方式主要靠服务器端存储会话状态,对于拥有大量客户端的服务器端内存压力比较大,而且对于实现了负载均衡的服务器端,也存在 Session ID 失效的情况。为了解决这种问题,可以通过 Session Ticket 的方式处理,也就是在成功握手以后,服务器端对本次的会话数据进行加密,生成一个 Ticket 票据,并将票据通过 New Session Ticket 消息发送给客户端,由客户端进行保存。在下一次连接时,如果客户端希望恢复上一次会话,就将"票据"通过 Client Hello 的 Session Ticket 扩展发送给服务器端,待服务器端解密校验无误后,进行一次简短握手,恢复上一次会话。

本消息为可选消息,内容如图 8-21 所示。

```
TLSv1.2 Record Layer: Handshake Protocol: New Session Ticket
  Content Type: Handshake (22)
  Version: TLS 1.2 (0x0303)
  Length: 202
˅ Handshake Protocol: New Session Ticket
    Handshake Type: New Session Ticket (4)
    Length: 198
  ˅ TLS Session Ticket
      Session Ticket Lifetime Hint: 7200 seconds (2 hours)
      Session Ticket Length: 192
      Session Ticket: 1fe28bd20eb8dcb454d1e621bf2b30d0d0d2d49bd92fb64d346c6d216d5e8e51250ca177…
```

图 8-21 New Session Ticket

(2) Change Cipher Spec 消息:通知客户端,以后的通信都将使用协商好的会话密钥进行加密通信。

(3) Encrypted Handshake(Finished)消息:服务器端使用会话密钥加密之前所有收发握手消息的哈希值,发送给客户端,客户端将用相同的会话密钥解密此消息,校验其中的哈希值。

8.3 实现自签名数字证书

通过上述章节的介绍可知,数字证书在 TLS 中扮演着必不可少的角色,但是在现实中,申请一个 CA 签发的数字证书,需要一定的时间和不菲的费用。为了提高开发效率,开发者在开发期间可以自己签发证书,方便、简单且不需要额外的费用,在系统实际部署以后可以再替换成 CA 签发的证书。下面将分别介绍 Ubuntu 系统和 Windows 系统自签名数字证书的签发流程,因为签发证书需要使用 OpenSSL,所以本节还将介绍 OpenSSL 3.0 版本的安装过程。

8.3.1 Ubuntu 系统下的 OpenSSL 安装

在 Ubuntu 系统下安装 OpenSSL 有多种方式，本节将演示下载源码后编译安装的过程，源码从 OpenSSL 官方网站下载，版本为 3.0.12，读者也可以根据实际情况下载并安装其他的版本，最好安装 3.0 或者以上的版本。

步骤 1，下载 3.0.12 版本源码压缩包，命令如下：

```
wget https://www.openssl.org/source/openssl-3.0.12.tar.gz
```

执行成功后将会下载 openssl-3.0.12.tar.gz 文件。

步骤 2，解压缩源码文件，命令如下：

```
tar -zxvf openssl-3.0.12.tar.gz
```

解压成功后将在当前目录创建 openssl-3.0.12 文件夹。

步骤 3，进入 openssl-3.0.12 文件夹，然后执行配置和编译，命令如下：

```
cd openssl-3.0.12
./Configure --libdir=lib
make
```

make 命令需要一定的时间执行，根据环境的不同需要几分钟到十几分钟。

步骤 4，将 OpenSSL 安装至系统目录，命令如下：

```
make install
```

make install 命令也需要几分钟时间执行，执行完毕后，输入如下的命令查看 OpenSSL 版本信息：

```
openssl version
```

如果成功打印出 OpenSSL 的版本，就表示安装成功了，本次安装打印出的版本信息如下：

```
OpenSSL 3.0.12 24 Oct 2023 (Library: OpenSSL 3.0.12 24 Oct 2023)
```

步骤 5，以上安装只是在当前目录可以使用 OpenSSL，如果要在所有目录均可使用，则可以通过如下命令配置环境变量（假设当前安装目录为/soft/openssl-3.0.12）。

修改/etc/profile 文件，在文件的最后增加 OpenSSL 的环境信息，增加的内容如下：

```
export LIBRARY_PATH=/soft/openssl-3.0.12:$LIBRARY_PATH
export LD_LIBRARY_PATH=/soft/openssl-3.0.12:$LD_LIBRARY_PATH
```

使环境变量生效，命令如下：

```
source /etc/profile
```

随后就可以在其他目录使用 OpenSSL 工具了。

8.3.2 Ubuntu 系统下的证书签发

要自己签发证书，首先要生成根证书，然后通过根证书签发用户证书。生成根证书的流程为生成 CA 的私钥→生成 CA 证书请求→自签名得到根证书，详细步骤如下。

步骤 1，生成 CA 的私钥，命令如下：

```
openssl genrsa -out ca.key 2048
```

该命令会生成一对 2048 位的 RSA 密钥，并且存储在 ca.key 文件里，需要注意的是，公钥和私钥都存储在该文件中。

步骤 2，生成证书请求 CSR 文件，命令如下：

```
openssl req -new -key ca.key -out ca.csr
```

OpenSSL 会要求填写证书请求信息，例如 Country Name、State or Province Name 等，可以按照提示填写，一个典型的 CSR 交互如下：

```
You are about to be asked to enter information that will be incorporated
into your certificate request.
What you are about to enter is what is called a Distinguished Name or a DN.
There are quite a few fields but you can leave some blank
For some fields there will be a default value,
If you enter '.', the field will be left blank.
-----
Country Name (2 letter code) [AU]:CN
State or Province Name (full name) [Some-State]:Shandong
Locality Name (eg, city) []:Qingdao
Organization Name (eg, company) [Internet Widgits Pty Ltd]:Cangjie Community
Organizational Unit Name (eg, section) []:Developer
Common Name (e.g. server FQDN or YOUR name) []:ZhangLei
Email Address []:

Please enter the following 'extra' attributes
to be sent with your certificate request
A challenge password []:
An optional company name []:
```

为了简单起见，CSR 最后的 Email Address 等信息直接按 Enter 键略过，最后会得到 ca.csr 文件。

如果要查看详细的 ca.csr 文件内容，则输入的命令如下：

```
openssl req -text -in ca.csr
```

回显如下：

```
Certificate Request:
    Data:
        Version: 1 (0x0)
         Subject: C = CN, ST = Shandong, L = Qingdao, O = Cangjie Community, OU =
Developer, CN = ZhangLei
        Subject Public Key Info:
            Public Key Algorithm: rsaEncryption
                Public-Key: (2048 bit)
                Modulus:
                    00:b5:6f:0c:0f:49:87:b6:4c:90:e5:f1:80:00:0a:
                    74:40:2c:3d:ce:ff:51:95:2a:55:d9:c0:22:5d:fb:
                    ef:83:b1:7a:4f:a0:d3:60:00:a3:f2:09:c2:ce:3a:
                    40:4d:0f:be:d2:7e:4e:7a:6c:d8:f8:44:68:6a:3a:
                    b6:73:62:d2:e8:3e:1e:60:be:4a:ac:a7:e1:31:35:
                    ed:9b:b0:d5:bf:f2:88:80:bd:20:96:a6:da:96:4c:
                    4b:de:66:df:2f:81:c7:9d:ad:b2:81:05:47:5c:92:
                    6e:e4:e9:4e:80:90:05:b5:34:b5:f1:92:98:10:31:
                    02:1e:b2:18:4b:15:96:54:38:ff:6f:0a:02:53:81:
                    04:ae:c1:7f:df:cb:d8:9f:3e:61:d3:53:3b:b8:f0:
                    e7:d6:1d:54:7e:ef:ec:e7:65:3e:3f:86:bc:7b:b6:
                    d0:b4:5b:05:9c:96:d7:5f:ed:88:13:e2:b5:4c:e6:
                    34:de:d9:40:87:e4:ff:87:7d:3d:7d:58:79:04:f5:
                    2a:ee:56:97:6e:49:24:0e:f5:7b:69:51:13:92:d3:
                    f2:03:23:33:7d:13:c3:95:af:0a:9d:b2:80:bd:9d:
                    46:ec:fe:31:24:a6:89:01:b1:73:d0:59:00:3c:15:
                    c4:42:2e:56:01:b6:59:72:8d:d7:de:49:d3:08:9e:
                    23:17
                Exponent: 65537 (0x10001)
        Attributes:
            (none)
            Requested Extensions:
    Signature Algorithm: sha256WithRSAEncryption
    Signature Value:
        7b:21:c3:6e:db:a4:9b:d3:9d:8c:f0:d6:15:98:bc:1f:ca:b4:
        7e:92:88:bd:1f:1f:6d:a7:df:37:b8:8a:2c:0b:72:a1:af:76:
        88:c4:40:cc:a9:90:94:13:15:03:55:ab:e6:2b:3b:63:7d:43:
        a8:2b:66:2b:30:00:52:eb:c9:1b:6e:32:95:16:1b:c2:47:25:
        c2:63:58:af:af:e9:f7:12:76:22:e8:8f:ae:0c:9d:72:c7:e8:
        20:22:10:9a:00:4f:02:36:c8:b5:9d:ee:e2:58:88:c0:23:64:
        a3:91:24:73:cf:e0:9f:26:ba:6f:b5:21:99:dc:35:e2:b3:f1:
        66:8b:42:10:75:1d:e6:2e:d8:93:e4:64:16:f9:37:ea:86:2b:
        d0:89:e7:2c:52:5d:9a:f1:58:d2:ba:0f:21:6d:b4:80:12:58:
        13:0d:c6:9d:0b:f2:c0:2f:24:89:56:79:10:37:cc:d3:e6:00:
        79:73:d3:14:d5:90:77:16:95:15:d7:33:27:b2:12:77:45:25:
        8a:a8:06:d2:d7:e7:c0:89:27:1e:70:6d:c2:99:1d:ec:8d:9d:
        cd:d7:8c:52:fb:8f:e6:a6:c3:2f:f2:50:e0:be:81:8f:a6:cb:
        58:98:2a:d0:d9:c7:75:23:38:87:2a:b4:8e:ee:0a:38:7c:f9:
```

```
        0b:02:57:3c
-----BEGIN CERTIFICATE REQUEST-----
MIICujCCAaICAQAwdTELMAkGA1UEBhMCQ04xETAPBgNVBAgMCFNoYW5kb25nMRAw
DgYDVQQHDAdRaW5nZGFvMRowGAYDVQQKDBFDYW5namllIENvbW11bml0eTESMBAG
A1UECwwJRGV2ZWxvcGVyMREwDwYDVQQDDAhaaGFuZ0xlaTCCASIwDQYJKoZIhvcN
AQEBBQADggEPADCCAQoCggEBALVvDA9Jh7ZMkOXxgAAKdEAsPc7/UZUqVdnAIl37
74Oxek+g02AAo/IJws46QE0PvtJ+Tnps2PhEaGo6tnNi0ug+HmC+Sqyn4TE17Zuw
1b/yiIC9IJam2pZMS95m3y+Bx52tsoEFR1ySbuTpToCQBbU0tfGSmBAxAh6yGEsV
1lQ4/28KAlOBBK7Bf9/L2J8+YdNTO7jw59YdVH7v7OdlPj+GvHu20LRbBZyW11/t
iBPitUzmNN7ZQIfk/4d9PX1YeQT1Ku5Wl25JJA71e2lRE5LT8gMjM30Tw5WvCp2y
gL2dRuz+MSSmiQGxc9BZADwVxEIuVGG-2WXKN195J0wieIxcCAwEAAaAAMA0GCSqG
SIb3DQEBCwUAA4IBAQB7IcNu26Sb052M8NYVmLwfyrR+koi9Hx9tp983uIosC3Kh
r3aIxEDMqZCUExUDVavmKztjfUOoK2YrMABS68kbbjKVFhvCRyXCY1ivr+n3EnYi
6I+uDJ1yx+ggIhCaAE8CNsi1ne7iWIjAI2SjkSRzz+CfJrpvtSGZ3DXis/Fmi0IQ
dR3mLtiT5GQW+TfqhivQiecsUl2a8VjSug8hbbSAElgTDcadC/LALySJVnkQN8zT
5gB5c9MU1ZB3FpUV1zMnshJ3RSWKqAbS1+fAiScecG3CmR3sjZ3N14xS+4/mpsMv
8lDgvoGPpstYmCrQ2cd1IziHKrSO7go4fPkLAlc8
-----END CERTIFICATE REQUEST-----
```

其中,-----BEGIN CERTIFICATE REQUEST-----和-----END CERTIFICATE REQUEST-----之间的部分是CSR文件的原始内容,使用base64编码,其他的为对CSR文件的解析,包括请求者信息及公钥和签名。

步骤3,生成有效期为一年的X509自签名证书,命令及回显如下:

```
openssl x509 -req -days 365 -in ca.csr -signkey ca.key -out ca.crt
Certificate request self-signature ok
subject=C =CN, ST =Shandong, L =Qingdao, O =Cangjie Community, OU =Developer,
CN =ZhangLei
```

生成的根证书名称为ca.crt,如果要查看该证书的详细信息,则可以输入的命令如下:

```
openssl x509 -in ca.crt -text
```

回显如下:

```
Certificate:
    Data:
        Version: 1 (0x0)
        Serial Number:
            0b:d4:e5:f2:87:6e:52:ee:77:56:a4:f7:c3:7e:6b:67:44:7a:a9:b3
        Signature Algorithm: sha256WithRSAEncryption
        Issuer: C =CN, ST =Shandong, L =Qingdao, O =Cangjie Community,
OU =Developer, CN =ZhangLei
        Validity
            Not Before: Nov  8 00:35:40 2023 GMT
            Not After : Nov  7 00:35:40 2024 GMT
        Subject: C =CN, ST =Shandong, L =Qingdao, O =Cangjie Community,
OU =Developer, CN =ZhangLei
```

```
        Subject Public Key Info:
            Public Key Algorithm: rsaEncryption
                Public-Key: (2048 bit)
                Modulus:
                    00:b5:6f:0c:0f:49:87:b6:4c:90:e5:f1:80:00:0a:
                    74:40:2c:3d:ce:ff:51:95:2a:55:d9:c0:22:5d:fb:
                    ef:83:b1:7a:4f:a0:d3:60:00:a3:f2:09:c2:ce:3a:
                    40:4d:0f:be:d2:7e:4e:7a:6c:d8:f8:44:68:6a:3a:
                    b6:73:62:d2:e8:3e:1e:60:be:4a:ac:a7:e1:31:35:
                    ed:9b:b0:d5:bf:f2:88:80:bd:20:96:a6:da:96:4c:
                    4b:de:66:df:2f:81:c7:9d:ad:b2:81:05:47:5c:92:
                    6e:e4:e9:4e:80:90:05:b5:34:b5:f1:92:98:10:31:
                    02:1e:b2:18:4b:15:96:54:38:ff:6f:0a:02:53:81:
                    04:ae:c1:7f:df:cb:d8:9f:3e:61:d3:53:3b:b8:f0:
                    e7:d6:1d:54:7e:ef:ec:e7:65:3e:3f:86:bc:7b:b6:
                    d0:b4:5b:05:9c:96:d7:5f:ed:88:13:e2:b5:4c:e6:
                    34:de:d9:40:87:e4:ff:87:7d:3d:7d:58:79:04:f5:
                    2a:ee:56:97:6e:49:24:0e:f5:7b:69:51:13:92:d3:
                    f2:03:23:33:7d:13:c3:95:af:0a:9d:b2:80:bd:9d:
                    46:ec:fe:31:24:a6:89:01:b1:73:d0:59:00:3c:15:
                    c4:42:2e:56:01:b6:59:72:8d:d7:de:49:d3:08:9e:
                    23:17
                Exponent: 65537 (0x10001)
    Signature Algorithm: sha256WithRSAEncryption
    Signature Value:
        5a:ce:e3:26:43:3b:58:75:93:fe:79:46:13:62:0d:6f:fd:44:
        56:47:1d:17:c0:ee:f9:ee:8f:5e:40:7f:a9:ca:4f:95:7b:80:
        bb:d1:ec:60:b2:be:0d:42:c9:cb:08:38:8e:ef:44:5b:39:bb:
        f2:72:1e:ed:18:67:ce:e6:05:16:38:04:04:f6:66:e8:33:de:
        e8:f2:b4:53:03:ff:87:66:e0:2d:99:6d:ec:b9:c8:38:a4:f4:
        77:b7:7e:d4:6b:24:94:41:12:cb:5c:94:71:c4:7f:fc:85:24:
        45:c2:77:55:b7:e0:cb:e3:37:2c:5f:5c:a9:96:34:da:e1:8c:
        80:0d:2f:76:1e:e9:15:93:e2:04:b7:e4:e4:b9:8e:8b:3b:fa:
        36:50:90:49:20:e8:30:dc:b0:a9:13:e7:98:ff:c2:c5:27:58:
        a1:c6:79:67:c3:7a:e2:6f:ee:e0:66:55:e6:4e:39:9d:c0:f5:
        77:88:80:2d:ff:12:74:b2:03:e5:1d:5b:17:6b:1c:7e:f0:27:
        44:f9:ba:2e:a1:0f:14:7b:9e:e5:09:e5:ac:26:b1:91:93:0f:
        de:47:a6:52:4e:c3:0e:c8:1a:19:a2:08:27:f8:5e:c5:98:36:
        01:2f:f1:12:89:22:2c:d8:82:ae:4f:56:ba:4c:e9:4c:d0:f8:
        f7:15:0a:3d
-----BEGIN CERTIFICATE-----
MIIDcTCCAlkCFAvU5fKHblLud1ak98N+a2dEeqmzMA0GCSqGSIb3DQEBCwUAMHUx
CzAJBgNVBAYTAkNOMREwDwYDVQQIDAhTaGFuZG9uZzEQMA4GA1UEBwwHUWluZ2Rh
bzEaMBgGA1UECgwRQ2FuZ2ppZSBDb21tdW5pdHkxEjAQBgNVBAsMCurldmVsb3Bl
cjERMA8GA1UEAwwIWmhhbmdMZWkW • hhcNMjMxMTA4MDAzNTQwWhcNMjQxMTA3MDAz
NTQwWjB1MQswCQYDVQQGEwJDTjERMA8GA1UECAwIU2hhbmRvbmcxEDAOBgNVBAcM
B1FpbmdkYW8xGjAYBgNVBAoMEUNhbmdqaWUgQ29tbXVuaXR5MRIwEAYDVQQLDAlE
ZXZlbG9wZXIxETAPBgNVBAMMCFpoYW5nTGVpMIIBIjANBgkqhkiG9w0BAQEFAAOC
AQ8AMIIBCgKCAQEAtW8MD0mHtkyQ5fGAAAp0QCw9zv9RlSpV2cAiXfvvg7F6T6DT
```

```
YACj8gnCzjpATQ++0n5OemzY+ERoajq2c2LS6D4eYL5KrKfhMTXtm7DVv/KIgL0g
lqbalkxL3mbfL4HHna2ygQVHXJJu5OlOgJAFtTS18ZKYEDECHrIYSxWWVDj/bwoC
U4EErsF/38vYnz5h01M7uPDn1h1Ufu/s52U+P4a8e7bQtFsFnJbXX+2IE+K1TOY0
3tlAh+T/h309fVh5BPUq7laXbkkkDvV7aVETktPyAyMzfRPDla8KnbKAvZ1G7P4x
JKaJAbFz0FkAPBXEQi5WAbZZco3X3knTCJ4jFwIDAQABMA0GCSqGSIb3DQEBCwUA
A4IBAQBazuMmQztYdZP+eUYTYg1v/URWRx0XwO757o9eQH+pyk+Ve4C70exgsr4N
QsnLCDiO70RbObvych7tGGfO5gUWOAQE9mboM97o8rRTA/+HZuAtmW3sucg4pPR3
t37UaySUQRLLXJRxxH/8hSRFwndVt+DL4zcsX1ypljTa4YyADS92HukVk+IEt+Tk
uY6LO/o2UJBJIOgw3LCpE+eY/8LFJ1ihxnlnw3rib+7gZlXmTjmdwPV3iIAt/xJ0
sgPlHVsXaxx+8CdE+bouoQ8Ue57lCeWsJrGRkw/eR6ZSTsMOyBoZoggn+F7FmDYB
L/ESiSIs2IKuT1a6TOlM0Pj3FQo9
-----END CERTIFICATE-----
```

数字证书各个字段的信息在 8.2.3 节中进行了简单介绍，这里就不重复介绍了。

生成根证书只是第 1 步，下一步就是使用根证书签发用户证书，签发用户证书的流程为生成私钥→生成证书请求→使用 CA 根证书签发用户证书，详细步骤如下。

步骤 1，生成私钥，命令如下：

```
openssl genrsa  -out server.key
```

该命令默认生成一对 2048 位的 RSA 密钥，存储在 server.key 文件中。

步骤 2，生成证书请求 CSR 文件，命令如下：

```
openssl req -new -key server.key -out server.csr
```

也需要提供证书所有人的相关信息，交互过程如下：

```
You are about to be asked to enter information that will be incorporated
into your certificate request.
What you are about to enter is what is called a Distinguished Name or a DN.
There are quite a few fields but you can leave some blank
For some fields there will be a default value,
If you enter '.', the field will be left blank.
-----
Country Name (2 letter code) [AU]:CN
State or Province Name (full name) [Some-State]:Shandong
Locality Name (eg, city) []:Qingdao
Organization Name (eg, company) [Internet Widgits Pty Ltd]:Cangjie Community
Organizational Unit Name (eg, section) []:Net Test
Common Name (e.g. server FQDN or YOUR name) []:Tls Server
Email Address []:

Please enter the following 'extra' attributes
to be sent with your certificate request
A challenge password []:
An optional company name []:
```

这里，Organizational Unit Name 和 Common Name 为申请者的信息，读者可以根据需

要填写。

步骤3，使用根证书及根证书的私钥对上一步生成的请求文件 server.csr 进行签名，命令如下：

```
openssl ca -in server.csr -out server.crt -cert ca.crt -keyfile ca.key
```

这时可能会出现如下的错误信息：

```
Using configuration from /usr/local/ssl/openssl.cnf
ca: ./demoCA/newcerts is not a directory
./demoCA/newcerts: No such file or directory
```

这是因为，默认配置下，使用根证书签发用户证书需要预先创建一些目录和文件，命令如下：

```
mkdir -p demoCA/newcerts
touch demoCA/index.txt
touch demoCA/serial
echo "01" >demoCA/serial
```

其中，demoCA 目录为签发证书时的默认目录，index.txt 是数据库文件，记录了曾经签署和吊销过的证书的历史记录；serial 是为下一个证书准备的序列号文件（本例将初始序列号置为01），每次签署之后该序列号都会加1。输出的新证书在目录 newcerts 里留有备份，其中文件名是序列号。

创建好上述目录和文件后，再执行用户证书签发命令就能正常执行了，命令及回显如下：

```
openssl ca -in server.csr -out server.crt -cert ca.crt -keyfile ca.key
Using configuration from /usr/local/ssl/openssl.cnf
Check that the request matches the signature
Signature ok
Certificate Details:
        Serial Number: 1 (0x1)
        Validity
            Not Before: Nov  8 05:32:06 2023 GMT
            Not After : Nov  7 05:32:06 2024 GMT
        Subject:
            countryName               =CN
            stateOrProvinceName       =Shandong
            organizationName          =Cangjie Community
            organizationalUnitName    =Net Test
            commonName                =Tls Server
        X509v3 extensions:
            X509v3 Basic Constraints:
                CA:FALSE
```

```
            X509v3 Subject Key Identifier:
                80:E1:EA:60:72:72:24:D2:08:E5:1E:0B:9A:47:EA:19:5E:1C:54:C2
            X509v3 Authority Key Identifier:
                DirName:/C=CN/ST=Shandong/L=Qingdao/O=Cangjie Community/OU=
Developer/CN=ZhangLei

 serial:0B:D4:E5:F2:87:6E:52:EE:77:56:A4:F7:C3:7E:6B:67:44:7A:A9:B3
 Certificate is to be certified until Nov  7 05:32:06 2024 GMT (365 days)
 Sign the certificate? [y/n]:y

 1 out of 1 certificate requests certified, commit? [y/n]y
 Write out database with 1 new entries
 Database updated
```

这样，输出的 server.crt 便是使用根数字证书签发的用户数字证书。

8.3.3 Windows 系统下的 OpenSSL 安装

在 Windows 系统下编译安装 OpenSSL 比较复杂，可以选择使用安装包的方式进行安装，下载网址为 https://slproweb.com/products/Win32OpenSSL.html，需要注意的是，该地址并非 OpenSSL 的官方地址，下载时选择和自己的系统匹配的全功能安装包，不建议下载 Light 版本。本次演示选用的是 3.1.4 版本，下载成功后按照提示一步一步安装即可。

安装成功后，需要配置环境变量，把安装目录下的 bin 文件夹配置到 Path 环境变量中，本次演示的安装目录为 D:\Program Files\OpenSSL-Win64\，配置后的界面如图 8-22 所示。

此时打开命令行窗口，查看 OpenSSL 版本信息的命令和回显如下：

```
openssl version
OpenSSL 3.1.4 24 Oct 2023 (Library: OpenSSL 3.1.4 24 Oct 2023)
```

这就表示成功地安装和配置了 OpenSSL。

8.3.4 Windows 系统下的证书签发

Windows 系统下签发证书和 Ubuntu 系统类似，首先生成根证书，步骤如下。

步骤 1，生成 CA 的私钥，命令如下：

```
openssl genrsa -out ca.key 2048
```

步骤 2，生成证书请求 CSR 文件，命令如下：

```
openssl req -new -key ca.key -out ca.csr
```

生成 CSR 文件的具体交互过程如下：

图 8-22 Path 环境变量

```
You are about to be asked to enter information that will be incorporated
into your certificate request.
What you are about to enter is what is called a Distinguished Name or a DN.
There are quite a few fields but you can leave some blank
For some fields there will be a default value,
If you enter '.', the field will be left blank.
-----
Country Name (2 letter code) [AU]:CN
State or Province Name (full name) [Some-State]:Shandong
Locality Name (eg, city) []:Qingdao
Organization Name (eg, company) [Internet Widgits Pty Ltd]:Cangjie Community
Organizational Unit Name (eg, section) []:Developer
Common Name (e.g. server FQDN or YOUR name) []:ZhangLei
Email Address []:

Please enter the following 'extra' attributes
to be sent with your certificate request
A challenge password []:
An optional company name []:
```

步骤 3,生成有效期为一年的 X509 自签名证书,命令及回显如下:

```
openssl x509 -req -days 365 -in ca.csr -signkey ca.key -out ca.crt
Certificate request self-signature ok
subject=C =CN, ST =Shandong, L =Qingdao, O =Cangjie Community, OU =Developer,
CN =ZhangLei
```

此时会在当前目录生成 ca.crt 数字证书文件，双击该文件可以看到数字证书常规信息，如图 8-23 所示。

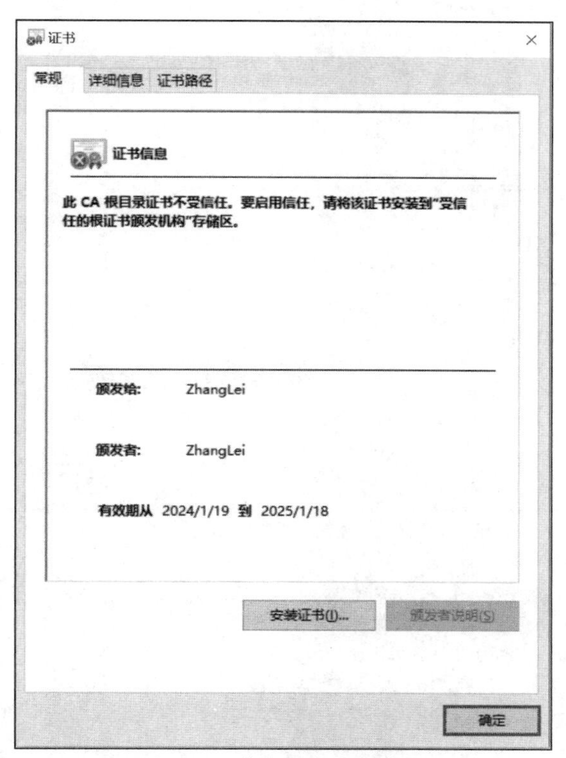

图 8-23 数字证书常规信息

单击“详细信息”Tab 页，可以查看数字证书的详细信息，如图 8-24 所示。

生成根证书后，就可以继续生成用户证书了，步骤如下。

步骤 1，生成私钥，命令如下：

```
openssl genrsa  -out server.key
```

该命令默认生成一对 2048 位的 RSA 密钥，存储在 server.key 文件中。

步骤 2，生成证书请求 CSR 文件，命令如下：

```
openssl req -new -key server.key -out server.csr
```

生成 CSR 文件的具体交互过程如下：

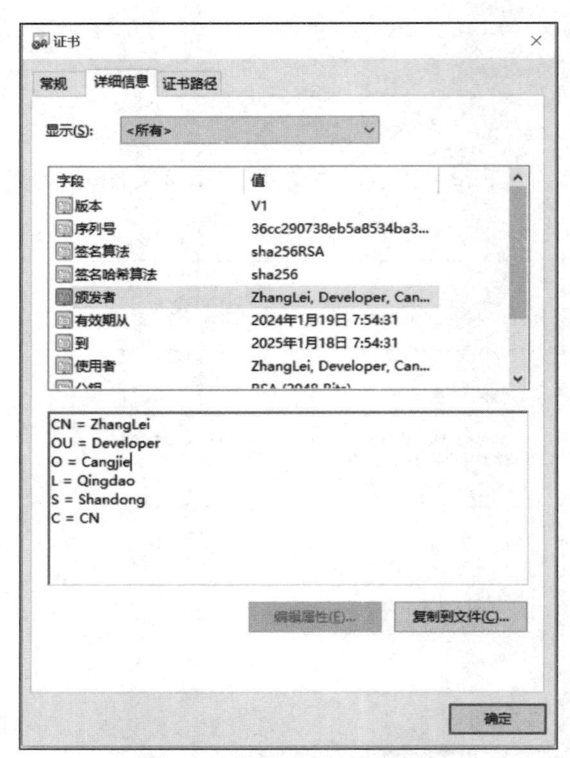

图 8-24　数字证书的详细信息

```
You are about to be asked to enter information that will be incorporated
into your certificate request.
What you are about to enter is what is called a Distinguished Name or a DN.
There are quite a few fields but you can leave some blank
For some fields there will be a default value,
If you enter '.', the field will be left blank.
-----
Country Name (2 letter code) [AU]:CN
State or Province Name (full name) [Some-State]:Shandong
Locality Name (eg, city) []:Qingdao
Organization Name (eg, company) [Internet Widgits Pty Ltd]:Cangjie Community
Organizational Unit Name (eg, section) []:Net Test
Common Name (e.g. server FQDN or YOUR name) []:Tls Server
Email Address []:

Please enter the following 'extra' attributes
to be sent with your certificate request
A challenge password []:
An optional company name []:
```

步骤 3，在对数字证书签名时，可以指定证书的使用者可选名称，或者叫数字证书备选名称，也就是这个证书对应的域名或者 IP 地址，假如域名为 localhost，IP 地址为 127.0.0.1，可以添加配置文件 ext.ini，内容如下：

```
keyUsage =nonRepudiation, digitalSignature, keyEncipherment
subjectAltName =@alt_names

[alt_names]
DNS.1 =localhost
IP.1 =127.0.0.1
```

当然，域名和 IP 地址可以指定多个，并且域名支持通配符二级域名。

指定证书的使用者可选名称是一个可选的步骤，如果选择该步骤，则使用根证书及根证书的私钥对上一步生成的请求文件 server.csr 进行签名的命令如下：

```
openssl ca -in server.csr -out server.crt -cert ca.crt -keyfile ca.key -extfile
ext.ini
```

如果不选择该步骤，则签名的命令如下：

```
openssl ca -in server.csr -out server.crt -cert ca.crt -keyfile ca.key
```

和 Ubuntu 系统类似，也可能会出现下面的错误信息：

```
Using configuration from C:\Program Files\Common Files\SSL/openssl.cnf
ca: ./demoCA/newcerts is not a directory
./demoCA/newcerts: No error
```

同样，需要在当前目录创建 demoCA 文件夹，然后在 demoCA 文件夹内创建 newcerts 文件夹、index.txt 文件以及 serial 文件，并且在 serial 文件中输入 01，创建后的文件夹如图 8-25 所示。

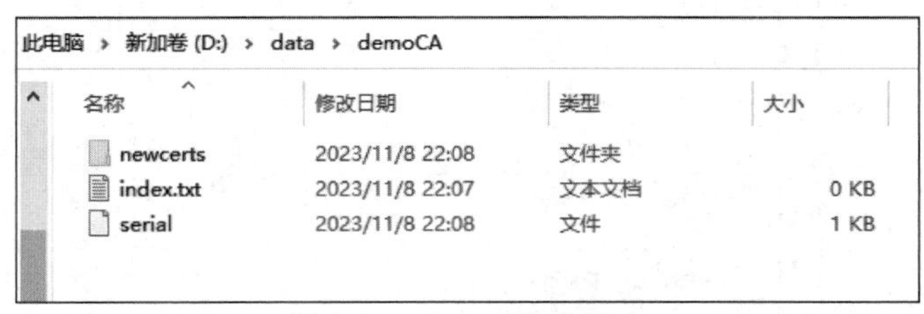

图 8-25　demoCA 文件夹

随后继续签发用户证书，命令及回显如下：

```
openssl ca -in server.csr -out server.crt -cert ca.crt -keyfile ca.key -extfile
ext.ini
Using configuration from C:\Program Files\Common Files\SSL/openssl.cnf
Check that the request matches the signature
Signature ok
```

```
Certificate Details:
        Serial Number: 1 (0x1)
        Validity
            Not Before: Jan 19 00:11:23 2024 GMT
            Not After : Jan 18 00:11:23 2025 GMT
        Subject:
            countryName               = CN
            stateOrProvinceName       = Shandong
            organizationName          = Cangjie
            organizationalUnitName    = Net Test
            commonName                = Tls Server
        X509v3 extensions:
            X509v3 Subject Alternative Name:
                DNS:localhost, IP Address:127.0.0.1
Certificate is to be certified until Jan 18 00:11:23 2025 GMT (365 days)
Sign the certificate? [y/n]:y


1 out of 1 certificate requests certified, commit? [y/n]y
Write out database with 1 new entries
Database updated
```

这样就得到了 server.crt 数字证书，如图 8-26 所示，单击详细信息选项卡，可以看到数字证书对应的使用者可选名称，如图 8-27 所示。

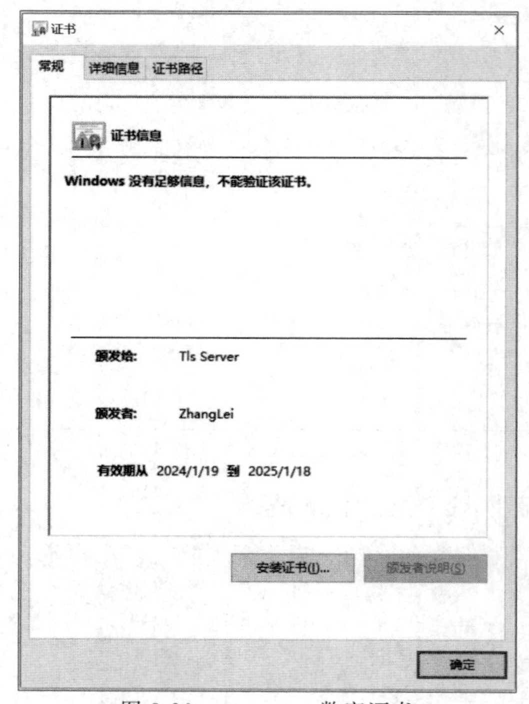

图 8-26　server.crt 数字证书

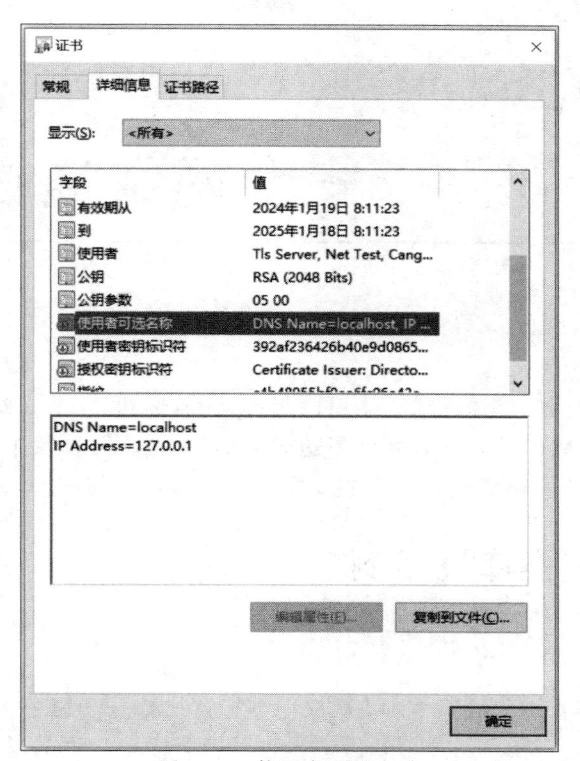

图 8-27 使用者可选名称

第 9 章

安全网络通信

仓颉语言为安全网络通信提供了丰富的类库支持，例如，crypto 模块下提供了非对称加密算法的 keys 包，还提供了处理数字证书功能的 x509 包；net 模块下实现了 TLS 协议功能的 tls 包等。本节将详细讲解这些包中主要安全相关接口的使用方法。

9.1　安全基础类库及示例

9.1.1　标准库 Digest 接口

常用摘要算法的通用接口位于 std 模块下的 crypto.digest 包中。摘要算法是通过一系列的计算方法和规则，将输入的任意长度的数据转换为固定长度的返回值，这个值被称为摘要，这种算法被称为摘要算法（也称哈希算法、散列算法）。对输入的数据进行任何修改都会导致摘要发生变化，虽然从输入值计算摘要很容易，但是无法从摘要反推出输入值，也就是摘要算法具有不可逆性。

Digest 接口具有以下的属性和函数。

1）prop size：Int64

生成的摘要信息长度，单位为字节，不同的摘要算法具有不同的长度，一般来讲，长度越大，安全性越高。

2）prop blockSize：Int64

摘要块长度，单位为字节。

3）mut func write(buffer：Array<Byte>)：Unit

使用给定的参数 buffer 更新摘要对象。

4）func finish()：Array<Byte>

返回生成的摘要值。

5）mut func reset()：Unit

将摘要对象重置到初始状态。

6）public func digest<T>(algorithm：T，data：String)：Array<Byte> where T <：Digest

提供摘要计算的泛型函数，使用摘要算法 algorithm 对数据 data 进行摘要运算。

7）public func digest＜T＞（algorithm：T，data：Array＜Byte＞）：Array＜Byte＞ where T ＜：Digest

提供摘要计算的泛型函数，使用摘要算法 algorithm 对数据 data 进行摘要运算。

9.1.2　crypto 模块 digest 包

digest 包位于 crypto 模块下，包括 MD5 算法、SHA1 算法、SHA224 算法、SHA256 算法、SHA384 算法、SHA512 算法的实现类，这些类继承了标准库的 Digest 接口，在表现形式上主要是 size 属性和 blockSize 属性的不同，具体的区别如表 9-1 所示。

表 9-1　不同算法的区别

算法名称/属性	size（字节）	blockSize（字节）
MD5	16	64
SHA1	20	64
SHA224	28	64
SHA256	32	64
SHA384	48	128
SHA512	64	128

在这些算法类的具体函数的使用上，可以通过每种算法的成员函数来生成摘要，同时因为这些类都实现了标准库的 Digest 接口，所以也可以通过标准库的 digest 函数生成摘要，下面以 MD5 算法为例，演示这两种方式的区别，代码如下：

```
//Chapter9/md5_demo/src/demo.cj

from crypto import digest.*
from std import convert.*
from std import crypto.digest.*
from encoding import hex.*

main() {
    var oriInfo: String ="Cangjie is the best programming language!"

    //调用 MD5 自身的函数计算摘要
    //生成 md5 实例
    var md5 =MD5()

    //使用输入信息更新 md5 对象
    md5.write(oriInfo.toArray())

    //返回摘要
    var md5Digest: Array<Byte>=md5.finish()
```

```
    //将摘要转换为字符串形式
    var result: String =toHexString(md5Digest)

    //输出摘要
    println(result)

    //使用标准库 digest 函数计算摘要
    //生成新的 md5 实例
    var md5New =MD5()

    //返回摘要
    md5Digest =digest(md5New, oriInfo)

    //将摘要转换为字符串形式
    result =toHexString(md5Digest)

    //输出摘要
    println(result)

    return 0
}
```

编译后运行该示例，命令及输出如下：

```
cjc .\demo.cj
.\main.exe
ad54f71fd6df61fe42d202f32f71e58c
ad54f71fd6df61fe42d202f32f71e58c
```

输出表明，两种调用方式的结果是完全一致的。

不同的摘要算法计算摘要的时间不同，相似的摘要算法，根据输出摘要的长度不同，耗时也不同，下面通过一个示例演示不同摘要算法的耗时对比，计算方式是对一个有 100 万元素的数组进行摘要计算，每次计算一个元素的摘要，最后统计总的耗时，示例代码如下：

```
//Chapter9/digest_algorithm_comparison/src/demo.cj

from crypto import digest.*
from std import crypto.digest.*
from std import time.*
from std import random.*

main() {
    //计算摘要的次数
    let times =1000000

    //要计算摘要的信息列表
    let infoArray =Array<Array<Byte>>(times, item: Array<Byte>())
```

```
    let rand = Random()

    //使用随机数的字节数组形式填充要计算摘要的信息列表
    for (i in 0..times) {
        infoArray[i] = rand.nextInt64().toString().toArray()
    }

    var duration = calculate_time_run_1m_times(MD5(), infoArray)
    println("MD5 算法的耗时:${duration}")

    duration = calculate_time_run_1m_times(SHA1(), infoArray)
    println("SHA1 算法的耗时:${duration}")

    duration = calculate_time_run_1m_times(SHA224(), infoArray)
    println("SHA224 算法的耗时:${duration}")

    duration = calculate_time_run_1m_times(SHA256(), infoArray)
    println("SHA256 算法的耗时:${duration}")

    duration = calculate_time_run_1m_times(SHA384(), infoArray)
    println("SHA384 算法的耗时:${duration}")

    duration = calculate_time_run_1m_times(SHA512(), infoArray)
    println("SHA512 算法的耗时:${duration}")

    return 0
}

//计算运行给定次数的时间
func calculate_time_run_1m_times(digestInstance: Digest, infoArray: Array<
Array<Byte>>) {
    //运行摘要计算的次数
    let times = infoArray.size

    //开始时间
    let start = DateTime.now()

    //逐个计算摘要
    for (i in 0..times) {
        let digest = digest(digestInstance, infoArray[i])
    }

    //结束时间
    let end = DateTime.now()

    //用时
    return end - start
}
```

编译后运行该示例,命令及输出如下:

```
cjc .\demo.cj
.\main.exe
MD5 算法的耗时:664ms804us700ns
SHA1 算法的耗时:615ms363us100ns
SHA224 算法的耗时:595ms446us200ns
SHA256 算法的耗时:616ms306us900ns
SHA384 算法的耗时:775ms876us400ns
SHA512 算法的耗时:781ms22us400ns
```

输出表明,相似的算法,摘要计算耗时与摘要长度正相关。

9.1.3 PadOption

位于 crypto 模块下的 keys 包中,用于设置 RSA 算法填充模式的枚举类型,包括 OAEP、PSS 和 PKCS1 共 3 个构造器,分别说明如下。

1) OAEP(OAEPOption)

使用最优非对称加密初始化 PadOption 实例,只能用于加密和解密。

2) PSS(PSSOption)

使用概率签名方案初始化 PadOption 实例,只能用于签名和验证。

3) PKCS1

使用 PKCS #1 公钥密码学标准初始化 PadOption 实例,可以用于加密、解密、签名和验证。

9.1.4 RSAPrivateKey

位于 crypto 模块下的 keys 包中,表示 RSA 算法的私钥类,包括以下构造函数和成员函数。

1) public init(bits: Int32, e: BigInt)

构造函数,使用 bits 指定的密钥长度及指定的公共指数 e 初始化生成私钥,密钥长度需要大于或等于 512 位,并且小于或等于 16 384 位,公钥公共指数为[3, 2^256－1]之间的奇数,如果密钥长度不符合要求、公钥公共指数值不符合要求或初始化失败,则抛出 CryptoException 异常。

2) public init(bits: Int32)

构造函数,使用 bits 指定的密钥长度初始化生成私钥,公共指数默认值为 65 537,密钥长度需要大于或等于 512 位,并且小于或等于 16 384 位,如果密钥长度不符合要求或初始化失败,则抛出 CryptoException 异常。

3) public func sign(hash: Digest, digest: Array<Byte>, padType!: PadOption): Array<Byte>

使用摘要方法 hash 对数据的摘要结果 digest 进行签名,使用 padType 填充模式,可以选择 PKCS1 模式或 PSS 模式，不支持 OAEP 模式，在对安全性要求较高的场景下，推荐使用 PSS 填充模式；函数返回签名后的数据，如果设置摘要方法失败、设置填充模式失败或签名失败，则抛出 CryptoException 异常。

4）public func decrypt(input: InputStream, output: OutputStream, padType!: PadOption)

使用 padType 填充模式对加密的数据 input 进行解密，将解密数据输出到流 output 中，如果设置填充模式失败或解密失败，则抛出 CryptoException 异常。

5）public override func encodeToDer(): DerBlob

将私钥编码为 DER 格式，如果编码失败，则抛出 CryptoException 异常。

6）public func encodeToDer(password!: ?String): DerBlob

在 AES-256-CBC 模式下使用密码 password 加密私钥，将私钥编码为 DER 格式，当密码为 None 时表示不加密，如果编码失败、加密失败或者参数密码为空字符串，则抛出 CryptoException 异常。

7）public override func encodeToPem(): PemEntry

将私钥编码为 PEM 格式，如果编码失败，则抛出 CryptoException 异常。

8）public static func decodeDer(blob: DerBlob): RSAPrivateKey

将私钥 blob 从 DER 格式解码，如果解码失败，则抛出 CryptoException 异常。

9）public static func decodeDer(blob: DerBlob, password!: ?String): RSAPrivateKey

将加密的私钥 blob 使用密码 password 从 DER 格式解码，当密码为 None 时不解密，如果解码失败、解密失败或者参数密码为空字符串，则抛出 CryptoException 异常。

10）public static func decodeFromPem(text: String): RSAPrivateKey

将私钥 text 从 PEM 格式解码，如果解码失败、解密失败、字符流不符合 PEM 格式或文件头不符合私钥头标准，则抛出 CryptoException 异常。

11）public static func decodeFromPem(text: String, password!: ?String): RSAPrivateKey

使用密码 password 将私钥 text 从 PEM 格式解码，当密码为 None 时不解密，如果解码失败、解密失败、参数密码为空字符串、字符流不符合 PEM 格式或文件头不符合私钥头标准，则抛出 CryptoException 异常。

12）public override func toString(): String

输出私钥种类 RSA PRIVATE KEY。

9.1.5 RSAPublicKey

位于 crypto 模块下的 keys 包中，表示 RSA 算法的公钥类，包括以下构造函数和成员函数。

1）public init(pri: RSAPrivateKey)

构造函数，使用私钥 pri 初始化生成对应的公钥，如果初始化失败，则抛出 CryptoException 异常。

2）public func verify(hash: Digest, digest: Array<Byte>, sig: Array<Byte>, padType!: PadOption): Bool

验证摘要方法 hash 对摘要结果 digest 的签名 sig 是否正确，填充模式为 padType，可以选择 PKCS1 模式或 PSS 模式，不支持 OAEP 模式，在对安全性要求较高的场景下，推荐使用 PSS 填充模式；如果验证成功，则返回值为 true，否则返回值为 false，如果设置填充模式失败或验证失败，则抛出 CryptoException 异常。

3）public func encrypt(input: InputStream, output: OutputStream, padType!: PadOption)

对输入数据流 input 进行加密，加密后的输出流为 output，padType 为填充模式，可以选择 PKCS1 或 OAEP 模式，不支持 PSS 模式，在对安全性要求较高的场景下，推荐使用 OAEP 填充模式。如果设置填充模式失败或加密失败，则抛出 CryptoException 异常。

4）public override func encodeToDer(): DerBlob

将公钥编码为 DER 格式，如果编码失败，则抛出 CryptoException 异常。

5）public override func encodeToPem(): PemEntry

将公钥编码为 PEM 格式，如果编码失败，则抛出 CryptoException 异常。

6）public static func decodeDer(blob: DerBlob): RSAPublicKey

将二进制格式的公钥对象 blob 从 DER 格式解码为 RSAPublicKey 对象，如果解码失败，则抛出 CryptoException 异常。

7）public static func decodeFromPem(text: String): RSAPublicKey

将公钥从 PEM 格式解码为 RSAPublicKey 对象，如果解码失败、字符流不符合 PEM 格式或文件头不符合公钥头标准，则抛出 CryptoException 异常。

8）public override func toString(): String

输出公钥种类 RSA PUBLIC KEY。

9.1.6 RSA 密钥示例

RSA 密钥算法在数据安全领域有着广泛的应用，本节将通过一个示例演示如何使用 RSA 密钥进行签名验签及如何对数据进行加解密，最后会把密钥保存到本地，为以后的其他示例做好准备。本节示例的代码如下：

```
//Chapter9/rsa_demo/src/demo.cj

from crypto import keys.*
from crypto import digest.*
from std import io.*
from std import crypto.digest.*
from std import fs.*
from std import os.*

main() {
```

```
    //生成 2048 位私钥
    var rsaPriKey =RSAPrivateKey(2048)

    //从私钥中提取对应的公钥
    var rsaPubKey =RSAPublicKey(rsaPriKey)

    //签名验证演示
    verifySignDemo(rsaPriKey, rsaPubKey)

    //加解密验证演示
    encryptDemo(rsaPriKey, rsaPubKey)

    //将私钥和公钥存储到 keys 子文件夹
    SaveKey(rsaPriKey.encodeToPem().encode(), "user_pri.key")
    SaveKey(rsaPubKey.encodeToPem().encode(), "user_pub.key")
}

//加解密验证演示
func encryptDemo(rsaPriKey: RSAPrivateKey, rsaPubKey: RSAPublicKey) {
    //待加密的信息
    var oriInfo: String ="hello cangjie!"

    //加密输入流
    let encryptInput =ByteArrayStream()
    encryptInput.write(oriInfo.toArray())

    //加密输出流
    let encryptOut =ByteArrayStream()

    //使用公钥加密
    rsaPubKey.encrypt(encryptInput, encryptOut, padType: PadOption.PKCS1)

    //解密输出流
    let decryptOut =ByteArrayStream()

    //使用私钥解密
    rsaPriKey.decrypt(encryptOut, decryptOut, padType: PadOption.PKCS1)

    let decryptString =String.fromUtf8(decryptOut.readToEnd())

    if (oriInfo ==decryptString) {
        println("解密成功!")
    } else {
        println("解密失败!")
    }
}

//签名验证演示
func verifySignDemo(rsaPriKey: RSAPrivateKey, rsaPubKey: RSAPublicKey) {
```

```
    //待签名的信息
    var info: String = "hello cangjie!"

    let sha512 = SHA512()
    //使用 SHA512 算法生成待签名信息的摘要
    var hashCode: Array<Byte> = digest(sha512, info)

    //对摘要进行签名
    var signValue = rsaPriKey.sign(sha512, hashCode, padType: PadOption.PKCS1)

    //验证签名
    if (rsaPubKey.verify(SHA512(), hashCode, signValue, padType: PadOption.PKCS1)) {
        println("签名验证成功!")
    } else {
        println("签名验证失败!")
    }
}

//将密钥 key 存储到当前目录下 keys 文件内,名称为 fileName
func SaveKey(key: String, fileName: String) {
    let separator = getSeparator()
    let keyPath = currentDir().info.path.toString() +
"${separator}keys${separator}${fileName}"

    File.writeTo(keyPath, key.toArray(), openOption:
OpenOption.CreateOrTruncate(false))
    println("密钥已存储到${keyPath}!")
}

@When[os == "linux"]
func getSeparator() {
    return "/"
}

//当操作系统是 Windows 时编译该函数
@When[os == "windows"]
func getSeparator() {
    return "\\"
}
```

编译后运行该示例,命令及输出如下:

```
cjc .\demo.cj
.\main.exe
签名验证成功!
解密成功!
密钥已存储到 D:\git\cangjie_network\code\Chapter9\rsa_demo\src\keys\user_
pri.key!
密钥已存储到 D:\git\cangjie_network\code\Chapter9\rsa_demo\src\keys\user_
pub.key!
```

输出表明,生成的私钥和公钥分别被保存为 user_pri.key 文件和 user_pub.key 文件。

9.1.7 Curve

位于 crypto 模块下的 keys 包中,表示 ECDSA(Elliptic Curve Digital Signature Algorithm,椭圆曲线数字签名算法)生成密钥时使用的椭圆曲线类型,支持 NIST P-224、NIST P-256、NIST P-384、NIST P-521、Brainpool P-256、Brainpool P-320、Brainpool P-384、Brainpool P-512 共 8 种椭圆曲线,包括 P224、P256、P384、P521、BP256、BP320、BP384、BP512 共 8 个枚举构造器,分别表示对应的椭圆曲线类型。

9.1.8 ECDSAPrivateKey

位于 crypto 模块下的 keys 包中,表示 ECDSA 算法的私钥类,包括以下构造函数和成员函数。

1) public init(curve: Curve)

构造函数,使用椭圆曲线类型 curve 初始化生成私钥,如果初始化失败,则抛出 CryptoException 异常。

2) public func sign(digest: Array<Byte>): Array<Byte>

对数据的摘要结果 digest 进行签名,返回签名后的数据,如果签名失败,则抛出 CryptoException 异常。

3) public override func encodeToDer(): DerBlob

将私钥编码为 DER 格式,如果编码失败,则抛出 CryptoException 异常。

4) public func encodeToDer(password!: ?String): DerBlob

在 AES-256-CBC 模式下使用密码 password 加密私钥,将私钥编码为 DER 格式,如果编码失败、加密失败或者参数密码为空字符串,则抛出 CryptoException 异常。

5) public override func encodeToPem(): PemEntry

将私钥编码为 PEM 格式,如果编码失败,则抛出 CryptoException 异常。

6) public static func decodeDer(blob: DerBlob): ECDSAPrivateKey

将私钥 blob 从 DER 格式解码,如果解码失败,则抛出 CryptoException 异常。

7) public static func decodeDer(blob: DerBlob, password!: ?String): ECDSAPrivateKey

使用密码 password 将加密的私钥 blob 从 DER 格式解码,如果密码为 None,则不解密,如果解码失败、解密失败或者参数密码为空字符串,则抛出 CryptoException 异常。

8) public static func decodeFromPem(text: String): ECDSAPrivateKey

将私钥 text 从 PEM 格式解码,如果解码失败、字符流不符合 PEM 格式或文件头不符合私钥头标准,则抛出 CryptoException 异常。

9) public static func decodeFromPem(text: String, password!: ?String): ECDSAPrivateKey

使用密码 password 将私钥 text 从 PEM 格式解码,当密码为 None 时不解密,如果解码失败、解密失败、参数密码为空字符串、字符流不符合 PEM 格式或文件头不符合私钥头标准,则抛出 CryptoException 异常。

10) public override func toString(): String

输出私钥种类 ECDSA PRIVATE KEY。

9.1.9 ECDSAPublicKey

位于 crypto 模块下的 keys 包中,表示 ECDSA 算法的公钥类,包括以下构造函数和成员函数。

1) public init(pri: ECDSAPrivateKey)

构造函数,使用私钥 pri 初始化生成对应的公钥,如果初始化失败,则抛出 CryptoException 异常。

2) public func verify(digest: Array<Byte>, sig: Array<Byte>): Bool

验证摘要结果 digest 的签名 sig 是否正确,如果验证成功,则返回值为 true,否则返回值为 false。

3) public override func encodeToDer(): DerBlob

将公钥编码为 DER 格式,如果编码失败,则抛出 CryptoException 异常。

4) public override func encodeToPem(): PemEntry

将公钥编码为 PEM 格式,如果编码失败,则抛出 CryptoException 异常。

5) public static func decodeDer(blob: DerBlob): ECDSAPublicKey

将公钥 blob 从 DER 格式解码,如果解码失败,则抛出 CryptoException 异常。

6) public static func decodeFromPem(text: String): ECDSAPublicKey

将公钥 text 从 PEM 格式解码,如果解码失败、字符流不符合 PEM 格式或文件头不符合公钥头标准,则抛出 CryptoException 异常。

7) public override func toString(): String

输出公钥种类 ECDSA PUBLIC KEY。

9.1.10 ECDSA 密钥示例

ECDSA 算法主要用于摘要信息的签名和验签,本节通过一个示例演示对一段信息进行签名和验签的过程,最后把私钥和公钥以文件的形式保存到本地,示例代码如下:

```
//Chapter9/ecdsa_demo/src/demo.cj

from crypto import keys.*
from crypto import digest.*
from std import convert.*
from std import crypto.digest.*
from std import fs.*
from std import os.*
```

```
main() {
    //使用 NIST P-256 椭圆曲线初始化生成私钥
    var ecPriKey =ECDSAPrivateKey(P256)

    //从私钥中提取对应的公钥
    var ecPubKey =ECDSAPublicKey(ecPriKey)

    //待签名的信息
    var info: String ="hello cangjie!"

    //使用 SHA512 算法生成待签名信息的摘要
    var hashCode: Array<Byte>=digest(SHA512(), info)

    //对摘要进行签名
    var signValue =ecPriKey.sign(hashCode)

    //验证签名
    if (ecPubKey.verify(hashCode, signValue)) {
        println("签名验证成功!")
    } else {
        println("签名验证失败!")
    }

    //将私钥和公钥存储到 keys 子文件夹
    SaveKey(ecPriKey.encodeToPem().encode(), "user_pri.key")
    SaveKey(ecPubKey.encodeToPem().encode(), "user_pub.key")
}

//将密钥 key 存储到当前目录下 keys 文件中,名称为 fileName
func SaveKey(key: String, fileName: String) {
    let separator =getSeparator()
    let keyPath =currentDir().info.path.toString() +
"${separator}keys${separator}${fileName}"

    File.writeTo(keyPath, key.toArray(), openOption:
OpenOption.CreateOrTruncate(false))
    println("密钥已存储到${keyPath}!")
}

@When[os =="linux"]
func getSeparator() {
    return "/"
}

//当操作系统是 Windows 时编译该函数
@When[os =="windows"]
func getSeparator() {
    return "\\"
}
```

编译后运行该示例，命令及输出如下：

```
cjc .\demo.cj
.\main.exe
签名验证成功!
密钥已存储到 D:\git\cangjie_network\code\Chapter9\ecdsa_demo\src\keys\user_pri.key!
密钥已存储到 D:\git\cangjie_network\code\Chapter9\ecdsa_demo\src\keys\user_pub.key!
```

9.2 数字证书类库及示例

数字证书类库位于 crypto 模块下的 x509 包中，包括多种类型的接口，可以支持证书创建、解析及验证，证书请求的创建、解析及验证，数字证书的签发等功能，本节将重点介绍常用的接口，并给出使用示例。

9.2.1 X509Name

表示证书实体可识别名称 DN(Distinguished Name)的类，证书实体可识别名称是证书持有者的唯一标识，记录了证书持有者的身份信息，证书签发者需要确保该名称是真实可靠的，在验证证书真实性时，该名称是重要的依据。

证书实体可识别名称通常包含证书实体的国家或地区名称(Country Name)、州或省名称(State or Province Name)、城市名称(Locality Name)、组织名称(Organization Name)、组织单位名称(Organizational Unit Name)、通用名称(Common Name)，有时也会包含 e-mail 地址。

X509Name 是数字证书的重要组成部分，包括以下主要成员。

1) public init(countryName!: ?String=None, provinceName!: ?String=None, localityName!: ?String = None, organizationName!: ?String = None, organizationalUnitName!: ?String = None, commonName!: ?String=None, email!: ?String=None)

构造函数，构造 X509Name 对象，其中 countryName 表示国家或地区名称，默认值为 None；provinceName 表示州或省名称，默认值为 None；localityName 表示城市名称，默认值为 None；organizationName 表示组织名称，默认值为 None；organizationalUnitName 表示组织单位名称，默认值为 None；commonName 表示通用名称，默认值为 None；email 表示 Email 地址，默认值为 None。

2) public prop countryName: ?String

证书实体的国家或地区名称，若证书实体中没有国家或地区名称，则返回 None。

3) public prop provinceName: ?String

证书实体的州或省名称，若证书实体中没有州或省名称，则返回 None。

4）public prop localityName：?String

证书实体的城市名称，若证书实体中没有城市名称，则返回 None。

5）public prop organizationName：?String

证书实体的组织名称，若证书实体中没有组织名称，则返回 None。

6）public prop organizationalUnitName：?String

证书实体的组织单位名称，若证书实体中没有组织单位名称，则返回 None。

7）public prop commonName：?String

证书实体的通用名称，若证书实体中没有通用名称，则返回 None。

8）public prop email：?String

证书实体的有 e-mail 地址，若证书实体中没有 e-mail 地址，则返回 None。

9）public override func toString()：String

生成证书实体名称字符串。

9.2.2 SerialNumber

表示数字证书的序列号，由 CA 给每个证书分配，是数字证书的唯一标识符，当证书被取消时，实际上是将此序列号放入由 CA 签发的证书吊销列表(Certificate Revocation List，CRL)中。

SerialNumber 为结构体类型，包括以下主要成员。

1）public init(length!：UInt8 = 16)

构造函数，生成将长度指定为 length 字节的随机序列号，序列号长度的默认值为 16，当此值等于 0 或大于 20 时抛出 X509Exception 异常。

2）public override func toString()：String

生成证书序列号字符串，格式为十六进制。

9.2.3 KeyUsage

数字证书扩展字段中通常会包含所携带公钥的密钥用法说明，目前支持的用途有以下 9 种：DigitalSignature、NonRepudiation、KeyEncipherment、DataEncipherment、KeyAgreement、CertSign、CRLSign、EncipherOnly、DecipherOnly。KeyUsage 为表示密钥用法的结构体，包括以下主要成员。

1）public static let EncipherOnly = 0x0001u16

表示证书中的公钥在密钥协商过程中，仅用于加密计算，配合 KeyAgreement 使用才有意义。

2）public static let CRLSign = 0x0002u16

表示私钥可用于对 CRL 签名，而公钥可用于验证 CRL 签名。

3）public static let CertSign = 0x0004u16

表示私钥用于证书签名，而公钥用于验证证书签名，专用于 CA 证书。

4) public static let KeyAgreement = 0x0008u16

表示密钥用于密钥协商。

5) public static let DataEncipherment = 0x0010u16

表示公钥用于直接加密数据。

6) public static let KeyEncipherment = 0x0020u16

表示密钥用来加密传输其他的密钥。

7) public static let NonRepudiation = 0x0040u16

表示私钥可以用于进行非否认性服务中的签名,而公钥用来验证签名。

8) public static let DigitalSignature = 0x0080u16

表示私钥可以用于除了签发证书、签发 CRL 和非否认性服务的各种数字签名操作,而公钥用来验证这些签名。

9) public static let DecipherOnly = 0x0100u16

表示证书中的公钥在密钥协商过程中,仅用于解密计算,配合 KeyAgreement 使用才有意义。

上述静态属性表示的用法是一个 16 位的无符号整数,每种用法对应整数二进制表示形式中的一位,详细的对应关系如图 9-1 所示。

用途	DecipherOnly	DigitalSignature	NonRepudiation	KeyEncipherment	DataEncipherment	KeyAgreement	CertSign	CRLSign	EncipherOnly
位序号	8	7	6	5	4	3	2	1	0

图 9-1 密钥用法

可以使用常见的数字证书验证该用法,以百度的数字证书为例,其用法如图 9-2 所示。

密钥用法对应的数字是 a0,转换为二进制形式为 10100000,也就是第 7 位、第 5 位为 1,根据图 9-1 的对应关系,可知密钥用法为 DigitalSignature 和 KeyEncipherment。再看一下百度数字证书签发者的证书密钥用法,如图 9-3 所示。签发者证书密钥用法对应的数字是 86,转换为二进制形式为 10000110,也就是第 7 位、第 2 位、第 1 位为 1,根据图 9-1 的对应关系,可知密钥用法为 DigitalSignature、CertSign 和 CRLSign。

10) public init(keys: UInt16)

根据参数 keys 创建密钥用法对象实例,可以使用本结构中所提供的密钥用法变量通过按位或的方式构造参数。

11) public override func toString(): String

生成密钥用途字符串。

9.2.4 ExtKeyUsage

数字证书扩展字段中除了包含密钥用法说明以外,还可能包含扩展密钥用法说明,或者叫增强型密钥用法说明,目前支持的用途有以下 6 种: ServerAuth、ClientAuth、EmailProtection、CodeSigning、OCSPSigning、TimeStamping。ExtKeyUsage 为表示密钥用法的结构体,包括以下主要成员。

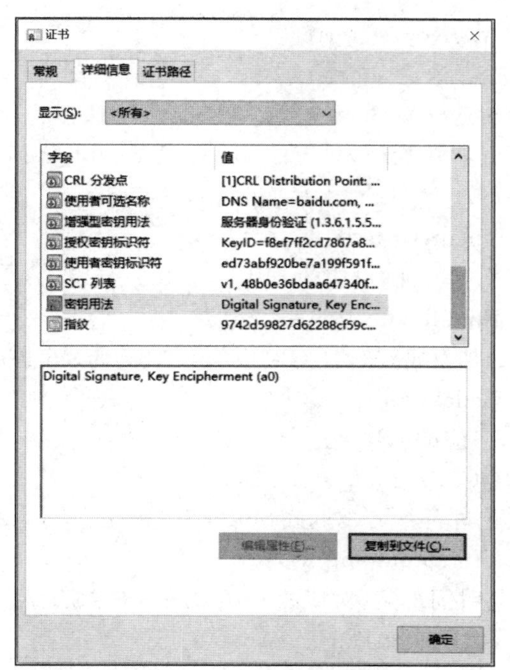

图 9-2 百度证书密钥用法

图 9-3 签发者证书密钥用法

1）public static let AnyKey = 0u16

表示用于任意用途。

2）public static let ServerAuth = 1u16

表示用于 SSL 的服务器端验证，对应的 OID（Object Identifier，密钥用法对象标识符）为 1.3.6.1.5.5.7.3.1。

3）public static let ClientAuth = 2u16

表示用于 SSL 的客户端验证，对应的 OID 为 1.3.6.1.5.5.7.3.2。

4）public static let EmailProtection = 3u16

表示用于电子邮件的加解密、签名等，对应的 OID 为 1.3.6.1.5.5.7.3.4。

5）public static let CodeSigning = 4u16

表示用于代码签名，对应的 OID 为 1.3.6.1.5.5.7.3.3。

6）public static let OCSPSigning = 5u16

用于对 OCSP 响应包进行签名，对应的 OID 为 1.3.6.1.5.5.7.3.9。

7）public static let TimeStamping = 6u16

用于将对象摘要值与时间绑定，对应的 OID 为 1.3.6.1.5.5.7.3.8。

8）public init(keys：Array<UInt16>)

使用参数 keys 构造指定用途的扩展密钥用法，同一个密钥可以有多种用途。

9）public override func toString()：String

生成扩展密钥用途字符串。

9.2.5 PublicKeyAlgorithm

表示数字证书中包含的公钥算法类型的枚举，目前支持的类型有 RSA、DSA 和 ECDSA，它们分别对应同名的构造器。

9.2.6 Signature

表示数字证书签名的结构体，用来验证证书所有者身份的正确性，主要包括 public prop signatureValue：DerBlob 属性，用于返回证书签名的二进制形式。

9.2.7 SignatureAlgorithm

表示证书签名算法的枚举，包括以下构造器。

1）MD2WithRSA

MD2withRSA 签名算法。

2）MD5WithRSA

MD5withRSA 签名算法。

3）SHA1WithRSA

SHA1withRSA 签名算法。

4）SHA256WithRSA

SHA256withRSA 签名算法。

5）SHA384WithRSA

SHA384withRSA 签名算法。

6）SHA512WithRSA

SHA512withRSA 签名算法。

7）DSAWithSHA1

DSAwithSHA1 签名算法。

8）DSAWithSHA256

DSAwithSHA256 签名算法。

9）ECDSAWithSHA1

ECDSAwithSHA1 签名算法。

10）ECDSAWithSHA256

ECDSAwithSHA256 签名算法。

11）ECDSAWithSHA384

ECDSAwithSHA384 签名算法。

12）ECDSAWithSHA512

ECDSAwithSHA512 签名算法。

13）UnknownSignatureAlgorithm

未知签名算法。

9.2.8 IP

x509 包中包括类型别名 IP，定义如下：

```
public type IP =Array<Byte>
```

在 x509 包中使用 Array<Byte>来记录数字证书中的 IP，如数字证书备选名称中的 IP 地址。

9.2.9 X509CertificateInfo

表示证书信息的结构体，包括以下属性和构造函数。

1）public var serialNumber：SerialNumber

证书的序列号。

2）public var notBefore：DateTime

证书有效期的起始日期。

3）public var notAfter：DateTime

证书有效期的结束日期。

4）public var subject：?X509Name

证书实体可辨识名称。

5）public var dnsNames：Array<String>

证书的 DNS 域名，表示证书备选名称中的域名，支持多个域名，也可以不设置 DNS 域名。

6）public var emailAddresses：Array<String>

证书的 e-mail 地址。

7）public var IPAddresses：Array<IP>

证书的 IP 地址，表示证书备选名称中的 IP 地址，支持多个 IP 地址，也可以不设置 IP 地址。

8）public var keyUsage：?KeyUsage

证书的密钥用法。

9）public var extKeyUsage：?ExtKeyUsage

证书的扩展密钥用法。

10）public init(serialNumber!：?SerialNumber＝None，notBefore!：?DateTime＝None，notAfter!：?DateTime＝None，subject!：?X509Name＝None，dnsNames!：Array<String>＝Array<String>()，emailAddresses!：Array<String>＝Array<String>()，IPAddresses!：Array<IP>＝Array<IP>()，keyUsage!：?KeyUsage＝None，extKeyUsage!：?ExtKeyUsage＝None)

构造 X509CertificateInfo 对象实例，其中 serialNumber 表示数字证书序列号，默认值为 None，使用默认值时默认的序列号长度为 128 位；notBefore 表示数字证书有效期开始时间，默认值为 None，使用默认值时默认的时间为实例创建的时间；notAfter 表示数字证书有效期截止时间，默认值为 None，使用默认值时默认的时间为 notBefore 往后 1 年的时间；subject 表示数字证书使用者信息，默认值为 None；dnsNames 表示域名列表，需要用户保证输入域名的有效性，默认值为空的字符串数组；emailAddresses 表示 Email 地址列表，需要用户保证输入的 Email 的有效性，默认值为空的字符串数组；IPAddresses 表示 IP 地址列表，默认值为空的 IP 数组；keyUsage 表示密钥用法，默认值为 None；extKeyUsage 表示扩展密钥用法，默认值为 None，当输入的 IP 地址列表中包含无效的 IP 地址时抛出 X509Exception 异常。

9.2.10 X509Certificate

表示 X509 数字证书的类，包括以下主要成员。

1）public init(certificateInfo：X509CertificateInfo，parent!：X509Certificate，publicKey!：PublicKey，privateKey!：PrivateKey，signatureAlgorithm!：?SignatureAlgorithm＝None)

构造函数，创建数字证书对象实例，其中 certificateInfo 表示数字证书配置信息；parent 表示颁发者证书；publicKey 表示申请人公钥，仅支持 RSA、ECDSA 和 DSA 公钥；

privateKey 表示颁发者私钥，仅支持 RSA、ECDSA 和 DSA 私钥；signatureAlgorithm 表示证书签名算法，默认值为 None，使用默认值时默认的摘要类型是 SHA256。如果公钥或私钥类型不支持、私钥类型和证书签名算法中的私钥类型不匹配或数字证书信息设置失败，则抛出 X509Exception 异常。

2）public func encodeToDer()：DerBlob

将数字证书编码成 DER 格式。

3）public func encodeToPem()：PemEntry

将数字证书编码成 PEM 格式。

4）public static func decodeFromDer(der：DerBlob)：X509Certificate

将 DER 格式的数字证书 der 解码，得到 X509Certificate 格式的数字证书，当 der 数据为空时，或数据不是有效的数字证书 DER 格式时，抛出 X509Exception 异常。

5）public static func decodeFromPem(pem：String)：Array<X509Certificate>

对 PEM 格式的数字证书字符流 pem 进行解码，得到 X509Certificate 格式的数字证书数组，当字符流不符合 PEM 格式，或文件头不符合数字证书头标准时抛出 X509Exception 异常。

6）public static func systemRootCerts()：Array<X509Certificate>

返回操作系统的根证书链，支持 Linux 和 Windows 平台。

7）public prop serialNumber：SerialNumber

数字证书的序列号。

8）public prop signatureAlgorithm：SignatureAlgorithm

数字证书的签名算法。

9）public prop signature：Signature

数字证书的签名。

10）public prop issuer：X509Name

数字证书的颁发者信息。

11）public prop subject：X509Name

数字证书的使用者信息。

12）public prop notBefore：DateTime

数字证书的有效期开始时间。

13）public prop notAfter：DateTime

数字证书的有效期截止时间。

14）public prop publicKeyAlgorithm：PublicKeyAlgorithm

数字证书的公钥算法。

15）public prop publicKey：PublicKey

数字证书的公钥。

16）public prop dnsNames：Array<String>

数字证书备选名称中的域名数组。

17) public prop emailAddresses: Array<String>

数字证书备选名称中的Email地址数组。

18) public prop IPAddresses: Array<IP>

数字证书备选名称中的IP地址数组。

19) public prop keyUsage: KeyUsage

数字证书中的密钥用法。

20) public prop extKeyUsage: ExtKeyUsage

数字证书中的扩展密钥用法。

21) public func verify(verifyOption: VerifyOption): Bool

根据验证选项verifyOption验证当前证书的有效性,优先验证有效期,然后是可选验证DNS域名,最后根据根证书和中间证书验证其有效性。

22) public override func toString(): String

生成证书名称字符串,包含证书的使用者信息、有效期及颁发者信息。

9.2.11 签发数字证书示例

如果已经有了CA证书和对应的私钥,则可以使用该证书签发其他的数字证书。在8.3.4节中,生成了私钥ca.key及自签名的数字证书ca.crt,本节将使用这两个文件作为数字证书的签发者私钥和签发者证书,把9.1.6节中生成的密钥对作为签发对象的密钥,这些文件假设已经保存在本示例的keys子文件夹内。

在生成数字证书时,本示例为了简单起见,对于有效期、证书别名的域名和IP地址、证书的密钥用法和密钥扩展用法等信息进行了硬编码,读者在实际开发中可以根据需要进行调整,或者通过用户输入的方式获取这些信息。本示例的代码如下:

```
//Chapter9/x509_sign_demo/src/demo.cj

from std import fs.*
from std import time.*
from std import os.*
from std import console.*
from net import tls.*
from crypto import x509.*

main() {
    //签发者证书
    let caCert =getCACert()
    //签发者私钥
    let caPrivateKey =getCAPrivateKey()
    //签发对象公钥
    let userPublicKey =getUserPublicKey()
    //签发对象证书信息
```

```
    let userCertInfo = getCertInfo()

    //生成签名数字证书
    let cert = X509Certificate(userCertInfo, parent: caCert, publicKey:
userPublicKey, privateKey: caPrivateKey)

    //将数字证书保存到文件
    SaveCert(cert.encodeToPem().encode(), "user.crt")
}

//获取要签发的证书信息
func getCertInfo() {
    let x509Name = getX509Name()
    let serialNumber = SerialNumber(length: 20)

    //证书有效期起始时间为当前时间
    let startTime: DateTime = DateTime.now()

    //证书有效期截止时间为1年后
    let endTime: DateTime = startTime.addYears(1)

    //定义证书别名的IP地址
    let ip: IP = Array<Byte>([127, 0, 0, 1])

    //定义证书别名域名
    let dnsName = "localhost"

    //密钥用法
    let keyUsage = KeyUsage(KeyUsage.DigitalSignature |
KeyUsage.KeyEncipherment)

    //密钥扩展用法
    let extKeyUsage = ExtKeyUsage(Array<UInt16>([ExtKeyUsage.ServerAuth,
ExtKeyUsage.ClientAuth]))

    return X509CertificateInfo(serialNumber: serialNumber, notBefore:
startTime, notAfter: endTime, subject: x509Name,
        dnsNames: Array<String>([dnsName]), IPAddresses: Array<IP>([ip]),
keyUsage: keyUsage, extKeyUsage: extKeyUsage);
}

//获取证书实体可辨识名称
func getX509Name() {
    X509Name(
        countryName: "CN",
        provinceName: "Shandong",
        localityName: "Qingdao",
        organizationName: "Cangjie Community",
        organizationalUnitName: "Developer",
```

```
        commonName: "Author of Cangjie Network Programming"
    )
}

//获取签发者(CA)的数字证书
func getCACert() {
    let separator =getSeparator()
    let certPath =currentDir().info.path.toString() +
"${separator}keys${separator}ca.crt"
    let certContent =String.fromUtf8(File.readFrom(certPath))
    return X509Certificate.decodeFromPem(certContent)[0]
}

//获取签发者(CA)的私钥
func getCAPrivateKey() {
    let separator =getSeparator()
    let privateKeyPath =currentDir().info.path.toString() +
"${separator}keys${separator}ca.key"
    let privateKeyContent =
String.fromUtf8(File.readFrom(privateKeyPath))
    return PrivateKey.decodeFromPem(privateKeyContent)
}

//获取签发对象(用户)的公钥
func getUserPublicKey() {
    let separator =getSeparator()
    let publicKeyPath =currentDir().info.path.toString() +"${separator}keys
${separator}user_pub.key"
    let privateKeyContent =String.fromUtf8(File.readFrom(publicKeyPath))
    return PublicKey.decodeFromPem(privateKeyContent)
}

//将证书 cert 存储到当前目录下的 keys 文件中,名称为 fileName
func SaveCert(cert: String, fileName: String) {
    let separator =getSeparator()
    let privateKeyPath =currentDir().info.path.toString() +
"${separator}keys${separator}${fileName}"

    File.writeTo(privateKeyPath, cert.toArray(), openOption:
OpenOption.CreateOrTruncate(false))
}

@When[os =="linux"]
func getSeparator() {
    return "/"
}

//当操作系统是 Windows 时编译该函数
@When[os =="windows"]
```

```
func getSeparator() {
    return "\\"
}
```

编译后运行该示例，命令如下：

```
cjc .\demo.cj
.\main.exe
```

如果没有出现异常，则此时可以在 keys 文件夹内找到 user.crt 数字证书文件，双击该文件，可以看到证书信息，如图 9-4 所示。

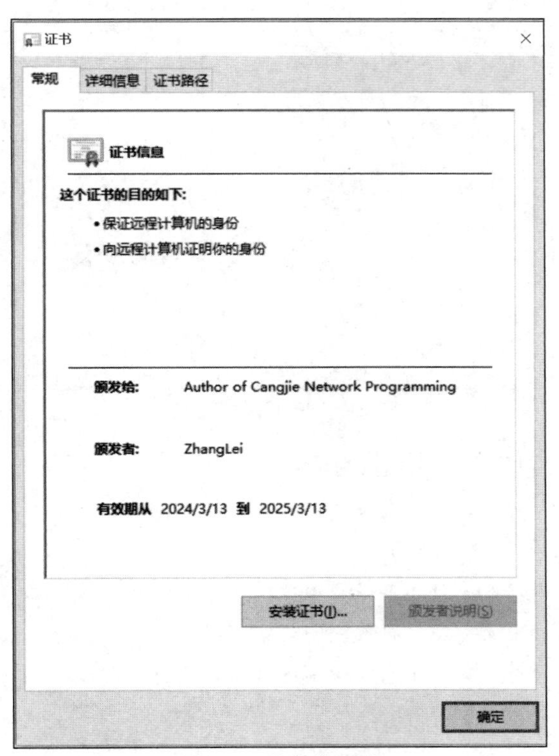

图 9-4　签发的证书

单击详细信息选项卡可以看到更多的证书信息，如图 9-5 所示。

这样就实现了对数字证书的签发。

9.2.12　X509CertificateRequestInfo

在实际的数字证书申请过程中，申请者需要把待申请的数字证书信息以特定格式提供给证书颁发机构，这种信息一般被称为证书签名请求(Cerificate Signing Request，CSR)，X509CertificateRequestInfo 为记录请求信息的结构体，包括证书实体可辨识名称、域名、

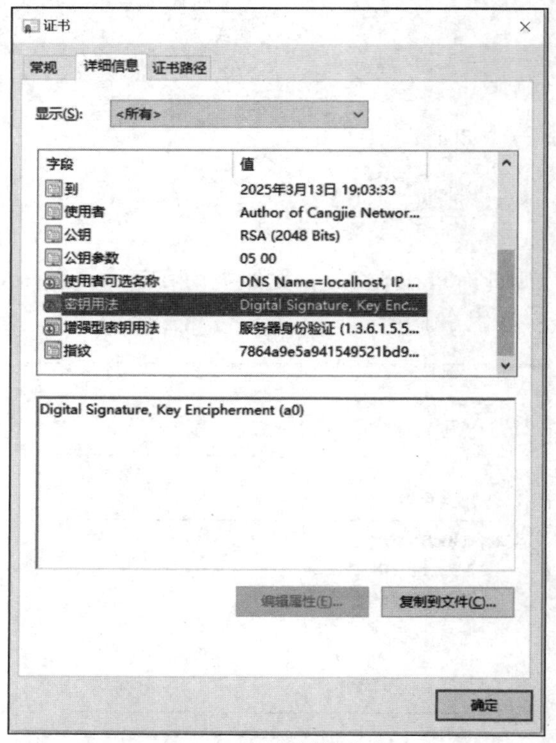

图 9-5 证书详细信息

Email 地址和 IP 地址等,详细的属性和构造函数如下。

1) public var subject: ?X509Name

证书签名请求的实体可辨识名称。

2) public var dnsNames: Array<String>

证书签名请求的 DNS 域名。

3) public var emailAddresses: Array<String>

记录证书签名请求的 Email 地址。

4) public var IPAddresses: Array<IP>

证书签名请求的 IP 地址。

5) public init(subject!: ?X509Name=None, dnsNames!: Array<String>=Array<String>(), emailAddresses!: Array<String>=Array<String>(), IPAddresses!: Array<IP>=Array<IP>())

构造函数,创建 X509CertificateRequestInfo 对象的实例,其中 subject 表示数字证书的使用者信息,默认值为 None;dnsNames 表示域名列表,需要用户保证输入域名的有效性,默认值为空的字符串数组;emailAddresses 表示 Email 地址列表,需要用户保证输入的 Email 的有效性,默认值为空的字符串数组;IPAddresses 表示 IP 地址列表,默认值为空的 IP 数组。

9.2.13　X509CertificateRequest

表示数字证书签名请求对象的类，包括以下主要成员。

1）public init(privateKey：PrivateKey，certificateRequestInfo!：?X509CertificateRequestInfo＝None，signatureAlgorithm!：?SignatureAlgorithm＝None)

构造函数，创建数字证书签名请求对象的实例，其中 privateKey 表示私钥，仅支持 RSA、ECDSA 和 DSA 私钥；certificateRequestInfo 表示数字证书签名信息，默认值为 None；signatureAlgorithm 表示证书签名算法，默认值为 None，使用默认值时默认的摘要类型是 SHA256。当私钥类型不支持、私钥类型和证书签名算法中的私钥类型不匹配或数字证书签名信息设置失败时，抛出 X509Exception 异常。

2）public func encodeToDer()：DerBlob

将数字证书签名请求编码成 DER 格式。

3）public func encodeToPem()：PemEntry

将数字证书签名请求编码成 PEM 格式。

4）public static func decodeFromDer(der：DerBlob)：X509CertificateRequest

将 DER 格式的数字证书签名请求 der 解码为 X509CertificateRequest 对象，当数据 der 为空或数据不是有效的数字证书签名请求 DER 格式时，抛出 X509Exception 异常。

5）public static func decodeFromPem(pem：String)：Array<X509CertificateRequest>

将 PEM 格式的数字证书签名请求 pem 解码为 X509CertificateRequest 对象数组，当字符流不符合 PEM 格式或文件头不符合数字证书签名请求头标准时，抛出 X509Exception 异常。

6）public prop signatureAlgorithm：SignatureAlgorithm

数字证书签名请求的签名算法。

7）public prop signature：Signature

数字证书签名请求的签名。

8）public prop publicKeyAlgorithm：PublicKeyAlgorithm

数字证书签名请求的公钥算法。

9）public prop publicKey：PublicKey

数字证书签名请求的公钥。

10）public prop subject：X509Name

数字证书签名请求的使用者信息。

11）public prop dnsNames：Array<String>

数字证书签名请求备选名称中的域名数组。

12）public prop emailAddresses：Array<String>

数字证书签名请求备选名称中的 Email 地址数组。

13) public prop IPAddresses: Array<IP>

数字证书签名请求备选名称中的 IP 地址数组。

14) public override func toString(): String

生成证书签名请求名称字符串,包含证书签名请求的使用者信息。

15) public override func hashCode(): Int64

返回证书签名请求哈希值。

9.2.14 生成证书请求文件并签发数字证书示例

本节首先将演示如何生成证书请求文件并保存到本地文件中,然后读取该文件并解码成证书请求实例,最后使用该实例生成 X509Certificate 对象并保存为 X509 数字证书。这里使用在 8.3.4 节中生成的私钥 ca.key 及自签名的数字证书 ca.crt 作为数字证书的签发者私钥和签发者证书,然后使用 9.1.10 节中生成的密钥对作为签发对象的密钥,这些文件假设已经保存在本示例的 keys 子文件夹下,示例代码如下:

```
//Chapter9/csr_and_sign_demo/src/demo.cj

from std import fs.*
from std import time.*
from std import os.*
from crypto import x509.*

main() {
    let csrFileName = "user.csr"
    //将证书签名请求信息保存到文件中
    saveCSR2File(csrFileName)

    //从文件中读取证书签名请求信息
    let userCSR = getCSRFromFile(csrFileName)

    //使用证书签名请求得到签发对象证书信息
    let userCertInfo = getCertInfoFrmCSR(userCSR)

    //签发者证书
    let caCert = getCACert()

    //签发者私钥
    let caPrivateKey = getCAPrivateKey()

    //生成签名数字证书
    let cert = X509Certificate(userCertInfo, parent: caCert, publicKey: userCSR.
publicKey, privateKey: caPrivateKey)

    //将数字证书保存到文件中
    SaveCert(cert.encodeToPem().encode(), "user.crt")
```

```
}

//将证书签名请求信息保存到文件中
func saveCSR2File(fileName: String) {
    //签发对象私钥
    let userPrivateKey =getUserPrivateKey()

    //签发对象证书签名请求信息
    let userCsrInfo =getCSRInfo()

    //生成证书签名请求
    let cert = X509CertificateRequest(userPrivateKey, certificateRequestInfo:
userCsrInfo)

    //将数字证书保存到文件中
    SaveCert(cert.encodeToPem().encode(), fileName)
}

//获取证书签名请求信息
func getCSRInfo() {
    let x509Name =getX509Name()

    //定义证书别名的 IP 地址
    let ip: IP =Array<Byte>([127, 0, 0, 1])

    //定义证书别名域名
    let dnsName ="localhost"

    return X509CertificateRequestInfo(subject: x509Name, dnsNames:
Array<String>([dnsName]),
        IPAddresses: Array<IP>([ip]));
}

//根据证书签名请求获取要签发的证书信息
func getCertInfoFrmCSR(csrRequest: X509CertificateRequest) {
    let serialNumber =SerialNumber(length: 20)

    //证书有效期起始时间为当前时间
    let startTime: DateTime =DateTime.now()

    //证书有效期截止时间为 1 年后
    let endTime: DateTime =startTime.addYears(1)

    //密钥用法
    let keyUsage =KeyUsage(KeyUsage.DigitalSignature |
KeyUsage.KeyEncipherment)

    //密钥扩展用法
    let extKeyUsage =ExtKeyUsage(Array<UInt16>([ExtKeyUsage.ServerAuth,
```

```
ExtKeyUsage.ClientAuth]))

    return X509CertificateInfo(serialNumber: serialNumber, notBefore: 
startTime, notAfter: endTime,
        subject: csrRequest.subject, dnsNames: csrRequest.dnsNames, 
IPAddresses: csrRequest.IPAddresses,
        keyUsage: keyUsage, extKeyUsage: extKeyUsage);
}

//获取证书实体可辨识名称
func getX509Name() {
    X509Name(
        countryName: "CN",
        provinceName: "Shandong",
        localityName: "Qingdao",
        organizationName: "Cangjie Community",
        organizationalUnitName: "Developer",
        commonName: "Author of Cangjie Network Programming"
    )
}

//获取签发者(CA)的数字证书
func getCACert() {
    let separator =getSeparator()
    let certPath =currentDir().info.path.toString() + 
"${separator}keys${separator}ca.crt"
    let certContent =String.fromUtf8(File.readFrom(certPath))
    return X509Certificate.decodeFromPem(certContent)[0]
}

//获取签发者(CA)的私钥
func getCAPrivateKey() {
    let separator =getSeparator()
    let privateKeyPath =currentDir().info.path.toString() + 
"${separator}keys${separator}ca.key"
    let privateKeyContent =String.fromUtf8(File.readFrom(privateKeyPath))
    return PrivateKey.decodeFromPem(privateKeyContent)
}

//获取签发对象(用户)的私钥
func getUserPrivateKey() {
    let separator =getSeparator()
    let privateKeyPath =currentDir().info.path.toString() + 
"${separator}keys${separator}user_pri.key"
```

```
    let keyContent =String.fromUtf8(File.readFrom(privateKeyPath))
    return PrivateKey.decodeFromPem(keyContent)
}

//从 CSR 文件获取证书签名请求信息
func getCSRFromFile(fileName: String) {
    let separator =getSeparator()
    let csrPath =currentDir().info.path.toString() +
"${separator}keys${separator}${fileName}"
    let csrContent =String.fromUtf8(File.readFrom(csrPath))
    return X509CertificateRequest.decodeFromPem(csrContent)[0]
}

//将证书 cert 存储到当前目录下的 keys 文件中,名称为 fileName
func SaveCert(cert: String, fileName: String) {
    let separator =getSeparator()
    let keyPath =currentDir().info.path.toString() +
"${separator}keys${separator}${fileName}"

    File.writeTo(keyPath, cert.toArray(), openOption:
OpenOption.CreateOrTruncate(false))
}

@When[os =="linux"]
func getSeparator() {
    return "/"
}

//当操作系统是 Windows 时编译该函数
@When[os =="windows"]
func getSeparator() {
    return "\\"
}
```

编译后运行该示例,命令如下:

```
cjc .\demo.cj
.\main.exe
```

如果没有出现异常,此时则可以在 keys 文件夹下找到签名请求文件 user.csr 及数字证书文件 user.crt,双击数字证书文件,可以看到证书信息如图 9-6 所示,该证书的常规信息与图 9-4 类似,单击“详细信息”选项卡,可以看到该证书的详细信息,如图 9-7 所示,在详细信息里,公钥相关的信息和图 9-5 是不一样的。

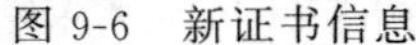
图 9-6 新证书信息

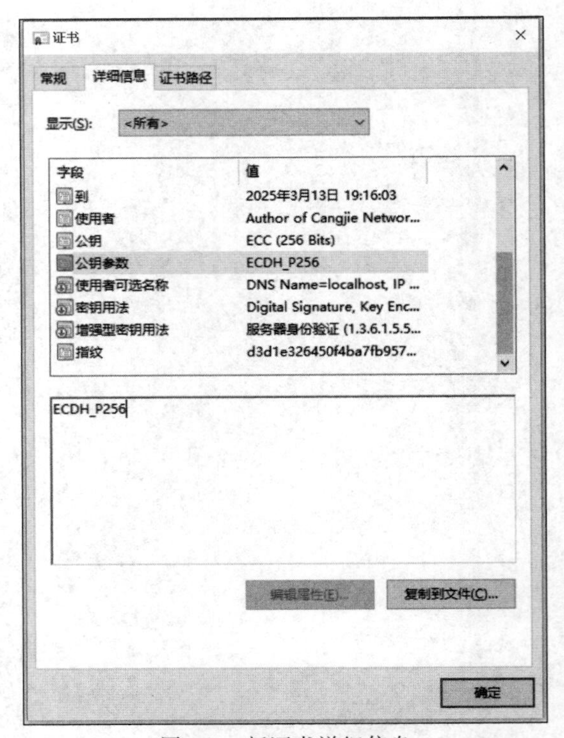

图 9-7 新证书详细信息

9.3 TLS 类库及示例

仓颉封装了用于安全网络通信的 tls 包，位于 net 模块下，提供了启动 TLS 服务器、连接 TLS 服务器、发送数据、接收数据等功能。

9.3.1 TlsVersion

表示 TLS 协议版本的枚举，包括 3 个构造器：V1_2、V1_3 和 Unknown，分别代表 TLS 1.2、TLS 1.3 及未知协议版本。

9.3.2 HashType

表示在签名前使用的哈希算法类型枚举，包括 5 个构造器：SHA512、SHA384、SHA256、SHA224 和 SHA1，分别代表枚举名称表示的哈希算法类型。

9.3.3 SignatureType

表示签名算法类型的枚举，包括 3 个构造器：ECDSA、DSA 和 RSA，分别代表椭圆曲线数字签名算法、数字签名算法、RSA 加密算法。

9.3.4 SignatureSchemeType

表示加密算法类型的枚举,包括以下构造器:

- RSA_PKCS1_SHA256
- RSA_PKCS1_SHA384
- RSA_PKCS1_SHA512
- ECDSA_SECP256R1_SHA256
- ECDSA_SECP384R1_SHA384
- ECDSA_SECP521R1_SHA512
- RSA_PSS_RSAE_SHA256
- RSA_PSS_RSAE_SHA384
- RSA_PSS_RSAE_SHA512
- ED25519
- ED448
- RSA_PSS_PSS_SHA256
- RSA_PSS_PSS_SHA384
- RSA_PSS_PSS_SHA512

构造器名称是一个加密相关算法的缩写或多个缩写的组合,其中 RSA、ECDSA、ED25519、ED448 指的是加密算法;PSS 指的是填充算法;PKCS(Public Key Cryptography Standards)1 指的是公钥加密标准;SECP256R1、SECP384R1、SECP521R1 指的是 ECDSA 椭圆曲线算法的具体实现;RSAE 指的是 RSA 算法的公钥类型;SHA256、SHA384、SHA512 指的是不同摘要长度的摘要算法。

9.3.5 SignatureAlgorithm

表示签名算法类型的枚举,包括以下两个构造器。

1) SignatureAndHashAlgorithm(SignatureType, HashType)

使用签名算法类型和哈希算法类型创建构造器,在 TLS1.2 之后使用。

2) SignatureScheme(SignatureSchemeType)

使用加密算法类型创建构造器,在 TLS1.3 之后使用。

9.3.6 CertificateVerifyMode

表示证书认证模式的枚举,包括以下 3 种构造器。

1) Default

默认验证模式,根据系统的 CA 验证证书。

2）TrustAll

信任所有的证书，不对对端证书进行校验，有安全风险，一般仅在开发测试阶段使用。

3）CustomCA(Array<X509Certificate>)

根据提供的 CA 列表进行验证。

9.3.7 TlsClientIdentificationMode

表示服务器端对客户端证书认证模式的枚举，包括以下 3 种构造器。

1）Disabled

服务器端不校验客户端证书，客户端可以不发送证书和公钥，即单向认证。

2）Optional

服务器端校验客户端证书，但客户端可以不提供证书及公钥，如果不提供，则为单向认证；如果提供，则为双向认证。

3）Required

服务器端校验客户端证书，并且要求客户端必须提供证书和公钥，即双向认证。

9.3.8 CipherSuite

表示 TLS 中加密套件的结构体，包括以下主要成员。

1）public static prop allSupported：Array<CipherSuite>

返回所有支持的加密套件。

2）public func toString()：String

返回加密套件名称。

9.3.9 TlsClientConfig

表示 TLS 客户端配置的结构体，包括以下主要成员。

1）public var verifyMode：CertificateVerifyMode = CertificateVerifyMode.Default

设置或获取证书认证模式的成员变量，默认为 Default。

2）public var keylogCallback：?(TlsSocket, String) -> Unit = None

保存握手过程回调函数的变量，提供 TLS 初始密钥数据，用于调试和解密记录使用。

3）public init()

构造函数，构造 TlsClientConfig 对象实例。

4）public mut prop clientCertificate：?(Array<X509Certificate>, PrivateKey)

表示客户端证书和私钥的属性，该属性为元组类型，元组的第 1 个元素为客户端证书，第 2 个元素为私钥。

5）public mut prop domain：?String

读写要求的服务器端主机地址（SNI），None 表示不要求。

6) public mut prop alpnProtocolsList: Array<String>

要求的应用层协议名称,若列表为空,则客户将不协商应用层协议,常用的应用层协议如 HTTP/2、HTTP/1.1 对应的应用层协议名称为“h2”“http/1.1”。

7) public mut prop cipherSuitesV1_2: ?Array<String>

基于 TLS 1.2 协议下的加密套件,TLS 支持的部分加密套件的兼容性如表 9-2 所示。

表 9-2　加密套件的兼容性

加密套件	兼容的 TLS 版本
AES128-SHA	SSLv3
AES256-SHA	SSLv3
DHE-PSK-AES128-CBC-SHA	SSLv3
DHE-PSK-AES256-CBC-SHA	SSLv3
DHE-RSA-AES128-SHA	SSLv3
DHE-RSA-AES256-SHA	SSLv3
PSK-AES128-CBC-SHA	SSLv3
PSK-AES256-CBC-SHA	SSLv3
RSA-PSK-AES128-CBC-SHA	SSLv3
RSA-PSK-AES256-CBC-SHA	SSLv3
SRP-AES-128-CBC-SHA	SSLv3
SRP-AES-256-CBC-SHA	SSLv3
SRP-RSA-AES-128-CBC-SHA	SSLv3
SRP-RSA-AES-256-CBC-SHA	SSLv3
DHE-PSK-AES128-CBC-SHA256	TLS v1
DHE-PSK-AES256-CBC-SHA384	TLS v1
ECDHE-ECDSA-AES128-SHA	TLS v1
ECDHE-ECDSA-AES256-SHA	TLS v1
ECDHE-PSK-AES128-CBC-SHA	TLS v1
ECDHE-PSK-AES128-CBC-SHA256	TLS v1
ECDHE-PSK-AES256-CBC-SHA	TLS v1
ECDHE-PSK-AES256-CBC-SHA384	TLS v1
ECDHE-RSA-AES128-SHA	TLS v1
ECDHE-RSA-AES256-SHA	TLS v1
PSK-AES128-CBC-SHA256	TLS v1
PSK-AES256-CBC-SHA384	TLS v1
RSA-PSK-AES128-CBC-SHA256	TLS v1
RSA-PSK-AES256-CBC-SHA384	TLS v1

续表

加 密 套 件	兼容的 TLS 版本
AES128-GCM-SHA256	TLS v1.2
AES128-SHA256	TLS v1.2
AES256-GCM-SHA384	TLS v1.2
AES256-SHA256	TLS v1.2
DHE-PSK-AES128-GCM-SHA256	TLS v1.2
DHE-PSK-AES256-GCM-SHA384	TLS v1.2
DHE-PSK-CHACHA20-POLY1305	TLS v1.2
DHE-RSA-AES128-GCM-SHA256	TLS v1.2
DHE-RSA-AES128-SHA256	TLS v1.2
DHE-RSA-AES256-GCM-SHA384	TLS v1.2
DHE-RSA-AES256-SHA256	TLS v1.2
DHE-RSA-CHACHA20-POLY1305	TLS v1.2
ECDHE-ECDSA-AES128-GCM-SHA256	TLS v1.2
ECDHE-ECDSA-AES128-SHA256	TLS v1.2
ECDHE-ECDSA-AES256-GCM-SHA384	TLS v1.2
ECDHE-ECDSA-AES256-SHA384	TLS v1.2
ECDHE-ECDSA-CHACHA20-POLY1305	TLS v1.2
ECDHE-PSK-CHACHA20-POLY1305	TLS v1.2
ECDHE-RSA-AES128-GCM-SHA256	TLS v1.2
ECDHE-RSA-AES128-SHA256	TLS v1.2
ECDHE-RSA-AES256-GCM-SHA384	TLS v1.2
ECDHE-RSA-AES256-SHA384	TLS v1.2
ECDHE-RSA-CHACHA20-POLY1305	TLS v1.2
PSK-AES128-GCM-SHA256	TLS v1.2
PSK-AES256-GCM-SHA384	TLS v1.2
PSK-CHACHA20-POLY1305	TLS v1.2
RSA-PSK-AES128-GCM-SHA256	TLS v1.2
RSA-PSK-AES256-GCM-SHA384	TLS v1.2
RSA-PSK-CHACHA20-POLY1305	TLS v1.2
TLS_AES_128_GCM_SHA256	TLS v1.3
TLS_AES_256_GCM_SHA384	TLS v1.3
TLS_CHACHA20_POLY1305_SHA256	TLS v1.3
TLS_AES_128_CCM_SHA256	TLS v1.3
TLS_AES_128_CCM_8_SHA256	TLS v1.3

8）public mut prop cipherSuitesV1_3：?Array＜String＞

基于 TLS 1.3 协议下的加密套件，取值范围为表 9-2 中兼容的 TLS 版本为 TLS v1.3 的 5 个加密套件。

9）public mut prop minVersion：TlsVersion

支持的最低的 TLS 版本。

10）public mut prop maxVersion：TlsVersion

支持的最高的 TLS 版本。

11）public mut prop signatureAlgorithms：?Array＜SignatureAlgorithm＞

客户端可以通过扩展消息指定通信使用的签名和哈希算法列表，该列表按照客户端的偏好降序排列，在值为 None 或者列表为空时，客户端会使用默认的列表，指定列表后，客户端可能会发送不合适的签名算法。TLS 1.2 和 TLS 1.3 对该属性的具体实现有所不同，详细的信息可以参考协议对应的文档。

12）public mut prop securityLevel：Int32

指定客户端的安全级别，使用数字 0～5 表示从低到高的安全性，默认值为 2，各级别的含义如表 9-3 所示。

表 9-3 安全级别

安全级别	说明
0	一切都是允许的，保留了与以前版本的 OpenSSL 兼容性
1	对应于最低 80 位的安全性；任何提供低于 80 位安全性的参数均被排除在外，因此禁止使用短于 1024 位的 RSA、DSA 和 DH 密钥及短于 160 位的 ECC 密钥。由于所有导出密码套件提供的安全性均低于 80 位，因此禁止使用所有导出密码套件；禁止使用 SSL 版本 2；任何使用 MD5 进行 MAC 的密码套件也被禁止
2	安全级别设置为 112 位安全，因此禁止使用短于 2048 位的 RSA、DSA 和 DH 密钥及短于 224 位的 ECC 密钥。除了禁止使用级别 1 的排除项外，还禁止使用 RC4 的任何密码套件；也不允许使用 SSL 版本 3；禁用压缩
3	安全级别设置为 128 位安全，因此禁止使用短于 3072 位的 RSA、DSA 和 DH 密钥及短于 256 位的 ECC 密钥；除了禁止使用级别 2 的排除项外，不提供前向安全的密码套件也被禁用；禁止使用低于 1.1 版本的 TLS；禁止使用会话票据（Session Tickets）
4	安全级别设置为 192 位安全，因此禁止使用小于 7680 位的 RSA、DSA 和 DH 密钥及小于 384 位的 ECC 密钥；禁止使用 SHA1 作为 MAC 的密码套件；不允许使用低于 1.2 的 TLS 版本
5	安全级别设置为 256 位安全，因此禁止使用短于 15 360 位的 RSA、DSA 和 DH 密钥及短于 512 位的 ECC 密钥

9.3.10 TlsServerConfig

表示 TLS 服务器端配置的结构体，包括以下主要成员。

1）public var verifyMode：CertificateVerifyMode = CertificateVerifyMode.Default

设置或获取证书认证模式的成员变量，默认为 Default。

2）public var clientIdentityRequired：TlsClientIdentificationMode = Disabled

设置或获取服务器端要求客户端的认证模式，默认不要求认证客户端证书，也不要求客户端发送本端证书。

3）public var keylogCallback：?(TlsSocket，String) -> Unit = None

握手过程的回调函数，提供 TLS 初始密钥数据，用于调试和解密记录使用。

4）public init(certChain：Array＜X509Certificate＞，certKey：PrivateKey)

构造函数，使用证书链数组 certChain 和私钥对象 certKey 构造 TlsServerConfig 对象实例。

5）public mut prop serverCertificate：(Array＜X509Certificate＞，PrivateKey)

服务器端证书链和对应的私钥文件。

6）public mut prop supportedAlpnProtocols：Array＜String＞

应用层协商协议，若客户端尝试协商该协议，则服务器端将选取与其中相交的协议名称；若客户端未尝试协商协议，则该配置将被忽略。

7）public mut prop cipherSuitesV1_2：Array＜String＞

基于 TLS 1.2 协议下的加密套件，TLS 支持的部分加密套件的兼容性如表 9-2 所示。

8）public mut prop cipherSuitesV1_3：Array＜String＞

基于 TLS 1.3 协议下的加密套件，取值范围为表 9-2 中兼容的 TLS 版本为 TLS v1.3 的 5 个加密套件。

9）public mut prop minVersion：TlsVersion

支持的最低的 TLS 版本。

10）public mut prop maxVersion：TlsVersion

支持的最高的 TLS 版本。

11）public mut prop securityLevel：Int32

指定服务器端的安全级别，使用数字 0～5 表示从低到高的安全性，默认值为 2，各级别的含义如表 9-3 所示。

12）public mut prop dhParameters：?DHParamters

指定服务器端的 DH 密钥参数，默认为 None，在默认情况下使用 OpenSSL 自动生成的参数值。

9.3.11 TlsSession

当客户端与服务器端的 TLS 握手成功后，将会生成一个会话，该会话具有一个唯一的会话 ID，当连接因为某些原因丢失后，客户端可以通过这个会话 ID 复用此次会话，省略握手流程。TlsSession 表示已建立的客户端会话结构体，该结构体实例用户不可创建，成员也不可见，包括以下操作符重载函数和成员函数。

1）public override operator func ==(other：TlsSession)

判断当前的会话对象和 other 会话对象是否相同，若相同，则返回值为 true；否则返回值为 false。

2）public override operator func !=(other：TlsSession)

判断当前的会话对象和 other 会话对象是否不相同，若不相同，则返回值为 true；否则返回值为 false。

3）public override func toString()：String

生成会话 ID 字符串。

4）public override func hashCode()：Int64

生成会话 ID 哈希值。

9.3.12 TlsSessionContext

表示 TLS 会话的上下文，当客户端尝试恢复会话时，双方都必须确保它们正在恢复与合法对端的会话。TlsSessionContext 会验证客户端，并且给客户端提供信息，确保客户端所连接的服务器端仍为相同实例。TlsSessionContext 包括以下主要成员。

1）public static func fromName(name：String)：TlsSessionContext

通过 TlsSessionContext 保存的名称 name 获取 TlsSessionContext 对象，该名称用于区分 TLS 服务器，因此客户端依赖此名称来避免意外尝试恢复与错误的服务器的连接。这里不一定使用加密安全名称，因为底层实现可以完成这项工作，从此函数返回的具有相同名称的两个会话上下文可能不相等，并且不保证可替换，虽然它们是从相同的名称创建的，但服务器实例应该在整个生命周期内创建一个会话上下文，并且在每次 TlsSocket.server()调用中使用它。

2）public override operator func ==(other：TlsSessionContext)

判断当前的会话上下文对象和 other 会话上下文对象是否相同，若相同，则返回值为 true；否则返回值为 false。

3）public override operator func !=(other：TlsSessionContext)

判断当前的会话上下文对象和 other 会话上下文对象是否不相同，若不相同，则返回值为 true；否则返回值为 false。

4）public override func toString()：String

生成会话上下文名称字符串。

9.3.13 TlsSocket

TlsSocket 是用于在客户端及服务器端之间创建加密传输通道的类，包括以下主要成员。

1）public static func client(socket：StreamingSocket，session!：?TlsSession=None，clientConfig!：TlsClientConfig=TlsClientConfig())：TlsSocket

使用连接到服务器端的客户端 TCP 套接字 Socket 及客户端配置 clientConfig 创建

TLS 套接字，如果 session 代表的 TLS 会话 ID 存在，则可通过该 ID 恢复历史 TLS 会话，从而省去 TLS 建立连接的时间，但使用该会话依然可能协商失败。

2）public static func server(socket：StreamingSocket，sessionContext!：?TlsSessionContext＝None，serverConfig!：TlsServerConfig)：TlsSocket

使用已经接受了客户端连接的服务器端套接字 Socket，TLS 会话上下文 sessionContext 及服务器端配置serverConfig 创建服务器端 TLS 套接字。

3）public prop socket：StreamingSocket

创建 TlsSocket 使用的 StreamingSocket。

4）public override mut prop readTimeout：?Duration

读写 TlsSocket 的读超时时间。

5）public override mut prop writeTimeout：?Duration

读写 TlsSocket 的写超时时间。

6）public override prop localAddress：SocketAddress

读取 TlsSocket 的本地地址。

7）public override prop remoteAddress：SocketAddress

读取 TlsSocket 的远端地址。

8）public prop alpnProtocolName：?String

读取协商到的应用层协议名称。

9）public prop tlsVersion：TlsVersion

读取协商到的 TLS 版本。

10）public prop session：?TlsSession

读取 TLS 会话 ID，客户端会在握手成功后捕获当前会话的 ID，可使用该 ID 重用该会话，省去 TLS 建立连接的时间，连接建立未成功时，返回 None，服务器端始终为 None。

11）public prop domain：?String

读取协商到的服务器端主机名称。

12）public prop serverCertificate：Array<X509Certificate>

服务器端证书链，在服务器端获取时为本端证书，在客户端获取时为对端证书。

13）public prop clientCertificate：?Array<X509Certificate>

客户端提供的客户端证书，在客户端获取时为本端证书，在服务器端获取时为对端证书。

14）public prop peerCertificate：?Array<X509Certificate>

对端证书（如果对端提供）。

15）public prop cipherSuite：CipherSuite

握手后协商到的加密套件。

16）public func handshake(timeout!：?Duration＝None)：Unit

执行 TLS 握手，超时时间为 timeout。不支持重新协商握手，因此只能被调用一次，调用对象可以为客户端或者服务器端的 TlsSocket。

17) public override func read(buffer: Array<Byte>): Int64

将数据读取到字节数组 buffer 并返回读取到的数据内容字节数。

18) public func write(buffer: Array<Byte>): Unit

发送 buffer 中的数据。

19) public func close(): Unit

关闭套接字。

20) public func isClosed(): Bool

套接字是否关闭。

21) public func toString(): String

返回表示套接字连接信息及连接状态信息的字符串,如"TlsSocket(TcpSocket(127.0.0.1:40982 -> 127.0.0.1:9990), connected)"。

9.3.14 TLS 回显服务器示例

TLS 通信可以对通信的内容进行加密,本章将通过一个示例演示如何进行 TLS 加密通信,示例分为两部分,本节是服务器端,演示如何使用数字证书启动 TLS 服务器端套接字,以及在握手后如何和客户端通信,本示例使用的数字证书为 9.2.11 节中生成的数字证书,并且保存在 keys 子文件夹,示例代码如下:

```
//Chapter9/tls_server_demo/src/demo.cj

from std import fs.*
from std import socket.*
from std import os.*
from std import console.*
from net import tls.*
from crypto import x509.*
from std import time.*

main() {

    //服务监听端口
    let port: UInt16 =9990

    let socketAddress =SocketAddress("0.0.0.0", port)

    //回显 TcpSocket 服务器端
    let echoServer =TcpServerSocket(bindAt: socketAddress)

    let tlsCfg =getTlsServerCfg()

    //允许恢复 TLS 会话
```

```
    let sessionContext =TlsSessionContext.fromName("echo-server")

    //启动一个线程,用于监听客户端连接
    spawn {
        //绑定到本地端口
        echoServer.bind()
        while (true) {
            //已接受客户端连接
            let echoSocket =echoServer.accept()
            println("New connection accepted, remote address
is:${echoSocket.remoteAddress}")

            //启动一个线程,用于处理新的 Socket
            spawn {
                try {
                    //生成服务器端 TLS 套接字
                    let tlsSocket =TlsSocket.server(echoSocket,
sessionContext: sessionContext, serverConfig: tlsCfg)

                    //握手
                    tlsSocket.handshake()

                    //处理加密通信
                    dealWithEchoSocket(tlsSocket)
                } catch (err: SocketException) {
                    println(err.message)
                }
            }
        }
    }

    //监听控制台输入,如果输入 quit 就退出程序
    while (true) {
        let readContent =Console.stdIn.readln().getOrThrow().trimAscii()

        //如果用户输入 quit 就退出程序
        if (readContent =="quit") {
            return
        }
    }
}

//从 Socket 读取数据并回写到 Socket
func dealWithEchoSocket(echoSocket: TlsSocket) {
    //存放从 Socket 读取数据的缓冲区
    let buffer =Array<UInt8>(1024, item: 0)

    while (true) {
        //从 Socket 读取数据
```

```
        var readCount =echoSocket.read(buffer)
        if (readCount >0) {
            //把接收的数据转换为字符串
            let content =String.fromUtf8(buffer[0..readCount])

            //为了方便调试,将收到的消息输出到控制台
            println("${echoSocket.remoteAddress}
${DateTime.now()}:${content}")

            //回写客户端,把 content 写入 echoSocket
            echoSocket.write(content.toArray())

            //如果接收的内容是 quit 就关闭连接
            if (content =="quit") {
                echoSocket.close()
                return
            }
        }
    }
}

//获取服务器端 TLS 配置信息
func getTlsServerCfg() {
    let separator =getSeparator()
    let certPath =currentDir().info.path.toString() +
"${separator}keys${separator}user.crt"
    let certContent =String.fromUtf8(File.readFrom(certPath))

    //得到服务器端 x509 数字证书
    let x509 =X509Certificate.decodeFromPem(certContent)

    let privateKeyPath =currentDir().info.path.toString() +
"${separator}keys${separator}user_pri.key"
    let privateKeyContent =String.fromUtf8(File.readFrom(privateKeyPath))

    //得到服务器端私钥
    let privateKey =PrivateKey.decodeFromPem(privateKeyContent)

    var tlsCfg =TlsServerConfig(x509, privateKey)

    //设置支持的 TLS 版本
    tlsCfg.maxVersion =TlsVersion.V1_3
    tlsCfg.minVersion =TlsVersion.V1_2
    return tlsCfg
}

@When[os =="linux"]
func getSeparator() {
    return "/"
```

```
}

//当操作系统是Windows时编译该函数
@When[os =="windows"]
func getSeparator() {
    return "\\"
}
```

编译后运行该示例,命令如下:

```
cjc .\demo.cj
.\main.exe
```

如果没有出现异常,就启动服务器端,其实这时启动的还是TCP的服务器端,因为TLS底层是基于TCP的,只有在TCP服务器端使用accept函数接受了客户端的连接后,才能创建TLS套接字,然后开始TLS握手,握手成功才表示TLS服务器端套接字可以正常使用。使用TLS套接字的通信和普通的TCP通信类似,TlsSocket封装了通信的细节,使用者只需调用read、wrtie函数对数据进行读写,TlsSocket自动进行加解密处理。

9.3.15 TLS回显客户端示例

本节是TLS加密通信示例的客户端部分,因为TLS客户端在握手期间需要验证服务器端数字证书的有效性,而服务器端的数字证书是在9.2.11节中签发的,所以客户端需要使用自定义的证书认证模式,并且把签发证书使用的CA证书作为自定义认证模式使用的数字证书,在运行该示例前,需要将CA证书保存到ca子文件夹,示例代码如下:

```
//Chapter9/tls_client_demo/src/demo.cj

from std import socket.*
from std import os.*
from std import console.*
from net import tls.*
from crypto import x509.*
from std import fs.*

//回显服务器端口
let port: UInt16 =9990

//回显服务器地址
let echoServerAddress ="127.0.0.1"

//异常退出标志
var quit =false

main() {
    //回显服务器客户端
```

```
    let echoClient =TcpSocket(echoServerAddress, port)

    //连接回显服务器
    echoClient.connect()

    var tlsClientCfg =getTlsClientCfg()

    //创建 TLS 客户端
    let tlsClient =TlsSocket.client(echoClient, clientConfig: tlsClientCfg)

    //握手
    tlsClient.handshake()

    //启动一个线程,用于读取服务器的消息
    spawn {
        try {
            readFromEchoServer(tlsClient)
        } catch (exp: SocketException) {
            println("Error reading data from socket:${exp}")
        } catch (exp: Exception) {
            println(exp)
        }
        quit =true
        println("Enter to quit!")
    }

    //循环读取用户的输入并发送到回显服务器
    while (true) {
        let readContent =Console.stdIn.readln().getOrThrow()

        //服务器端出现异常,退出程序
        if (quit) {
            return
        }
        tlsClient.write(readContent.toArray())
        if (readContent =="quit") {
            return
        }
    }
}

//获取客户端 TLS 配置信息
func getTlsClientCfg() {
    let separator =getSeparator()
    let caPath =currentDir().info.path.toString() +
"${separator}ca${separator}ca.crt"
    let caContent =String.fromUtf8(File.readFrom(caPath))

    //获取给服务器端签发数字证书的 CA 根证书
```

```
    let ca =X509Certificate.decodeFromPem(caContent)

    var tlsClientCfg =TlsClientConfig()

    tlsClientCfg.maxVersion =TlsVersion.V1_3
    tlsClientCfg.minVersion =TlsVersion.V1_2

    //设置自定义证书认证模式
    tlsClientCfg.verifyMode =CertificateVerifyMode.CustomCA(ca)
    return tlsClientCfg
}

//从 Socket 读取数据并打印输出
func readFromEchoServer(echoSocket: TlsSocket) {
    //存放从 Socket 读取数据的缓冲区
    let buffer =Array<UInt8>(1024, item: 0)

    while (true) {
        //从 Socket 读取数据
        var readCount =echoSocket.read(buffer)

        //把接收的数据转换为字符串
        let content =String.fromUtf8(buffer[0..readCount])

        //输出读取的内容,加上前缀 S:
        println("S:${content}")

        //如果收到了退出指令就关闭连接
        if (content =="quit") {
            echoSocket.close()
            return
        }
    }
}

@When[os =="linux"]
func getSeparator() {
    return "/"
}

//当操作系统是 Windows 时编译该函数
@When[os =="windows"]
func getSeparator() {
    return "\\"
}
```

编译后运行该示例,并且将“hi cangjie!”发送到服务器端,命令及回显如下:

```
cjc .\demo.cj
.\main.exe
hi cangjie!
S:hi cangjie!
```

输出表明，服务器端接收到了客户端的消息，并且回写到了客户端。

9.3.16 TLS 会话复用示例

根据 8.2.1 节中的讲解可知，TLS 建立连接的过程是比较耗费资源的，如果在连接断开后，重新进行连接时能复用以前的连接，就可以大大地降低连接建立的成本，从而提高通信的效率，TLS 1.2 和 TLS 1.3 都提供了连接复用的机制，本节将通过一个示例演示如何复用 TLS 1.2 的连接，本次示例的服务器端使用 9.3.14 节中的 tls_server_demo 应用程序，启动本示例前需要启动服务器端。本示例和 9.3.15 节类似，同样需要把 CA 证书存放在 ca 子文件夹内，示例代码如下：

```
//Chapter9/tls_reuse_demo/src/demo.cj

from std import socket.*
from std import os.*
from net import tls.*
from crypto import x509.*
from std import fs.*

//回显服务器端口
let port: UInt16 =9990

//回显服务器地址
let echoServerAddress ="127.0.0.1"

main() {
    //第 1 次建立连接并返回会话信息
    let session =conn2TlsGetSession()

    //第 2 次通过复用会话信息建立连接
    conn2TlsWithSession(session)

    return 0
}

//建立 TLS 连接并返回会话信息
func conn2TlsGetSession() {
    let echoClient =TcpSocket(echoServerAddress, port)

    //连接回显服务器
    echoClient.connect()
```

```
    var tlsClientCfg = getTlsClientCfg()

    //创建 TLS 客户端
    let tlsClient = TlsSocket.client(echoClient, clientConfig: tlsClientCfg)

    //握手
    tlsClient.handshake()

    //得到会话信息
    let tlsSession = tlsClient.session

    //发送信息
    tlsClient.write("hello cangjie!".toArray())

    //关闭连接
    tlsClient.close()

    return tlsSession
}

//复用 TlsSession 建立到服务器端的 TLS 连接
func conn2TlsWithSession(session: ?TlsSession) {
    let echoClient = TcpSocket(echoServerAddress, port)

    //连接回显服务器
    echoClient.connect()

    var tlsClientCfg = getTlsClientCfg()

    //创建 TLS 客户端
    let tlsClient = TlsSocket.client(echoClient, session: session,
clientConfig: tlsClientCfg)

    //握手
    tlsClient.handshake()

    //发送信息
    tlsClient.write("hello cangjie!".toArray())

    tlsClient.close()
}

//获取客户端 TLS 配置信息
func getTlsClientCfg() {
    let separator = getSeparator()
    let caPath = currentDir().info.path.toString() +
"${separator}ca${separator}ca.crt"
    let caContent = String.fromUtf8(File.readFrom(caPath))
```

```
    //获取给服务器端签发数字证书的 CA 根证书
    let ca =X509Certificate.decodeFromPem(caContent)

    var tlsClientCfg =TlsClientConfig()

    //将 TLS 版本设置为 1.2
    tlsClientCfg.maxVersion =TlsVersion.V1_2
    tlsClientCfg.minVersion =TlsVersion.V1_2

    //设置自定义证书认证模式
    tlsClientCfg.verifyMode =CertificateVerifyMode.CustomCA(ca)
    return tlsClientCfg
}

@When[os =="linux"]
func getSeparator() {
    return "/"
}

//当操作系统是 Windows 时编译该函数
@When[os =="windows"]
func getSeparator() {
    return "\\"
}
```

编译后运行该示例,命令如下:

```
cjc .\demo.cj
.\main.exe
```

本示例通过函数 conn2TlsGetSession 连接到了 TLS 服务器端并且获取了连接的会话信息,然后把第 1 次保存的会话信息传递给函数 conn2TlsWithSession,conn2TlsWithSession 复用了第 1 次连接的会话,可以快速建立起对服务器端的连接。如果使用 Wireshark 工具对连接抓包,则可以看到两次建立连接的过程,如图 9-8 所示。从图 9-8 可以看出,第 1 次握手和

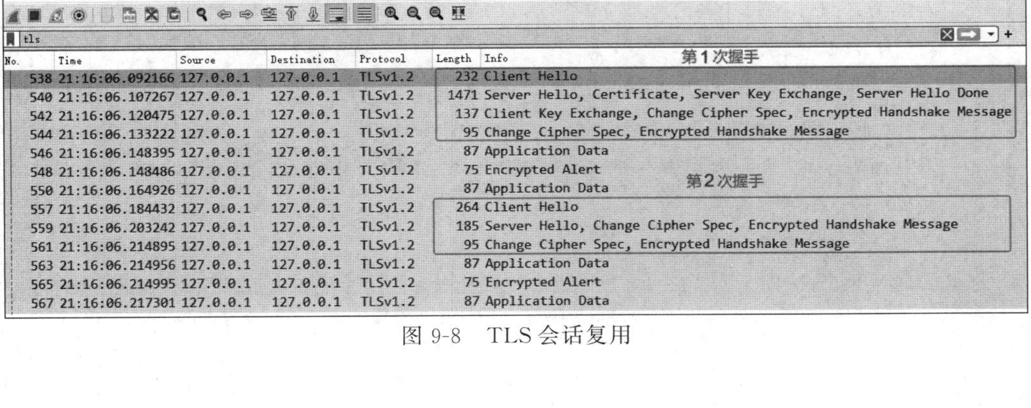

正在捕获 Adapter for loopback traffic capture

文件(F) 编辑(E) 视图(V) 跳转(G) 捕获(C) 分析(A) 统计(S) 电话(Y) 无线(W) 工具(T) 帮助(H)

tls

No.	Time	Source	Destination	Protocol	Length	Info
538	21:16:06.092166	127.0.0.1	127.0.0.1	TLSv1.2	232	Client Hello
540	21:16:06.107267	127.0.0.1	127.0.0.1	TLSv1.2	1471	Server Hello, Certificate, Server Key Exchange, Server Hello Done
542	21:16:06.120475	127.0.0.1	127.0.0.1	TLSv1.2	137	Client Key Exchange, Change Cipher Spec, Encrypted Handshake Message
544	21:16:06.133222	127.0.0.1	127.0.0.1	TLSv1.2	95	Change Cipher Spec, Encrypted Handshake Message
546	21:16:06.148395	127.0.0.1	127.0.0.1	TLSv1.2	87	Application Data
548	21:16:06.148486	127.0.0.1	127.0.0.1	TLSv1.2	75	Encrypted Alert
550	21:16:06.164926	127.0.0.1	127.0.0.1	TLSv1.2	87	Application Data
557	21:16:06.184432	127.0.0.1	127.0.0.1	TLSv1.2	264	Client Hello
559	21:16:06.203242	127.0.0.1	127.0.0.1	TLSv1.2	185	Server Hello, Change Cipher Spec, Encrypted Handshake Message
561	21:16:06.214895	127.0.0.1	127.0.0.1	TLSv1.2	95	Change Cipher Spec, Encrypted Handshake Message
563	21:16:06.214956	127.0.0.1	127.0.0.1	TLSv1.2	87	Application Data
565	21:16:06.214995	127.0.0.1	127.0.0.1	TLSv1.2	75	Encrypted Alert
567	21:16:06.217301	127.0.0.1	127.0.0.1	TLSv1.2	87	Application Data

第1次握手

第2次握手

图 9-8 TLS 会话复用

第 2 次握手有明显的区别,在第 2 次握手中,因为复用了第 1 次的会话,所以不用再协商密钥,也不用验证数字证书,从而节省了握手的时间。这里复用的关键在于客户端和服务器端消息中的 Session ID 字段,第 2 次握手的 Client Hello 消息中该字段的值如图 9-9 所示,Server Hello 消息中该字段的值如图 9-10 所示,两条消息中的 Session ID 是一样的,表明服务器端同意了会话的重用。

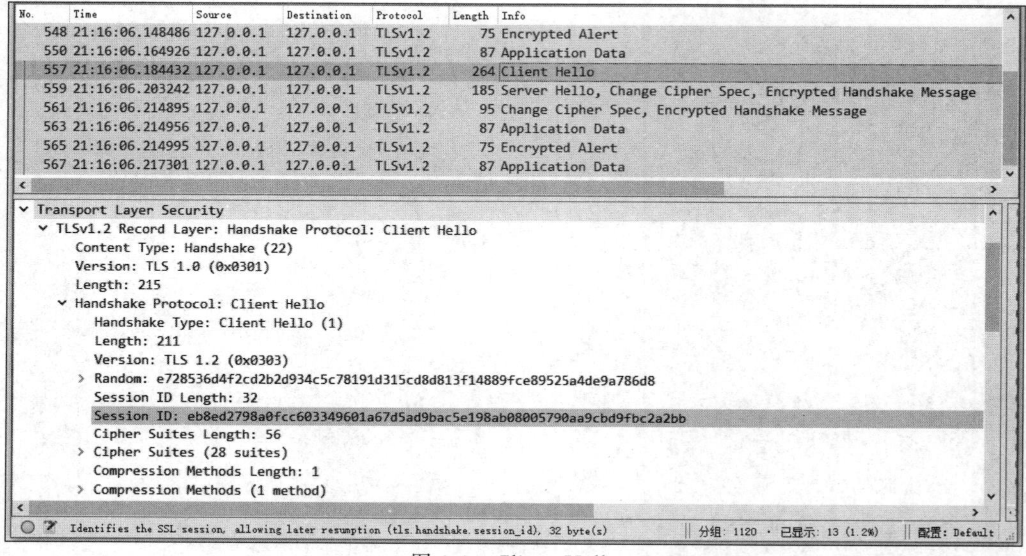

图 9-9 Client Hello

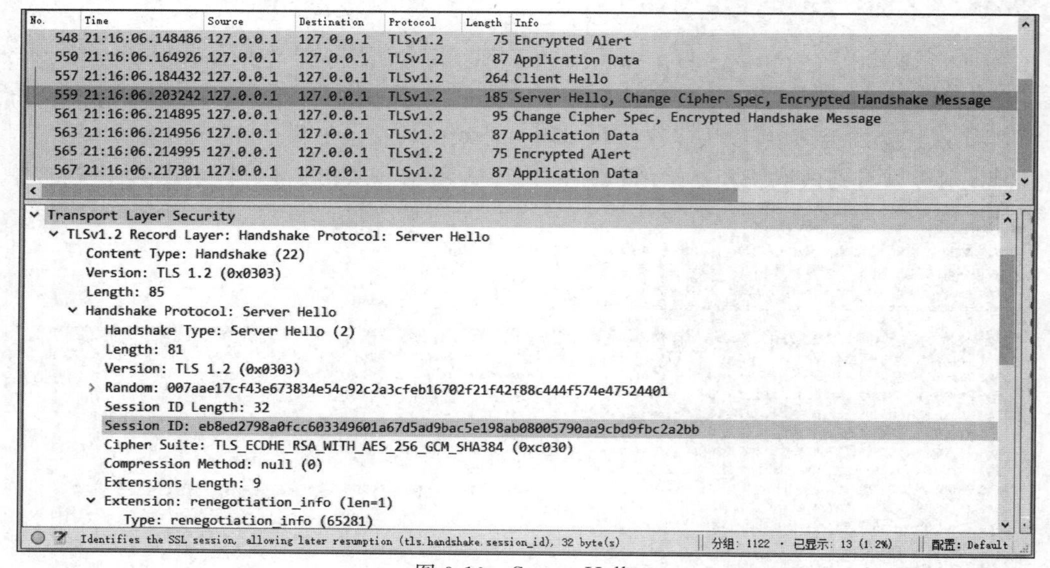

图 9-10 Server Hello

第 10 章 HTTP

超文本传输协议 HTTP(Hypertext Transfer Protocol)位于 TCP/IP 体系中的应用层,是一个简单的请求响应协议,定义了客户端和服务器端之间的通信格式,一般使用传输层中的 TCP 协议或 UDP 协议进行数据传输,是最广为人知的互联网基础协议之一。

10.1 HTTP 的演进

1989 年,在欧洲原子核研究会(CERN)工作的英国计算机科学家蒂姆·伯纳斯·李(Tim Berners-Lee)提出了超文本互联的概念,并且于 1991 年在互联网上正式推出,这就是 HTTP 最早的版本,该版本的协议非常简单,只包括一个 GET 命令,被称为 0.9 版本。

HTTP 的推出很快就引起了轰动,并且得到了迅速应用,国际互联网工程任务组 IETF(The Internet Engineering Task Force)在内部成立了 HTTP 工作组(HTTP Working Group,HTTP-WG),专注于改进 HTTP 协议,并且于 1996 年通过 RFC 1945 发布了 HTTP 协议的 1.0 版本,HTTP/1.0 并不是官方的正式 Internet 标准,只是一个备忘录性质的信息性 RFC。

第 1 个正式的 HTTP 协议标准是 1.1 版本,于 1997 年 1 月通过 RFC 2068 发布,1999 年 6 月,一些新的改进和更新被纳入标准,并作为 RFC 2616 发布,基于 RFC 2616 文档的版本是最广泛使用的 HTTP/1.1 版本。后面又陆续发布了多个 HTTP/1.1 的 RFC 文档,最新的是 2014 年发布的 RFC 7230～RFC 7239 系列文档,这 10 个文档代替并废弃了早期的 RFC 2616、RFC 2617 等文档,其中的 RFC 7230 ~ RFC 7235 文档是将 RFC 2616 等较早的文档内容拆分开,并做了详细的解释与更新。

随着互联网的高速发展,HTTP/1.1 的传输性能等问题越来越引起关注,为了提高传输性能并支持更低的延迟和更高的吞吐量,HTTP-WG 于 2015 年 5 月通过 RFC 7540 正式发布了 HTTP/2 标准,目前 HTTP/2 已经得到了绝大多数现代浏览器的支持,但是在 Web 服务器端,HTTP/1.1 还占有较大的比例,HTTP/2 全面取代 HTTP/1.1 需要一个漫长的过程。

无论是 HTTP/1.1 还是 HTTP/2,在底层的传输上都是基于 TCP 协议的,因为 TCP

协议是一个面向连接的协议，在传输效率上有固有的缺点，为了解决这个问题，HTTP-WG 于 2022 年 6 月 6 日通过 RFC 9114 正式发布了 HTTP/3。HTTP/3 使用 QUIC(Quick UDP Internet Connections)作为传输层协议，QUIC 是一种基于 UDP 的低延时互联网传输协议，同时具有 TCP 的可靠性及 UDP 的高效率，是 HTTP/3 最重要的改进之一，定义文档为 RFC 9000。

在发布 HTTP/3 版本的同一时期，HTTP-WG 发布了多个 HTTP 协议相关文档，这些文档弱化了 HTTP 协议的版本概念，通过 RFC 9110 定义了版本无关的语义上的 HTTP 协议；通过 RFC 9111 定义了版本无关的 HTTP 资源缓存方式；通过 RFC 9112 定义了 HTTP 在传输中的经典映射，通常为 TCP，这可以认为是传统意义上的 HTTP/1.1 的最新标准；通过 RFC 9113 定义了 HTTP 在 TCP 上的优化映射，这可以认为是传统意义上的 HTTP/2 的最新标准，而 RFC 9114 被认为是定义了 HTTP 在 QUIC 上的映射。

HTTP 各版本的演进历史如图 10-1 所示。

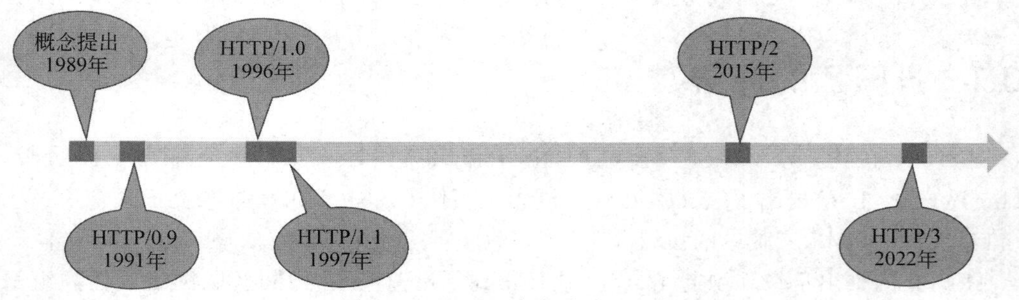

图 10-1 HTTP 各版本演进历史

10.2 HTTP 消息结构

10.2.1 抽象消息结构

HTTP 的每个主要版本都定义了自己的消息通信语法，虽然具体的语法差异较大，但是基本包括以下内容：

(1) 用于描述和路由所述消息的控制信息。

(2) 用于扩展控制信息并传送关于发送者、内容或上下文的附加信息的首部字段。

(3) 可选的表示正文的内容部分。

(4) 表示在传送正文时才能获取的信息的尾部字段。

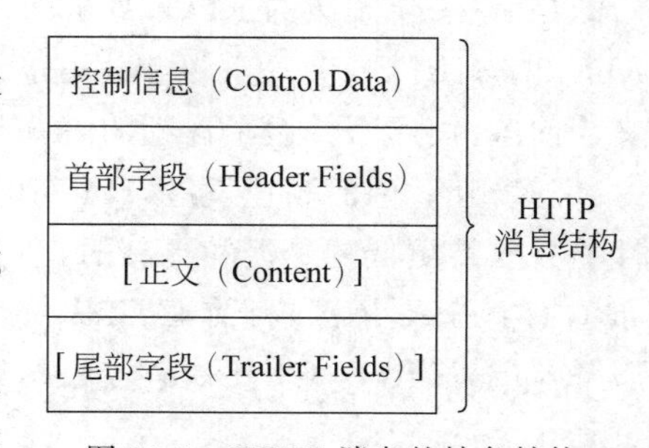

图 10-2 HTTP 消息的抽象结构

HTTP 消息的抽象结构如图 10-2 所示，具体来讲可以分为控制信息(Control Data)、首部字段(Header Fields)、正文(Content)、尾部字段(Trailer

Fields)4 部分，其中控制信息、首部字段是必选的，正文、尾部字段根据实际的消息情况是可选的。

1. 控制信息

HTTP 消息的第 1 部分是控制信息，表达了该消息的主要目的，对于请求消息来讲，控制信息包括请求方法（Request Method，详细信息可参考 10.3 节）、请求目标（Request Target）和协议版本（Protocol Version）；对于响应消息来讲，包括状态码（Status Code，详细信息可参考 10.4 节）、可选的原因短语及协议版本（Protocol Version）。

2. 首部字段

在发送或者接受正文之前的字段被称为首部字段，消息的首部字段由一系列首部字段行组成。每个首部字段都可以修改或扩展消息语义、描述发送者、定义内容或提供额外的上下文。

3. 正文

在 HTTP 消息中，可以把资源作为正文传送，而首部字段或者尾部字段是对正文的描述。正文不仅包括资源，其他不适合放在首部或者尾部字段中的信息都可以在正文中传输。当然，正文是可选的，一个请求或者响应消息完全可以不包括正文部分。

4. 尾部字段

尾部字段可用于提供消息完整性检查、数字签名、交付指标或后处理状态信息。尾部字段应该与首部字段分开处理和存储，首部字段对消息的路由或处理不受尾部字段的影响。

10.2.2 HTTP/1.1 的消息结构

1. 消息格式

根据 RFC 9112，HTTP/1.1 版本的消息格式如下：

```
HTTP-message   =start-line CRLF
                *( field-line CRLF )
               CRLF
               [ message-body ]
```

其中，start-line 表示起始行，CRLF 表示回车换行符号，field-line 表示首部字段行，*(field-line CRLF)说明首部字段可以是 0 个或者多个，最后的[message-body]表示可选的消息正文；因为消息分为请求消息和应答消息，所以起始行又可以分为请求行和状态行，如下所示。

```
start-line     =request-line / status-line
```

2. 请求行

请求行的格式如下：

```
request-line   =method SP request-target SP HTTP-version
```

其中,method 表示请求方法,详细的请求方法解释可参考 10.3 节;SP 表示单个空白符号,request-target 表示请求目标,也就是要请求的资源标识;HTTP-version 表示协议版本,因为本节只讨论 HTTP/1.1 版本的结构,所以 HTTP-version 可以表示为 HTTP/1.1。

3. 状态行

状态行的格式如下:

```
status-line =HTTP-version SP status-code SP [ reason-phrase ]
```

其中,HTTP-version 表示协议版本,这里和请求行一样,表示为 HTTP/1.1;SP 表示单个空白符号;status-code 表示状态码,详细的状态码说明可参考 10.4 节;[reason-phrase]表示可选的针对状态码的简单描述。

4. 首部字段

每个首部字段行都以回车换行结束,首部字段行的格式如下:

```
field-line   =field-name ":" OWS field-value OWS
```

其中,field-name 是字段名称,详细的字段名称可参考 10.5 节;OWS(Optional Whitespace)表示可选的空白字符;field-value 表示首部字段对应的值。

5. 消息正文

消息正文承载了请求或者响应的内容,消息正文的编码方式、内容长度等信息,通过首部字段协商确定。

6. HTTP 消息示例

使用 Chrome 浏览器的开发者工具或者其他类似工具,可以捕获浏览器和 Web 服务器之间的通信,以访问百度网站首页为例,一个典型的请求响应报文如下所示。

首先是请求报文:

```
GET / HTTP/1.1
Accept: text/html, application/xhtml + xml, application/xml; q= 0.9, image/avif,
image/webp,image/apng, * / * ;q=0.8,application/signed-exchange;v=b3;q=0.7
Accept-Encoding: gzip, deflate, br
Accept-Language: zh-CN,zh;q=0.9,en;q=0.8
Cache-Control: no-cache
Connection: keep-alive
Cookie: 此处省略...
Host: www.baidu.com
Pragma: no-cache
Sec-Fetch-Dest: document
Sec-Fetch-Mode: navigate
Sec-Fetch-Site: none
Sec-Fetch-User: ?1
Upgrade-Insecure-Requests: 1
User-Agent: Mozilla/5.0 (Windows NT 10.0; Win64; x64) AppleWebKit/537.36 (KHTML,
like Gecko) Chrome/119.0.0.0 Safari/537.36
```

```
sec-ch-ua: "Google Chrome";v="119", "Chromium";v="119", "Not?A_Brand";v="24"
sec-ch-ua-mobile: ?0
sec-ch-ua-platform: "Windows"
```

然后是响应报文：

```
HTTP/1.1 200 OK
Connection: keep-alive
Content-Encoding: gzip
Content-Security-Policy: frame-ancestors 'self' https://chat.baidu.com
http://mirror-chat.baidu.com https://fj-chat.baidu.com https://hba-chat.
baidu.com https://hbe-chat.baidu.com https://njjs-chat.baidu.com https://nj-
chat.baidu.com https://hna-chat.baidu.com https://hnb-chat.baidu.com http://
debug.baidu-int.com;
Content-Type: text/html; charset=utf-8
Date: Sat, 02 Dec 2023 11:30:24 GMT
Server: BWS/1.1
Set-Cookie: H_PS_PSSID=39676_39713_39738_39758_39703_39684_39661_39679_39817_
39835_39840; path=/; expires=Sun, 01-Dec-24 11:30:24 GMT; domain=.baidu.com
Traceid: 170151662434485148261691485807536720026 0
X-Ua-Compatible: IE=Edge,chrome=1
Transfer-Encoding: chunked
```

7. 模拟 HTTP/1.1 服务器

HTTP 协议的 1.1 版本传输层基于 TCP，传输过程在不使用 TLS 加密通信的情况下是明文的，本节使用 TcpServerSocket 模拟一个最简单的 HTTP 服务器，为了方便演示，该 HTTP 服务器对于包含/favicon.ico 的请求会重定向到 https://www.baidu.com/favicon.ico 网址，对于其他的请求会返回所有的请求信息，示例代码如下：

```
//Chapter10/simple_http_server/src/demo.cj

from std import socket.*
from std import console.*

main() {
    //服务监听端口
    let port: UInt16 =9990

    let socketAddress =SocketAddress("0.0.0.0", port)

    //HTTP 服务器端
    let httpServer =TcpServerSocket(bindAt: socketAddress)

    println("HTTP server started listening on port ${port}")

    //启动一个线程,用于监听客户端连接
    spawn {
```

```
        //绑定到本地端口
        httpServer.bind()
        while (true) {
            let clientSocket = httpServer.accept()
            println("New connection accepted, client address
is:${clientSocket.remoteAddress}")

            //启动一个线程,用于处理新的 Socket
            spawn {
                try {
                    dealWithHttpRequest(clientSocket)
                } catch (err: SocketException) {
                    println(err.message)
                }
            }
        }
    }

    //监听控制台输入,如果输入 quit 就退出程序
    while (true) {
        let readContent = Console.stdIn.readln().getOrThrow().trimAscii()

        //如果用户输入 quit 就退出程序
        if (readContent == "quit") {
            return
        }
    }
}

//处理 HTTP 请求
func dealWithHttpRequest(clientSocket: TcpSocket) {
    //存放从 Socket 读取数据的缓冲区
    let buffer = Array<UInt8>(1024, item: 0)

    //从 Socket 读取数据
    var readCount = clientSocket.read(buffer)

    //把接收的数据转换为字符串
    let content = String.fromUtf8(buffer[0..readCount])

    //把 content 写入 clientSocket
    writeToEchoSocket(clientSocket, content)
}

//根据客户端的请求构造应答内容
func createResponse(content: String) {
    let responseBuilder = StringBuilder()

    if (content.contains("/favicon.ico")) {
```

```
        responseBuilder.append("HTTP/1.1 307 Internal Redirect \r\n")
        responseBuilder.append("Location: https://www.baidu.com/favicon.ico \r\n")
        responseBuilder.append("\r\n")
    } else {
        let bodyBuilder = StringBuilder()
        bodyBuilder.append("<html>")

        bodyBuilder.append("<head>")
        bodyBuilder.append("<title>")
        bodyBuilder.append("HTTP 服务器模拟")
        bodyBuilder.append("</title>")
        bodyBuilder.append("</head>")

        bodyBuilder.append("<body>")
        bodyBuilder.append("<h1>")
        bodyBuilder.append("浏览器发送的请求信息")
        bodyBuilder.append("</h1>")

        bodyBuilder.append("<pre>")
        bodyBuilder.append(content)
        bodyBuilder.append("</pre>")
        bodyBuilder.append("</body>")

        bodyBuilder.append("</html>")
        responseBuilder.append("HTTP/1.1 200 OK \r\n")
        responseBuilder.append("Content-Type: text/html; charset=utf-8 \r\n")
         responseBuilder.append("Content-Length: ${bodyBuilder.toString().
size}
\r\n")
        responseBuilder.append("\r\n")
        responseBuilder.append(bodyBuilder.toString())
    }

    return responseBuilder.toString()
}

//把 content 在控制台输出并写入 clientSockett
func writeToEchoSocket(clientSocket: TcpSocket, content: String) {
    println("${clientSocket.remoteAddress}:${content}")
    clientSocket.write(createResponse(content).toArray())
    clientSocket.close()
}
```

编译后运行该示例,命令及输出如下:

```
cjc .\demo.cj
main.exe
HTTP server started listening on port 9990
```

此时，HTTP 服务器端已启动监听，打开浏览器，输入网址 http://127.0.0.1:9990/，浏览器会向服务器发送 HTTP 请求消息，并且根据 HTTP 服务器的响应消息显示页面，具体的页面显示如图 10-3 所示。

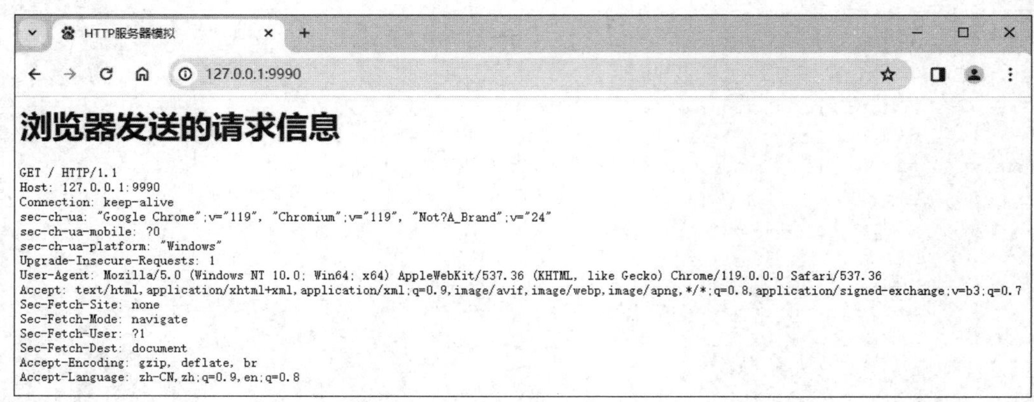

图 10-3　响应页面

如果查看服务器端，则输出的信息可能如下：

```
New connection accepted, client address is:127.0.0.1:52025
127.0.0.1:52025:GET / HTTP/1.1
Host: 127.0.0.1:9990
Connection: keep-alive
Cache-Control: max-age=0
sec-ch-ua: "Google Chrome";v="119", "Chromium";v="119", "Not?A_Brand";v="24"
sec-ch-ua-mobile: ?0
sec-ch-ua-platform: "Windows"
Upgrade-Insecure-Requests: 1
User-Agent: Mozilla/5.0 (Windows NT 10.0; Win64; x64) AppleWebKit/537.36 (KHTML, like Gecko) Chrome/119.0.0.0 Safari/537.36
Accept: text/html, application/xhtml+xml, application/xml;q=0.9, image/avif, image/webp, image/apng, */*;q=0.8, application/signed-exchange;v=b3;q=0.7
Sec-Fetch-Site: none
Sec-Fetch-Mode: navigate
Sec-Fetch-User: ?1
Sec-Fetch-Dest: document
Accept-Encoding: gzip, deflate, br
Accept-Language: zh-CN,zh;q=0.9,en;q=0.8


New connection accepted, client address is:127.0.0.1:52026
127.0.0.1:52026:GET /favicon.ico HTTP/1.1
Host: 127.0.0.1:9990
Connection: keep-alive
sec-ch-ua: "Google Chrome";v="119", "Chromium";v="119", "Not?A_Brand";v="24"
sec-ch-ua-mobile: ?0
```

```
User-Agent: Mozilla/5.0 (Windows NT 10.0; Win64; x64) AppleWebKit/537.36 (KHTML,
like Gecko) Chrome/119.0.0.0 Safari/537.36
sec-ch-ua-platform: "Windows"
Accept: image/avif,image/webp,image/apng,image/svg+xml,image/*,*/*;q=0.8
Sec-Fetch-Site: same-origin
Sec-Fetch-Mode: no-cors
Sec-Fetch-Dest: image
Referer: http://127.0.0.1:9990/
Accept-Encoding: gzip, deflate, br
Accept-Language: zh-CN,zh;q=0.9,en;q=0.8
```

根据输出信息可知，浏览器实际上发送了两个 HTTP 请求，第 1 个请求行如下：

```
GET / HTTP/1.1
```

该请求的资源对象是服务器根目录，第 2 个请求行如下：

```
GET /favicon.ico HTTP/1.1
```

该请求是对服务器图标的请求，也就是在图 10-3 中，标题栏前面的那个图标，为了简单起见，服务器让浏览器重定向到 https://www.baidu.com/favicon.ico 网址，以便重新获取图标。

本示例是对 HTTP 服务器的简单模拟，只是为了直观地演示请求和应答的过程，实际的 HTTP 服务器代码复杂，功能强大，仓颉标准库已内置了对 HTTP 服务器的支持，实际的使用方法将在第 11 章介绍。

10.2.3 HTTP/2 的消息结构

1. 二进制分帧

在 HTTP/1.1 版本中，客户端和服务器端之间可以通过管道化的 TCP 持久连接进行通信，也就是说，客户端可以把一个 TCP 连接作为管道使用，在此管道中可以按顺序发起多个 HTTP 请求，服务器端可以依次响应这些请求，从而优化 HTTP 协议的连接性能，但是这样也会带来一个问题，如果管道中的一个响应返回时发生了延迟，则后续所有的响应都会被延迟，直到队头中的响应返回成功，这就是所谓的"HTTP 队头阻塞"问题。

为了解决这个问题，HTTP/2 在应用层和传输层之间加入了一个二进制分帧层，同时支持 TCP 连接的多路复用(MultiPlexing)，具体实现过程大体是这样的：对于客户端和服务器端之间建立的一条 TCP 连接，客户端可以发起多个请求，每个请求被称为一个 Stream（流），具有一个唯一的 Stream Identifier(Stream Id)，同一个请求和响应的消息里面都有相同的 Stream Id。每个 Stream 的消息被分为更小的 Frame（帧），如首部字段会被放到 HEADER Frame 中，而正文会被放到 DATA Frame 中（具体的 Frame 的结构会在下文介绍）。HTTP/2 的协议是基于二进制的，这比基于文本的 HTTP/1.1 显著地提高了效率。在实际的数据传输中，对于一个连接上的多个 Stream，可以把每个 Stream 的 Frame 随机地混杂在一起，接收方可以根据 Stream ID 将 Frame 再归属到各自不同的 Stream 里面，这样多个请求之间是独立的，某个 Stream 的延迟不会导致其他 Stream 的阻塞，从而解决了“HTTP 队头阻塞”问题。详细的客户端分帧、乱序发送到服务器端重新组装的过程如图 10-4 所示，服务器端响应的过程和这个类似，就不再赘述了。

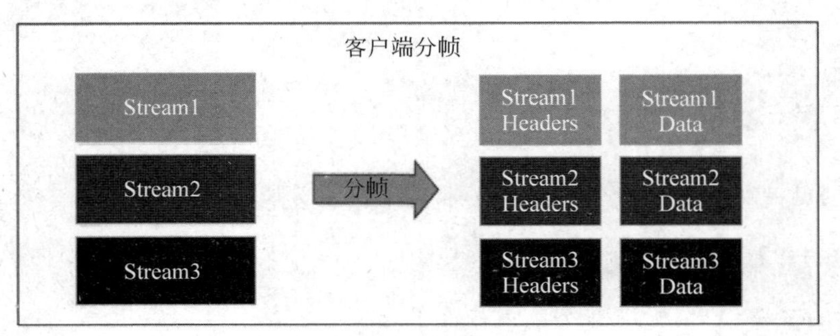

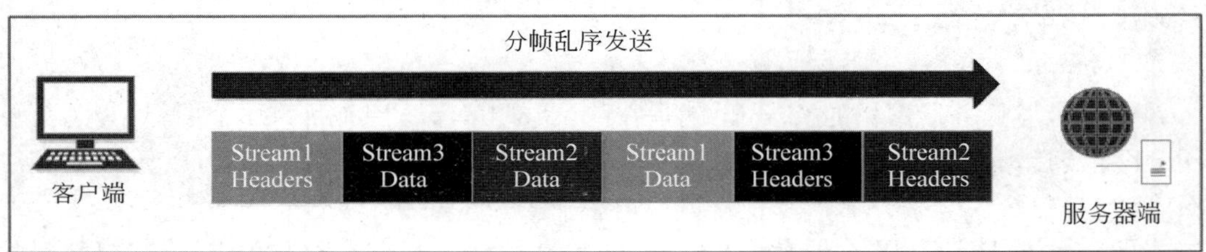

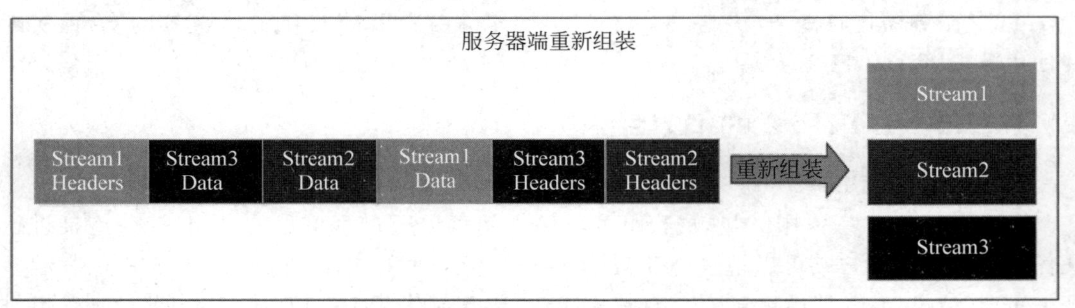

图 10-4 多路复用

2. 帧格式

HTTP/2 的帧(Frame)由首部(Header)和负载(Payload)组成，如图 10-5 所示，其中，首部为固定的 9 字节，包括 5 个字段，字段说明如表 10-1 所示。

图 10-5 帧格式

表 10-1 首部字段说明

字段	长度	说明
Length	3 字节	24 位的无符号整数,表示负载的字节长度,默认最大值为 2^{14}(16 384),如果要设置大于该值的负载长度,则需要修改最大帧长度参数 SETTINGS_MAX_FRAME_SIZE
Type	1 字节	帧类型,目前约定了 10 种帧类型,详细说明见表 10-2
Flags	1 字节	特定于帧类型的布尔标识,未使用的标识是那些没有为特定帧类型定义语义的标识,接收时必须忽略未使用的标识,发送时必须保持未设置状态(0x00),详细的标识说明见表 10-3
R	1 比特	保留位,目前不使用,保持为 0x00
Stream ID	31 比特	无符号 31 位整数的唯一流 ID,值 0x00 用于那些与整个连接关联的帧,而不是一个独立的流

帧类型说明如表 10-2 所示。

表 10-2 帧类型说明

类型值	帧名称	说明
0x0	DATA	传输与流相关联的任意可变长度的字节序列,例如使用一个或多个 DATA 帧来承载请求或响应消息内容
0x1	HEADERS	用于打开流,并额外携带首部片段或尾部字段
0x2	PRIORITY	已弃用
0x3	RST_STREAM	允许一端立即停止流,如要停止一个大文件的下载,在 HTTP/1.1 版本下,只能中断连接,再通过三次握手重新连接,而在 HTTP/2 版本下,只需发送 RST_STREAM 中断流,连接可以继续保持
0x4	SETTINGS	协商通信参数,必须在连接开始时由两个端点发送,并且可以在连接生命周期内的任何其他时间由任一端点发送
0x5	PUSH_PROMISE	通知客户端,服务器要将某些资源推送到客户端,包括端点计划创建的流的 ID 及为该流提供上下文的信息
0x6	PING	测试连接可用性和往返时延(RTT)
0x7	GOAWAY	启动连接关闭或发出严重错误情况的信号,允许端点优雅地停止接受新的流,同时仍然完成对先前建立的流的处理
0x8	WINDOW_UPDATE	流量控制,协商一端将要接收多少字节
0x9	CONTINUATION	HEADERS 太大时的续帧,用以扩展 HEADER 数据块

帧标志位如表 10-3 所示。

表 10-3 帧标志位

帧类型/比特位	0	1	2	3	4	5	6	7
DATA					PADDED			END_STREAM
HEADERS			PRIORITY		PADDED	END_HEADERS		END_STREAM

续表

帧类型/比特位	0	1	2	3	4	5	6	7
PRIORITY								
RST_STREAM								
SETTINGS								ACK
PUSH_PROMISE					PADDED	END_HEADERS		
PING								ACK
GOAWAY								
WINDOW_UPDATE								
CONTINUATION						END_HEADERS		

标志位简介。

- PRIORITY：表示存在 Exclusive、Stream Dependency 和 Weight 字段，详细解释可参考 HEADERS 帧的具体结构。
- PADDED：指示 Pad Length 字段及其描述的填充符存在，详细解释可参考对应帧的具体结构。
- END_HEADERS：表示该帧包含整个字段块，并且后面没有任何连续帧。
- END_STREAM：表示该帧将是被标识的流发送的最后一个，标明流的结束。
- ACK：表示该帧是响应。

3. 控制信息

HTTP/1.1 中有起始行的存在，可以表明请求或者响应的控制信息，在 HTTP/2 中，没有起始行，可以通过伪首部字段来标记控制信息。伪首部指的是以符号“:”开头的类似首部的字段，但伪首部并不是首部，HTTP/2 定义了固定的伪首部字段，如表 10-4 所示。

表 10-4　伪首部字段说明

字　段　名	适用消息类型	说　　明
:authority	请求消息	请求的域名
:method	请求消息	请求方法
:path	请求消息	请求路径及查询部分
:scheme	请求消息	请求协议
:status	响应消息	响应状态码

从表 10-4 可以看出，伪首部基本覆盖了 HTTP/1.1 起始行的基本内容，但不包括协议版本部分，这是因为所有 HTTP/2 请求或者响应隐含地具有 2.0 的协议版本。

下面通过一个简单的 HTTP 请求和响应来演示 HTTP/1.1 及 HTTP/2 之间的对应关系，截取的是 RFC 9113 官方文档的示例，请求如图 10-6 所示。

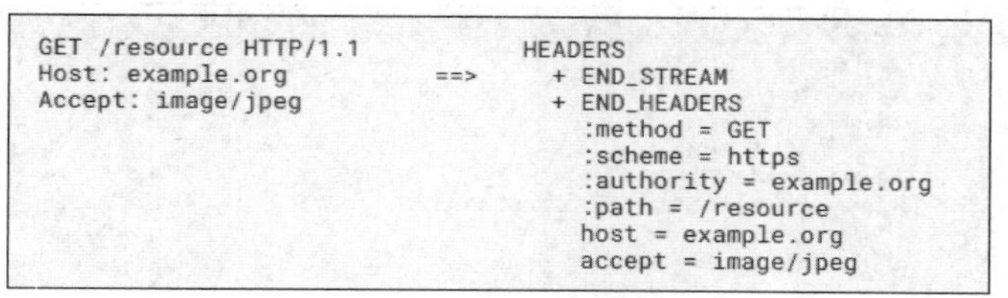

```
GET /resource HTTP/1.1           HEADERS
Host: example.org        ==>       + END_STREAM
Accept: image/jpeg                 + END_HEADERS
                                     :method = GET
                                     :scheme = https
                                     :authority = example.org
                                     :path = /resource
                                     host = example.org
                                     accept = image/jpeg
```

图 10-6 简单请求示例

从示例可以直观地看出控制信息的对应关系，在 HTTP/2 部分，使用了一个 HEADERS 帧，使用 END_HEADERS 标志位表明该帧包含全部字段，使用 END_STREAM 标志位表明该帧是流的最后一个帧。

响应示例如图 10-7 所示，这里使用:status 表明 HTTP/2 版本下的状态码。

```
HTTP/1.1 304 Not Modified        HEADERS
ETag: "xyzzy"            ==>       + END_STREAM
Expires: Thu, 23 Jan ...           + END_HEADERS
                                     :status = 304
                                     etag = "xyzzy"
                                     expires = Thu, 23 Jan ...
```

图 10-7 简单响应示例

4. 首部压缩

首先通过一个请求响应的示例演示首部压缩的可行性，本示例先后打开了两个页面，第 1 次打开的是阿里云首页，第 2 次通过首页的菜单进入“什么是云计算”页面，使用 Chrome 自带的开发者工具记录请求和响应过程。图 10-8～图 10-11 分别是第 1 次请求的标头、第 1 次响应的标头、第 2 次请求的标头、第 2 次响应的标头。

▼ 请求标头

:authority:	www.aliyun.com
:method:	GET
:path:	/
:scheme:	https
Accept:	text/html,application/xhtml+xml,application/xml;q=0.9,image/avif,image/webp,image/apng,*/*;q=0.8,application/signed-exchange;v=b3;q=0.7
Accept-Encoding:	gzip, deflate, br
Accept-Language:	zh-CN,zh;q=0.9
Cache-Control:	no-cache
Cookie:	cn[illegible]05; c[illegible]51535685839205; a[illegible]C68yd3o; l=[illegible]Rk_- uR[illegible] SYYu_[illegible]V55.
Pragma:	no-cache
Sec-Ch-Ua:	"Google Chrome";v="119", "Chromium";v="119", "Not?A_Brand";v="24"
Sec-Ch-Ua-Mobile:	?0
Sec-Ch-Ua-Platform:	"Windows"
Sec-Fetch-Dest:	document
Sec-Fetch-Mode:	navigate
Sec-Fetch-Site:	none
Sec-Fetch-User:	?1
Upgrade-Insecure-Requests:	1
User-Agent:	Mozilla/5.0 (Windows NT 10.0; Win64; x64) AppleWebKit/537.36 (KHTML, like Gecko) Chrome/119.0.0.0 Safari/537.36

图 10-8 请求标头 1

上述 4 幅截图清楚地表明，HTTP 的每次请求和响应都携带了大量的首部字段，而且这些字段大部分是重复的，不管是首部字段的名称还是字段对应的值都是这样。既然存在重复信息，就可以通过某种方式对其进行压缩，在 HTTP/2 中使用的首部压缩算法为 HPACK，

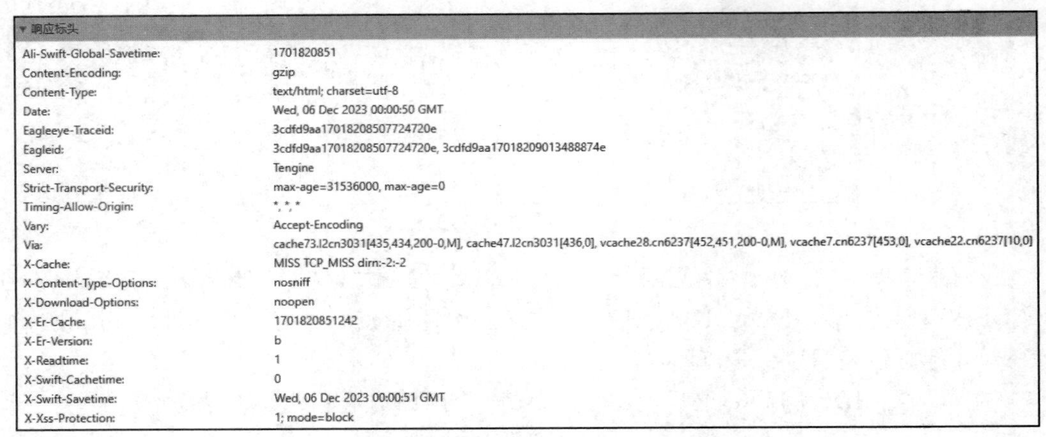

▼ 响应标头	
Ali-Swift-Global-Savetime:	1701820851
Content-Encoding:	gzip
Content-Type:	text/html; charset=utf-8
Date:	Wed, 06 Dec 2023 00:00:50 GMT
Eagleeye-Traceid:	3cdfd9aa17018208507724720e
Eagleid:	3cdfd9aa17018208507724720e, 3cdfd9aa17018209013488874e
Server:	Tengine
Strict-Transport-Security:	max-age=31536000, max-age=0
Timing-Allow-Origin:	*, *, *
Vary:	Accept-Encoding
Via:	cache73.l2cn3031[435,434,200-0,M], cache47.l2cn3031[436,0], vcache28.cn6237[452,451,200-0,M], vcache7.cn6237[453,0], vcache22.cn6237[10,0]
X-Cache:	MISS TCP_MISS dirn:-2:-2
X-Content-Type-Options:	nosniff
X-Download-Options:	noopen
X-Er-Cache:	1701820851242
X-Er-Version:	b
X-Readtime:	1
X-Swift-Cachetime:	0
X-Swift-Savetime:	Wed, 06 Dec 2023 00:00:51 GMT
X-Xss-Protection:	1; mode=block

图 10-9　响应标头 1

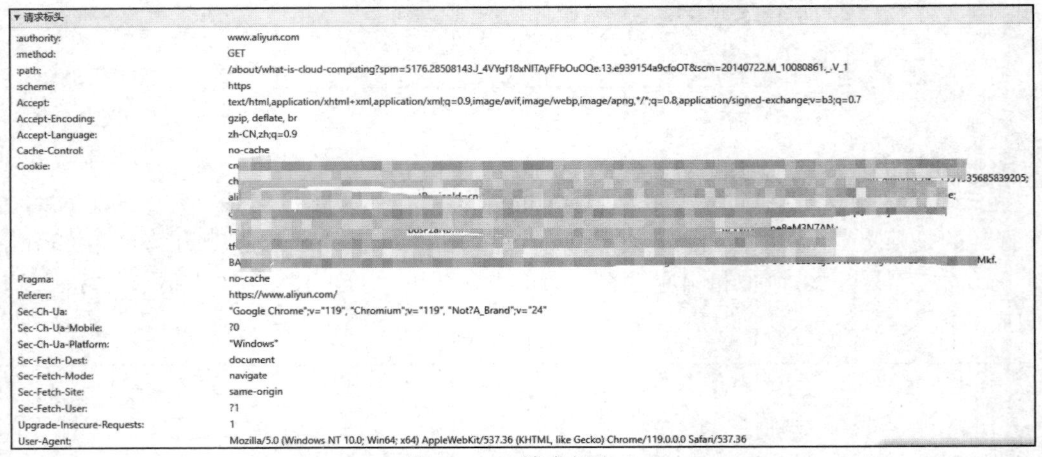

▼ 请求标头	
:authority:	www.aliyun.com
:method:	GET
:path:	/about/what-is-cloud-computing?spm=5176.28508143.J_4VYgf18xNITAyFFbOuOQe.13.e939154a9cfoOT&scm=20140722.M_10080861._.V_1
:scheme:	https
Accept:	text/html,application/xhtml+xml,application/xml;q=0.9,image/avif,image/webp,image/apng,*/*;q=0.8,application/signed-exchange;v=b3;q=0.7
Accept-Encoding:	gzip, deflate, br
Accept-Language:	zh-CN,zh;q=0.9
Cache-Control:	no-cache
Cookie:	[illegible]
Pragma:	no-cache
Referer:	https://www.aliyun.com/
Sec-Ch-Ua:	"Google Chrome";v="119", "Chromium";v="119", "Not?A_Brand";v="24"
Sec-Ch-Ua-Mobile:	?0
Sec-Ch-Ua-Platform:	"Windows"
Sec-Fetch-Dest:	document
Sec-Fetch-Mode:	navigate
Sec-Fetch-Site:	same-origin
Sec-Fetch-User:	?1
Upgrade-Insecure-Requests:	1
User-Agent:	Mozilla/5.0 (Windows NT 10.0; Win64; x64) AppleWebKit/537.36 (KHTML, like Gecko) Chrome/119.0.0.0 Safari/537.36

图 10-10　请求标头 2

▼ 响应标头	
Ali-Swift-Global-Savetime:	1701820762
Content-Encoding:	gzip
Content-Type:	text/html; charset=utf-8
Date:	Tue, 05 Dec 2023 23:59:22 GMT
Eagleeye-Traceid:	3cdfd99c17018207617752383e
Eagleid:	3cdfd99c17018207617752383e, 3cdfd99d17018212091775534e
Server:	Tengine
Strict-Transport-Security:	max-age=31536000, max-age=0
Timing-Allow-Origin:	*, *, *
Vary:	Accept-Encoding
Via:	cache5.l2cn3137[362,362,200-0,M], cache53.l2cn3137[364,0], vcache23.cn6237[377,377,200-0,M], vcache21.cn6237[379,0], vcache9.cn6237[20,0]
X-Cache:	MISS TCP_MISS dirn:-2:-2
X-Content-Type-Options:	nosniff
X-Download-Options:	noopen
X-Er-Cache:	1701820762175
X-Er-Version:	b
X-Readtime:	94
X-Swift-Cachetime:	0
X-Swift-Savetime:	Tue, 05 Dec 2023 23:59:22 GMT
X-Xss-Protection:	1; mode=block

图 10-11　响应标头 2

该标准记录在 RFC 7541 文档中。HPACK 算法的使用过程大体如下。

(1) 在客户端和服务器端之间维护一份相同的静态表，包含常见的首部字段名称，以及首部名称和常见值的组合，在 RFC 7541 中约定了 61 个静态表项，详细的列表见 10.6.1 节。因为静态表是固定的，所以还需要在客户端和服务器端之间维护一份相同结构的动态表，动态表有严格的大小限制，采用先进先出的顺序维护动态表项，每次通信之后，将新的首部字段内容添加到动态表中，这样请求越多，动态表就越完善。每个首部字段在表中都约定一个索引号，发送的时候，只需发送这个索引号，从而大幅节省传输带宽。

(2) 在传输过程中，确定了首部字段之后会到静态表和动态表中查询，如果存在该首部信息，则会选取索引编号进行传递，如果不存在，则进行哈夫曼编码传递(具体的编码方式比较复杂，本书不详细介绍，感兴趣的读者可以自行查阅)。在本轮通信完成之后，新的首部字段会根据特定的规则追加到动态表中。

10.2.4 HTTP/3 的消息结构

截至本书编写期间，仓颉语言标准库还没有提供对 HTTP/3 协议版本的支持，本节将概要地介绍 HTTP/3 协议消息结构，不详细展开讲解。

1. QUIC 协议

在 HTTP/2 协议版本中，通过多路复用解决了 HTTP 请求的队头阻塞问题，但是并没有解决 TCP 本身的队头阻塞问题。TCP 在传输过程中会把数据按顺序拆分成一个个数据包，接收端再按照顺序把这些数据包组合成原始数据，如果在传输过程中某个数据包没有按照顺序到达，则接收端将一直保持连接，以便等待数据包到来，这时后续的请求就会被阻塞，这就是 TCP 的队头阻塞问题。TCP 的队头阻塞是由 TCP 本身的固有特性决定的，只要 HTTP 底层传输使用 TCP，就无法避免该问题；另外，TCP 的连接建立本身需要 3 次握手，如果使用 TLS 传输，则需要更多的握手时间。

上述问题产生的根源就在于 TCP 协议自身，为了解决这些问题，HTTP/3 版本的底层传输抛弃了 TCP，使用的是基于 UDP 的 QUIC 协议，虽然 UDP 是无序无连接的，但是 QUIC 协议借鉴了 TCP 的安全可靠传输特性，使其可以快速建立连接。在传输过程中，QUIC 同样把多个请求建立为多个流(Stream)，这些流可以在一个连接(Connection)上传输，因为 UDP 是无序的，所以只会在接收的时候对包进行重组，即使某个流的数据包丢失也不影响其他流的正常传输，这就避免了队头阻塞问题。

2. QUIC 消息结构

一个 UDP 数据报(Datagram)可以包含一个或者多个 QUIC 数据包(Packet)，QUIC 数据包分为首部(Header)和数据(DATA)两部分，如图 10-12 所示，其中首部呈现为明文形

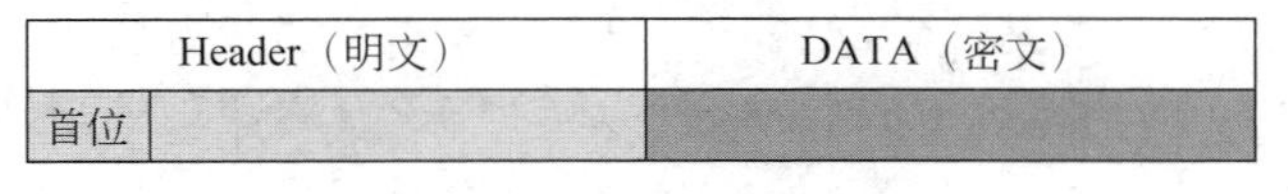

图 10-12 QUIC 数据包

式,数据部分是经过加密的,首部根据首位是 1 或 0 又可以分为长首部(Long Header)和短首部(Short Header)。

长首部结构如图 10-13 所示。

其中,第 1 字节的最高位为 1,表示长首部,其他位都和特定版本相关;接下来是 32 位的版本字段,用来标识 QUIC 协议的版本,如果值为 0x00000000,则表示用来进行版本协商的数据包;下一字节是目的连接 ID 字段的字节长度,此长度编码为 8 位无符号整数;目的连接 ID 字段跟在目的连接 ID 长度字段之后,长度在 0～255 字节;再下一字节是源连接 ID 字段的字节长度,此长度编码为 8 位无符号整数;源连接 ID 字段跟在源连接 ID 长度字段之后,长度在 0～255 字节;数据包的其余部分包含特定于版本的内容。

短首部结构如图 10-14 所示。

```
Long Header Packet {
  Header Form (1) = 1,
  Version-Specific Bits (7),
  Version (32),
  Destination Connection ID Length (8),
  Destination Connection ID (0..2040),
  Source Connection ID Length (8),
  Source Connection ID (0..2040),
  Version-Specific Data (..),
}
```

图 10-13　长首部

```
Short Header Packet {
  Header Form (1) = 0,
  Version-Specific Bits (7),
  Destination Connection ID (..),
  Version-Specific Data (..),
}
```

图 10-14　短首部

其中,第 1 字节的最高位为 0,表示短首部,其他位都和特定版本相关,接下来是目的连接 ID 字段,数据包的其余部分包含特定于版本的内容。

长首部一般用于握手阶段,例如,客户端生成连接 ID C1,把 C1 作为初始数据包的源连接 ID 字段并发送到服务器端,服务器端记录数据包中的源连接 ID 字段 C1,生成服务器端的连接 ID S1,然后把 C1 作为初始响应数据包的目的连接 ID,S1 作为初始响应数据包的源连接 ID,随后把响应数据包发送到客户端,客户端把收到的服务器端数据包中的源连接 ID S1 作为之后发送数据包的目的连接 ID,这样,经过握手过程后,客户端便获得了服务器端生成的连接 ID S1,服务器端便获得了客户端生成的连接 ID C1,并且把它们作为之后正式数据包的目的连接 ID。

短首部数据包是供握手之后正常发送数据使用的,其中的目的连接 ID 是在握手过程中获得的对方生成的连接 ID,因为对方知道连接 ID 的长度,所以在短首部中没有存储连接 ID 的长度字段。

HTTP/3 连接 ID 概念的引入,使其更容易应对当前移动互联网普及的现实,在移动设备从一个子网迁移到另一个子网后,设备的 IP 发生变化,如果是传统的 TCP,就需要重新握手建立连接,但 HTTP/3 基于 UDP 实现,只要记录好对方的连接 ID 等连接上下文信息,就可以在不握手的情况下继续进行通信,这就是 HTTP/3 重要的连接迁移特性。

3. 控制信息

HTTP/3 的控制信息和 HTTP/2 类似,就不再赘述了。

4. 首部压缩

HTTP/3 也使用了和 HTTP/2 类似的首部压缩技术，并且对其进行了改进，这就是 QPACK 压缩算法，定义在 RFC 9204 中，QPACK 对首部压缩静态表进行了改进和扩充，详细静态表见 10.6.2 节。

10.3 请求方法

HTTP 请求消息中的请求方法指定了对资源的请求类型，如果请求方法定义的语义本质上是只读的，则它们被认为是“安全的”，客户端对服务器的资源应用安全方法不会改变服务器的状态；如果请求方法对服务器的多个相同请求的预期效果与对单个请求的效果相同，则该方法被视为“幂等”的，在 RFC 9110 中定义了 8 种主要的请求方法，如表 10-5 所示。

表 10-5 请求方法说明

方法	说明	安全性	幂等性
GET	请求指定资源的表示形式；一般用于获取资源，不应对服务器状态产生任何影响	是	是
HEAD	与 GET 类似，区别是不传输响应的正文部分，一般用于获取指定资源的元数据	是	是
POST	对目标资源执行请求内容的特定处理，一般用于向服务器提交数据，通常用来创建新资源或者对现有资源进行修改	否	否
PUT	将目标资源的所有当前表示形式替换为请求的内容，可以用于创建、更新和删除资源。虽然 PUT 看起来和 POST 类似，但对同一目标多次 PUT 和一次 PUT 是相同的	否	是
DELETE	删除目标资源的所有当前表示形式	否	是
CONNECT	建立到由目标资源标识的服务器的隧道	否	否
OPTIONS	描述目标资源的通信选项，一般用于获取资源支持的请求方法	是	是
TRACE	沿着目标资源的路径执行消息环回测试，在最终的响应中返回经过服务器的请求报文，一般用于诊断、测试或性能分析	是	是

10.4 状态码

HTTP 响应消息中的响应状态码是一个三位数的整数代码，用于描述请求的结果和响应的语义，包括请求是否成功及所包含的内容（如果有），所有有效的状态码都在 100～599 的范围内（包括 100 和 599）。基础的状态码由 RFC 9110 规范定义，除此之外，还通过 RFC2518、RFC 3229、RFC 4918、RFC 5842、RFC 7168 与 RFC 8297 等规范扩展了状态码。

状态码的第 1 个数字定义了响应的类别，最后两位数字没有任何分类作用，第 1 个数字有 5 个值，分别是 1、2、3、4、5，类别详情如下。

(1) 1xx(信息)：已收到请求，继续处理。

(2) 2xx(请求成功)：已成功接收、理解并接受请求。

(3) 3xx(重定向)：需要采取进一步操作才能完成请求。

(4) 4xx(客户端错误)：请求包含错误语法或无法完成。

(5) 5xx(服务器错误)：服务器无法完成有效的请求。

详细的状态码说明如表 10-6 所示。

表 10-6 状态码说明

状态码	原因短语	类型	说明
100	Continue	基础	请求者应当继续提出请求，服务器返回此代码表示已收到请求的第 1 部分，正在等待其余部分
101	Switching Protocols	基础	请求者已要求服务器切换协议，服务器已确认并准备切换
102	Processing	扩展	处理将被继续执行
103	Early Hints	扩展	早期提示
200	OK	基础	服务器已成功处理了请求
201	Created	基础	请求已经被实现，而且有一个新的资源已经依据请求的需要而创建
202	Accepted	基础	服务器已接受请求，但尚未处理
203	Non-Authoritative Information	基础	服务器已成功处理了请求，但返回的信息可能来自另一来源
204	No Content	基础	服务器成功处理了请求，但没有返回任何内容
205	Reset Content	基础	服务器成功处理了请求，但没有返回任何内容。与 204 响应不同，此响应要求请求者重置文档视图
206	Partial Content	基础	服务器成功处理了部分请求
207	Multi Status	扩展	对于多种状态码都可能合适的情况，传输有关多个资源的信息
208	Already Reported	扩展	已经报告，DAV 绑定的成员已经在(多状态)响应之前的部分被列举，并且未被再次包含
226	IM Used	扩展	服务器已经满足了请求所要的资源，并且响应是一个或多个实例操作应用于当前实例的结果
300	Multiple Choices	基础	针对请求，服务器可执行多种操作
301	Moved Permanently	基础	请求的网页已被永久移动到新位置
302	Found	基础	服务器目前从不同位置的网页响应请求，但请求者应继续使用原有位置进行以后的请求

续表

状态码	原因短语	类型	说明
303	See Other	基础	请求者应当对不同的位置使用单独的 GET 请求来检索响应时,服务器返回此代码
304	Not Modified	基础	自从上次请求后,请求的资源未修改过
305	Use Proxy	基础	请求者只能使用代理访问请求的资源
306	(Unused)	基础	该状态码不再使用
307	Temporary Redirect	基础	服务器目前从不同位置的网页响应请求,但请求者应继续使用原有位置进行以后的请求。307 的定义和 302 是一致的,唯一的区别在于 307 状态码不允许浏览器将原本为 POST 的请求重定向到 GET 请求上
308	Permanent Redirect	基础	请求的资源已经被永久地移动到了由 Location 首部指定的 URL 上。308 的定义和 301 是一致的,唯一的区别在于 308 状态码不允许浏览器将原本为 POST 的请求重定向到 GET 请求上
400	Bad Request	基础	服务器不理解请求的语法
401	Unauthorized	基础	请求要求身份验证
402	Payment Required	基础	该状态码为将来保留,目前不使用
403	Forbidden	基础	服务器拒绝请求
404	Not Found	基础	服务器找不到请求的资源
405	Method Not Allowed	基础	禁用请求中指定的方法
406	Not Acceptable	基础	请求的资源的内容特性无法满足请求头中的条件,因而无法生成响应实体,该请求不可接受
407	Proxy Authentication Required	基础	与 401 状态码类似,不过客户端必须在代理服务器上进行身份验证
408	Request Timeout	基础	请求超时
409	Conflict	基础	因为请求存在冲突,所以无法处理该请求
410	Gone	基础	所请求的资源不再可用
411	Length Required	基础	服务器拒绝在没有定义 Content-Length 头的情况下接受请求
412	Precondition Failed	基础	服务器在验证请求的头字段中给出的先决条件时,没能满足其中的一个或多个
413	Content Too Large	基础	服务器拒绝处理当前请求,因为该请求提交的实体数据大小超过了服务器愿意或者能够处理的范围
414	URI Too Long	基础	请求的 URI 长度超过了服务器能够解释的长度,因此服务器拒绝对该请求提供服务

续表

状态码	原因短语	类型	说　明
415	Unsupported Media Type	基础	对于当前请求的方法和所请求的资源，请求中提交的互联网媒体类型并不是服务器中所支持的格式，因此请求被拒绝
416	Range Not Satisfiable	基础	客户端已经要求文件的一部分，但服务器不能提供该部分
417	Expectation Failed	基础	服务器未满足“期望”请求标头字段的要求
418	(Unused)	基础	该状态码不再使用
421	Misdirected Request	基础	该请求被定向到无法或不愿意为目标 URI 生成权威响应的服务器
422	Unprocessable Content	基础	请求格式正确，但由于含有语义错误，所以无法响应
423	Locked	扩展	当前资源被锁定
424	Failed Dependency	扩展	由于之前的某个请求发生的错误，所以导致当前请求失败
425	Unordered Collection	扩展	在 WebDav Advanced Collections 草案中定义，但未出现在《WebDAV 顺序集协议》中
426	Upgrade Required	基础	服务器拒绝使用当前协议执行请求，但可能在客户端升级到不同协议之后愿意这样做
428	Precondition Required	扩展	源服务器要求请求是有条件的
429	Too Many Requests	扩展	用户在给定的时间内发送了太多的请求
431	Request Header Fields Too Large	扩展	服务器不愿处理请求，因为一个或多个头字段过大
451	Unavailable For Legal Reasons	扩展	该访问因法律的要求而被拒绝
500	Internal Server Error	基础	服务器遇到错误，无法完成请求
501	Not Implemented	基础	服务器不具备完成请求的功能
502	Bad Gateway	基础	服务器作为网关或代理，从上游服务器收到无效响应
503	Service Unavailable	基础	服务器目前无法使用
504	Gateway Timeout	基础	服务器作为网关或代理，但是没有及时从上游服务器收到请求
505	HTTP Version Not Supported	基础	服务器不支持请求中所用的 HTTP 版本
506	Variant Also Negotiates	扩展	内部服务器配置错误，其中所选变元自身被配置为参与内容协商，因此并不是合适的协商端点
507	Insufficient Storage	扩展	无法在资源上执行该方法，因为服务器无法存储成功完成请求所需的表示
508	Loop Detected	扩展	服务器在处理请求时陷入死循环
510	Not Extended	扩展	获取资源所需要的策略并没有被满足
511	Network Authentication Required	扩展	客户端需要进行身份验证才能获得网络访问权限

10.5 首部字段

HTTP 中约定的常用首部字段如表 10-7 所示。

表 10-7 首部字段说明

字段名称	状态	说明
Accept	有效	用户代理可处理的首选媒体类型
Accept-Charset	弃用	首选的字符集
Accept-Encoding	有效	首选的内容编码
Accept-Language	有效	首选的自然语言集
Accept-Ranges	有效	指示上游服务器是否支持目标资源的范围请求
Allow	有效	资源可支持的 HTTP 方法
Authentication-Info	有效	认证响应信息
Authorization	有效	允许用户代理向源服务器进行身份验证
Connection	有效	允许发送方列出当前连接所需的控制选项
Content-Encoding	有效	正文适用的编码方式
Content-Language	有效	正文的自然语言
Content-Length	有效	以字节为单位的正文的大小
Content-Location	有效	替代对应资源的 URI
Content-Range	有效	正文的位置范围
Content-Type	有效	正文的媒体类型
Date	有效	消息产生的日期和时间
ETag	有效	实体标签
Expect	有效	期待服务器的特定行为
From	有效	用户的电子邮箱地址
Host	有效	请求资源所在服务器
If-Match	有效	比较资源标记并且匹配
If-Modified-Since	有效	比较资源的更新时间，如果服务器端更晚，则匹配成功
If-None-Match	有效	比较资源标记并且不匹配，与 If-Match 相反
If-Range	有效	如果不匹配，则指示接收方忽略 Range 标头字段，从而传输新的选定表示
If-Unmodified-Since	有效	比较资源的更新时间，如果服务器端更早或相等，则匹配成功

续表

字段名称	状态	说明
Last-Modified	有效	资源的最新修改时间
Location	有效	指代与响应相关的特定资源
Max-Forwards	有效	限制代理转发请求的次数
Proxy-Authenticate	有效	质询适用于此请求的代理的身份验证方案和参数
Proxy-Authentication-Info	有效	代理的认证响应信息
Proxy-Authorization	有效	客户端向需要身份验证的代理标识自己的身份验证信息
Range	有效	请求仅传输所选资源数据的一个或多个子范围,而不是整个资源数据
Referer	有效	当前请求的来源
Retry-After	有效	指示用户代理在发出后续请求之前应该等待多长时间
Server	有效	服务器用来处理请求的软件信息
TE	有效	描述了客户端在传输编码和尾部字段方面的能力
Trailer	有效	尾部字段名称列表,发送端使用这些尾部字段附加在正文后面
Upgrade	有效	在同一连接上从 HTTP/1.1 转换到其他协议
User-Agent	有效	关于发起请求的用户代理的信息
Vary	有效	指示服务器在服务器端驱动型内容协商阶段所使用的标头清单
Via	有效	表示用户代理和服务器之间或原始服务器和客户端之间存在中间协议和接收方
WWW-Authenticate	有效	指示适用于目标资源的身份验证方案和参数

10.6 HTTP/首部压缩静态表

10.6.1 HTTP/2 首部压缩静态表

HTTP/2 协议中约定的首部压缩静态表如表 10-8 所示。

表 10-8 HTTP/2 协议中约定的首部压缩静态表说明

Index	Header Name	Header Value
1	:authority	
2	:method	GET
3	:method	POST

续表

Index	Header Name	Header Value
4	:path	/
5	:path	/index.html
6	:scheme	http
7	:scheme	https
8	:status	200
9	:status	204
10	:status	206
11	:status	304
12	:status	400
13	:status	404
14	:status	500
15	accept-charset	
16	accept-encoding	gzip, deflate
17	accept-language	
18	accept-ranges	
19	accept	
20	access-control-allow-origin	
21	age	
22	allow	
23	authorization	
24	cache-control	
25	content-disposition	
26	content-encoding	
27	content-language	
28	content-length	
29	content-location	
30	content-range	
31	content-type	
32	cookie	

续表

Index	Header Name	Header Value
33	date	
34	etag	
35	expect	
36	expires	
37	from	
38	host	
39	if-match	
40	if-modified-since	
41	if-none-match	
42	if-range	
43	if-unmodified-since	
44	last-modified	
45	link	
46	location	
47	max-forwards	
48	proxy-authenticate	
49	proxy-authorization	
50	range	
51	referer	
52	refresh	
53	retry-after	
54	server	
55	set-cookie	
56	strict-transport-security	
57	transfer-encoding	
58	user-agent	
59	vary	
60	via	
61	www-authenticate	

10.6.2　HTTP/3 首部压缩静态表

HTTP/3 协议中约定的首部压缩静态表如表 10-9 所示。

表 10-9　HTTP/3 协议中约定的首部压缩静态表说明

Index	Name	Value
0	:authority	
1	:path	/
2	age	0
3	content-disposition	
4	content-length	0
5	cookie	
6	date	
7	etag	
8	if-modified-since	
9	if-none-match	
10	last-modified	
11	link	
12	location	
13	referer	
14	set-cookie	
15	:method	CONNECT
16	:method	DELETE
17	:method	GET
18	:method	HEAD
19	:method	OPTIONS
20	:method	POST
21	:method	PUT
22	:scheme	http
23	:scheme	https
24	:status	103
25	:status	200

续表

Index	Name	Value
26	:status	304
27	:status	404
28	:status	503
29	accept	*/*
30	accept	application/dns-message
31	accept-encoding	gzip，deflate，br
32	accept-ranges	bytes
33	access-control-allow-headers	cache-control
34	access-control-allow-headers	content-type
35	access-control-allow-origin	*
36	cache-control	max-age=0
37	cache-control	max-age=2592000
38	cache-control	max-age=604800
39	cache-control	no-cache
40	cache-control	no-store
41	cache-control	public，max-age=31536000
42	content-encoding	br
43	content-encoding	gzip
44	content-type	application/dns-message
45	content-type	application/javascript
46	content-type	application/json
47	content-type	application/x-www-form-urlencoded
48	content-type	image/gif
49	content-type	image/jpeg
50	content-type	image/png
51	content-type	text/css
52	content-type	text/html；charset=utf-8
53	content-type	text/plain
54	content-type	text/plain;charset=utf-8

续表

Index	Name	Value
55	range	bytes=0-
56	strict-transport-security	max-age=31536000
57	strict-transport-security	max-age=31536000；includesubdomains
58	strict-transport-security	max-age=31536000；includesubdomains；preload
59	vary	accept-encoding
60	vary	origin
61	x-content-type-options	nosniff
62	x-xss-protection	1；mode=block
63	:status	100
64	:status	204
65	:status	206
66	:status	302
67	:status	400
68	:status	403
69	:status	421
70	:status	425
71	:status	500
72	accept-language	
73	access-control-allow-credentials	FALSE
74	access-control-allow-credentials	TRUE
75	access-control-allow-headers	*
76	access-control-allow-methods	get
77	access-control-allow-methods	get，post，options
78	access-control-allow-methods	options
79	access-control-expose-headers	content-length
80	access-control-request-headers	content-type
81	access-control-request-method	get
82	access-control-request-method	post

续表

Index	Name	Value
83	alt-svc	clear
84	authorization	
85	content-security-policy	script-src 'none'; object-src 'none'; base-uri 'none'
86	early-data	1
87	expect-ct	
88	forwarded	
89	if-range	
90	origin	
91	purpose	prefetch
92	server	
93	timing-allow-origin	*
94	upgrade-insecure-requests	1
95	user-agent	
96	x-forwarded-for	
97	x-frame-options	deny
98	x-frame-options	sameorigin

第11章 HTTP服务器端

仓颉封装了HTTP的服务器端处理能力，支持对HTTP/1.1、HTTP/2版本的服务器端处理，对应的类库位于net模块的http包下，导入方式如下：

```
from net import http.*
```

开发者可以基于这些类库开发特定的HTTP服务器，并根据实际业务对具体的服务器端进行处理。在企业级开发中，大部分开发者可能会选择使用专业的HTTP服务器(例如Java开发中常见的Tomcat)，通过成熟的开发框架(如Java开发中使用的Spring Boot)进行Web开发，但通过手写HTTP服务器，可以了解基础的HTTP服务器端处理流程，为以后基于框架的Web开发打下坚实的基础。

11.1 Hello World

HTTP服务器端处理是一个复杂的过程，为了给读者一个直观的认识，本节提供了一个最简单的HTTP服务器示例，通过浏览器访问该服务器的特定网址，可在浏览器页面上显示"Hello World!"，示例代码如下：

```
//Chapter11/http_hello_world/src/demo.cj

from net import http.*

main() {
    //创建 HTTP 服务器
    let server = ServerBuilder().addr("0.0.0.0").port(8080).build()

    //注册路径/index 的处理程序
    server.distributor.register("/index", requestHandler)

    //启动服务
    server.serve()
}
```

```
//处理对/index 的 HTTP 请求,返回 Hello World!
func requestHandler(httpContext: HttpContext): Unit {
    httpContext.responseBuilder.body("Hello World!")
}
```

编译运行该示例：

```
cjc .\demo.cj
.\main.exe
```

然后通过浏览器访问网址 http://127.0.0.1:8080/index，浏览器显示内容如图 11-1 所示。

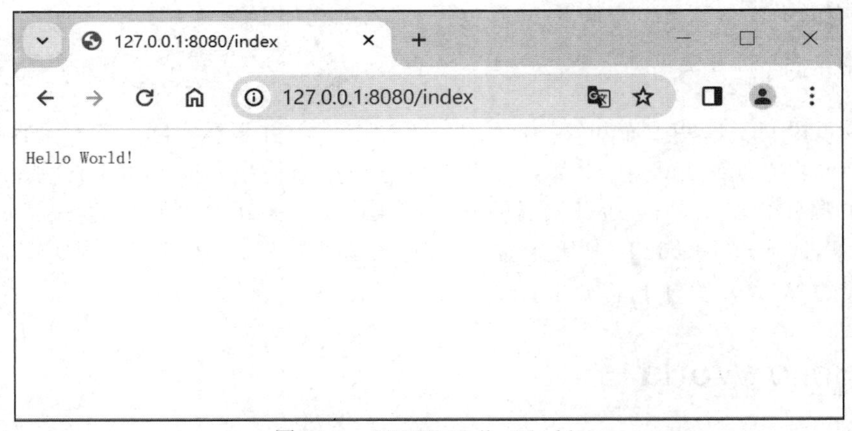

图 11-1 HTTP Hello World!

可以看到 HTTP 服务器运行正常，在浏览器上显示了"Hello World!"字样。下面分析一下示例代码，看它是如何工作的。

示例代码很简单，一共只有十几行，先看创建 HTTP 服务器实例的代码：

```
let server = ServerBuilder().addr("127.0.0.1").port(8080).build()
```

该行代码通过 ServerBuilder 类创建了 Server 类型的变量 server，将 HTTP 服务绑定的地址指定为 127.0.0.1，监听的端口为 8080，随后注册了路径/index 的处理程序，代码如下：

```
server.distributor.register("/index", requestHandler)
```

该行代码表明，客户端对服务器/index 的请求都会被服务器分派给函数 requestHandler 处理，最后一行代码启动了 HTTP 服务：

```
server.serve()
```

然后就开始监听客户端对服务器的请求了。

再看函数 requestHandler：

```
func requestHandler(httpContext: HttpContext): Unit {
    httpContext.responseBuilder.body("Hello World!")
}
```

该函数接收一个 HttpContext 类型的参数 httpContext，表示 HTTP 请求上下文，对请求的响应通过 httpContext.responseBuilder 实现，这里把"Hello World!"作为响应的 body 返回客户端，所以在客户端浏览器的页面就显示出了该字符串。

11.2　主要类库及示例

11.2.1　Protocol

Protocol 为枚举类型，表示已经提供支持的 HTTP 协议版本，包括以下 4 个构造器。

(1) HTTP1_0：HTTP/1.0 版本。

(2) HTTP1_1：HTTP/1.1 版本。

(3) HTTP2_0：HTTP/2 版本。

(4) UnknownProtocol(String)：未知的 HTTP 版本。

11.2.2　HttpStatusCode

表示 HTTP 响应消息中状态码的结构体，包含以下静态成员变量：

- public static const STATUS_CONTINUE = 100
- public static const STATUS_SWITCHING_PROTOCOLS = 101
- public static const STATUS_PROCESSING = 102
- public static const STATUS_EARLY_HINTS = 103
- public static const STATUS_OK = 200
- public static const STATUS_CREATED = 201
- public static const STATUS_ACCEPTED = 202
- public static const STATUS_NON_AUTHORITATIVE_INFO = 203
- public static const STATUS_NO_CONTENT = 204
- public static const STATUS_RESET_CONTENT = 205
- public static const STATUS_PARTIAL_CONTENT = 206
- public static const STATUS_MULTI_STATUS = 207
- public static const STATUS_ALREADY_REPORTED = 208
- public static const STATUS_IM_USED = 226
- public static const STATUS_MULTIPLE_CHOICES = 300

- public static const STATUS_MOVED_PERMANENTLY = 301
- public static const STATUS_FOUND = 302
- public static const STATUS_SEE_OTHER = 303
- public static const STATUS_NOT_MODIFIED = 304
- public static const STATUS_USE_PROXY = 305
- public static const STATUS_TEMPORARY_REDIRECT = 307
- public static const STATUS_PERMANENT_REDIRECT = 308
- public static const STATUS_BAD_REQUEST = 400
- public static const STATUS_UNAUTHORIZED = 401
- public static const STATUS_PAYMENT_REQUIRED = 402
- public static const STATUS_FORBIDDEN = 403
- public static const STATUS_NOT_FOUND = 404
- public static const STATUS_METHOD_NOT_ALLOWED = 405
- public static const STATUS_NOT_ACCEPTABLE = 406
- public static const STATUS_PROXY_AUTH_REQUIRED = 407
- public static const STATUS_REQUEST_TIMEOUT = 408
- public static const STATUS_CONFLICT = 409
- public static const STATUS_GONE = 410
- public static const STATUS_LENGTH_REQUIRED = 411
- public static const STATUS_PRECONDITION_FAILED = 412
- public static const STATUS_REQUEST_CONTENT_TOO_LARGE = 413
- public static const STATUS_REQUEST_URI_TOO_LONG = 414
- public static const STATUS_UNSUPPORTED_MEDIA_TYPE = 415
- public static const STATUS _REQUESTED_RANGE_NOT_SATISFIABLE = 416
- public static const STATUS_EXPECTATION_FAILED = 417
- public static const STATUS_TEAPOT = 418
- public static const STATUS_MISDIRECTED_REQUEST = 421
- public static const STATUS_UNPROCESSABLE_ENTITY = 422
- public static const STATUS_LOCKED = 423
- public static const STATUS_FAILED_DEPENDENCY = 424
- public static const STATUS_TOO_EARLY = 425
- public static const STATUS_UPGRADE_REQUIRED = 426
- public static const STATUS_PRECONDITION_REQUIRED = 428
- public static const STATUS_TOO_MANY_REQUESTS = 429
- public static const STATUS _REQUEST_HEADER_FIELDS_TOO_LARGE = 431
- public static const STATUS_UNAVAILABLE_FOR_LEGAL_REASONS = 451

- public static const STATUS_INTERNAL_SERVER_ERROR = 500
- public static const STATUS_NOT_IMPLEMENTED = 501
- public static const STATUS_BAD_GATEWAY = 502
- public static const STATUS_SERVICE_UNAVAILABLE = 503
- public static const STATUS_GATEWAY_TIMEOUT = 504
- public static const STATUS_HTTP_VERSION_NOT_SUPPORTED = 505
- public static const STATUS_VARIANT_ALSO_NEGOTIATES = 506
- public static const STATUS_INSUFFICIENT_STORAGE = 507
- public static const STATUS_LOOP_DETECTED = 508
- public static const STATUS_NOT_EXTENDED = 510
- public static const STATUS _NETWORK_AUTHENTICATION_REQUIRED = 511

关于每种状态码的详细描述可以参考 10.4 节。

11.2.3 HttpHeaders

表现形式为键-值对的集合，表示 HTTP 报文的首部及尾部字段，其中键为字段的名称，对应的值为首部或者尾部字段值的集合，类定义如下：

```
public class HttpHeaders <: Iterable<(String, Collection<String>)>
```

其中，键不区分大小写，在实际存储中转换为小写形式，值仍然保持大小写形式不变。一个键可以对应多个值，这和具体的消息首部格式相关，下面通过一个示例演示不同的请求消息首部对 HttpHeaders 值的影响，示例代码如下：

```
//Chapter11/http_headers_demo/src/demo.cj

from net import http.*
from std import collection.*

main() {
    let server =ServerBuilder().addr("127.0.0.1").port(8080).build()

    //注册根目录的处理程序
    server.distributor.register("/", printRequestHeader)

    //启动服务
    server.serve()
}

//输出 HTTP 请求中的 header
func printRequestHeader(httpContext: HttpContext): Unit {
    let headers =httpContext.request.headers
```

```
    for (header in headers) {
        let headerName = header[0]
        let headerValue = header[1]
        println("HeaderName:${headerName}")
        for (value in headerValue) {
            println("HeaderValue:${value}")
        }
        println()
    }
}
```

在这个示例中，创建了一个简单的 HTTP 服务器，它通过函数 printRequestHeader 响应对根目录的请求并在服务器端控制台输出请求的首部信息。本示例重点关注的是 printRequestHeader 函数，它的第 1 行代码获取了请求的 headers，类型是本节介绍的 HttpHeaders 对象，随后的代码会循环输出每个字段及对应的值，如果字段对应多个值就会输出多行，编译后运行该示例，命令如下：

```
cjc .\demo.cj
.\main.exe
```

这样就在 8080 端口启动了 HTTP 服务器，此时如果打开一个浏览器，然后访问网址 http://127.0.0.1:8080/，在服务器端则可能会有以下输出：

```
HeaderName:host
HeaderValue:127.0.0.1:8080

HeaderName:connection
HeaderValue:keep-alive

HeaderName:sec-ch-ua
HeaderValue:"Not_A Brand";v="8", "Chromium";v="120", "Google Chrome";v="120"

HeaderName:sec-ch-ua-mobile
HeaderValue:?0

HeaderName:sec-ch-ua-platform
HeaderValue:"Windows"

HeaderName:upgrade-insecure-requests
HeaderValue:1

HeaderName:user-agent
HeaderValue:Mozilla/5.0 (Windows NT 10.0; Win64; x64) AppleWebKit/537.36 (KHTML,
like Gecko) Chrome/120.0.0.0 Safari/537.36

HeaderName:accept
```

```
HeaderValue: text/html, application/xhtml + xml, application/xml; q= 0. 9, image/avif,
image/webp,image/apng, * / * ;q=0.8,application/signed-exchange;v=b3;q=0.7

HeaderName:sec-fetch-site
HeaderValue:none

HeaderName:sec-fetch-mode
HeaderValue:navigate

HeaderName:sec-fetch-user
HeaderValue:?1

HeaderName:sec-fetch-dest
HeaderValue:document

HeaderName:accept-encoding
HeaderValue:gzip, deflate, br

HeaderName:accept-language
HeaderValue:zh-CN,zh;q=0.9,en;q=0.8
```

这些输出的信息就是浏览器请求网址 http://127.0.0.1:8080/时携带的首部字段名称及对应的值。为了更好地演示对比效果,可以通过客户端工具(Postman、Fiddler 等)发送定制的请求消息,一个简单的请求消息的示例如下:

```
GET http://127.0.0.1:8080/ HTTP/1.1
host: 127.0.0.1:8080
accept-encoding: gzip,deflate, br
content-type: text/html; charset=UTF-8
connection: keep-alive
content-length: 0
```

接收到该消息后,服务器端的输出如下:

```
HeaderName:host
HeaderValue:127.0.0.1:8080

HeaderName:accept-encoding
HeaderValue:gzip,deflate, br

HeaderName:content-type
HeaderValue:text/html; charset=UTF-8

HeaderName:connection
HeaderValue:keep-alive

HeaderName:content-length
HeaderValue:0
```

要关注的 header 是 accept-encoding，它对应的值只有一个，即"gzip，deflate，br"，表示 3 种压缩算法，然后把请求的消息内容修改一下，把原先的 accept-encoding：gzip，deflate，br 变成 3 个请求首部，修改后的消息如下：

```
GET http://127.0.0.1:8080/ HTTP/1.1
host: 127.0.0.1:8080
accept-encoding: gzip
accept-encoding: deflate
accept-encoding: br
content-type: text/html; charset=UTF-8
connection: keep-alive
content-length: 0
```

然后向服务器发送该请求消息，服务器端的输出如下：

```
HeaderName:host
HeaderValue:127.0.0.1:8080

HeaderName:accept-encoding
HeaderValue:gzip
HeaderValue:deflate
HeaderValue:br

HeaderName:content-type
HeaderValue:text/html; charset=UTF-8

HeaderName:connection
HeaderValue:keep-alive

HeaderName:content-length
HeaderValue:0
```

输出的信息表明了两次请求的区别，主要是 accept-encoding 的值，现在是一个字符串集合，分别是 gzip、deflate 和 br，而上次是一个包含所有值的字符串"gzip，deflate，br"。

HttpHeaders 类的主要成员函数如下。

1）public func add(name：String，value：String)：Unit

将指定键-值对添加到集合，其中 name 表示字段名称，value 表示字段值；如果 name 在集合中已经存在，则将在其对应的值列表中添加 value；如果 name 不存在，则添加 name 字段及其值 value；如果传入的 name/value 包含不合法元素，则抛出 HttpException 异常。

2）public func set(name：String，value：String)：Unit

设置键 name 对应的值 value，如果 name 在集合中已经存在，则 value 将会覆盖之前的值；如果传入的 name/value 包含不合法元素，则抛出 HttpException 异常。

3）public func get(name：String)：Collection＜String＞

获取指定键 name 对应的值的集合，如果 name 不存在，则返回空集合。

4）public func getFirst(name：String)：?String

获取指定键 name 对应的第 1 个值，如果 name 不存在，则返回 None。

5）public func del(name：String)：Unit

删除指定键 name 对应的键-值对。

6）public func iterator()：Iterator<(String，Collection<String>)>

获取迭代器，可用于遍历所有键-值对。

7）public func isEmpty()：Bool

当前集合是否不包含任何键-值对，如果不包含，则返回值为 true，否则返回值为 false。

HTTP 的首部字段在请求和响应中都有着重要的作用，下面的示例在响应客户端请求时，可以通过响应对象的 header 属性设置内容类型及内容长度，示例代码如下：

```
//Chapter11/content_size_demo/src/demo.cj

from net import http.*

main() {
    let server =ServerBuilder().addr("127.0.0.1").port(8080).build()

    //注册/index 的处理程序
    server.distributor.register("/index", requestHandler)

    //启动服务
    server.serve()
}

//处理路径/index 的请求
func requestHandler(httpContext: HttpContext): Unit {

    //设置响应消息的 header
    let responseBuilder =httpContext.responseBuilder
    responseBuilder.header("Content-Type", "text/html; charset=UTF-8")

    //获取响应消息的内容
    let respBody =getRespContent()

    //设置返回消息体的长度
    responseBuilder.header("Content-Length", respBody.size.toString())

    responseBuilder.body(respBody)
}

//获取响应的 body 内容
func getRespContent() {
    return """
<!DOCTYPE html>
<html lang="en">
```

```
<head>
  <meta charset="UTF-8">
  <title>Hello World</title>
</head>

<body>
  <div style="width: 100%;margin-top: 30px;">
    <div style="text-align: center;color: blue;">Hello World</div>
  </div>
</body>

</html>
"""
}
```

编译运行该示例：

```
cjc .\demo.cj
.\main.exe
```

然后通过浏览器访问网址 http://127.0.0.1:8080/index，浏览器显示内容如图 11-2 所示，页面按照响应消息的类型解析为 HTML 元素，呈现为一个居中的蓝色文字"Hello World"。

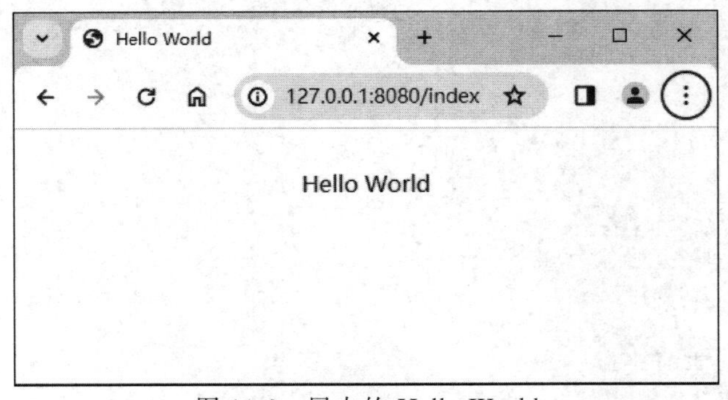

图 11-2　居中的 Hello World

11.2.4　Cookie

HTTP 本身不记录请求和响应的状态信息，两次请求响应之间是互相独立的，为了维护客户端和服务器端之间的状态，可以在每次请求和响应时都带上特定的 Cookie，通过 Cookie 的形式记录客户端和服务器端之间的状态变化。

Cookie 类的主要成员属性和函数如下。

1）public prop cookieName：String

Cookie 的名称。

2）public prop cookieValue：String

Cookie 的值。

3）public prop expires：?DateTime

Cookie 的过期时间，是一个 GMT 格式的具体时间。

4）public prop maxAge：?Int64

Cookie 的最长生命周期，以秒为单位，超出该时间后客户端的请求将不再携带该 Cookie。maxAge 的优先级比 expires 高，如果同时设置 expires 与 maxAge 属性，则 maxAge 属性会生效。

5）public prop domain：String

Cookie 所属的域，设置了域后，只有发送到指定的域或者其子域的请求才可以携带该 Cookie。

6）public prop path：String

Cookie 的有效路径，设置了路径后，只有在指定路径下发起的请求才可以携带该 Cookie。

7）public prop secure：Bool

Cookie 是否只在 HTTPS 下有效，设置为 true 后只能通过基于 HTTPS 协议的请求发送给服务器端。

8）public prop httpOnly：Bool

设置为 true 后禁止 JavaScript 访问该 Cookie，从而防止 XSS 攻击。

9）public prop others：ArrayList<String>

返回其他未被解析的属性列表。

10）public func toSetCookieString()：String

将 Cookie 转换为 Set-Cookie header 需要的字符串形式。因为 Cookie 也是一种 HTTP 首部，在服务器端设置 Cookie 时，首部字段名称为 Set-Cookie，首部字段对应的值为 Cookie 的 toSetCookieString()函数返回的值。

11）public init(name：String，value：String，expires!：?DateTime = None，maxAge!：?Int64=None，domain!：String=""，path!：String=""，secure!：Bool=false，httpOnly!：Bool=false)

构造函数，其中参数 name 和 value 是必需的，其他的参数可以不提供。

下面通过一个示例演示 Cookie 的基本用法，在该示例中，包括 3 个 Cookie，分别是对应于路径/path1 的 count，对应于路径/path2 的 count，以及对应于根路径/的 totcount，前两个 Cookie 名称相同，但是生效的路径不同，第 3 个 Cookie 在整个路径都有效；在服务器端发送请求时会带上对应的 Cookie，服务器端接收到请求时会把 Cookie 的值加 1，示例代码如下：

```
//Chapter11/cookie_demo/src/demo.cj
```

```
from net import http.*
from std import convert.*
from std import collection.*
from std import fs.*
from std import io.*
from std import os.*

main() {
    let server =ServerBuilder().addr("0.0.0.0").port(8080).build()

    //注册/path1/cookie的处理程序
    server.distributor.register("/path1/cookie", dealwithPath1Cookie)

    //注册/path2/cookie的处理程序
    server.distributor.register("/path2/cookie", dealwithPath2Cookie)

    //启动服务
    server.serve()
}

//路径/path1/cookie的处理程序
func dealwithPath1Cookie(httpContext: HttpContext): Unit {
    dealwithCookie(httpContext, "/path1")
}

//路径/path2/cookie的处理程序
func dealwithPath2Cookie(httpContext: HttpContext): Unit {
    dealwithCookie(httpContext, "/path2")
}

//获取请求的Cookie列表
func getCookieList(httpContext: HttpContext) {
    let cookieList =ArrayList<Cookie>()

    let headerCookie =httpContext.request.headers.get("cookie")
    //获取所有的Cookie
    if (headerCookie.size >0) {
        for (ckListItem in headerCookie) {
            let ckArray =ckListItem.split(";")
            for (ckItem in ckArray) {
                let cookiePaire =ckItem.split("=")
                if (cookiePaire.size ==2) {
                    cookieList.append(Cookie(cookiePaire[0].trimAscii(),
cookiePaire[1].trimAscii()))
                }
            }
        }
    }
    return cookieList
```

```
}

//查找指定名称的 Cookie 在列表中的序号
func findCookieIndex(cookieName: String, cookieList: ArrayList<Cookie>) {
    var cookieIndex =-1
    var indx =0
    while (indx <cookieList.size) {
        if (cookieList[indx].cookieName ==cookieName) {
            cookieIndex =indx
            break
        }

        indx++
    }
    return cookieIndex
}

//处理指定路径的请求,并且设置 Cookie 的 path
func dealwithCookie(httpContext: HttpContext, cookiePath: String): Unit {
    let cookieList =getCookieList(httpContext)

    //查找名称为 count 的 Cookie
    var cookieName ="count"
    var cookieIndex =findCookieIndex(cookieName, cookieList)

    //如果没有名称为 count 的 Cookie 就创建一个,同时设置 Cookie 路径
    if (cookieIndex ==-1) {
        cookieList.append(Cookie(cookieName, "1", maxAge: 600, path: cookiePath))
    } else { //如果有就移除,并且对 Cookie 值加 1 后重新添加
        let oriCookie =cookieList[cookieIndex]
        cookieList.remove(cookieIndex)
        let newValue =Int64.parse(oriCookie.cookieValue) +1
        cookieList.append(Cookie(cookieName, newValue.toString(), maxAge: 600,
path: cookiePath))
    }

    //查找名称为 totcount 的 Cookie
    cookieName ="totcount"
    cookieIndex =findCookieIndex(cookieName, cookieList)
    //如果没有名称为 totcount 的 Cookie 就创建一个,不设置 Cookie 路径
    if (cookieIndex ==-1) {
        cookieList.append(Cookie(cookieName, "1", maxAge: 600, path: "/"))
    } else { //如果有就移除,并且对 Cookie 值加 1 后重新添加
        let oriCookie =cookieList[cookieIndex]
        cookieList.remove(cookieIndex)
        let newValue =Int64.parse(oriCookie.cookieValue) +1
        cookieList.append(Cookie(cookieName, newValue.toString(), maxAge: 600,
path: "/"))
    }
```

```
    //设置响应消息的 header
    let responseBuilder =httpContext.responseBuilder
    responseBuilder.header("Content-Type", "text/html; charset=UTF-8")

    //设置响应的 Cookie
    for (cookie in cookieList) {
        responseBuilder.header("Set-Cookie", cookie.toSetCookieString())
    }

    //读取文件,作为响应消息的内容
    let respBody =getFileContent("cookie.html")

    //设置返回消息体的长度
    responseBuilder.header("Content-Length", respBody.size.toString())

    responseBuilder.body(respBody)
}

//获取文件内容
func getFileContent(fileName: String): Array<Byte>{
    let separator =getSeparator()
    let path =currentDir().info.path.toString() +
"${separator}files${separator}${fileName}"
    File.readFrom(path)
}

@When[os =="linux"]
func getSeparator() {
    return "/"
}

//当操作系统是 Windows 时编译该函数
@When[os =="windows"]
func getSeparator() {
    return "\\"
}
```

为了便于展示浏览器显示的效果，本示例还包括一个 HTML 文件 cookie.html，它位于子目录 files 下，该文件的 JavaScript 代码通过读取 Cookie 显示当前页面被访问的次数及全站页面被访问的次数，服务器端响应客户端请求时会读取该文件内容作为响应的 body 发送给客户端，代码如下：

```
//Chapter11/content_size_demo/src/files/cookie.html

<html>

<head>
```

```
    <script>
        function getCookieValue(ckName) {
                var name =ckName +"=";
                var ckList =document.cookie.split(';');
                for (var i =0; i <ckList.length; i++) {
                        var c =ckList[i].trim();
                        if (c.indexOf(name) ==0) {
                                return c.substring(name.length, c.length);
                        }
                }
                return "";
        }

        function showInfo() {
                var count =getCookieValue("count");
                var totcount =getCookieValue("totcount");
                if (count !="" && totcount !="") {
                        var info ="本页面第" +count +"次访问,全站第" +totcount +
"次访问"
                        document.getElementById("info").innerText =info

                }
        }
    </script>
</head>

<body onload="showInfo()" onunload=""></body>
<h1 id="info"></h1>

</html>
```

编译运行代码文件,命令如下:

```
cjc .\demo.cj
.\main.exe
```

打开浏览器,访问网址 http://127.0.0.1:8080/path1/cookie,显示效果如图 11-3 所示。再刷新该页面两次,显示效果如图 11-4 所示。

将访问网址更换为 http://127.0.0.1:8080/path2/cookie,显示效果如图 11-5 所示。再刷新该页面两次,显示效果如图 11-6 所示。

通过这 6 次访问表明,通过设置 Cookie 的 path 属性,可以控制客户端请求服务器不同 path 路径时是否携带 Cookie。

11.2.5 HttpRequest

HTTP 的请求类,表示客户端对服务器的请求,包括以下主要成员属性和函数。

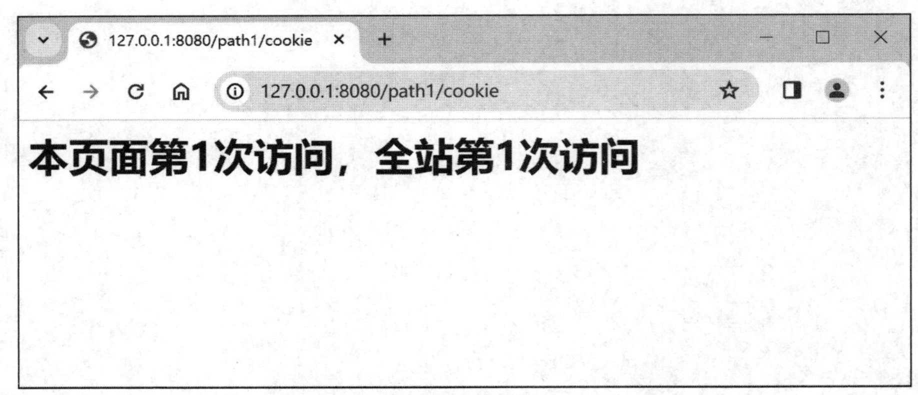

图 11-3　第 1 次访问 path1

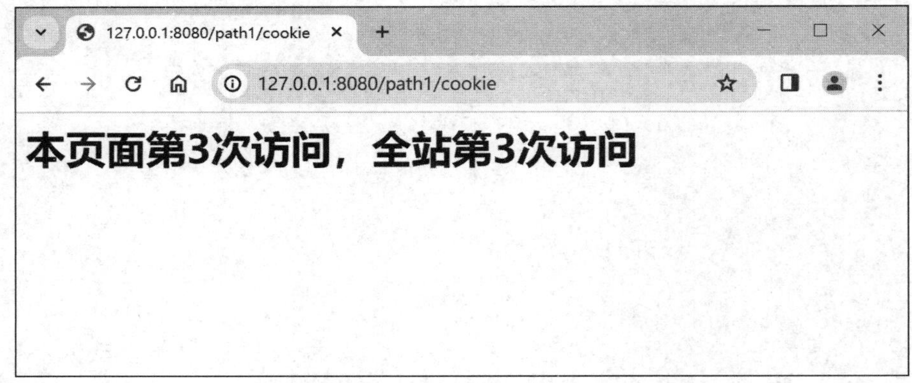

图 11-4　第 3 次访问 path1

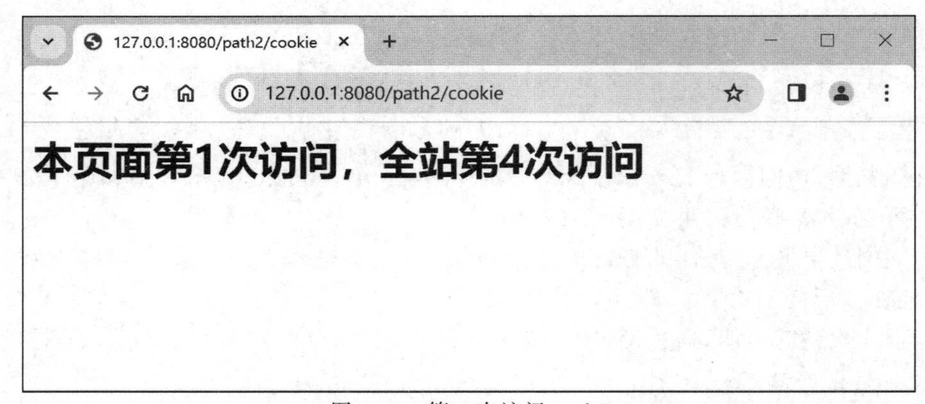

图 11-5　第 1 次访问 path2

1）public prop method：String

请求的方法，如 GET、POST 等，详细的方法列表和简介见 10.1 节，本属性为只读属性。

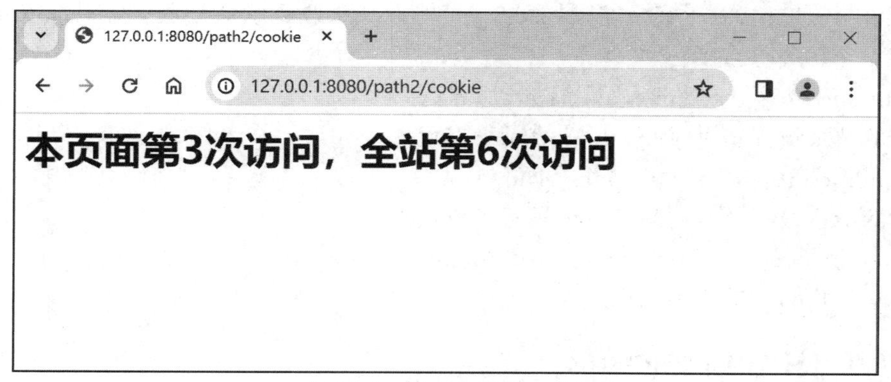

图 11-6 第 3 次访问 path2

2）public prop url：URL

请求的 URL，本属性为只读属性。

3）public prop version：Protocol

请求的 HTTP 版本信息，如 HTTP1_1 、HTTP2_0，本属性为只读属性。

4）public prop headers：HttpHeaders

请求的首部字段信息，为 HttpHeaders 类型。

5）public prop body：InputStream

请求的 body，该属性不支持并发读取，并且默认 InputStream 实现类的 read 函数不支持多次读取。

6）public prop trailers：HttpHeaders

请求的尾部字段信息，为 HttpHeaders 类型。

7）public prop bodySize：Option<Int64>

请求的 body 长度；如果未设置 body，则 bodySize 为 Some(0)，如果 body 长度已知，则 bodySize 为 Some(Int64)；如果 body 长度未知，则 bodySize 为 None。本属性为只读属性。

8）public prop form：Form

请求的表单信息；如果请求方法为 POST、PUT、PATCH，并且 content-type 包含 application/x-www-form-urlencoded，则获取请求 body 部分，用 form 格式解析；如果请求方法不为 POST、PUT、PATCH，则获取请求 URL 中 query 部分进行解析。Form 类位于 encoding 模块的 URL 包中，以键-值对形式存储 HTTP 请求的参数，同一个 key 可以对应多个 value，value 以数组形式存储。

9）public prop remoteAddr：String

用于服务器端，获取客户端地址，格式为 ip：port；自定义的 HttpRequest 对象调用该属性返回空字符串。本属性为只读属性。

10）public prop close：Bool

该请求是否包含首部字段"Connection：close"；对于服务器端，属性为 true 表示处理完该请求应该关闭连接；对于客户端，属性为 true 表示如果收到响应后服务器端未关闭连接，则客户端应主动关闭连接。

11）public prop readTimeout：?Duration

请求的请求级读超时时间，None 表示没有设置。

12）public prop writeTimeout：?Duration

请求的请求级写超时时间，None 表示没有设置。

13）public override func toString()：String

把请求转换为字符串表示形式。

11.2.6 HttpResponse

HTTP 的响应类，表示服务器对客户端请求的响应，包括以下主要成员属性和函数。

1）public prop version：Protocol

响应的协议版本，默认值为 Http1_1。

2）public prop status：UInt16

响应的状态码，默认值为 200，详细的状态码描述可以参考 10.4 节。

3）public prop headers：HttpHeaders

响应的首部字段信息，为 HttpHeaders 类型。

4）public prop body：InputStream

响应的 body，该属性不支持并发读取，并且默认 InputStream 实现类的 read 函数不支持多次读取。

5）public prop trailers：HttpHeaders

响应的尾部字段。

6）public prop bodySize：Option<Int64>

响应 body 的长度；如果未设置 body，则 bodySize 为 Some(0)；如果 body 长度已知，则 bodySize 为 Some(Int64)；如果 body 长度未知，则 bodySize 为 None。本属性为只读属性。

7）public prop request：Option<HttpRequest>

响应对应的请求，默认为 None。

8）public prop close：Bool

该响应是否包含首部字段"Connection：close"；对于服务器端，属性为 true 表示处理完该请求应该关闭连接；对于客户端，属性为 true 表示如果收到响应后服务器端未关闭连接，则客户端应主动关闭连接。

9）public func getPush()：Option<ArrayList<HttpResponse>>

服务器推送的响应，返回 None 代表未开启服务器推送功能，返回空 ArrayList 代表无服务器推送的响应。服务器推送为 HTTP2 特有的功能，目前在实际开发中使用较少。

10）public override func toString()：String

把响应转换为字符串表示形式。

11.2.7　HttpResponseBuilder

用于构造 HttpResponse 实例的类，主要包括以下成员函数。

1）public init()

构造函数，创建一个新的 HttpResponseBuilder 实例。

2）public func version(version：Protocol)：HttpResponseBuilder

设置 HTTP 响应协议的版本。

3）public func status(status：UInt16)：HttpResponseBuilder

设置 HTTP 响应状态码，如果设置的响应状态码不在 100～599 区间内，则抛出 HttpException 异常，详细的状态码描述可以参考 10.4 节。

4）public func header(name：String，value：String)：HttpResponseBuilder

向响应的 header 属性添加指定键-值对 name：value。

5）public func addHeaders (headers：HttpHeaders)：HttpResponseBuilder

向响应属性 header 添加参数 headers 中的键-值对。

6）public func setHeaders (headers：HttpHeaders)：HttpResponseBuilder

设置响应的 header，如果已经设置过，则将替换原 header。

7）public func body(body：Array<UInt8>)：HttpResponseBuilder

设置响应 body，把字节数组参数 body 作为响应 body 的内容，如果不设置响应 header 的 Content-Length 值，则将使用 body 的 size 作为该值。

8）public func body(body：String)：HttpResponseBuilder

设置响应 body，把字符串参数 body 作为响应 body 的内容，如果不设置响应 header 的 Content-Length 值，则将使用 body 的 size 作为该值。

9）public func body(body：InputStream)：HttpResponseBuilder

设置响应 body，把输入流参数 body 作为响应 body 的内容来源，如果不设置响应 header 的 Content-Length 值，则将使用 body 实际写入的字节数量作为该值。

10）public func trailer(name：String，value：String)：HttpResponseBuilder

向响应 trailer 添加指定键-值对 name：value。

11）public func addTrailers (trailers：HttpHeaders)：HttpResponseBuilder

向响应 trailer 添加参数 trailers 中的键-值对。

12）public func setTrailers (trailers：HttpHeaders)：HttpResponseBuilder

设置响应 trailer，如果已经设置过，则将替换原 trailer。

13）public func request(request：HttpRequest)：HttpResponseBuilder

设置响应对应的请求。

14）public func build()：HttpResponse

生成一个 HttpResponse 实例。

HttpResponseBuilder 是用来构造 HTTP 响应的重要工具，特别是它的 body 函数，负责创建响应消息的 body 部分，下面将通过一个示例，演示 body 函数的 3 种重载的调用方法，为了方便对比，这 3 次调用都会向客户端响应相同的 HTML 内容。本示例包含一个 demo.cj 代码文件及一个在 files 文件夹内的 index.html 文件，两个文件的代码如下：

```
//Chapter11/response_body_demo/src/demo.cj

from net import http.*
from std import collection.*
from std import fs.*
from std import io.*
from std import os.*

main() {
    let server =ServerBuilder().addr("0.0.0.0").port(8080).build()

    //注册/hello1 的处理程序
    server.distributor.register("/hello1", dealwithHello1)

    //注册/hello2 的处理程序
    server.distributor.register("/hello2", dealwithHello2)

    //注册/hello3 的处理程序
    server.distributor.register("/hello3", dealwithHello3)

    //启动服务
    server.serve()
}

//路径/hello1 的处理程序,将 body 设置为字节数组
func dealwithHello1(httpContext: HttpContext): Unit {
    //设置响应消息的 header
    let responseBuilder =httpContext.responseBuilder
    responseBuilder.header("Content-Type", "text/html; charset=UTF-8")

    //读取文件,作为响应消息的内容
    let filePath =getFilePath("index.html")
    let respBody =File.readFrom(filePath)

    //设置响应消息体的长度
    responseBuilder.header("Content-Length", respBody.size.toString())

    responseBuilder.body(respBody)
}

//路径/hello2 的处理程序,将 body 设置为字符串
func dealwithHello2(httpContext: HttpContext): Unit {
    //设置响应消息的 header
    let responseBuilder =httpContext.responseBuilder
```

```
    responseBuilder.header("Content-Type", "text/html; charset=UTF-8")

    //读取文件内容并转换为字符串,作为响应消息的内容
    let filePath =getFilePath("index.html")
    let respBody =String.fromUtf8(File.readFrom(filePath))

    //设置响应消息体的长度
    responseBuilder.header("Content-Length", respBody.size.toString())

    responseBuilder.body(respBody)
}

//路径/hello3 的处理程序,将 body 设置为文件
func dealwithHello3(httpContext: HttpContext): Unit {
    //设置响应消息的 header
    let responseBuilder =httpContext.responseBuilder
    responseBuilder.header("Content-Type", "text/html; charset=UTF-8")

    //使用只读打开的文件作为响应消息的 body
    let filePath =getFilePath("index.html")
    let file =File.openRead(filePath)

    responseBuilder.body(file)
}

//获取文件路径
func getFilePath(fileName: String): String {
    let separator =getSeparator()
    return currentDir().info.path.toString() +
"${separator}files${separator}${fileName}"
}

@When[os =="linux"]
func getSeparator() {
    return "/"
}

//当操作系统是 Windows 时编译该函数
@When[os =="windows"]
func getSeparator() {
    return "\\"
}
```

```
//Chapter11/response_body_demo/src/files/index.html

<!DOCTYPE html>
<html lang="en">
```

```
<head>
  <meta charset="UTF-8">
  <title>Hello World</title>
</head>

<body>
  <div style="width: 100%;margin-top: 30px;">
    <div style="text-align: center;color: blue;">Hello World</div>
  </div>
</body>

</html>
```

编译运行代码文件，命令如下：

```
cjc .\demo.cj
.\main.exe
```

打开浏览器，访问网址 http://127.0.0.1:8080/hello1，显示效果如图 11-7 所示，依次访问 http://127.0.0.1:8080/hello2 和 http://127.0.0.1:8080/hello3 都会得到相同的显示效果。

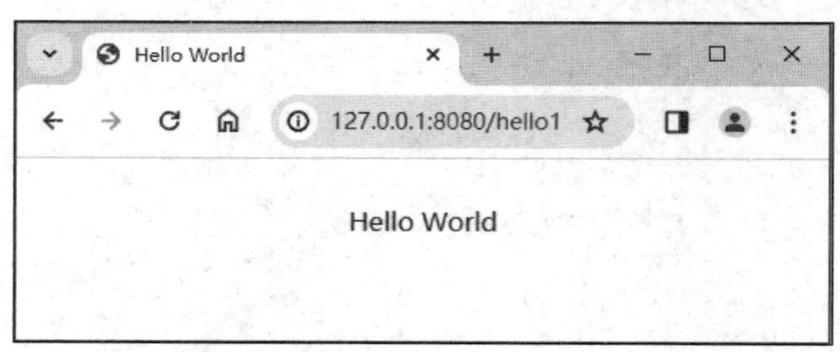

图 11-7 访问 hello1

11.2.8 HttpResponseWriter

通过 HttpResponseBuilder 可以控制发往客户端的消息内容，但是它不能控制发送过程本身，如果需要多次将消息体发送到客户端，则可以使用 HttpResponseWriter 类，该类包含 write 函数，第 1 次调用 write 函数时，将立即发送 header 和通过参数传入的 body，此后每次调用 write 都发送通过参数传入的 body。对于 HTTP/1.1，如果设置了 transfer-encoding: chunked，用户每调用一次 write，则将发送一个 chunk。对于 HTTP/2，用户每调用一次 write，将对指定数据进行封装并发出。

HttpResponseWriter 类的构造函数和成员函数如下。

1）public HttpResponseWriter(let ctx: HttpContext)

主构造函数，使用 HTTP 上下文参数 ctx 创建 HttpResponseWriter 实例。

2）public func write(buf: Array<Byte>): Unit

将参数 buf 中的数据发送到客户端。

下面将通过一个示例演示 write 函数的使用方法，在该示例中，对于客户端的请求响应一张图片，第 1 种方式是直接发送整张图片的数据，第 2 种方式是分块发送图片数据，每次发送 4KB，直到全部发送完毕，示例代码如下：

```
//Chapter11/response_chunked/src/demo.cj

from net import http.*
from std import os.*
from std import io.*
from std import fs.*
from std import collection.HashMap

main() {
    let server =ServerBuilder().addr("0.0.0.0").port(8080).build()

    //注册路径/img 的处理程序
    server.distributor.register("/img", respImg)
    //注册路径/chunkedimg 的处理程序
    server.distributor.register("/chunkedimg", respChunkedImg)
    //启动服务
    server.serve()
}

//直接返回图片
func respImg(httpContext: HttpContext): Unit {
    let responseBuilder =httpContext.responseBuilder
    responseBuilder.header("Content-Type", "image/png")

    //获取图片文件
    let imgFile =getImgFile()

    //将图片文件内容读取到字节数组
    let imgBuf =imgFile.readToEnd()

    //设置返回消息体的长度
    responseBuilder.header("Content-Length", imgBuf.size.toString())

    responseBuilder.body(imgBuf)
}

//分块返回图片
func respChunkedImg(httpContext: HttpContext) {
    let responseBuilder =httpContext.responseBuilder
    responseBuilder.header("Content-Type", "image/png")

    //设置消息体分块传输
    responseBuilder.header("Transfer-Encoding", "chunked")
```

```
    let writer =HttpResponseWriter(httpContext)

    //将分块的最大大小设置为 4KB
    let chunk =Array<UInt8>(1024 * 4, item: 0)

    //获取图片文件
    let imgFile =getImgFile()

    //将文件内容读取到 chunk
    var readSize =imgFile.read(chunk)
    while (readSize >0) {
        //将分块写到响应消息
        writer.write(chunk[0..readSize])
        //读取下一个分块
        readSize =imgFile.read(chunk)
    }
}

//获取图片文件
func getImgFile() {
    let separator =getSeparator()
    let imgPath =currentDir().info.path.toString() +
"${separator}img${separator}pic.png"
    return File.openRead(imgPath)
}

@When[os =="linux"]
func getSeparator() {
    return "/"
}

//当操作系统是 Windows 时编译该函数
@When[os =="windows"]
func getSeparator() {
    return "\\"
}
```

要保证示例正常运行还需要在当前文件夹的 img 子文件下包含一个 pic.png 文件，然后编译运行代码文件，命令如下：

```
cjc .\demo.cj
.\main.exe
```

打开浏览器，访问网址 http://127.0.0.1:8080/img，显示效果如图 11-8 所示，然后打开 HTTP 抓包软件，如 Fiddler，再访问对图片分块传输的网址 http://127.0.0.1:8080/chunkedimg，这次在浏览器显示的图片效果和图 11-8 一样，但对本次请求使用 Fiddler 分析可以看出差别，首先看响应消息的 Headers 选项卡，如图 11-9 所示，在消息首部里看到了 transfer-encoding：chunked，表明是分块传输的，然后查看 HexView 选项卡，如图 11-10 所示，根据 10.2.1 节“HTTP/1.1 的消息结构”可知，消息首部和正文之间是一个空行（回车换行），也就是十六进制的 0D0A，由此可以计算出消息首部最后一字节是响应消息的第 150 字节，从第 151 字节开始，就是第 1 个分块。每个分块都是以长度开始，然后是回车换行，随后是分块数据字节，最后又以回车换行结束，接着是下一个分块。从图 11-10 中看出，第 1 个分块长度是十六进制的 1000，也就是十进制的 4096，表示 4KB，和示例代码中的分块大小设置一致，后面的分块数据分析方法和第 1 个类似，就不再一一分析了。

图 11-8　直接返回全部数据

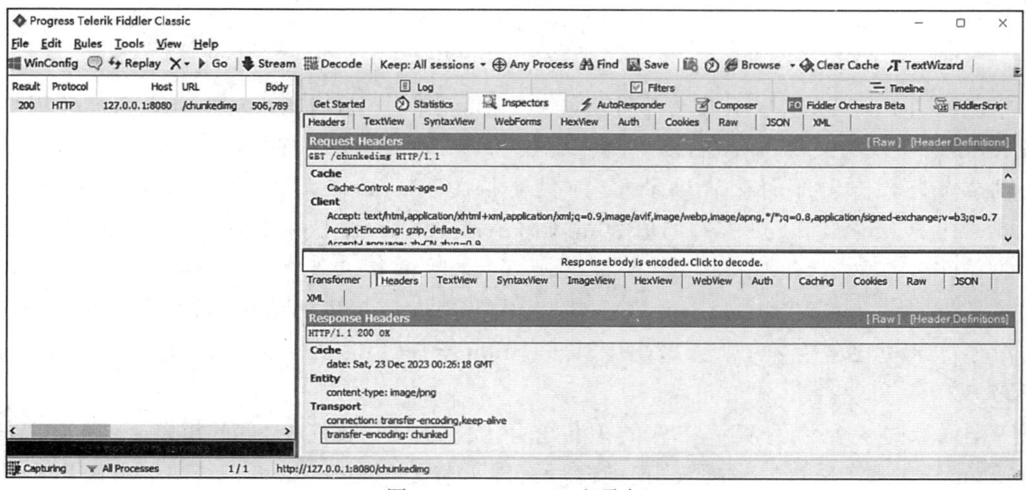

图 11-9　Headers 选项卡

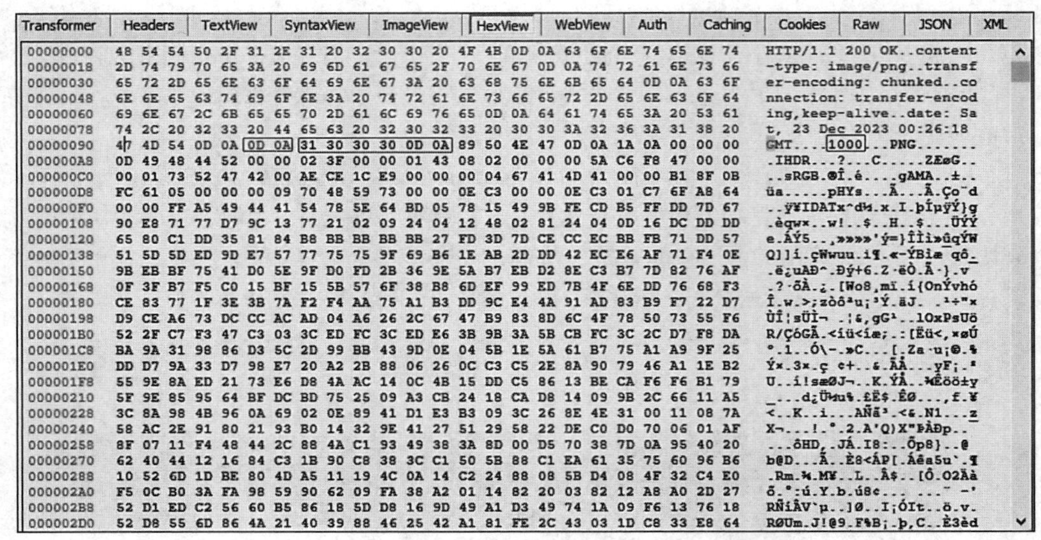

图 11-10　第 1 个分块

11.2.9　FileHandler

用来进行文件上传下载处理的类，构造函数及成员函数如下。

1）public init(path: String, handlerType!: FileHandlerType = DownLoad, bufferSize!: Int64=64 * 1024)

构造函数，其中参数 path 表示传入的文件或者目录路径字符串；参数 handlerType 表示当前实例是文件下载模式还是文件上传模式，默认为下载模式；参数 bufferSize 表示缓冲区大小，默认值为 64KB，若小于 4096，则使用 4096 作为缓冲区大小。

2）public func handle(ctx: HttpContext): Unit

根据请求对响应数据进行处理，ctx 表示请求上下文。

在使用 FileHandler 下载文件时，目前只支持对单个文件进行下载，并且只能使用 GET 请求，如果下载的文件不存在，则返回 404 状态码。在上传文件时，需要传入一个实际存在的目录作为上传文件的存放目录，目前只支持 POST 请求，并且报文格式为 multipart/form-data，Content-Type 首部的值为 multipart/form-data; boundary=----XXXXX；上传文件的文件名存放在 form-data 数据报文中，报文数据格式为 Content-Disposition: form-data; name="xxx"; filename="xxxx"，其中 filename 字段的值为文件名；如果该文件名在保存目录里已经存在，则会抛出 FSException 异常 File already exist，并且返回 500 状态码。

下面通过一个示例演示文件的上传和下载，其中下载演示两种方式，一种通过使用 FileHandler 类实现，另一种通过直接编写文件下载处理程序 downloadHandler 实现；上传使用 FileHandler 类实现。要成功运行本示例，需要在当前文件夹创建 files 子文件夹及

upload 子文件夹，并且 files 文件夹下包含 demo.txt、logo.png 及 index.html 文件，在客户端请求/index 路径时会将 index.html 文件发送给客户端，该文件包含 demo.txt 和 logo.png 的下载超链接，单击其中一个超链接将会启动下载。示例的源文件 demo.cj 及 index.html 的代码如下：

```
//Chapter11/file_handler_demo/src/demo.cj

from net import http.*
from std import convert.*
from std import collection.*
from std import fs.*
from std import io.*
from std import os.*

main() {
    let server =ServerBuilder().addr("0.0.0.0").port(8081).build()

    //注册路径/index 的处理程序
    server.distributor.register("/index",
FileHandler(getFilePath("index.html")))

    //注册路径/upload 的处理程序
    server.distributor.register("/upload",
FileHandler(getUploadPath(), handlerType: FileHandlerType.UpLoad))

    //注册路径/download 的处理程序
    server.distributor.register("/download", downloadHandler)

    //启动服务
    server.serve()
}

//下载指定的文件
func downloadHandler(context: HttpContext): Unit {
    let form =context.request.form
    //获取要下载的文件名称
    if (let Some(fileName) <-form.get("filename")) {
        //下载文件全路径
        let fullPath =getFilePath(fileName)

        let responseBuilder =context.responseBuilder

        //设置响应头
        responseBuilder.header("Content-Type", "application/octet-stream")
        responseBuilder.header("Content-Disposition", "attachment;
filename=\"${fileName}\"")

        //设置消息体分块传输
```

```
        responseBuilder.header("Transfer-Encoding", "chunked")

        let writer =HttpResponseWriter(context)

        //将分块的最大大小设置为 4KB
        let chunk =Array<UInt8>(1024 * 4, item: 0)

        //获取图片文件
        let file =File.openRead(fullPath)
        try {
            //将文件内容读取到 chunk
            var readSize =file.read(chunk)
            while (readSize >0) {
                //将分块写到响应消息
                writer.write(chunk[0..readSize])
                //读取下一个分块
                readSize =file.read(chunk)
            }
        } finally {
            file.close()
        }
    } else {
        NotFoundHandler().handle(context)
    }
}

//获取文件路径
func getFilePath(fileName: String) {
    let separator =getSeparator()
    return currentDir().info.path.toString() +
"${separator}files${separator}${fileName}"
}

//获取上传文件保存路径
func getUploadPath() {
    let separator =getSeparator()
    return currentDir().info.path.toString() +
"${separator}upload${separator}"
}

@When[os =="linux"]
func getSeparator() {
    return "/"
}

//当操作系统是 Windows 时编译该函数
@When[os =="windows"]
func getSeparator() {
    return "\\"
```

```
}
```

```
//Chapter11/file_handler_demo/src/files/index.html

<!DOCTYPE html>
<html lang="en">

<head>
  <meta charset="UTF-8">
  <title>文件上传下载示例</title>
</head>

<body>
  <div>
    <div>
      <input type="file" id="file" multiple>
      <button type="button" id="uploadBtn">上传文件</button>
    </div>
    <label id="lbInfo"></label>
  </div>
  <div>
    <span>单击下载下面的文件</span>
    <div>
      <a href="/download?filename=demo.txt">demo.txt</a>
    </div>
    <div>
      <a href="/download?filename=logo.png">logo.png</a>
    </div>
  </div>
  <script>
    var fileInput =document.getElementById('file');
    var uploadBtn =document.getElementById('uploadBtn');
    var lbInfo =document.getElementById('lbInfo');
    uploadBtn.addEventListener('click', function () {
      lbInfo.innerText =""
      var file =fileInput.files[0];
      var formData =new FormData();
      formData.append('file', file);

      var xhr =new XMLHttpRequest();
      xhr.open('POST', '/upload', true);
      xhr.onload =function () {
        if (xhr.status ===200) {
          lbInfo.innerText ="上传成功"
        }
      };

      xhr.send(formData);
```

```
    });
  </script>
</body>

</html>
```

编译运行代码文件，命令如下：

```
cjc .\demo.cj
.\main.exe
```

打开浏览器，访问网址 http://127.0.0.1:8081/index，此时会显示如图 11-11 所示的上传下载页面。

图 11-11 上传下载页面

要上传文件，单击“选择文件”按钮，在弹出的文件选择窗口里选择要上传的文件，确认后如图 11-12 所示(假设要上传“11 月工作总结.doc”文件)。

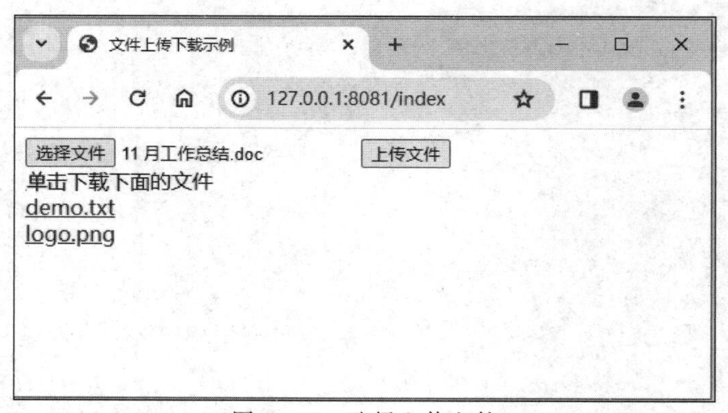

图 11-12 选择上传文件

然后单击“上传文件”按钮完成上传，上传后的页面如图 11-13 所示。

此时查看 upload 文件夹，即可看到刚上传成功的文件。

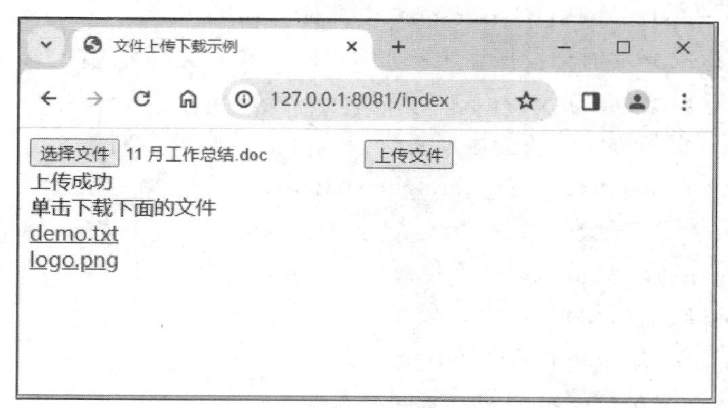

图 11-13　上传成功

如果要下载文件,则可以直接单击超链接,如 demo.txt 的超链接,浏览器会自动下载文件,下载成功后的页面如图 11-14 所示。

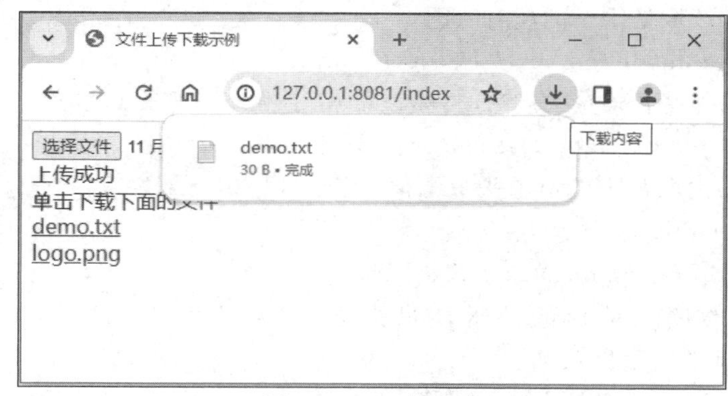

图 11-14　下载成功

11.2.10　Server

提供 HTTP 服务的 Server 类,常用成员属性及函数如下。

1) public prop addr: String

服务器端监听地址,可以为 IP 或者域名。

2) public prop port: UInt16

服务器端监听端口。

3) public prop listener: ServerSocket

服务器绑定的 Socket。

4) public prop logger: Logger

服务器日志记录器,设置 logger.level 将立即生效;由于服务器可能会使用多个线程响应客户端的请求,所以记录器应该是线程安全的。

5）public prop distributor：HttpRequestDistributor

请求分发器，请求分发器会根据请求的 URL 将请求分发给对应的 handler。

6）public prop protocolServiceFactory：ProtocolServiceFactory

协议服务工厂，服务协议工厂会生成每个协议所需的服务实例。

7）public prop transportConfig：TransportConfig

服务器设置的传输层配置。

8）public func getTlsConfig()：?TlsServerConfig

服务器设置的 TLS 层配置。

9）public prop readTimeout：Duration

服务器设置的读取整个请求的超时时间。

10）public prop writeTimeout：Duration

服务器设置的写响应的超时时间。

11）public prop readHeaderTimeout：Duration

服务器设置的读取请求头的超时时间。

12）public prop httpKeepAliveTimeout：Duration

服务器设置的保持长连接的超时时间，该设置只对 HTTP/1.1 生效。

13）public prop maxRequestHeaderSize：Int64

服务器设置的读取请求的请求头最大值，仅对 HTTP/1.1 生效，HTTP/2 中有专门的配置 maxHeaderListSize。

14）public prop maxRequestBodySize：Int64

服务器设置的读取请求的请求体最大值，仅对 HTTP/1.1 且未设置 Transfer-Encoding:chunked 的请求生效。

15）public prop headerTableSize：UInt32

HTTP/2 专用，在使用 HPACK 首部压缩算法进行压缩时，可以限制首部压缩动态表的最大表项大小。关于 HPACK 压缩算法，可以参考 10.2.3 节。

16）public prop maxConcurrentStreams：UInt32

HTTP/2 专用，用来限制对端发起的最大并发流数量。

17）public prop initialWindowSize：UInt32

HTTP/2 专用，用来限制对端发送的流初始窗口大小，默认值为 65 535，取值范围为 0～$2^{31}-1$。

18）public prop maxFrameSize：UInt32

HTTP/2 专用，用来限制对端发送的帧的最大长度，默认值为 16 384，取值范围为 2^{14}～$2^{24}-1$。

19）public prop maxHeaderListSize：UInt32

HTTP/2 专用，可以在流上的请求中发送的首部的最大大小，为所有未压缩的首部字段长度之和（所有 name 长度＋value 长度＋32，包括自动添加的伪首部），默认值为

UInt32.Max。

20）public prop enableConnectProtocol：Bool

HTTP/2 专用，用来限制对端发送的报文是否支持通过 connect 方法升级协议，true 表示支持。

21）public prop servicePoolConfig：ServicePoolConfig

获取协程池配置实例。

22）public func serve()：Unit

启动服务器端进程，不支持重复启动。

23）public func close()：Unit

关闭服务器，服务器关闭后将不再对请求进行读取与处理，重复关闭将只有第 1 次生效。

24）public func closeGracefully()：Unit

关闭服务器，服务器关闭后将不再对请求进行读取，对于当前正在进行的处理会等到处理结束后再进行关闭。

25）public func afterBind(f：()->Unit)：Unit

注册服务器启动时的回调函数 f，服务内部 ServerSocket 实例绑定之后，接受之前将调用该函数，重复调用将覆盖之前注册的函数。

26）public func onShutdown(f：()->Unit)：Unit

注册服务器关闭时的回调函数 f，服务器关闭时将调用该回调函数，重复调用将覆盖之前注册的函数。

27）public func updateCert(certificateChainFile：String，privateKeyFile：String)：Unit

对 TLS 证书进行热更新，参数 certificateChainFile 为证书链文件，privateKeyFile 为证书私钥文件。

28）public func updateCert(certChain：Array<X509Certificate>，certKey：PrivateKey)：Unit

对 TLS 证书进行热更新，参数 certChain 为证书链，certKey 为证书私钥。

29）public func updateCA(newCaFile：String)：Unit

对 CA 证书进行热更新，参数 newCaFile 为 CA 证书文件。

30）public func updateCA(newCa：Array<X509Certificate>)：Unit

对 CA 证书进行热更新，参数 newCa 为 CA 证书。

11.2.11 HttpRequestDistributor

HTTP 请求分发器接口，可以将一个 HTTP 请求按照 URL 中的 path 分发给对应的 HttpRequestHandler 处理函数。本接口提供了一个默认的 HttpRequestDistributor 实现，该实现非线程安全，只能在启动服务前注册，启动后再次注册可能有未知风险。如果开发者希望在启动服务后还能够注册，则需要自行提供一个线程安全的 HttpRequestDistributor 实现。

HttpRequestDistributor 包括以下 3 个成员函数。

1）func register(path: String, handler: HttpRequestHandler): Unit

注册路径 path 对应的请求处理器 handler，如果路径已经注册，则抛出 HttpException 异常。

2）func register(path: String, handler: (HttpContext) -> Unit): Unit

注册路径 path 对应的请求处理器 handler，该函数在默认实现中把 handler: (HttpContext) -> Unit)封装为 handler: HttpRequestHandler，然后调用函数 register (path: String, handler: HttpRequestHandler)。

3）func distribute(path: String): HttpRequestHandler

根据请求的路径参数 path 分发对应的请求处理器，当未找到对应请求处理器时，将返回 NotFoundHandler。

对于自定义的请求分发器，如果要实现线程安全，则可以在注册和分发时对已经注册的请求分发表加锁，实现对资源的独占访问，在注册或者分发后及时解锁，防止对资源的长时间占用。本节将实现一个线程安全的自定义分发器 SimplePathMatchDistributor，该分发器支持通配符路径匹配，如/path/ * 路径将匹配所有以/path/起始的请求 URL，为了提高匹配效率，该分发器包括两个请求分发表，第 1 个是针对不包括通配符的全路径请求分发表，该分发表使用线程安全的 ConcurrentHashMap<String, HttpRequestHandler>类实现，key 为匹配路径，value 为请求处理器；第 2 个是针对包含通配符的通配符路径请求分发表，该分发表为 ArrayList<StartPathWildcardHandler>类型，其中 StartPathWildcardHandler 封装了通配符请求路径和请求处理器，并且实现了 Comparable 接口。

在注册路径及其处理器时，分别按照是否包含通配符注册到对应的请求分发表，在注册到通配符路径请求分发表时会对列表进行排序，排序的规则是路径的字符倒序，这样可以保证较长的路径在列表前面，例如，注册了/path1/subpath/ * 的路径和/path1/ * 的路径，经过排序后路径/path1/subpath/会在/path1/前面；在分发时，先从全路径请求分发表匹配，当匹配不上时再从通配符路径请求分发表匹配，因为通配符路径请求分发表是有顺序的，对于类似/path1/subpath/demo 这种请求路径会优先匹配到路径/path1/subpath/对应的处理器，而不是/path1/对应的处理器。

该示例代码是一个更大的示例的一部分，完整示例将在 11.2.12 节展示，本节介绍的自定义请求分发器的代码如下：

```
//Chapter11/request_path/src/simple_path_match_distributor.cj

from std import collection.concurrent.ConcurrentHashMap
from std import sync.*
```

```
//通配符路径处理程序类,封装通配符请求路径和对应 HttpRequestHandler 处理程序的类
public class StartPathWildcardHandler <:
Comparable<StartPathWildcardHandler>{
    //path:通配符路径的匹配部分
    //handler:请求处理程序
    public StartPathWildcardHandler(let path: String, let handler:
HttpRequestHandler) {}

    //对两个对象进行比较的函数,使用 path 进行比较
    public func compare(that: StartPathWildcardHandler) {
        return path.compare(that.path)
    }

    public operator func ==(that: StartPathWildcardHandler): Bool {
        return path ==that.path
    }

    public operator func !=(that: StartPathWildcardHandler): Bool {
        return path !=that.path
    }

    public operator func >=(that: StartPathWildcardHandler): Bool {
        return path >=that.path
    }

    public operator func <=(that: StartPathWildcardHandler): Bool {
        return path <=that.path
    }

    public operator func <(that: StartPathWildcardHandler): Bool {
        return path <that.path
    }

    public operator func >(that: StartPathWildcardHandler): Bool {
        return path >that.path
    }
}

//匹配路径的请求分发器
public class SimplePathMatchDistributor <: HttpRequestDistributor {
    //全路径请求分发表,全路径匹配的字典,key 为路径,value 为处理程序
    let fullPathHandlerDict =ConcurrentHashMap<String, HttpRequestHandler>()

    //通配符路径请求分发表,通配符路径处理程序类的列表
    var startPathWildcardHandlerList =ArrayList<StartPathWildcardHandler>()

    //通配符路径处理程序类的列表锁
    let handlerListMutex =ReentrantMutex()
```

```
    //注册路径和对应的处理程序
    public func register(path: String, handler: HttpRequestHandler): Unit {
        //路径小写归一化
        var normalPath =path.toAsciiLower().trimAscii()
        //路径是否以 * 符号结尾,如果是,则表明是通配符路径
        if (normalPath.endsWith("*")) {
            //去除结尾的 * 符号
            let startNormalPath =normalPath.trimRight("*")

            synchronized(handlerListMutex) {
                //如果该路径已被注册过,就先移除原来的
                startPathWildcardHandlerList.removeIf({item =>item.path ==
startNormalPath})

                //创建通配符路径处理程序实例
                let pathHandler =StartPathWildcardHandler(startNormalPath,
handler)
                //加入列表
                startPathWildcardHandlerList.append(pathHandler)
                //按照路径倒序排列,保证路径长的最先匹配
                //例如,有/abc/aa 和/abc 两个路径,/abc/aa 会排在前面
                startPathWildcardHandlerList.sortBy(stable: false,
                    comparator: {item1, item2 =>
item2.path.compare(item1.path)})
            }
        } else {
            //如果是不包含通配符的路径,就加入 fullPathHandlerDict 字典中
            fullPathHandlerDict.put(normalPath, handler)
        }
    }

    //注册路径和对应的处理程序
    public func register(path: String, handler: (HttpContext) ->Unit): Unit {
        register(path, FuncHandler(handler))
    }

    //将请求分发到对应的处理程序
    public func distribute(path: String): HttpRequestHandler {
        //路径小写归一化
        let normalPath =path.toAsciiLower().trimAscii()

        //先在全路径匹配的字典中判断
        if (fullPathHandlerDict.contains(normalPath)) {
            return fullPathHandlerDict[normalPath]
        } else { //然后在通配符路径列表中判断
            synchronized(handlerListMutex) {
                //从 startPathHandlerList 中逐个取出路径进行匹配,如果匹配就返回
                for (startPathHandle in startPathWildcardHandlerList) {
                    if (normalPath.startsWith(startPathHandle.path)) {
```

```
                    return startPathHandle.handler
                }
            }
        }
        //如果没有找到匹配的路径就返回 404 Not Found 处理程序
        return NotFoundHandler()
    }
  }
}
```

11.2.12 ServerBuilder

因为 Server 类比较复杂，需要设置的属性较多，不合理的设置可能会导致构造出的 Server 实例不能正常工作，所以仓颉网络库没有公开直接构造 Server 类实例的构造函数，而是通过构造器模式去初始化一个 Server 实例，这个构造器就是 ServerBuilder 类，ServerBuilder 类的主要函数如下。

1）public init()

构造函数，创建 ServerBuilder 实例。

2）public func addr(addr: String): ServerBuilder

设置服务器端监听地址 addr，addr 为 IP 地址或域名，若通过 listener 函数设置了监听的 ServerSocket，则此值将被忽略。

3）public func port(port: UInt16): ServerBuilder

设置服务器端监听端口 port，若通过 listener 函数设置了监听的 ServerSocket，则此值将被忽略。

4）public func listener(listener: ServerSocket): ServerBuilder

将参数 listener 设置为服务器端绑定监听的 ServerSocket。

5）public func logger(logger: Logger): ServerBuilder

设置服务器的 logger，默认 logger 级别为 INFO，logger 内容将写入 Console.stdout。

6）public func distributor(distributor: HttpRequestDistributor): ServerBuilder

设置请求分发器 distributor，请求分发器会根据 URL 将请求分发给对应的 handler，当不设置时使用默认请求分发器，默认的分发器会根据请求的 URL 进行全路径匹配。开发者可以自定义请求分发器，通过重写 HttpRequestDistributor 接口的 register 和 distribute 函数实现特定的分发规则，在 11.2.11 节 HttpRequestDistributor 中已经展示了一个自定义通配符请求分发器的实现，本节将展示如何应用该分发器。

在本示例中，将注册 3 个路径的处理程序，分别是固定路径/favicon.ico，通配符路径/* 及另一个通配符路径/path/*，第 1 个固定路径的处理程序会返回一张图片；第 2 个通配符路径的处理程序会在客户端显示文字“缺省处理程序”+请求 URL；第 3 个通配符路径的处理程序会显示一个网页，网页里包含请求的 URL，该示例的代码如下：

```
//Chapter11/request_path/src/demo.cj

from net import http.*
from std import os.*
from std import io.*
from std import fs.*
from std import collection.*

main() {
    let server = ServerBuilder().addr("0.0.0.0").port(8080).distributor
(SimplePathMatchDistributor()).build()

    //注册路径/favicon.ico 的处理程序
    server.distributor.register("/favicon.ico",
FileHandler(getFilePath("favicon.png")))

    //注册路径/*的处理程序
    server.distributor.register("/*", dealwithDefaultPathHandler)

    //注册路径/path/*的处理程序
    server.distributor.register("/path/*", dealwithPathHandler)

    //启动服务
    server.serve()
}

//通配符路径/path/*的处理程序
func dealwithPathHandler(httpContext: HttpContext): Unit {
    let responseBuilder =httpContext.responseBuilder
    responseBuilder.header("Content-Type", "text/html; charset=UTF-8")

    let respString =createResponse(httpContext.request.url.toString())

    //设置返回消息体的长度
    responseBuilder.header("Content-Length", respString.size.toString())

    responseBuilder.body(respString)
}

//通配符路径/*的处理程序
func dealwithDefaultPathHandler(httpContext: HttpContext): Unit {
    let responseBuilder =httpContext.responseBuilder
    responseBuilder.header("Content-Type", "text/html; charset=UTF-8")

    let respString ="缺省处理程序" +httpContext.request.url.toString()

    //设置返回消息体的长度
    responseBuilder.header("Content-Length", respString.size.toString())
```

```
        responseBuilder.body(respString)
    }

    //根据客户端的请求构造应答内容
    func createResponse(content: String) {
        let bodyBuilder = StringBuilder()
        bodyBuilder.append("<html>")

        bodyBuilder.append("<head>")
        bodyBuilder.append("<title>")
        bodyBuilder.append("HTTP 服务器模拟")
        bodyBuilder.append("</title>")
        bodyBuilder.append("</head>")

        bodyBuilder.append("<body>")
        bodyBuilder.append("<h1>")
        bodyBuilder.append("浏览器发送的请求信息")
        bodyBuilder.append("</h1>")

        bodyBuilder.append("<pre>")
        bodyBuilder.append(content)
        bodyBuilder.append("</pre>")
        bodyBuilder.append("</body>")

        bodyBuilder.append("</html>")

        return bodyBuilder.toString()
    }

    //获取文件路径
    func getFilePath(fileName: String) {
        let separator = getSeparator()
        return currentDir().info.path.toString() +
    "${separator}files${separator}${fileName}"
    }

    @When[os == "linux"]
    func getSeparator() {
        return "/"
    }

    //当操作系统是 Windows 时编译该函数
    @When[os == "windows"]
    func getSeparator() {
        return "\\"
    }
```

该示例还包括一张在 files 文件夹下的 favicon.png 图片，准备好这些文件后，编译运行该示例：

```
cjc .\demo.cj .\simple_path_match_distributor.cj
.\main.exe
```

然后打开浏览器，依次访问网址 http://127.0.0.1:8080/favicon.ico、http://127.0.0.1:8080/path2、http://127.0.0.1:8080/path/demo，显示页面如图 11-15～11-17 所示，这 3 个 HTTP 请求根据请求路径分别被分发给 FileHandler、dealwithDefaultPathHandler 和 dealwithPathHandler 处理程序。

图 11-15 匹配路径/favicon.ico

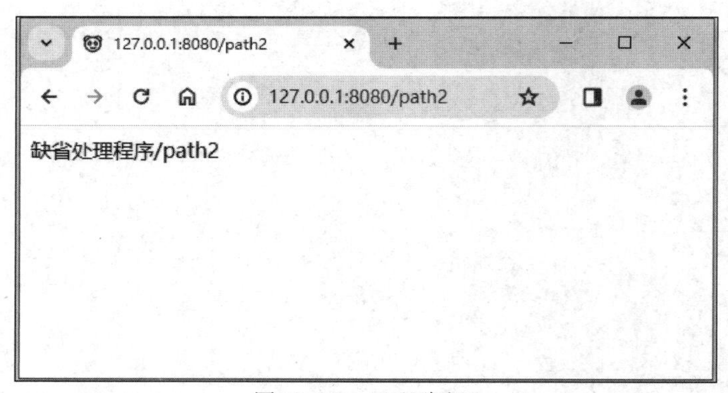

图 11-16 匹配路径/

7）public func protocolServiceFactory(factory: ProtocolServiceFactory): ServerBuilder

设置协议服务工厂，服务协议工厂会生成每个协议所需的服务实例，不设置时使用默认工厂。

8）public func transportConfig(config: TransportConfig): ServerBuilder

设置传输层配置 config。

9）public func tlsConfig(config: TlsServerConfig): ServerBuilder

使用参数 config 设置 TLS 层配置，默认不对其进行设置。

图 11-17　匹配路径/path/

10）public func readTimeout(timeout: Duration): ServerBuilder

将服务器端读取一个请求的最大时长设置为 timeout，如果超过该时长，则将不再进行读取并关闭连接，默认不进行限制；如果传入时间为负值，则将被替换为 Duration.Zero。

11）public func writeTimeout(timeout: Duration): ServerBuilder

将服务器端发送一个响应的最大时长设置为 timeout，如果超过该时长，则将不再进行写入并关闭连接，默认不进行限制；如果传入时间为负值，则将被替换为 Duration.Zero。

12）public func readHeaderTimeout(timeout: Duration): ServerBuilder

将服务器端读取客户端发送一个请求的请求头最大时长设置为 timeout，如果超过该时长，则将不再进行读取并关闭连接，默认不进行限制；如果传入时间为负值，则将被替换为 Duration.Zero。

13）public func httpKeepAliveTimeout(timeout: Duration): ServerBuilder

HTTP/1.1 专用设置，将服务器端连接保活时长设置为 timeout，如果该时长内客户端未再次发送请求，则服务器端将关闭长连接，默认不进行限制；如果传入负的 Duration ，则将被替换为 Duration.Zero。

ServerBuilder 还有大量用来设置 Server 属性的函数，用法可以参考 Server 类的对应属性介绍，这里就不再赘述了。

11.3　综合示例

在 Web 应用程序中，安全加密通信和身份认证是基本的功能要求，本节将介绍 3 个有针对性的示例，第 1 个是启用了 TLS 加密通信并使用自签名数字证书的示例，第 2 个是 Basic 基本身份认证示例，第 3 个是基于 Cookie 的身份认证示例。

11.3.1　基于自签名数字证书的 HTTPS 示例

本示例演示如何在 HTTP 中启用 TLS，服务启动后可以使用 HTTPS 协议访问服务器。如果要启用TLS,则需要预先准备好服务器证书及为其签名的中间证书、根证书等文件,从而构成一个完整的证书链,其次要准备好服务器证书的私钥文件,在本例中,这些证书相关文件都在keys文件夹内,其中localhost.crt为服务器证书文件,该证书设置了使用者可选名称,分别如下:

```
DNS Name=localhost
IP Address=127.0.0.1
```

server.key为私钥文件,记录了服务器证书对应的私钥;ca.crt为根证书文件,它签发了localhost.crt。支持HTTPS协议的示例代码如下:

```
//Chapter11/http2_server/src/demo.cj

from net import http.*
from std import fs.*
from std import os.*
from net import tls.*
from crypto import x509.*

main() {
    let tlsCfg =buildTlsServerCfg()
    let server =ServerBuilder().addr("0.0.0.0").port(8081).tlsConfig(tlsCfg).
build()

    //注册路径/hello的处理程序
    server.distributor.register("/hello", {
        httpContext =>httpContext.responseBuilder.body("Hello Cangjie!")
    })
    //启动服务
    server.serve()
}

//构造服务器端TLS配置
func buildTlsServerCfg() {
    let separator =getSeparator()

    //获取服务器端证书
    let certPath =currentDir().info.path.toString() +
"${separator}keys${separator}localhost.crt"
    let certContent =String.fromUtf8(File.readFrom(certPath))
    let x509 =X509Certificate.decodeFromPem(certContent)

    //获取服务器端证书的私钥
```

```
    let privateKeyPath =currentDir().info.path.toString() +
"${separator}keys${separator}server.key"
    let privateKeyContent =String.fromUtf8(File.readFrom(privateKeyPath))
    let privateKey =PrivateKey.decodeFromPem(privateKeyContent)

    //获取给服务器端证书签名的 CA 根证书
    let caPath =currentDir().info.path.toString() +
"${separator}keys${separator}ca.crt"
    let caContent =String.fromUtf8(File.readFrom(caPath))
    let ca =X509Certificate.decodeFromPem(caContent)

    //服务器端证书和 CA 证书组成证书链
    let certChain =Array<X509Certificate>([x509[0], ca[0]])

    //生成服务器端 TLS 配置
    var tlsCfg =TlsServerConfig(certChain, privateKey)

    //协商应用层协议为 HTTP/2
    tlsCfg.supportedAlpnProtocols =["h2"]

    return tlsCfg
}

@When[os =="linux"]
func getSeparator() {
    return "/"
}

//当操作系统是 Windows 时编译该函数
@When[os =="windows"]
func getSeparator() {
    return "\\"
}
```

本示例代码的关键部分是 buildTlsServerCfg 函数，它通过构造完整的证书链及私钥生成了 TLS 配置实例，然后通过 supportedAlpnProtocols 属性和客户端协商上层应用使用 HTTP/2 协议。编译运行该示例：

```
cjc .\demo.cj
.\main.exe
```

然后打开浏览器，访问网址 https://127.0.0.1:8081/hello，显示页面如图 11-18 所示，这是因为实例中的证书是自行签发的，浏览器不信任该证书，并且在网址栏上突出显示了"不安全"标志，可以单击页面下部的"高级"按钮，此时会出现"继续前往 127.0.0.1(不安全)"的超链接，如图 11-19 所示，单击该链接后会出现最终的页面，如图 11-20 所示。

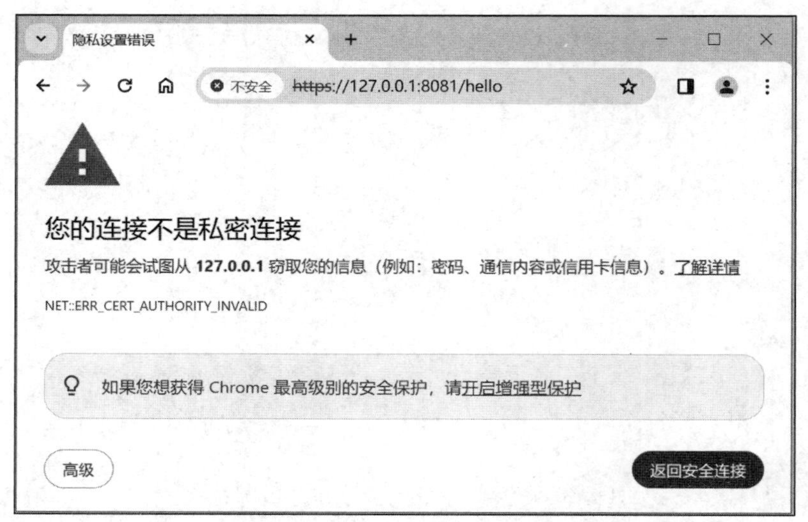

图 11-18　不是私密连接提示

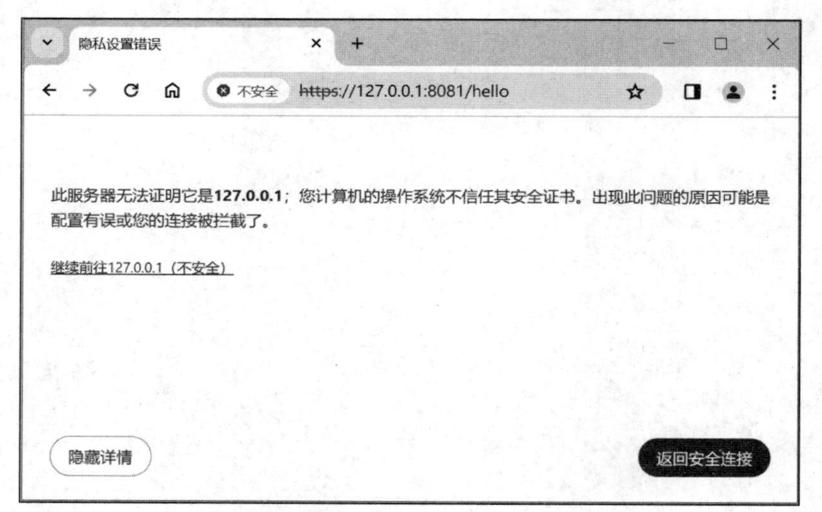

图 11-19　继续前往

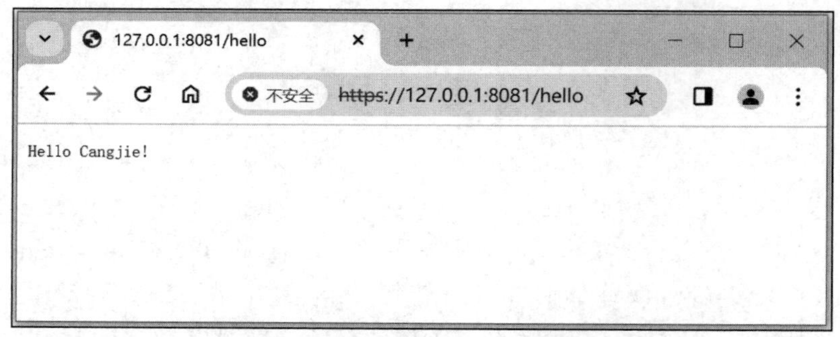

图 11-20　最终的 HTTPS 页面

如果要去除网址栏“不安全”标志，则可以按照如下的步骤操作。

步骤 1：单击“不安全”标志，此时会弹出如图 11-21 所示的窗口。

图 11-21　证书无效窗口

步骤 2：单击“证书无效”右侧的图标，此时会弹出证书查看信息，如图 11-22 所示。

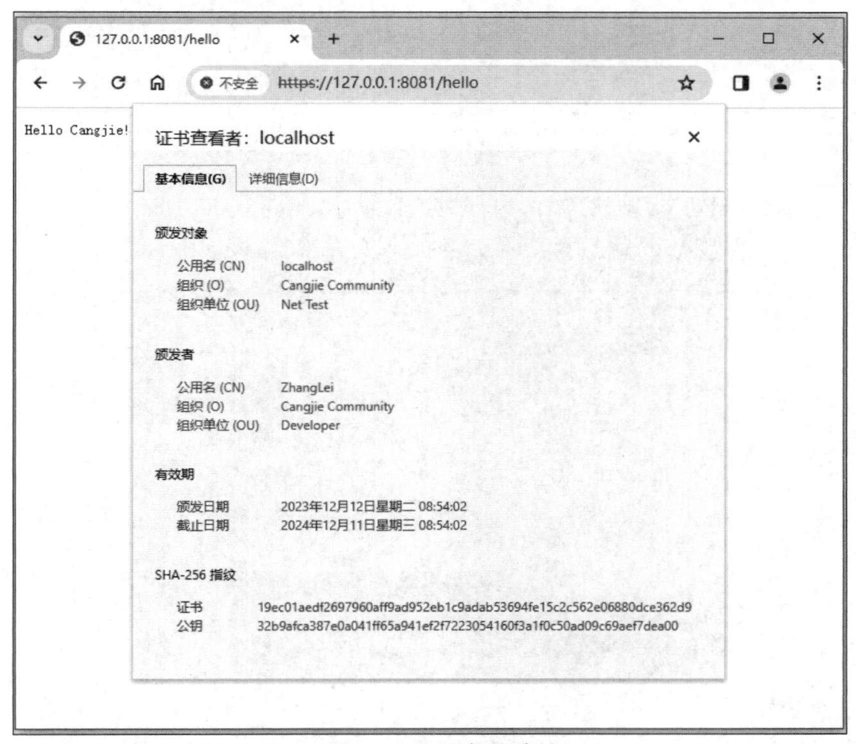

图 11-22　证书查看

步骤3：单击“详细信息”选项卡，如图11-23所示。

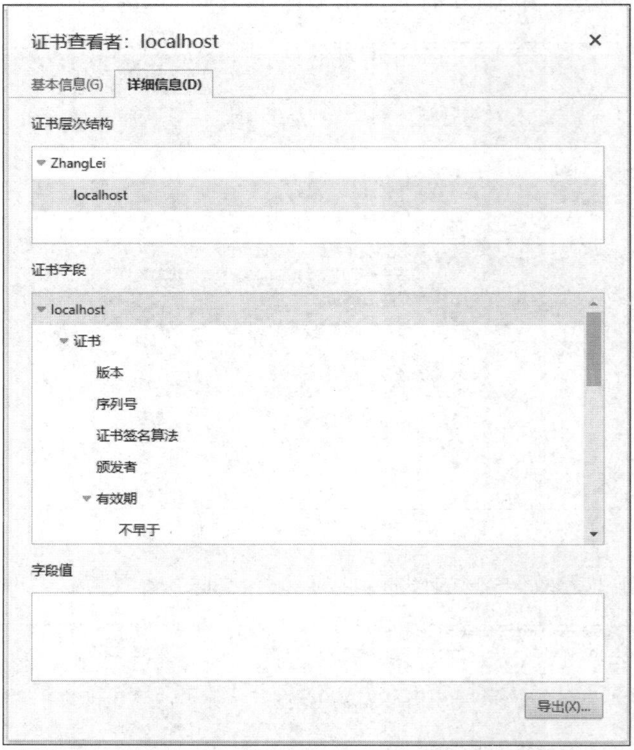

图11-23　详细信息

步骤4：选择“证书层次结构”中的根证书，即名为“ZhangLei”的证书，然后单击“导出”按钮，在弹出的“另存为”窗口里选择要存储的证书位置，存储该证书，如图11-24所示。

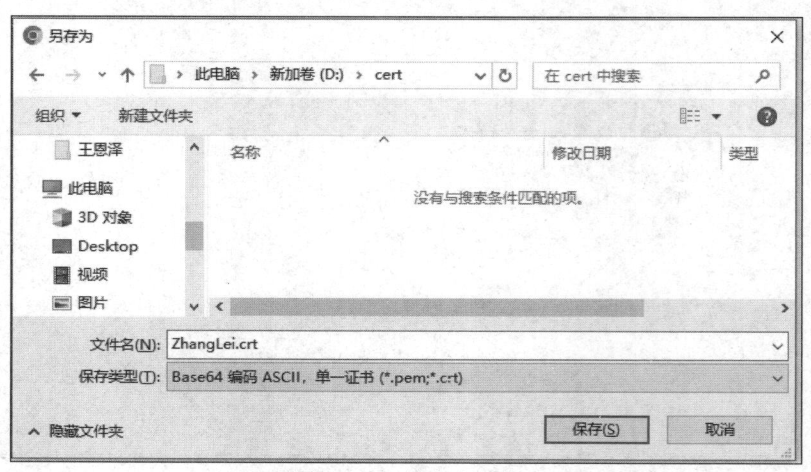

图11-24　另存为证书

步骤 5：在证书存储后的文件夹内双击该证书，此时会弹出证书信息窗口，如图 11-25 所示。

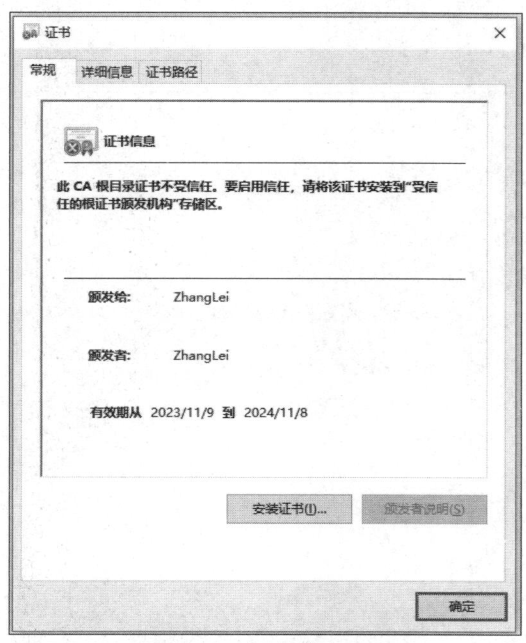

图 11-25　证书信息窗口

步骤 6：单击"安装证书"按钮，此时会弹出证书导入向导，如图 11-26 所示。

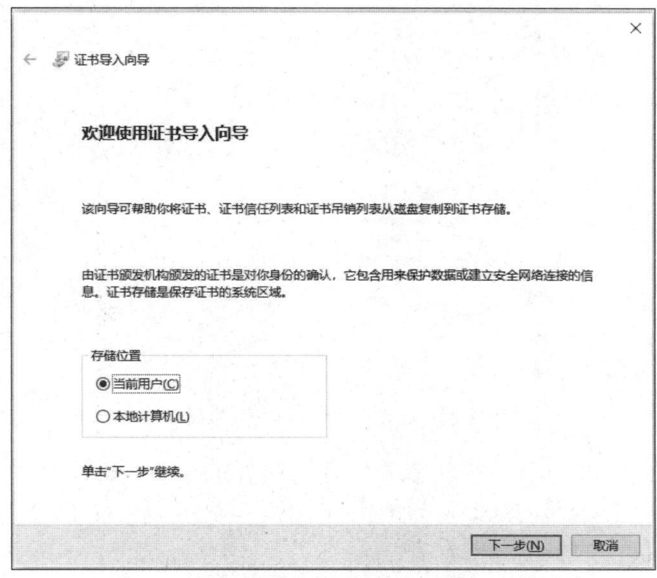

图 11-26　证书导入向导

步骤 7：选择“当前用户”，然后单击“下一步”按钮，此时会弹出证书存储窗口，如图 11-27 所示，选择“将所有的证书都放入下列存储”，然后单击“浏览”按钮，在弹出的“选择证书存储”窗口里选择“受信任的根证书颁发机构”，如图 11-28 所示，单击“确定”按钮，回到证书导入向导页面，如图 11-29 所示。

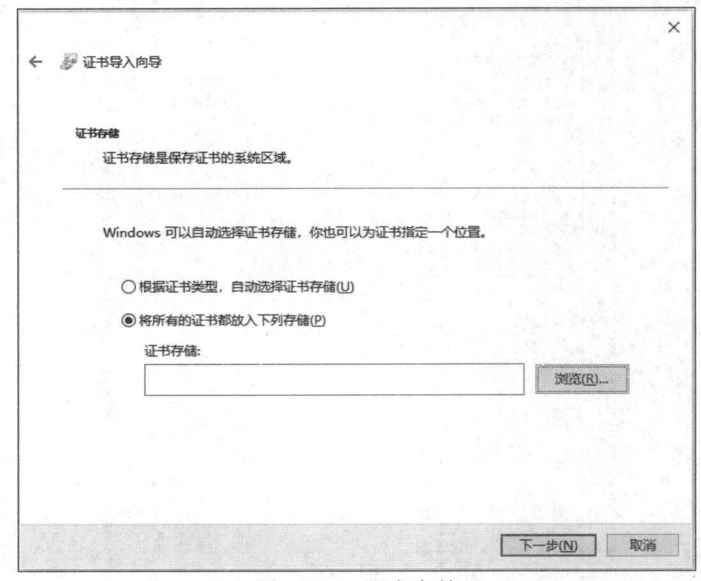

图 11-27　证书存储

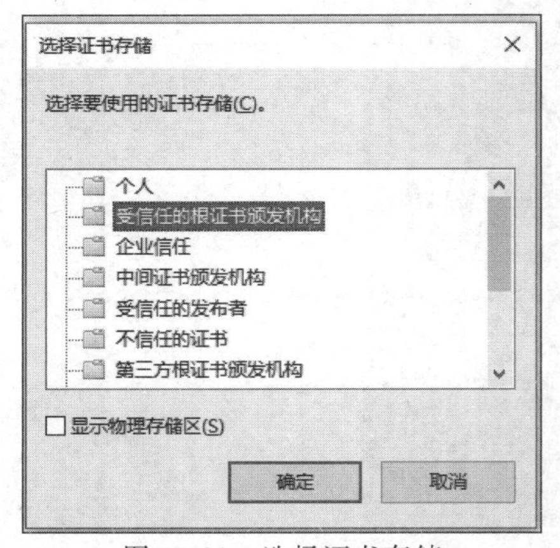

图 11-28　选择证书存储

步骤 8：单击“下一步”按钮，进入完成证书导入向导窗口，如图 11-30 所示，单击“完成”按钮，这时会弹出一个安全警告窗口，如图 11-31 所示，单击“是”按钮，这样就完成了根证书的导入并设置为可信任的根证书颁发者。

步骤 9：重新启动浏览器，再访问网址 https://127.0.0.1:8081/hello，此时网址栏前的

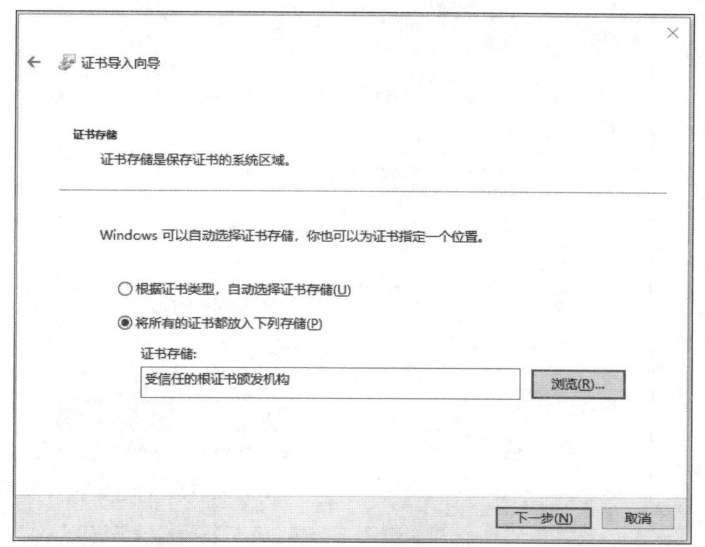

图 11-29 选择了证书存储的导入向导

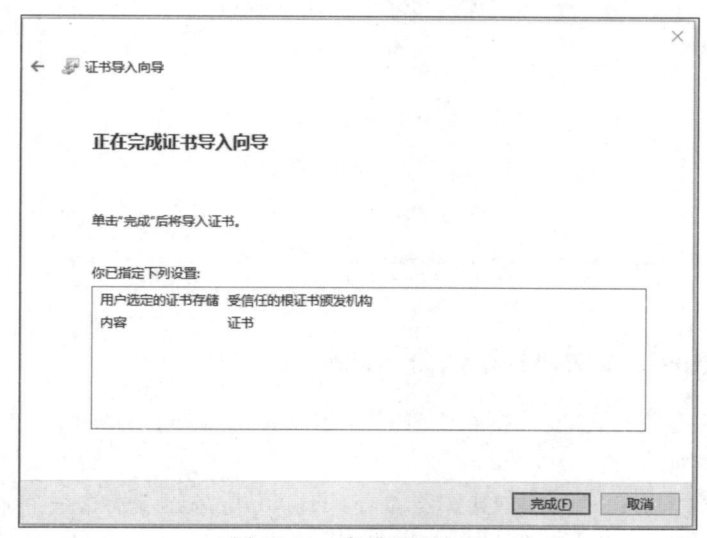

图 11-30 完成导入向导

"不安全"标志消失了，单击网址栏前的可信图标会弹出连接是安全的窗口，如图 11-32 所示。

通过上述步骤就解决了 Windows 系统下自签名证书网站的访问信任问题，核心解决方法就是把 CA 根证书存储到可信任的根证书颁发机构存储区中，其他系统的解决方法类似。本示例使用的是 HTTP/2 协议，通过浏览器自带的开发者工具可以看到实际的请求和响应信息，如图 11-33 所示，从图中可以看到请求的伪首部字段。

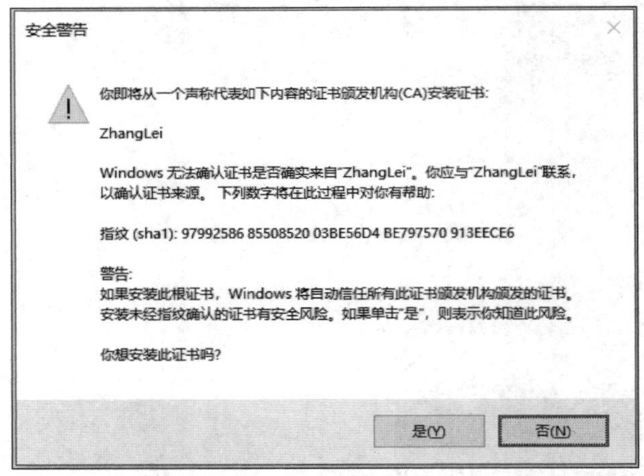

图 11-31　安全警告

图 11-32　连接是安全的

11.3.2　Basic 基本身份认证示例

Basic 基本身份认证(The "Basic" HTTP Authentication Scheme)定义在 RFC 7617 中,大体认证过程如下。

(1) 用户通过 HTTP 客户端(如浏览器)向 HTTP 服务器端发送一个请求。

(2) 服务器端检查该请求的首部是否包含了 Authorization 字段,并且该字段的值以"Basic"开头,后面跟着空格及认证信息,其中认证信息是经过 Base64 编码的"用户名:密码"组合。

(3) 如果 Authorization 字段存在且以"Basic"开头,对认证信息 Base64 解码后得到的用户名和密码也正确,就会返回请求的资源。

(4) 如果 Authorization 字段不存在,则返回 401 状态码,提示客户端提供身份认证信息。

(5) 如果 Authorization 字段存在,但身份验证失败,则可以返回一个错误提示或要求

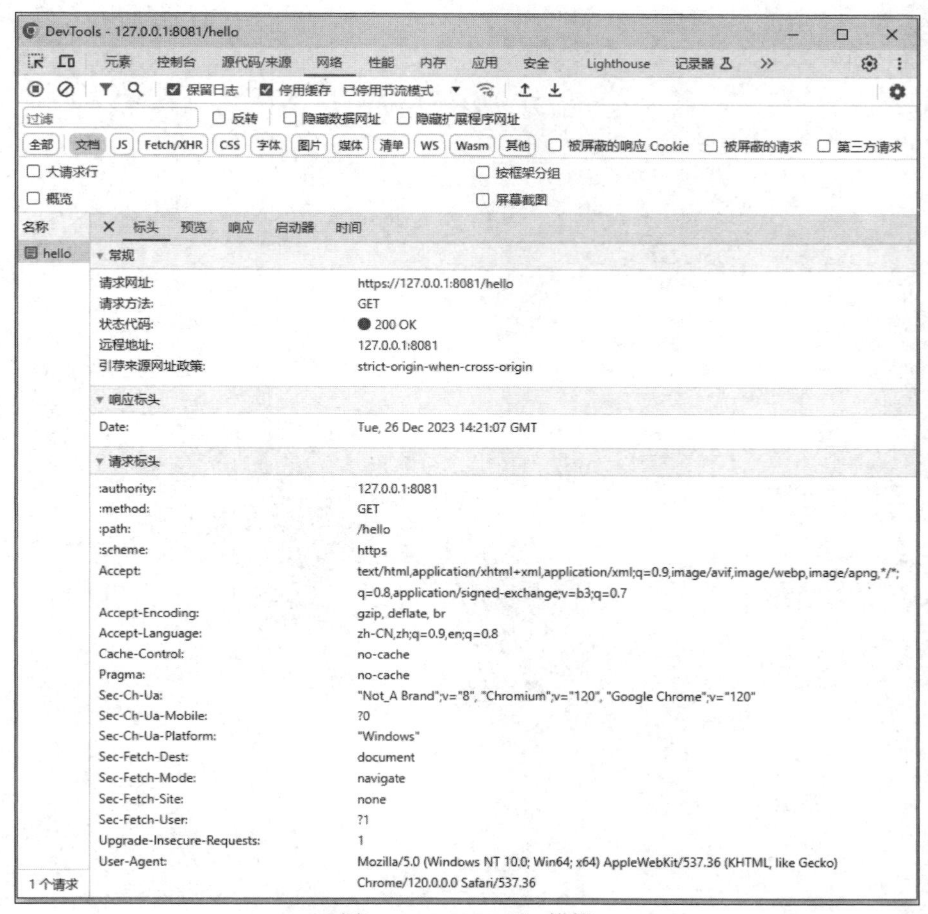

图 11-33 HTTP/2 协议

重新输入用户名和密码。

本节的示例会在/index 路径提供一个文件下载列表，该路径本身不需要经过身份认证，但在下载文件时，需要输入正确的用户名和密码。因为 Basic 基本身份认证直接在请求首部包含了用户名和密码，虽然经过了 Base64 编码，但是也很容易被拦截和破解，为了提高安全性，本示例使用 TLS 对传输过程进行了加密。

本示例包含 keys 和 files 两个子文件夹，证书相关文件存放在 keys 文件夹内，要下载的文件和/index 路径对应的网页文件 index.html 存放在 files 文件夹内，示例文件 demo.cj 和 index.html 的代码如下：

```
//Chapter11/basic_authentication/src/demo.cj

from net import http.*
from std import convert.*
```

```
from std import fs.*
from std import os.*
from encoding import base64.*
from net import tls.*
from crypto import x509.*

//演示的用户名和密码
var userName = "zhanglei"
var passWord = "cangjie"

main() {
    let tlsCfg = buildTlsServerCfg()
    let server = ServerBuilder().addr("0.0.0.0").port(8081).tlsConfig(tlsCfg).
build()

    //注册/index的处理程序
    server.distributor.register("/index",
FileHandler(getFilePath("index.html")))

    //注册/download的处理程序
    server.distributor.register("/download", downloadHandler)

    //启动服务
    server.serve()
}

//检查请求的用户名和密码是否正确
func AuthCheck(context: HttpContext, userName: String, passwd: String):
Bool {
    //获取head中Authorization对应的值
    let headAuthList = context.request.headers.get("Authorization")

    if (!headAuthList.isEmpty()) {
        var headAuth = ""
        for (item in headAuthList) {
            headAuth = item
            break
        }
        //分隔出认证类型、用户名和密码组合的base64字符串
        let authInfo = headAuth.split(" ")
        if (authInfo.size == 2) {
            let authType = authInfo[0]
            let userPwdBase = authInfo[1]
            //认证类型是否是Basic
            if (authType == "Basic") {
                if (let Some(data) <- fromBase64String(userPwdBase)) {
                    let userPwd = String.fromUtf8(data)
                    //用户名和密码是否匹配
                    return userPwd == userName + ":" + passwd
```

```
                }
            }
        }
    }

    return false
}

//下载指定的文件
func downloadHandler(context: HttpContext): Unit {
    if (AuthCheck(context, userName, passWord)) {
        downloadFile(context)
    } else {
        let responseBuilder = context.responseBuilder
        responseBuilder.status(401)
        //设置响应头
        responseBuilder.header("WWW-authenticate", "Basic realm=\"请输入用户名
和密码\"")
    }
}

//下载文件
func downloadFile(context: HttpContext) {
    let form = context.request.form
    //获取要下载的文件名称
    if (let Some(fileName) <- form.get("filename")) {
        //下载文件全路径
        let fullPath = getFilePath(fileName)

        let responseBuilder = context.responseBuilder

        //设置响应头
        responseBuilder.header("Content-Type", "application/octet-stream")
        responseBuilder.header("Content-Disposition", "attachment;
filename=\"${fileName}\"")

        //设置消息体分块传输
        responseBuilder.header("transfer-encoding", "chunked")

        let writer = HttpResponseWriter(context)

        //将分块的最大大小设置为 4KB
        let chunk = Array<UInt8>(1024 * 4, item: 0)

        //获取图片文件
        let file = File.openRead(fullPath)
        try {
            //将文件内容读取到 chunk
            var readSize = file.read(chunk)
```

```
            while (readSize >0) {
                //将分块写到响应消息
                writer.write(chunk[0..readSize])
                //读取下一个分块
                readSize =file.read(chunk)
            }
        } finally {
            file.close()
        }
    } else {
        NotFoundHandler().handle(context)
    }
}

//获取文件路径
func getFilePath(fileName: String) {
    let separator =getSeparator()
    return currentDir().info.path.toString() +
"${separator}files${separator}${fileName}"
}

//构造服务器端 TLS 配置
func buildTlsServerCfg() {
    let separator =getSeparator()

    //获取服务器端证书
    let certPath =currentDir().info.path.toString() +
"${separator}keys${separator}localhost.crt"
    let certContent =String.fromUtf8(File.readFrom(certPath))
    let x509 =X509Certificate.decodeFromPem(certContent)

    //获取服务器端证书的私钥
    let privateKeyPath =currentDir().info.path.toString() +
"${separator}keys${separator}server.key"
    let privateKeyContent =String.fromUtf8(File.readFrom(privateKeyPath))
    let privateKey =PrivateKey.decodeFromPem(privateKeyContent)

    //获取给服务器端证书签名的 CA 根证书
    let caPath =currentDir().info.path.toString() +
"${separator}keys${separator}ca.crt"
    let caContent =String.fromUtf8(File.readFrom(caPath))
    let ca =X509Certificate.decodeFromPem(caContent)

    //服务器端证书和 CA 证书组成证书链
    let certChain =Array<X509Certificate>([x509[0], ca[0]])

    //生成服务器端 TLS 配置
    var tlsCfg =TlsServerConfig(certChain, privateKey)
```

```
    //协商应用层协议为 HTTP/2
    tlsCfg.supportedAlpnProtocols = ["h2"]

    return tlsCfg
}

@When[os =="linux"]
func getSeparator() {
    return "/"
}

//当操作系统是 Windows 时编译该函数
@When[os =="windows"]
func getSeparator() {
    return "\\"
}

//Chapter11/basic_authentication/src/files/index.html

<!DOCTYPE html>
<html lang="en">

<head>
  <meta charset="UTF-8">
  <title>基本认证示例</title>
</head>

<body>
  <div style="width: 100%; text-align: center;">
    <div style="margin-bottom: 5px;">单击下载下面的文件</div>
    <div>
      <a href="/download?filename=demo.txt">demo.txt</a>
    </div>
    <div>
      <a href="/download?filename=logo.png">logo.png</a>
    </div>
  </div>
</body>

</html>
```

示例中进行身份验证的函数是 AuthCheck，该函数首先查找名称为 Authorization 的首部值，然后从值中提取出认证类型和经过 Base64 编码的用户名和密码信息，如果认证类型是 Basic 并且用户名和密码与预置的用户名和密码匹配，就认为通过了认证，返回值为 true，否则返回值为 false。在下载时，首先调用 AuthCheck 检查登录信息，如果检查通过，就返回下载的资源，否则就返回 401 状态码。

准备好需要的文件，然后编译运行该示例：

```
cjc .\demo.cj
.\main.exe
```

编译成功后，打开浏览器，访问网址 https://127.0.0.1:8081/index，显示的页面如图 11-34 所示，单击要下载文件的超链接，如单击 demo.txt 后会弹出登录信息输入窗口，如图 11-35 所示，输入登录信息，然后单击“登录”按钮会自动下载文件，如图 11-36 所示。

图 11-34 下载页

图 11-35 Basic 登录窗口

11.3.3 Cookie 身份认证示例

基于 Cookie 的身份认证是一种更常见的方式，安全性相对也更高一些，基本认证流程可以这样实现：

（1）用户登录时输入用户名和密码并提交给服务器端。

（2）服务器端对接收的用户名和密码进行验证，验证通过后，就记录该用户的登录信息并生成一个唯一的 sessionid，随后记录该 sessionid 和登录信息的对应关系，并且把 sessionid 存储到一个列表中。

（3）服务器端把 sessionid 作为 Cookie 写回客户端。

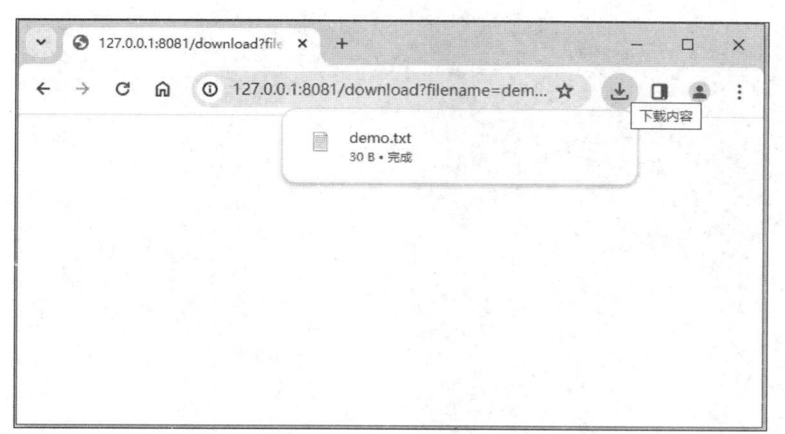

图 11-36 下载成功

(4) 后续当客户端将请求发送给服务器端时都带上 sessionid 对应的 Cookie。

(5) 服务器端从客户端发送的请求中查找 Cookie，从 Cookie 中找出 sessionid，然后从服务器端记录的 sessionid 列表中查找是否存在该 sessionid，如果存在，则找出对应的用户登录信息，然后就可以使用该用户信息来响应客户端的请求了。

为了提高安全性，在传输时还需要启用 TLS 进行加密，为了简化示例代码，这里没有使用 TLS，如果要使用，则可以参考 13.3.2 节的相关代码。本示例代码文件除了 demo.cj 外，还包括 files 文件夹下的 login.html 和 login.html 文件，详细的代码如下：

```
//Chapter11/cookie_authentication/src/demo.cj

from net import http.*
from std import time.*
from std import collection.*
from std import fs.*
from std import io.*
from std import os.*

//演示的用户名和密码
var demoUserName ="zhanglei"
var demoPassWord ="cangjie"

//当前登录用户的 sessionid 及对应用户信息的哈希表
let sessionList =HashMap<String, LoginUserInfo>()

main() {
    let server =ServerBuilder().addr("0.0.0.0").port(8081).build()

    //注册/login 的处理程序
    server.distributor.register("/login",
FileHandler(getFilePath("login.html")))
```

```
    //注册/auth 的处理程序
    server.distributor.register("/auth", authHandler)

    //注册/index 的处理程序
    server.distributor.register("/index", indexHandler)

    //注册/download 的处理程序
    server.distributor.register("/download", downloadHandler)

    //启动服务
    server.serve()
}

func indexHandler(context: HttpContext): Unit {
    let sessionid = getSessionId(context)
    if (sessionid.isNone()) {
        RedirectHandler("/login", 302).handle(context)
    } else {
        //获取当前登录用户信息
        let userInfo = sessionList.get(sessionid.getOrThrow()).getOrThrow()

        //将 sessionid 写到客户端
        writeSessionIdAsCookie(context, sessionid.getOrThrow())

        //获取文件内容
        var content = getFileContentAsString("index.html")

        //替换用户名和登录时间的占位符
        content = content.replace("#username", userInfo.userName)
        content = content.replace("#logintime",
userInfo.loginTime.toString("MM/dd HH:mm:ss"))

        //响应 HTML 内容
        responseHtml(context, content)
    }
}

//登录处理,为了简单起见,如果登录失败,则重定向到登录页,如果登录成功,则重定向到首页
func authHandler(context: HttpContext): Unit {
    let formUserName = context.request.form.get("username")
    let formPassWord = context.request.form.get("password")

    if (formUserName.isNone() || formPassWord.isNone()) {
        RedirectHandler("/login", 302).handle(context)
    } else {
        let userName = formUserName.getOrThrow()
        let password = formPassWord.getOrThrow()
        if (checkPassword(userName, password)) {
```

```
            let sessionid = DateTime.now().toUnixTimeStamp().toString()
            sessionList.put(sessionid, LoginUserInfo(userName, DateTime.now()))
            writeSessionIdAsCookie(context, sessionid)
            RedirectHandler("/index", 302).handle(context)
        } else {
            RedirectHandler("/login", 302).handle(context)
        }
    }
}

//模拟检查用户名和密码
func checkPassword(userName: String, passWord: String): Bool {
    return userName == demoUserName && passWord == demoPassWord
}

//获取指定 Cookie 名称对应的值,如果不存在就返回 None
func getCookieValue(context: HttpContext, cookieName: String): ?String {
    //获取所有的 cookie
    let headerCookie = context.request.headers.get("cookie")

    if (headerCookie.size > 0) {
        for (ckListItem in headerCookie) {
            let ckArray = ckListItem.split(";")
            for (ckItem in ckArray) {
                let cookiePaire = ckItem.split("=")
                if (cookiePaire.size == 2) {
                    //如果 Cookie 名称匹配,就返回 Cookie 的值
                    if (cookiePaire[0].trimAscii() == cookieName) {
                        return cookiePaire[1].trimAscii()
                    }
                }
            }
        }
    }

    return None
}

//响应 HTML 内容
func responseHtml(context: HttpContext, content: String) {
    let responseBuilder = context.responseBuilder
    responseBuilder.header("Content-Type", "text/html; charset=utf-8")

    //设置返回消息体的长度
    responseBuilder.header("Content-Length", content.size.toString())

    responseBuilder.body(content)
}
```

```
//获取登录后的 sessionid,如果不存在就返回 None
func getSessionId(context: HttpContext): ?String {
    //获取 Cookie 中 sessionid 对应的值
    let sessionValue =getCookieValue(context, "sessionid")
    //如果不存在,则返回值为 false
    if (sessionValue.isNone()) {
        return None
    }

    if (sessionList.contains(sessionValue.getOrThrow())) {
        return sessionValue
    } else {
        return None
    }
}

//下载指定的文件
func downloadHandler(context: HttpContext): Unit {
    let sessionid =getSessionId(context)
    if (sessionid.isNone()) {
        RedirectHandler("/login", 401).handle(context)
    } else {
        //设置响应的 Cookie
        writeSessionIdAsCookie(context, sessionid.getOrThrow())

        //下载文件的响应
        downloadFile(context)
    }
}

//把 sessionid 写入响应消息的 Cookie 中
func writeSessionIdAsCookie(context: HttpContext, sessionid: String) {
    let sessionIdCookie =Cookie("sessionid", sessionid, maxAge: 1800, path: "/")
    context.responseBuilder.header("Set-Cookie",
sessionIdCookie.toSetCookieString())
}

//下载文件
func downloadFile(context: HttpContext) {
    let form =context.request.form
    //获取要下载的文件名称
    if (let Some(fileName) <-form.get("filename")) {
        //下载文件全路径
        let fullPath =getFilePath(fileName)

        let responseBuilder =context.responseBuilder

        //设置响应头
        responseBuilder.header("Content-Type", "application/octet-stream")
```

```
        responseBuilder.header("Content-Disposition", "attachment;
filename=\"${fileName}\"")

        //设置消息体分块传输
        responseBuilder.header("transfer-encoding", "chunked")

        let writer =HttpResponseWriter(context)

        //将分块的最大大小设置为 4KB
        let chunk =Array<UInt8>(1024 * 4, item: 0)

        //获取图片文件
        let file =File.openRead(fullPath)
        try {
            //将文件内容读取到 chunk
            var readSize =file.read(chunk)
            while (readSize >0) {
                //将分块写到响应消息
                writer.write(chunk[0..readSize])
                //读取下一个分块
                readSize =file.read(chunk)
            }
        } finally {
            file.close()
        }
    } else {
        NotFoundHandler().handle(context)
    }
}

//获取文件路径
func getFilePath(fileName: String) {
    let separator =getSeparator()
    return currentDir().info.path.toString() +
"${separator}files${separator}${fileName}"
}

//获取指定文件内容的字符串形式
func getFileContentAsString(fileName: String) {
    let separator =getSeparator()
    let path =currentDir().info.path.toString() +
"${separator}files${separator}${fileName}"
    let file =File.openRead(path)
    let result =String.fromUtf8(file.readToEnd())
    file.close()
    return result
}

@When[os =="linux"]
```

```
func getSeparator() {
    return "/"
}

//当操作系统是 Windows 时编译该函数
@When[os == "windows"]
func getSeparator() {
    return "\\"
}

//当前登录用户信息
class LoginUserInfo {
    LoginUserInfo(let userName: String, let loginTime: DateTime) {}
}

//Chapter11/cookie_authentication/src/files/index.html

<!DOCTYPE html>
<html lang="en">

<head>
  <meta charset="UTF-8">
  <title>Cookie 认证示例</title>
</head>

<body>
  <div style="width: 100%; text-align: center;">
    <div style="text-align: right;">
      <div>登录用户:#username </div>
      <div>登录时间:#logintime</div>
    </div>
    <span>单击下载下面的文件</span>
    <div>
      <a href="/download?filename=demo.txt">demo.txt</a>
    </div>
    <div>
      <a href="/download?filename=logo.png">logo.png</a>
    </div>
  </div>
</body>

</html>

//Chapter11/cookie_authentication/src/files/login.html

<!DOCTYPE html>
<html lang="en">

<head>
```

```
        <meta charset="UTF-8">
        <title>登录</title>
    </head>

    <body>
        <form action="/auth" method="post">
            <div style="text-align: center;">

                <div style="padding: 10px;">
                    <span>请输入用户名和密码</span>
                </div>
                <div style="padding: 10px;">
                    <span>用户名:</span><input type="text" name="username" />
                    <span>密 码:</span><input type="password" name="password" />
                </div>
                <div style="padding: 10px;">
                    <input type="submit" id="submit" value="登录" />
                    <input type="reset" id="reset" value="重置" />
                </div>

            </div>
        </form>
    </body>

    </html>
```

在本示例中，下载文件列表位于/index路径下，请求该路径时服务器端处理程序会检查是否已登录，如果没有登录就重定向到路径/login并提示登录，在登录页面输入用户名和密码后，将登录信息提交到路径/auth，在这里服务器端处理程序判断用户名和密码是否正确，如果正确就重定向到路径/index，否则重定向到路径/login。如果路径/index的处理程序判断用户已经登录了，就根据sessionid取出对应的登录信息，然后替换index.html文件中的用户名称和登录时间，随后把index.html内容响应给客户端。

编译运行该示例：

```
cjc .\demo.cj
.\main.exe
```

编译成功后，打开浏览器，访问网址http://127.0.0.1:8081/index，服务器端会要求客户端重定向到登录页，如图11-37所示。

输入用户名和密码，单击“登录”按钮，服务器端验证后会重定向到/index路径，如图11-38所示，这时在下载页显示了登录用户和登录时间信息，然后单击demo.txt进行下载，下载成功页面如图11-39所示。

在实际开发中，还要考虑更多的安全性设计，如登录时的双重验证、sessionid的过期时间、用户主动登出等，读者可以根据实际需要自行扩展。

登录
127.0.0.1:8081/login
请输入用户名和密码
用户名：
密 码：
登录
重置

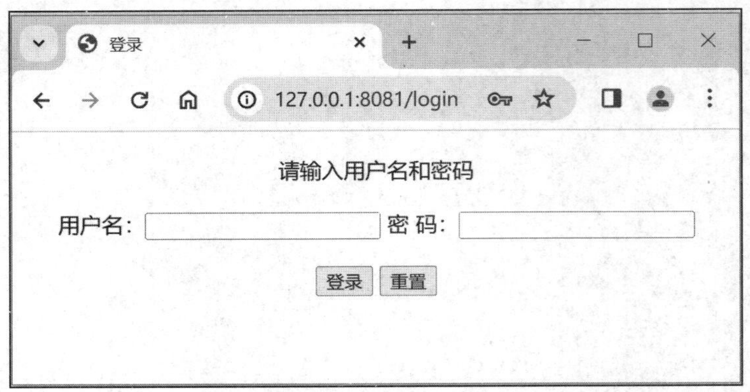

图 11-37　登录

Cookie认证示例
127.0.0.1:8081/index
登录用户：zhanglei
登录时间：12/27 23:37:23
单击下载下面的文件
demo.txt
logo.png

图 11-38　登录后下载页

Cookie认证示例
127.0.0.1:8081/index
下载内容
demo.txt
30 B • 完成
2/27 23:37:23
demo.txt
logo.png

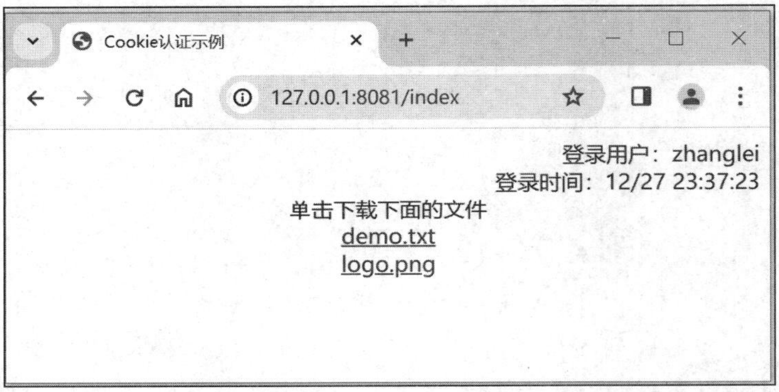

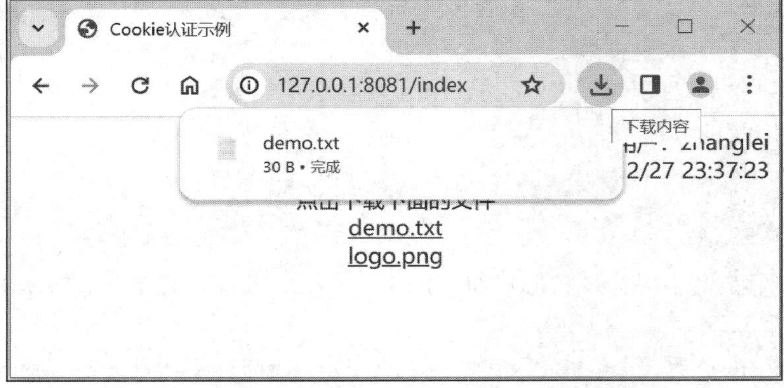

图 11-39　下载成功

第12章

HTTP 客户端

在第11章的介绍中，使用了浏览器作为HTTP客户端向服务器端发起请求，本节将介绍仓颉网络库中HTTP客户端相关类库的使用，通过这些类库，读者可以自行定制开发HTTP客户端。

12.1 基础示例

本节将通过一个简单的示例演示如何使用Client对象发起HTTP请求，服务器端使用11.1节中的示例程序，在演示本示例前，需要先启动服务器端示例程序，HTTP客户端示例代码如下：

```
//Chapter12/http_client_demo/src/demo.cj

from net import http.*

main() {
    //创建 HTTP 客户端对象
    let client =ClientBuilder().build()

    //创建 HTTP 请求对象,指定使用 GET 方法请求网址 http://127.0.0.1:8080/index
    let req =HttpRequestBuilder().method("GET").url("http://127.0.0.1:8080/
index").build()

    //发送请求,获取响应
    let rsp =client.send(req)

    //输出响应信息
    println(rsp)

    //关闭客户端对象
    client.close()
}
```

编译后运行该示例，命令及服务器端的响应如下：

```
cjc .\demo.cj
.\main.exe
HTTP/1.1 200 OK
connection: keep-alive
date: Sun, 17 Mar 2024 11:48:10 GMT
content-length: 12

body size: 12
```

在本示例中，首先通过 ClientBuilder 类的 build 函数创建了一个缺省配置的客户端 client，然后创建了一个 HttpRequest 类型的实例变量 req，该变量封装了对路径 http://127.0.0.1:8080/index 的 GET 请求，随后调用客户端 client 的函数 send 发送请求变量 req，并且把服务器端的响应保存到变量 rsp 中，最后输出响应信息并关闭客户端。

12.2 客户端相关类库及示例

12.2.1 CookieJar

Jar 在英文中是罐子的意思，CookieJar 顾名思义就是存放 Cookie 的罐子，在 net 包里用作管理 Cookie 的工具类，主要包括以下属性和函数。

1）prop rejectPublicSuffixes：ArrayList<String>

要拒绝的公共后缀列表，该列表是一个黑名单，CookieJar 会拒绝 doman 包含在该列表中的 Cookie。

2）prop isHttp：Bool

该 CookieJar 是否用于 HTTP 协议，如果 isHttp 为 true，则只会存储来自 HTTP 协议的 Cookie，如果 isHttp 为 false，则只会存储来自非 HTTP 协议的 Cookie，并且不会存储发送设置了 httpOnly 的 Cookie。

3）static func createDefaultCookieJar(rejectPublicSuffixes：ArrayList<String>，isHttp:Bool)：CookieJar

静态函数，构建默认的管理 Cookie 的 CookieJar，其中参数 rejectPublicSuffixes 表示要拒绝的公共后缀列表，参数 isHttp 表示该 CookieJar 是否用于 HTTP。

本函数和 rejectPublicSuffixes 属性是配合使用的，通过 createDefaultCookieJar 函数把要拒绝的公共后缀列表传递给 CookieJar，CookieJar 在解析 Cookie 时会按照 rejectPublicSuffixes 属性的设置进行解析，本节将通过一个示例演示本函数及 rejectPublicSuffixes 属性的使用，示例代码如下：

```
//Chapter12/cookie_jar_demo/src/demo.cj

from std import collection.*
from encoding import url.*
```

```
from net import http.*
from net import tls.*

main() {
    //设置 TLS 配置
    var tlsCfg = TlsClientConfig()
    tlsCfg.verifyMode = TrustAll

    //要请求的网址
    var url = "https://www.baidu.com/"

    println("不设置要拒绝的公共后缀")
    //创建 HTTP 客户端对象,不特别设置 CookieJar
    var client = ClientBuilder().tlsConfig(tlsCfg).build()

    //请求网址并打印 Cookie 信息
    requestUrlPrintCookie(client, url)

    //创建包括要拒绝的公共后缀的 CookieJar
    var cookieJar =
CookieJar.createDefaultCookieJar(ArrayList<String>(["baidu.com"]), true)

    println("设置要拒绝的公共后缀 baidu.com")
    //创建 HTTP 客户端对象,设置 CookieJar 要拒绝的公共后缀 baidu.com
    client = ClientBuilder().tlsConfig(tlsCfg).cookieJar(cookieJar).build()

    //请求网址并打印 Cookie 信息
    requestUrlPrintCookie(client, url)
}

    //请求 URL 对应的网址并打印响应中的 Cookie 信息
    func requestUrlPrintCookie(client: Client, url: String) {
    let req = HttpRequestBuilder().method("GET").url(url).build()

    //发送请求,获取响应
    let resp = client.send(req)

    //获取响应信息中首部名称为 set-cookie 的列表并打印输出
    let setCookieList = resp.headers.get("set-cookie")
    println("接收的 set-cookie")
    for (setCookie in setCookieList) {
        println(setCookie)
    }

    println()
    //获取 CookieJar
    let cookieJar = client.cookieJar.getOrThrow()

    //打印 CookieJar 中的 Cookie
```

```
    println("cookieJar 中的 Cookie")
    for (cookie in cookieJar.getCookies(URL.parse(url))) {
        println(cookie.toSetCookieString())
    }
    println()

    //关闭客户端对象
    client.close()
}
```

在本示例中，对于网址 https://www.baidu.com/发起了两次请求，第 1 次请求没有设置 CookieJar，也就是说没有使用 rejectPublicSuffixes 属性；第 2 次设置了 CookieJar，并且把公共后缀 baidu.com 加入了 rejectPublicSuffixes 属性；对于两次请求的响应，分别输出了首部 set-cookie 对应的值及存储在 CookieJar 中的 Cookie 信息，按照设计思路，第 1 次应该输出所有的 Cookie 信息，第 2 次应该输出除了域.baidu.com 以外的 Cookie 信息。

编译后运行该示例，命令及输出如下：

```
cjc .\demo.cj
.\main.exe
不设置要拒绝的公共后缀
接收的 set-Cookie
BD_NOT_HTTPS=1; path=/; Max-Age=300
BIDUPSID=50C1016860DA611E00A55C1F88F161D2; expires=Thu, 31-Dec-37 23:55:55
GMT; max-age=2147483647; path=/; domain=.baidu.com
PSTM=1710676784; expires=Thu, 31-Dec-37 23:55:55 GMT; max-age=2147483647; path=/;
domain=.baidu.com
BAIDUID=50C1016860DA611E3D83895EF5511247:FG=1; max-age=31536000; expires=Mon,
17-Mar-25 11:59:44 GMT; domain=.baidu.com; path=/;
comment=bd

cookieJar 中的 Cookie
BD_NOT_HTTPS=1
BIDUPSID=50C1016860DA611E00A55C1F88F161D2
PSTM=1710676784
BAIDUID=50C1016860DA611E3D83895EF5511247:FG=1

设置要拒绝的公共后缀 baidu.com
接收的 set-cookie
BD_NOT_HTTPS=1; path=/; Max-Age=300
BIDUPSID=50C1016860DA611EEC157DCBFDBAE354; expires=Thu, 31-Dec-37 23:55:55
GMT; max-age=2147483647; path=/; domain=.baidu.com
PSTM=1710676784; expires=Thu, 31-Dec-37 23:55:55 GMT; max-age=2147483647; path=/;
domain=.baidu.com
BAIDUID=50C1016860DA611E3D7ECB17AABDD341:FG=1; max-age=31536000; expires=Mon,
17-Mar-25 11:59:44 GMT; domain=.baidu.com; path=/; version=1; comment=bd

cookieJar 中的 Cookie
BD_NOT_HTTPS=1
```

输出表明，在服务器端对客户端的响应相同时，是否设置 rejectPublicSuffixes 属性对 CookieJar 影响很大，在本例的第 2 次请求响应中，只输出了 BD_NOT_HTTPS=1 这个 Cookie 信息，因为在第 2 次请求中，Client 把 baidu.com 加入了拒绝后缀列表，而响应的 Cookie 中只有这个 Cookie 的 domain 不是.baidu.com，所以 CookieJar 只接受该 Cookie。读者在运行该示例时，百度网站对请求的响应和编写本书时可能不同，输出的信息也可能有差异，读者可以自行选择合适的测试网站。

4）func getCookies(url: URL): ArrayList<Cookie>

从 CookieJar 中取出参数 URL 对应的 Cookie 列表。

5）func storeCookies(url: URL, cookies: ArrayList<Cookie>): Unit

将参数 cookies 代表的 Cookie 列表存储到 CookieJar 中，参数 URL 表示产生该 Cookie 的 URL。如果 CookieJar 中原先没有对应的 Cookie，则会把新的 Cookie 加入进来，如果原先有对应的 Cookie，则会使用新的 Cookie 覆盖。使用 storeCookies 函数可以方便地在客户端对 Cookie 进行修改，然后把修改后的 Cookie 发送到服务器端，下面将通过一个示例演示该函数的用法，服务器端使用的是 11.2.4 节的示例 cookie_demo，在演示本示例时需要预先启动服务器端示例，示例代码如下：

```
//Chapter12/cookie_manage_demo/src/demo.cj

from std import collection.*
from encoding import url.*
from net import http.*

main() {
    //要请求的网址
    var path1 ="http://127.0.0.1:8080/path1/cookie"
    var path2 ="http://127.0.0.1:8080/path2/cookie"
    var pathRoot ="http://127.0.0.1:8080/"

    //创建 HTTP 客户端对象
    var client =ClientBuilder().build()

    //请求路径 1 并打印 Cookie 信息
    requestUrlPrintCookie(client, path1)

    //请求路径 2 并打印 Cookie 信息
    requestUrlPrintCookie(client, path2)

    //请求路径 1 并打印 Cookie 信息
    requestUrlPrintCookie(client, path1)

    //将名称为 count 的 Cookie 值设置为 10
    let cookieCount =Cookie("count", "10")
    //将名称为 totocount 的 Cookie 值设置为 100
```

```
    let cookieTotCount =Cookie("totcount", "100")

    //取得客户端的 CookieJar 对象
    let cookieJar =client.cookieJar.getOrThrow()
    //把 cookieCount 存入路径 1 对应的 Cookie
    cookieJar.storeCookies(URL.parse(path1), ArrayList<Cookie>(cookieCount))
    //把 cookieTotCount 存入根路径对应的 Cookie
    cookieJar.storeCookies(URL.parse(pathRoot),
ArrayList<Cookie>(cookieTotCount))

    //请求路径 1 并打印 Cookie 信息
    requestUrlPrintCookie(client, path1)

    //请求路径 2 并打印 Cookie 信息
    requestUrlPrintCookie(client, path2)

    client.close()
}

//请求 URL 对应的网址并打印响应中的 Cookie 信息
func requestUrlPrintCookie(client: Client, url: String) {
    let req =HttpRequestBuilder().method("GET").url(url).build()

    //发送请求
    client.send(req)

    //获取 CookieJar
    let cookieJar =client.cookieJar.getOrThrow()

    //打印 CookieJar 中的 Cookie
    println("cookieJar 中路径${url}对应的 Cookie")
    for (cookie in cookieJar.getCookies(URL.parse(url))) {
        println(cookie.toSetCookieString())
    }

    println()
}
```

编译后运行该示例，命令及输出如下：

```
cjc .\demo.cj
.\main.exe
cookieJar 中路径 http://127.0.0.1:8080/path1/cookie 对应的 Cookie
count=1
totcount=1

cookieJar 中路径 http://127.0.0.1:8080/path2/cookie 对应的 Cookie
count=1
totcount=2
```

```
cookieJar 中路径 http://127.0.0.1:8080/path1/cookie 对应的 Cookie
count=2
totcount=3

cookieJar 中路径 http://127.0.0.1:8080/path1/cookie 对应的 Cookie
count=11
totcount=101

cookieJar 中路径 http://127.0.0.1:8080/path2/cookie 对应的 Cookie
count=2
totcount=102
```

在本示例中，首先对路径 1、路径 2、路径 1 依次发起了 3 次请求，并且输出了对应的 Cookie 信息，输出的结果与在第 11 章使用浏览器请求的结果是一致的。重点关注的是对 Cookie 重新设置值的代码：

```
    //将名称为 count 的 Cookie 值设置为 10
    let cookieCount =Cookie("count", "10")
    //将名称为 totocount 的 Cookie 值设置为 100
    let cookieTotCount =Cookie("totcount", "100")
```

这里使用新的 Cookie 值生成了两个 Cookie 对象，如果有必要，则可以先获取原先 Cookie 的值，对原先的值计算后再生成新值。随后把这两个 Cookie 存储到 CookieJar 中，存储时指定了对应的路径：

```
    //把 cookieCount 存入路径 1 对应的 Cookie
    cookieJar.storeCookies(URL.parse(path1),
ArrayList<Cookie>(cookieCount))
    //把 cookieTotCount 存入根路径对应的 Cookie
    cookieJar.storeCookies(URL.parse(pathRoot),
ArrayList<Cookie>(cookieTotCount))
```

这样，在发起新的请求时，就可以把新的 Cookie 值发送到服务器端，服务器端也会按照新的 Cookie 值执行对应的业务逻辑，所以在此后对服务器端请求的响应中，Cookie 值都是修改以后的：

```
cookieJar 中路径 http://127.0.0.1:8080/path1/cookie 对应的 Cookie
count=11
totcount=101

cookieJar 中路径 http://127.0.0.1:8080/path2/cookie 对应的 Cookie
count=2
totcount=102
```

这里路径 1 对应的两个 Cookie 值都是修改后的，但是路径 2 的名称为 count 的 Cookie 没有在客户端修改过，因为该路径请求了服务器端两次，所以值是 2。

6）func removeCookies(domain: String): Unit

从 CookieJar 中移除参数 domain 代表的域对应的 Cookie，该域的子域对应的 Cookie 不会被移除。

7）func clear(): Unit

清除全部 Cookie。

8）static func toCookieString(cookies: ArrayList<Cookie>): String

静态函数，将参数 cookies 表示的 Cookie 列表转换成字符串，该字符串可以用于 Cookie header。

9）static func parseSetCookieHeader(response: HttpResponse): ArrayList<Cookie>

静态函数，解析参数 response 中的 Set-Cookie 首部，返回解析出的 Cookie 列表。

12.2.2 HttpRequestBuilder

用来构造 HttpRequest 实例的辅助类，主要包括以下构造函数和成员函数。

1）public init()

构造函数。

2）public init(request: HttpRequest)

通过参数 request 构造一个具有 request 属性的实例。

3）public func method(method: String): HttpRequestBuilder

将参数 method 设置为请求的方法，默认为 GET，如果参数 method 为空字符串，则将自动设置为 GET，当参数为非法时抛出 HttpException 异常。

4）public func url(rawUrl: String): HttpRequestBuilder

将参数 rawUrl 设置为请求的 url，默认 url 为空的 URL 对象，即 URL.parse("")，如果 rawUrl 包含不符合 UTF8 的字节序列规则，则抛出 IllegalArgumentException 异常。

5）public func url(url: URL): HttpRequestBuilder

将参数 url 设置为请求的 url，默认 url 为空的 URL 对象，即 URL.parse("")。

6）public func version(version: Protocol): HttpRequestBuilder

设置请求的 HTTP 版本，默认为 UnknownProtocol("")，客户端会根据 TLS 配置自动选择协议。需要注意的是，使用该函数配置的 HTTP 协议版本要和客户端与服务器端实际协商使用的 HTTP 版本一致，否则在执行请求时会抛出异常。

下面通过一个示例演示 version 函数的使用，分别演示设置匹配的协议版本、不显式设置协议版本及设置错误的协议版本的 3 种情况，示例使用的服务器端程序为 11.2.12 节中的示例 http2_server，在演示本示例时需要预先启动服务器端示例，示例代码如下：

```
//Chapter12/http_version_demo/src/demo.cj

from net import http.*
from net import tls.*
```

```
main() {
    //设置 TLS 配置
    var tlsCfg = TlsClientConfig()
    tlsCfg.verifyMode = TrustAll
    //协商应用层支持 HTTP/2 协议
    tlsCfg.alpnProtocolsList = ["h2"]

    //创建 HTTP 客户端对象
    var client = ClientBuilder().tlsConfig(tlsCfg).build()

    //设置请求使用 HTTP/2 协议
    var req = HttpRequestBuilder().method("GET").version(Protocol.HTTP2_0).url
("https://127.0.0.1:8081/hello").build()
    //发送请求,获取响应
    var rsp = client.send(req)
    //输出响应信息
    println(rsp)
    //关闭客户端对象
    client.close()

    client = ClientBuilder().tlsConfig(tlsCfg).build()
    //不显式设置请求使用的协议
    req = HttpRequestBuilder().method("GET").url("https://127.0.0.1:8081/
hello").build()
    //发送请求,获取响应
    rsp = client.send(req)
    //输出响应信息
    println(rsp)
    //关闭客户端对象
    client.close()

    client = ClientBuilder().tlsConfig(tlsCfg).build()
    //设置请求使用 HTTP/1.1 协议
    req = HttpRequestBuilder().method("GET").version(Protocol.HTTP1_1).url("
https://127.0.0.1:8081/hello").build()
    //发送请求,获取响应
    rsp = client.send(req)
    //输出响应信息
    println(rsp)
    //关闭客户端对象
    client.close()
}
```

编译后运行该示例,命令及输出如下:

```
cjc .\demo.cj
.\main.exe
HTTP/2.0 200 OK
```

```
date: Thu, 04 Apr 2024 10:44:26 GMT

unknown body size

2024/04/04 18:44:26.663597 WARN Logger [HttpClientEngine2#receiveResponse]
SocketException during receiving response: socket is closed
HTTP/2.0 200 OK
date: Thu, 04 Apr 2024 10:44:27 GMT

unknown body size

2024/04/04 18:44:27.674548 WARN Logger [HttpClientEngine2#receiveResponse]
SocketException during receiving response: socket is closed
An exception has occurred:
ConnectionException: socket is closed
         at net/http.BufferedConn::fill()(net/http\buffered_conn.cj:51)
         at
net/http.BufferedConn::readLine()(net/http\buffered_conn.cj:93)
         at
net/http.ConnNode::readResponse(net/http::HttpRequest)(net/http\http_client1_
1.cj:818)
         at
net/http.ConnNode::sendRequestTimeOut(net/http::HttpRequest)(net/http\http_
client1_1.cj:576)
         at
net/http.ConnNode::sendRequest(net/http::HttpRequest)(net/http\http_client1_
1.cj:515)
         at
net/http.HttpEngine1::reconnectSendRequest(net/http::HttpRequest, Bool)(net/
http\http_client1_1.cj:265)
         at
net/http.HttpClient1::request(net/http::HttpRequest)(net/http\http_client1_
1.cj:0)
         at
net/http.Client::requestWithNegotiateRetry(net/http::HttpRequest)(net/http\
client.cj:584)
         at
net/http.Client::doRequest(net/http::HttpRequest)(net/http\client.cj:508)
         at
net/http.Client::send(net/http::HttpRequest)(net/http\client.cj:742)
         at
default.main()(D:\git\cangjie_network\code\Chapter12\http_version_demo\src\
demo.cj:37)
```

控制台输出表明，设置正确的 HTTP 版本或者不显式设置 HTTP 版本都可以正常发送请求，但设置不匹配的 HTTP 版本在运行时出错。

7) public func header(name: String, value: String): HttpRequestBuilder

向请求的 header 属性添加指定键-值对 name: value。

8）public func addHeaders(headers：HttpHeaders)：HttpRequestBuilder

向请求的 header 属性添加参数 HttpHeaders 中的键-值对。

9）public func setHeaders(headers：HttpHeaders)：HttpRequestBuilder

设置请求的 header，如果已经设置过，则将替换原 header。

10）public func body(body：Array<UInt8>)：HttpRequestBuilder

设置请求 body，使用字节数组参数 body 作为请求 body 的内容。

11）public func body(body：String)：HttpRequestBuilder

设置请求 body，使用字符串参数 body 作为请求 body 的内容。

在实现将文件上传到 HTTP 服务器端的功能时，除了可以使用浏览器以外，也可以使用 HttpRequestBuilder 构造一个上传文件的 POST 请求，把文件内容存放在请求的 body 中，然后通过 Client 将该请求发送到服务器端，从而实现文件的上传。将当前文件夹下 files 子文件夹中的 test.txt 文件上传到服务器端的示例代码如下：

```
//Chapter12/client_upload_file/src/demo.cj

from net import http.*
from std import time.*
from std import fs.*
from std import os.*

main() {
    //创建 HTTP 客户端对象
    var client =ClientBuilder().httpProxy("http://127.0.0.1:8081").build()

    //上传文件时的分隔符
    let boundary ="----CangjieClientBoundary" +
DateTime.now().toUnixTimeStamp().toString()

    //要上传的文件名称
    let fileName ="test.txt"

    //构造请求中 body 的内容
    let sbPostFileContent =StringBuilder()
    sbPostFileContent.append("--${boundary}")
    sbPostFileContent.append("\r\n")
    sbPostFileContent.append("Content-Disposition: form-data;
name=\"file\"; filename=\"${fileName}\"\r\n")
    sbPostFileContent.append("Content-Type: text/plain\r\n")
    sbPostFileContent.append("\r\n")
    sbPostFileContent.append(getFileContent(fileName))
    sbPostFileContent.append("\r\n")
    sbPostFileContent.append("--${boundary}")
    sbPostFileContent.append("--\r\n")

    let bodyContent =sbPostFileContent.toString()
```

```
    //构造上传文件的请求
    var req =
HttpRequestBuilder().method("POST").url("http://127.0.0.1:8081/upload").
header(
        "Content-Type",
        "multipart/form-data; boundary=${boundary}"
    ).header("Content-Length",
bodyContent.size.toString()).body(bodyContent).build()

    //发送请求,获取响应
    var rsp =client.send(req)
    //输出响应信息
    println(rsp)
    //关闭客户端对象
    client.close()
}

//获取文件内容
func getFileContent(fileName: String) {
    let separator =getSeparator()
    let path =currentDir().info.path.toString() +
"${separator}files${separator}${fileName}"

    let file =File.openRead((path))
    let result =String.fromUtf8(file.readToEnd())
    file.close()
    return result
}

@When[os =="linux"]
func getSeparator() {
    return "/"
}

//当操作系统是 Windows 时编译该函数
@When[os =="windows"]
func getSeparator() {
    return "\\"
}
```

本示例的服务器端使用的是 11.2.9 节的示例 file_handler_demo,启动服务器端程序后,再编译运行该示例:

```
cjc .\demo.cj
.\main.exe
HTTP/1.1 200 OK
connection: keep-alive
```

```
date: Sun, 17 Mar 2024 12:49:55 GMT
content-length: 0
```

发送文件的请求返回了状态码 200，表明上传成功了，此时在服务器端可以找到上传的文件 test.txt。

12）public func body(body: InputStream): HttpRequestBuilder

设置请求 body，使用输入流参数 body 作为请求 body 的内容来源。

13）public func trailer(name: String, value: String): HttpRequestBuilder

向请求 trailer 添加指定键-值对 name: value。

14）public func addTrailers (trailers: HttpHeaders): HttpRequestBuilder

向请求 trailer 添加参数 trailers 中的键-值对。

15）public func setTrailers (trailers: HttpHeaders): HttpRequestBuilder

设置请求 trailer，如果已经设置过，则将替换原 trailer。

```
public func priority(urg: Int64, inc: Bool): HttpRequestBuilder
```

设置 priority 首部的便捷函数，调用此函数后，将生成形如"priority: urgency=x, i"的首部。如果通过设置请求头的函数设置了 priority 字段，则调用此函数无效；如果多次调用此函数，则以最后一次为准。

参数 urg 表示请求优先级，取值范围为 0～7，0 表示最高优先级；参数 inc 表示请求是否需要增量处理，如果值为 true，则表示希望服务器并发处理与之同 urg 同 inc 的请求；如果值为 false，则表示不希望服务器并发处理。关于 priority 的详细介绍可参考文档 RFC 9218。

16）public func readTimeout(timeout: Duration): HttpRequestBuilder

将此请求的读超时时间设置为 timeout，如果 timeout 为负，则会自动转换为 0。如果用户设置了此读超时时间，则该请求的读超时以此为准；如果用户没有设置，则该请求的读超时以 Client 的 readTimeout 为准。

17）public func writeTimeout(timeout: Duration): HttpRequestBuilder

将此请求的写超时时间设置为 timeout，如果 timeout 为负，则会自动转换为 0。如果用户设置了此写超时时间，则该请求的写超时以此为准；如果用户没有设置，则该请求的写超时以 Client 的 writeTimeout 为准。

18）public func get(): HttpRequestBuilder

构造 method 为"GET"的请求的便捷函数。

19）public func head(): HttpRequestBuilder

构造 method 为"HEAD"的请求的便捷函数。

20）public func options(): HttpRequestBuilder

构造 method 为"OPTIONS"的请求的便捷函数。

21) public func trace(): HttpRequestBuilder

构造 method 为"TRACE"的请求的便捷函数。

22) public func delete(): HttpRequestBuilder

构造 method 为"DELETE"的请求的便捷函数。

23) public func post(): HttpRequestBuilder

构造 method 为"POST"的请求的便捷函数。

24) public func put(): HttpRequestBuilder

构造 method 为"PUT"的请求的便捷函数。

25) public func connect(): HttpRequestBuilder

构造 method 为"CONNECT"的请求的便捷函数。

26) public func build(): HttpRequest

根据当前实例的信息生成一个 HttpRequest 实例。

12.2.3 Client

提供 HTTP 客户端功能的类,可以发送 HTTP 请求,接收响应,关闭连接等,支持 HTTP/1.1 与 HTTP/2 协议;Client 本身的属性基本是只读属性,不能直接修改,如果要设置这些属性的值,则可以通过 12.2.4 节介绍的 ClientBuilder 类的相关函数进行。

Client 类主要包括以下属性和函数。

1) public prop httpProxy: String

获取客户端的 HTTP 代理,默认使用系统环境变量 http_proxy 的值,用字符串表示,格式为 http://host:port,如 http://192.168.1.1:80。

HTTP 代理有很多适用的场景,如统一的安全管理、隐藏真实的客户端 IP、节省网络出口带宽等,对于开发者来讲,使用 HTTP 代理可以方便调试,假如希望通过 Fiddler 工具分析应用发送和接收的 HTTP 消息,可以把应用的 HTTP 代理设置成 http://127.0.0.1:8888,这是 Fiddler 默认的代理网址。

下面通过一个示例演示 HTTP 代理的应用,在该示例中,把客户端的 HTTP 代理设置为 http://127.0.0.1:8888,然后创建一个对网址 http://127.0.0.1:8080/index 的 GET 请求,最后发送该请求并输出响应信息。服务器端程序使用的是 11.1 节的示例 http_hello_world,在启动本示例前需要先启动服务器端程序,示例代码如下:

```
//Chapter12/http_proxy_demo/src/demo.cj

from net import http.*

main() {
    //创建 HTTP 客户端对象,HTTP 代理为 http://127.0.0.1:8888
    let client =
ClientBuilder().httpProxy("http://127.0.0.1:8888").build()

    //创建 HTTP 请求对象,指定使用 GET 方法请求网址 http://127.0.0.1:8080/index
```

```
    let req =
HttpRequestBuilder().get().url("http://127.0.0.1:8080/index").build()

    //发送请求,获取响应
    let rsp =client.send(req)

    //输出响应信息
    println(rsp)

    //关闭客户端对象
    client.close()
}
```

启动 Fiddler,编译后运行该示例,命令及输出如下:

```
cjc .\demo.cj
.\main.exe
HTTP/1.1 200 OK
connection: keep-alive
date: Mon, 01 Jan 2024 13:49:39 GMT
content-length: 12

body size: 12
```

在 Fiddler 主界面,可以看到捕获的 HTTP 请求和响应消息,如图 12-1 所示。

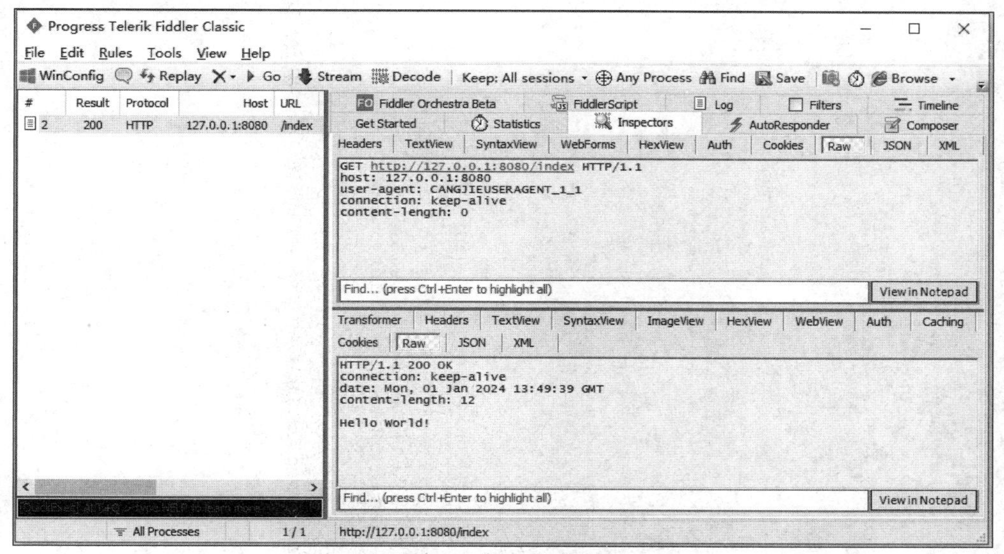

图 12-1 请求响应消息

2) public prop httpsProxy: String

获取客户端的 HTTPS 代理,默认使用系统环境变量 https_proxy 的值,用字符串表示，格式为 http://host:port，如 http://192.168.1.1:443。

3) public prop connector: (String) -> StreamingSocket

获取服务器的连接。

4) public prop logger: Logger

获取客户端日志记录器，设置 logger.level 将立即生效，记录器应该是线程安全的。

5) public prop cookieJar: ?CookieJar

用于管理客户端所有 Cookie 的对象，如果配置为 None，则不会启用 Cookie。

6) public prop poolSize: Int64

HTTP/1.1 客户端使用连接池的大小，表示对同一个主机(host:port)同时存在的连接数的最大值。

7) public prop autoRedirect: Bool

获取客户端是否会自动进行重定向，304 状态码默认不重定向。在客户端向服务器端发送请求后，服务器端可能会向客户端发送 3XX 状态码，要求客户端请求其他的网址，这时默认的 Client 设置是自动重定向的，也就是会自动向新的网址发起请求，但是可以通过 ClientBuilder 的 autoRedirect 函数将该属性设置为 false，从而禁止客户端自动重定向。下面通过一个示例演示两者的区别，服务器端使用的是 11.3.2 节中的示例 cookie_authentication，该示例在客户端访问网址/index 时，如果发现客户端没有登录，则会要求客户端重定向到网址/login。在启动本示例前需要先启动服务器端程序，示例代码如下：

```
//Chapter12/auto_redirect_demo/src/demo.cj

from net import http.*

main() {
    //创建 HTTP 请求对象,指定使用 GET 方法请求网址 http://127.0.0.1:8081/index
    let req =
HttpRequestBuilder().get().url("http://127.0.0.1:8081/index").build()

    println("禁止自动重定向示例:")
    //创建禁止自动重定向的 HTTP 客户端
    var client =ClientBuilder().autoRedirect(false).build()

    //发送请求,获取响应,输出响应信息
    printRespInfo(client.send(req))

    //关闭客户端对象
    client.close()

    println("自动重定向示例:")
    //创建默认自动重定向的 HTTP 客户端
    client =ClientBuilder().build()
```

```
    //发送请求,获取响应,输出响应信息
    printRespInfo(client.send(req))

    //关闭客户端对象
    client.close()
}

//输出响应信息
func printRespInfo(resp: HttpResponse) {
    //输出响应信息
    println(resp)

    //输出 body 中的信息
    let buf =Array<Byte>(8 * 1024, item: 0)
    let count =resp.body.read(buf)
    if (count >0) {
        println(String.fromUtf8(buf[0..count]))
    }
}
```

编译后运行该示例,命令及输出如下:

```
cjc .\demo.cj
.\main.exe
禁止自动重定向示例:
HTTP/1.1 302 Found
location: /login
connection: keep-alive
date: Sun, 17 Mar 2024 13:36:28 GMT
content-length: 26

body size: 26

<a href="/login">Found</a>
自动重定向示例:
HTTP/1.1 200 OK
content-type: text/html; charset=utf-8
transfer-encoding: chunked
connection: transfer-encoding, keep-alive
date: Sun, 17 Mar 2024 13:36:28 GMT

unknown body size


<!DOCTYPE html>
<html lang="en">

<head>
    <meta charset="UTF-8">
```

```
    <title>登录</title>
</head>

<body>
    <form action="/auth" method="post">
        <div style="text-align: center;">

            <div style="padding: 10px;">
                <span>请输入用户名和密码</span>
            </div>
            <div style="padding: 10px;">
                <span>用户名:</span><input type="text" name="username" />
                <span>密 码:</span><input type="password" name="password" />
            </div>
            <div style="padding: 10px;">
                <input type="submit" id="submit" value="登录" />
                <input type="reset" id="reset" value="重置" />
            </div>

        </div>
    </form>
</body>

</html>
```

在禁止自动重定向的示例中，客户端接收到 302 状态码的请求后，没有按照 location 的首部重新发起请求；在自动重定向的示例中，客户端最终输出的是重定向后的响应，输出显示已经重定向到了网址/login，输出的是登录页面的 HTML 代码。

8）public func getTlsConfig()：?TlsClientConfig

获取客户端设定的 TLS 层配置。

9）public prop readTimeout：Duration

获取客户端设定的读取整个响应的超时时间，默认值为 15s。

10）public prop writeTimeout：Duration

获取客户端设定的写请求的超时时间，默认值为 15s。

11）public prop headerTableSize：UInt32

HTTP/2 专用，在使用 HPACK 首部压缩算法进行压缩时，可以限制首部压缩动态表的最大表项大小，默认值为 4096。关于 HPACK 压缩算法，可以参考 10.2.3 节“HTTP/2 的消息结构”。

12）public prop enablePush：Bool

获取客户端 HTTP/2 协议是否支持服务器推送，默认值为 true。

13）public prop maxConcurrentStreams：UInt32

HTTP/2 专用，用来限制对端发起的最大并发流数量，默认值为 $2^{31}-1$。

14）public prop initialWindowSize：UInt32

HTTP/2 专用，用来限制对端发送的流初始窗口大小，默认值为 65 535，取值范围为 0～$2^{31}-1$。

15）public prop maxFrameSize：UInt32

HTTP/2 专用，用来限制对端发送的帧的最大长度，默认值为 16 384，取值范围为 2^{14}～$2^{24}-1$。

16）public prop maxHeaderListSize：UInt32

HTTP/2 专用，可以在流上的请求中发送的首部的最大大小，为所有未压缩的首部字段长度之和（所有 name 长度＋value 长度＋32，包括自动添加的伪首部），默认值为 UInt32.Max。

17）public func send(req：HttpRequest)：HttpResponse

通用请求函数，将请求 req 发送到请求 url 中的服务器，接收服务器端响应。

18）public func get(url：String)：HttpResponse

根据请求网址参数 url 发送请求方法为 GET 的 HTTP 请求。

19）public func head(url：String)：HttpResponse

根据请求网址参数 url 发送请求方法为 HEAD 的 HTTP 请求。

20）public func put(url：String，body：InputStream)：HttpResponse

根据请求网址参数 url 和输入流请求体参数 body 发送请求方法为 PUT 的 HTTP 请求。

21）public func put(url：String，body：String)：HttpResponse

根据请求网址参数 url 和字符串请求体参数 body 发送请求方法为 PUT 的 HTTP 请求。

22）public func put(url：String，body：Array<UInt8>)：HttpResponse

根据请求网址参数 url 和字节数组请求体参数 body 发送请求方法为 PUT 的 HTTP 请求。

23）public func post(url：String，body：InputStream)：HttpResponse

根据请求网址参数 url 和输入流请求体参数 body 发送请求方法为 POST 的 HTTP 请求。

24）public func post(url：String，body：String)：HttpResponse

根据请求网址参数 url 和字符串请求体参数 body 发送请求方法为 POST 的 HTTP 请求。

25）public func post(url：String，body：Array<UInt8>)：HttpResponse

根据请求网址参数 url 和字节数组请求体参数 body 发送请求方法为 POST 的 HTTP 请求。

26）public func delete(url：String)：HttpResponse

根据请求网址参数 url 发送请求方法为 DELETE 的 HTTP 请求。

27）public func connect(url：String，header!：HttpHeaders＝HttpHeaders()，version!：Protocol＝HTTP1_1)：(HttpResponse，?StreamingSocket)

使用请求头参数 header、请求协议参数 version 将 CONNECT 请求发送到 url 指定的服务器建立隧道，返回建立连接成功后的连接，连接由用户负责关闭。如果服务器返回 2xx，则表示建立连接成功，否则建立连接失败（不支持自动重定向，3xx 也视为失败）。函数返回元组类型，其中 HttpResponse 实例表示服务器返回的响应体，Option<StreamingSocket>实例表示请求成功时返回 headers 之后的连接。

28）public func options(url：String)：HttpResponse

根据请求网址参数 url 发送请求方法为 OPTIONS 的 HTTP 请求。

29）public func upgrade(req：HttpRequest)：(HttpResponse，?StreamingSocket)

发送请求并升级协议，用户设置请求头 req，返回升级后的连接（如果升级成功），连接由用户负责关闭。如果服务器返回 101 状态码，则表示升级成功，获取了 StreamingSocket。

30）public func close()：Unit

关闭客户端建立的所有连接。

12.2.4 ClientBuilder

用来构造 Client 实例的辅助类，主要包括以下构造函数和成员函数。

1）public init()

构造函数。

2）public func httpProxy(addr：String)：ClientBuilder

将客户端的 HTTP 代理地址设置为 addr，默认使用系统环境变量 http_proxy 的值，代理地址格式如下：

```
http://host:port
```

一个典型的代理地址如下：

```
http://127.0.0.1:8888
```

3）public func httpsProxy(addr：String)：ClientBuilder

将客户端的 HTTPS 代理地址设置为 addr，默认使用系统环境变量 https_proxy 的值，代理地址格式如下：

```
http://host:port
```

一个典型的代理地址如下：

```
http://127.0.0.1:443
```

4）public func noProxy()：ClientBuilder

调用此函数后，客户端不使用任何代理。

5) public func connector(connector: (String)->StreamingSocket): ClientBuilder

客户端调用参数 connector 获取服务器的连接，参数 connector 是一个入参为字符串类型，返回值为 StreamingSocket 类型的函数。

6) public func logger(logger: Logger): ClientBuilder

将客户端的日志记录器设定为参数 logger，默认 logger 级别为 INFO，logger 内容将写入控制台输出。

7) public func cookieJar(cookieJar: ?CookieJar): ClientBuilder

使用 cookieJar 作为管理客户端 Cookie 对象的容器，默认为一个空的 CookieJar，如果 cookieJar 为 None，则表示不启用 Cookie。

8) public func poolSize(size: Int64): ClientBuilder

将 HTTP/1.1 客户端的连接池大小设置为 size，默认值为 10，表示对同一个主机同时存在的最大连接数。因为在默认情况下请求响应的 connection 首部值都是 keep-alive，所以每个请求都是长连接，请求的数量也就代表了连接的数量，下面通过一个示例演示连接池的设置。这个示例的服务器端有两个，一个是 11.1 节中的示例程序 http_hello_world，另一个是 11.2.12 节中的示例程序 http2_server。在演示本示例前，需要先启动服务器端示例程序，在这个示例中，先是按照默认设置创建了 Client，然后发起了 12 个对 http_hello_world 服务器端的请求，因为超出了默认 10 个的最大连接池大小，所以示例程序应该抛出异常；接着使用 poolSize 函数将连接池大小设置为 12，再重新发起 12 次请求，这一次应该可以正常运行；在本例的最后，作为对比，发起了 12 次对 http2_server 服务器端的请求，使用的是 HTTP/2 协议，因为 HTTP/2 协议中一个连接可以并发处理 $2^{31}-1$ 个流，所以也应该可以正常运行，示例的代码如下：

```
//Chapter12/http_client_pool_size/src/demo.cj

from net import http.*
from net import tls.*

main() {
    //创建默认的 HTTP/1.1 客户端对象,连接池大小为 10
    var client =ClientBuilder().build()

    try {
        for (i in 0..12) {
            requestH1AndPrintResponse(i, client)
        }
    } catch (ex: Exception) {
        println(ex)
    } finally {
        client.close()
```

```
    }

    //创建连接池大小为 12 的 HTTP/1.1 客户端对象
    client = ClientBuilder().poolSize(12).build()

    try {
        for (i in 0..12) {
            requestH1AndPrintResponse(i, client)
        }
    } catch (ex: Exception) {
        println(ex)
    } finally {
        client.close()
    }

    //设置 TLS 配置
    var tlsCfg = TlsClientConfig()
    tlsCfg.verifyMode = TrustAll
    //协商应用层支持 HTTP/2 协议
    tlsCfg.alpnProtocolsList = ["h2"]

    //创建 HTTP/2 客户端对象
    client = ClientBuilder().tlsConfig(tlsCfg).build()

    try {
        for (i in 0..12) {
            requestH2AndPrintResponse(i, client)
        }
    } catch (ex: Exception) {
        println(ex)
    } finally {
        client.close()
    }
}

//发起 HTTP/1.1 请求并打印响应
func requestH1AndPrintResponse(times: Int64, client: Client) {
    //创建对 HTTP/1.1 服务器端的请求
    let req = HttpRequestBuilder().method("GET").url("http://127.0.0.1:8080/
index").build()

    //发送请求,获取响应
    let rsp = client.send(req)

    //输出响应信息
    println("第${times}次请求响应码${rsp.status}")
}

//发起 HTTP/2 请求并打印响应
```

```
func requestH2AndPrintResponse(times: Int64, client: Client) {
    //创建对 HTTP/2 服务器端的请求
    let req = HttpRequestBuilder().method("GET").url("https://127.0.0.1:8081/
hello").build()

    //发送请求,获取响应
    let rsp = client.send(req)

    //输出响应信息
    println("第${times}次请求响应码${rsp.status}")
}
```

编译后运行该示例,命令及输出如下:

```
cjc .\demo.cj
.\main.exe
第 0 次请求响应码 200
第 1 次请求响应码 200
第 2 次请求响应码 200
第 3 次请求响应码 200
第 4 次请求响应码 200
第 5 次请求响应码 200
第 6 次请求响应码 200
第 7 次请求响应码 200
第 8 次请求响应码 200
第 9 次请求响应码 200
HttpException: too many connections to the same server!
第 0 次请求响应码 200
第 1 次请求响应码 200
第 2 次请求响应码 200
第 3 次请求响应码 200
第 4 次请求响应码 200
第 5 次请求响应码 200
第 6 次请求响应码 200
第 7 次请求响应码 200
第 8 次请求响应码 200
第 9 次请求响应码 200
第 10 次请求响应码 200
第 11 次请求响应码 200
第 0 次请求响应码 200
第 1 次请求响应码 200
第 2 次请求响应码 200
第 3 次请求响应码 200
第 4 次请求响应码 200
第 5 次请求响应码 200
第 6 次请求响应码 200
第 7 次请求响应码 200
第 8 次请求响应码 200
第 9 次请求响应码 200
```

```
第 10 次请求响应码 200
第 11 次请求响应码 200
```

输出表明，HTTP/1.1 协议下的客户端设置了连接池大小后，突破了默认连接为 10 个的限制，而 HTTP/2 协议下的客户端，一个连接默认可以同时发起海量的请求。

9) public func autoRedirect(auto: Bool): ClientBuilder

配置客户端是否会自动进行重定向，默认为是。

10) public func tlsConfig(config: TlsClientConfig): ClientBuilder

使用参数 config 设置 TLS 层配置，默认不对其进行设置。

11) public func readTimeout(timeout: Duration): ClientBuilder

设置客户端读取一个响应的最大时长。

12) public func writeTimeout(timeout: Duration): ClientBuilder

设置客户端发送一个请求的最大时长。

13) public func headerTableSize(size: UInt32): ClientBuilder

HTTP/2 专用，设置客户端 HPACK 压缩算法动态表初始值。

14) public func enablePush(enable: Bool): ClientBuilder

HTTP/2 专用，设置客户端是否支持服务器推送。

15) public func maxConcurrentStreams(size: UInt32): ClientBuilder

HTTP/2 专用，设置客户端初始最大并发流数量。

16) public func initialWindowSize(size: UInt32): ClientBuilder

HTTP/2 专用，设置客户端流控窗口初始值。

17) public func maxFrameSize(size: UInt32): ClientBuilder

HTTP/2 专用，设置客户端初始最大帧大小。

18) public func maxHeaderListSize(size: UInt32): ClientBuilder

HTTP/2 专用，设置客户端接收的响应首部最大长度。

19) public func build(): Client

构造 Client 实例。

12.3 综合示例

HTTP 客户端开发在互联网相关业务中有着广泛的应用，特别是在数据采集、搜索引擎、舆情追踪、行情分析等领域，是解决数据来源问题的有效途径。但是，在使用客户端进行类似网络爬虫的数据采集工作时，务必要遵守国家的相关法律法规，在规则允许的范围内进行数据采集分析工作。

本节将通过一个示例来模拟用户登录、数据分析和文件下载，服务器端使用的是 11.3.2 节的示例 cookie_authentication。在演示本示例前，需要先启动服务器端示例程序，在这个示例中客户端首先对登录地址发起 POST 请求，请求中包含用户名和密码，服务器端验证用户身份后会通过 Cookie 回写 sessionid，客户端通过分析响应信息中的 Cookie，判断是否登录成功了，如果没有成功就进行重试，如果成功了就分析服务器端响应的 body 信息，从中通过正则表达式提取出要下载的文件列表，然后针对每个下载网址向服务器端发起 GET 请求，因为这次 GET 请求的 Cookie 包含 sessionid，所以服务器端会认为客户端已经登录，从而直接返回要下载的文件，客户端从响应信息的首部提取出下载文件的名称，然后从 body 中读取要下载的文件内容，最后保存到指定的文件夹内，这样就完成了文件的自动下载和保存，示例代码如下：

```
//Chapter12/simulate_login/src/demo.cj

from std import collection.*
from encoding import url.*
from net import http.*
from std import regex.*
from std import io.*
from std import fs.*
from std import os.*

main() {
    //模拟登录的用户名和密码
    let userName = "zhanglei"
    let passwd = "cangjie"

    //登录网址
    let loginUrl = "http://127.0.0.1:8081/auth"

    //创建 HTTP 客户端对象
    var client = ClientBuilder().build()

    //最大重试次数
    let maxRetryTimes = 3

    //模拟登录
    var resp = loginServer(client, loginUrl, userName, passwd)

    //已登录次数为 1
    var loginTime = 1

    //检查是否登录成功
    var loginState = checkLoginState(client, resp, loginUrl)

    //如果登录失败就重试,最多不超过 loginTime 次
    while (!loginState && loginTime <= 3) {
        loginState = checkLoginState(client, resp, loginUrl)
        loginTime++
    }
```

```
    //登录失败退出
    if (!loginState) {
        println("登录重试${maxRetryTimes}次失败,退出程序!")
        return
    }

    println("用户${userName}模拟登录成功!")

    //读取服务器响应的 body 信息,为了简单起见,这里假设响应的内容不超过 64KB,可以根据
    //需要进行扩展
    let bodyBuf =Array<Byte>(64 * 1024, item: 0)
    let readCount =resp.body.read(bodyBuf)

    //如果 body 为空就退出
    if (readCount <0) {
        return
    }

    let separator =getSeparator()
    //保存下载文件的路径
    let savePath =currentDir().info.path.toString() +
"${separator}download${separator}"

    //服务器响应的 body 信息,也就是首页/index 的内容,包括要下载的文件列表
    let respBody =String.fromUtf8(bodyBuf[0..readCount])

    let downloadUrlList =getDownloadFileUrlList(respBody)
    println("已获取下载列表!")
    for (url in downloadUrlList) {
        downloadFile(client, "http://127.0.0.1:8081${url}", savePath)
    }
}

//下载文件
func downloadFile(client: Client, downLoadUrl: String, savePath: String) {
    let referer ="http://127.0.0.1:8081/index"

    //下载请求
    let downLoadReq =
HttpRequestBuilder().method("GET").url(downLoadUrl).build()

    //构造模拟下载文件的首部,尽可能和真实浏览器一致
    downLoadReq.headers.add("Referer", referer)
    downLoadReq.headers.add("Accept-Encoding", "gzip, deflate, br")
    downLoadReq.headers.add("Accept-Language", "zh-CN,zh;q=0.9")
    downLoadReq.headers.add(
        "User-Agent",
```

```
        "Mozilla/5.0 (Windows NT 10.0; Win64; x64) AppleWebKit/537.36 (KHTML,
like Gecko) Chrome/120.0.0.0 Safari/537.36"
    )

    //发送下载请求,获取响应
    let respFile =client.send(downLoadReq)
    //请求是否成功
    if (respFile.status ==200) {
        //获取 content-disposition 对应的首部值
        let contentDisp =respFile.headers.getFirst("content-disposition")
        if (let Some(value) <-contentDisp) {
            //获取要下载的文件名
            let fileName =
value.split(";")[1].split("=")[1].trimLeft("\"").trimRight("\"")
            let fullFileName =savePath +fileName
            saveFile(fullFileName, respFile.body)
            println("链接${downLoadUrl}对应的文件下载完毕,存储路径为
${fullFileName}")
        }
    }
}

//保存文件
func saveFile(filePath: String, body: InputStream) {
    let newFile =File(filePath, OpenOption.CreateOrTruncate(false))
    let buffer =Array<Byte>(1024, item: 0)
    var readCount =body.read(buffer)
    while (readCount >0) {
        newFile.write(buffer[0..readCount])
        readCount =body.read(buffer)
    }
    newFile.close()
}

//使用正则表达式提取要下载的文件 URL 列表
func getDownloadFileUrlList(respBody: String) {
    let result =ArrayList<String>()
    let pattern =#"<a\s+href="(/download\?filename=.+)">.+</a>"#
    let matcher =Matcher(Regex(pattern), respBody)

    if (let Some(matchList) <-matcher.findAll()) {
        for (matchData in matchList) {
            result.append(matchData.matchStr(1))
        }
    }

    return result
}
```

```
//根据响应信息检查是否登录成功
func checkLoginState(client: Client, resp: HttpResponse, url: String) {
    if (resp.status ==200) {
        let ckList =client.cookieJar.getOrThrow().getCookies(URL.parse(url))
        for (cookie in ckList) {
            if (cookie.cookieName =="sessionid") {
                return true
            }
        }
    }

    return false
}

//模拟登录网站
func loginServer (client: Client, loginUrl: String, userName: String, passwd:
String) {
    let referer ="http://127.0.0.1:8081/login"
    //登录 body 信息
    let bodyInfo ="username=${userName}&password=${passwd}"

    //登录请求
     let loginReq = HttpRequestBuilder().method("POST").url(loginUrl).body
(bodyInfo).build()

    //构造模拟登录的首部,尽可能和真实浏览器一致
    loginReq.headers.add("Referer", referer)
    loginReq.headers.add("Accept-Encoding", "gzip, deflate, br")
    loginReq.headers.add("Accept-Language", "zh-CN,zh;q=0.9")
    loginReq.headers.add("Content-Type", "application/x-www-form-
urlencoded")
    loginReq.headers.add(
        "User-Agent",
        "Mozilla/5.0 (Windows NT 10.0; Win64; x64) AppleWebKit/537.36
(KHTML, like Gecko) Chrome/120.0.0.0 Safari/537.36"
    )

    loginReq.headers.add("Content-Length", bodyInfo.size.toString())

    //发送登录请求,获取响应
    client.send(loginReq)
}

@When[os =="linux"]
func getSeparator() {
    return "/"
}

//当操作系统是 Windows 时编译该函数
```

```
@When[os =="windows"]
func getSeparator() {
    return "\\"
}
```

编译后运行该示例，命令及输出如下：

```
cjc .\demo.cj
.\main.exe
用户 zhanglei 模拟登录成功！
已获取下载列表！
链接 http://127.0.0.1:8081/download?filename=demo.txt 对应的文件下载完毕，存储路径为
D:\git\cangjie_network\code\Chapter12\simulate_login\src\download\demo.txt
链接 http://127.0.0.1:8081/download?filename=logo.png 对应的文件下载完毕，存储路径为
D:\git\cangjie_network\code\Chapter12\simulate_login\src\download\logo.png
```

在使用 HTTP 客户端进行实际的数据采集中，可以通过以下几点对目标网站进行分析，并有针对性地设计抓取策略。

1. 请求应答消息分析

使用网络抓包工具分析请求和应答的 HTTP 消息，从中判断模拟请求的关键信息，例如登录时用户名和密码的提交格式，哪些首部是必需的，首部对应的值如何设置等。抓包工具可以使用类似 Fiddler、Postman、Chorme 自带的开发者工具及 Wireshark 等。

2. 模拟请求首部及请求体构造

根据对请求应答消息的分析，可以确定需要发送给服务器端的消息格式，然后根据这些格式构造对应的请求对象，在本例的模拟登录中，构造请求的的代码如下：

```
    let referer ="http://127.0.0.1:8081/login"
    //登录 body 信息
    let bodyInfo ="username=${userName}&password=${passwd}"

    //登录请求
     let loginReq = HttpRequestBuilder().method("POST").url(loginUrl).body
(bodyInfo).build()

    //构造模拟登录的首部,尽可能和真实浏览器一致
    loginReq.headers.add("Referer", referer)
    loginReq.headers.add("Accept-Encoding", "gzip, deflate, br")
    loginReq.headers.add("Accept-Language", "zh-CN,zh;q=0.9")
    loginReq.headers.add("Content-Type", "application/x-www-form-
urlencoded")
    loginReq.headers.add(
        "User-Agent",
        "Mozilla/5.0 (Windows NT 10.0; Win64; x64) AppleWebKit/537.36
(KHTML, like Gecko) Chrome/120.0.0.0 Safari/537.36"
    )

    loginReq.headers.add("Content-Length", bodyInfo.size.toString())
```

构造请求的最终目的是让服务器端认为客户端发送的是一个正常的请求，这里面变化较多的是首部，不同的网站对首部信息的使用不同，就以 Referer 首部为例，大部分网站可能不关心这个首部，但个别网站有可能认为这个是必需的，并根据 Referer 首部值的不同反馈给客户端不同的响应。

3. 判断服务器端的响应状态

对于正常使用浏览器的用户，可以很直观地判断出服务器端的响应状态，如登录是否成功，服务器端响应的是正常页面还是重定向页面等，对于使用 Client 对象的开发者，因为是模拟请求，所以只能通过编程来判断响应的实际状态，以本示例的登录为例，为了判断是否登录成功，使用了如下的函数：

```
func checkLoginState(client: Client, resp: HttpResponse, url: String) {
    if (resp.status == 200) {
        let ckList = client.cookieJar.getOrThrow().getCookies(URL.parse(url))
        for (cookie in ckList) {
            if (cookie.cookieName == "sessionid") {
                return true
            }
        }
    }

    return false
}
```

在这个函数里，首先判断了响应状态码是不是 200，如果不是，则登录肯定是失败的，如果是，则判断 CookieJar 里是否有名称为 sessionid 的 Cookie，如果有这个 Cookie，则说明已经登录成功，服务器端给当前用户分配了 sessionid，如果没有，则需要继续登录。

4. 分析服务器端响应的消息体内容

对网络内容抓取的根本目的是获取其中的有效信息，以比价系统为例，它们关心的是特定商品的价格信息，而舆情追踪系统关心的是特定事件发生的时间、地点、详情、影响等信息，所以还需要对抓取的内容进行二次分析，从中提取出关键信息。针对本示例，其目的是下载首页中提供的文件列表，通过正则表达式可以很方便地达到这个目的：

```
func getDownloadFileUrlList(respBody: String) {
    let result = ArrayList<String>()
    let pattern = #"<a\s+href="(/download\?filename=.+)">.+</a>"#
    let matcher = Matcher(Regex(pattern), respBody)

    if (let Some(matchList) <- matcher.findAll()) {
        for (matchData in matchList) {
            result.append(matchData.matchStr(1))
        }
    }
```

```
    return result
}
```

在函数 getDownloadFileUrlList 中，构造了匹配超链接的表达式，并且把 href 对应的值作为特定匹配目标，这样在使用 Matcher 类的 findAll 函数时，可以直接获取匹配的超链接信息，然后使用 MatchData 的 matchStr(1)函数从超链接中提取出 href 对应的请求地址。

5. 关键信息的存储和使用

在抓取出感兴趣的内容后，有多种方式对其进行存储和使用，本例中把文件存储到本地，也可以存储到对应的数据库中，例如著名的 Elasticsearch 数据库等，之后可以使用特定工具对抓取的内容进行分析利用。

第 13 章

WebSocket

在 Web 应用的交互过程中，通常是客户端通过浏览器向服务器端发起请求，服务器端接收到请求后进行处理再将结果返回客户端，客户端通过浏览器呈现服务器端的处理结果，这个过程被称为请求响应过程，在此期间服务器端只是被动地处理客户端的请求，一般不会主动地将消息推送给客户端(当然，也有支持服务器推送的方式，如 HTTP/2 的服务器端推送，有特定的应用场景，这里不合适)。在一些对实时性要求较高的场景中，例如股票的交易信息，以及网页游戏、聊天室、网页协同应用等，需要服务器端随时把最新的消息发送到客户端，如果使用传统的 HTTP，就需要频繁地对服务器端发起请求，或使用长连接等方式，虽然能解决部分问题，但 HTTP 本质上的半双工通信机制制约了客户端和服务器端交互的效率，要彻底解决这些问题，就需要一个能在 Web 应用中使用的全双工通信协议，而这个协议就是 WebSocket 通信协议。

13.1 WebSocket 协议简介

WebSocket 协议最初于 2011 年通过 RFC 6455 完成了标准的定义，后来又通过 RFC 7936、RFC 8307、RFC 8441 等标准对协议进行了完善。WebSocket 位于网络分层模型的应用层，是建立在 TCP 之上的双向通信协议，可以在一个 TCP 连接上进行全双工通信；和 HTTP 不同的是，WebSocket 通信需要服务器端和客户端先通过握手连接，连接成功后才能相互通信。

13.1.1 WebSocket 握手

WebSocket 的握手复用了 HTTP 的 GET 方法，并且带上了一些特殊的首部信息，通过将一个升级协议发送到 WebSocket 的 HTTP 请求和服务器端进行协商，服务器端如果支持 WebSocket 协议，就可以返回同意升级协议的 101 状态码，然后双方就可以正式切换到 WebSocket 协议进行双向通信了，一个典型的 WebSocket 握手请求报文可能如下：

```
GET ws://127.0.0.1:8081/websocket HTTP/1.1
Host: 127.0.0.1:8081
```

```
Connection: Upgrade
Pragma: no-cache
Cache-Control: no-cache
User-Agent: Mozilla/5.0 (Windows NT 10.0; Win64; x64) AppleWebKit/537.36 (KHTML,
like Gecko) Chrome/121.0.0.0 Safari/537.36
Upgrade: websocket
Origin: null
Sec-WebSocket-Version: 13
Accept-Encoding: gzip, deflate, br
Accept-Language: zh-CN,zh;q=0.9,en;q=0.8
Sec-WebSocket-Key: BassKac5pSkeBsJq/kqhvg==
Sec-WebSocket-Extensions: permessage-deflate; client_max_window_bits
```

服务器端的响应可能如下：

```
HTTP/1.1 101 Switching Protocols
upgrade: websocket
connection: upgrade
sec-websocket-accept: lJSXoZX3GKV2etfQ5SXT4WycCdM=
date: Tue, 13 Feb 2024 07:09:00 GMT
```

在 WebSocket 的握手过程中，需要注意的关键点如表 13-1 所示。

表 13-1　握手关键点说明

发起方	关　键　点	必选	说　　明
客户端	协议名称	是	ws 或者 wss，后者表示使用 TLS 加密的 WebSocket 通信协议
客户端	请求方法	是	GET，只支持 GET 方法
客户端	协议版本	是	1.1 或者以上
客户端	Connection 首部	是	值必须包含 Upgrade
客户端	Upgrade 首部	是	值必须包含 WebSocket
客户端	Origin 首部	是/否	客户端为浏览器必选，其他客户端可选，其值表示请求的来源
客户端	Sec-WebSocket-Version 首部	是	值必须为 13，表示 WebSocket 的版本
客户端	Sec-WebSocket-Key 首部	是	值必须为进行了 Base64 编码的 16 字节值随机数，该首部用来和服务器端返回的 Sec-Websocket-Accept 首部进行匹配，从而为通信提供基础的防护，减少恶意或者意外连接
客户端	Sec-WebSocket-Extensions 首部	否	可选的 WebSocket 扩展信息
客户端	Sec-WebSocket-Protocol 首部	否	可选的 WebSocket 子协议信息，按照客户端的偏好，使用逗号分隔

续表

发起方	关键点	必选	说明
服务器端	状态码	是	同意升级,必须是 101
服务器端	Upgrade 首部	是	值必须是 WebSocket
服务器端	Connection 首部	是	值必须是 Upgrade
服务器端	Sec-WebSocket-Accept 首部	是	将客户端请求首部 Sec-WebSocket-Key 的值和 258EAFA5-E914-47DA-95CA-C5AB0DC85B11 拼接,然后通过 SHA1 计算出摘要,并转换成 base64 字符串,该字符串作为首部的值
服务器端	Sec-WebSocket-Extensions 首部	否	值为服务器端协商后的扩展信息
服务器端	Sec-WebSocket-Protocol 首部	否	值为服务器端协商后的 WebSocket 子协议信息

13.1.2 WebSocket 帧结构

握手成功后,客户端和服务器端将通信协议切换为 WebSocket,WebSocket 通信的最小单位是帧(frame),由 1 个或多个帧组成一条完整的消息(message);对于超过一个帧的消息,发送端将消息切割成多个帧,并发送给接收端,接收端接收消息帧后,将关联的帧重新组装成完整的消息。WebSocket 帧结构如图 13-1 所示(截取自 RFC 6455 官方文档)。

```
 0                   1                   2                   3
 0 1 2 3 4 5 6 7 8 9 0 1 2 3 4 5 6 7 8 9 0 1 2 3 4 5 6 7 8 9 0 1
+-+-+-+-+-------+-+-------------+-------------------------------+
|F|R|R|R| opcode|M| Payload len |    Extended payload length    |
|I|S|S|S|  (4)  |A|     (7)     |             (16/64)           |
|N|V|V|V|       |S|             |   (if payload len==126/127)   |
| |1|2|3|       |K|             |                               |
+-+-+-+-+-------+-+-------------+ - - - - - - - - - - - - - - - +
|     Extended payload length continued, if payload len == 127  |
+ - - - - - - - - - - - - - - - +-------------------------------+
|                               |Masking-key, if MASK set to 1  |
+-------------------------------+-------------------------------+
| Masking-key (continued)       |          Payload Data         |
+-------------------------------- - - - - - - - - - - - - - - - +
:                     Payload Data continued ...                :
+ - - - - - - - - - - - - - - - - - - - - - - - - - - - - - - - +
|                     Payload Data continued ...                |
+---------------------------------------------------------------+
```

图 13-1 帧结构

WebSocket 帧结构各字段的说明如下。

1. FIN

占用 1 位,表示当前帧(frame)是否是消息(message)的最后一个分片(fragment),对于只包含一个帧的消息,第 1 个分片也是最后一个分片。

2. RSV1、RSV2、RSV3

每个占用1位，一般情况下必须为0，除非当客户端、服务器端协商采用 WebSocket 扩展时，这3个标志位可以非0。如果出现非零的值，并且没有采用 WebSocket 扩展，则连接将失败。

3. opcode

操作代码，占用4位，规定了如何解析后续的数据载荷(Payload Data)，操作代码的定义如下。

(1) %x0：表示一个延续帧，本次数据传输采用了数据分片，当前收到的数据帧为其中一个数据分片。

(2) %x1：表示这是一个文本帧。

(3) %x2：表示这是一个二进制帧。

(4) %x3～7：保留的操作代码，用于将来定义的非控制帧。

(5) %x8：表示连接断开。

(6) %x9：表示这是一个 ping 操作。

(7) %xA：表示这是一个 pong 操作。

(8) %xB～F：保留的操作代码，用于将来定义的控制帧。

4. MASK

占用1位，表示是否要对数据载荷进行掩码操作，如果 Mask 是1，则在 Masking-key 中会定义一个掩码键，并用这个掩码键来对数据载荷进行反掩码。当从客户端向服务器端发送数据时，该字段设置为1；当从服务器端向客户端发送数据时，不需要对数据进行掩码操作，该字段设置为0。

5. Payload length

数据载荷的长度，单位是字节，字段可能为7位、7＋16位或7＋64位。假设 Payload len 表示的7位是数字 x，如果 x 为0～125(包括125)，则这个数字就是载荷数据的长度；如果 x 为126，则后续2字节代表一个16位的无符号整数，该无符号整数的值为载荷数据的长度；如果 x 为127，则后续8字节代表一个64位的无符号整数(最高位为0)，该无符号整数的值为载荷数据的长度。此外，如果 Payload length 占用了多字节，则 Payload length 的二进制表达采用网络序。

6. Masking-key

掩码键，0或者4字节，当 MASK 为1时占用4字节，当 MASK 为0时占用0字节。所有从客户端传送到服务器端的数据帧，通过该字段对数据载荷进行掩码操作。

7. Payload Data

载荷数据，包括扩展数据和应用数据。如果没有协商使用扩展，则扩展数据为0字节，所有的扩展都必须声明扩展数据的长度，或者计算扩展数据长度的方法。扩展如何使用必须在握手阶段就协商好，如果扩展数据存在，则载荷数据长度必须将扩展数据的长度包含在内。应用数据在扩展数据之后(如果存在扩展数据)，占据了数据帧剩余的位置，载荷数据长度减去扩展数据长度，就得到了应用数据的长度。

13.2 WebSocket API

HTML5 内置了 WebSocket 客户端的 API，目前主流的浏览器提供了对该 API 的支持，主要接口如下。

1. new WebSocket(url)

构造函数，使用服务器端地址 URL 新建 WebSocket 实例。

2. new WebSocket(url, protocols)

构造函数，使用服务器端地址 URL 及子协议 protocols 新建 WebSocket 实例。

3. binaryType

字符串属性，表示从 WebSocket 连接获取的二进制数据的类型，如果是"blob"，则表示 Blob 数据类型，如果是"arraybuffer"，则表示 ArrayBuffer 数据类型。

4. bufferedAmount

无符号 long 类型的只读属性，表示还有多少字节的二进制数据没有发送出去，可以用来判断发送是否结束。

5. extensions

字符串只读属性，服务器端选择的扩展信息。

6. protocol

字符串只读属性，服务器端选择的子协议信息。

7. readyState

无符号 short 类型的只读属性，表示实例对象的当前连接状态，值及说明如表 13-2 所示。

表 13-2 WebSocket 状态说明

值	状态	说明
0	CONNECTING	正在连接中
1	OPEN	已经连接并且可以通信
2	CLOSING	连接正在关闭
3	CLOSED	连接已关闭或者没有连接成功

8. url

字符串只读属性，是构造函数创建 WebSocket 实例时 URL 的绝对路径。

9. close(code, reason)

close 方法用于关闭 WebSocket 连接或连接尝试(如果有)，如果连接已经关闭，则此方法不执行任何操作。参数 code 及 reason 皆为可选参数，其中 code 是一个数字状态码，它解释了连接关闭的原因，如果没有指定这个参数，则默认使用 1000，表示正常关闭，否则为 1001～1015 范围内的另一个标准值，表示连接关闭的实际原因，状态码约定及描述如表 13-3 所示。如果指定了此参数，则参数的值将覆盖自动设置的连接的关闭代码，该值必须是一个整数 1000，或者 3000～4999 范围内的自定义代码，如果指定了代码值，则应该指定原因值。reason 是一个自定义的关闭原因字符串，字符串长度必须不大于 123 字节(按照 UTF-8 编码计算)，如果指定了 reason 参数，则必须同时指定 code 参数。

表 13-3 关闭状态码说明

状态码	名称	说明
0～999		保留段，未使用
1000	CLOSE_NORMAL	正常关闭；无论为何目的而创建，该连接都已成功完成任务
1001	CLOSE_GOING_AWAY	终端离开，可能因为服务器端错误，也可能因为浏览器正从打开链接的页面跳转离开
1002	CLOSE_PROTOCOL_ERROR	由于协议错误而中断连接
1003	CLOSE_UNSUPPORTED	由于接收到不允许的数据类型而断开连接（如仅接收文本数据的终端接收到了二进制数据）
1004		保留，其意义可能会在未来定义
1005	CLOSE_NO_STATUS	保留，表示没有收到预期的状态码
1006	CLOSE_ABNORMAL	保留，用于期望收到状态码时连接非正常关闭（即没有发送关闭帧）
1007	Unsupported Data	由于收到了格式不符的数据而断开连接（如文本消息中包含了非 UTF-8 数据）
1008	Policy Violation	由于收到不符合约定的数据而断开连接。这是一个通用状态码，用于不适合使用 1003 和 1009 状态码的场景
1009	CLOSE_TOO_LARGE	由于收到过大的数据帧而断开连接
1010	Missing Extension	客户端期望服务器商定一个或多个拓展，但服务器没有处理，因此客户端断开连接
1011	Internal Error	客户端由于遇到没有预料的情况阻止其完成请求，因此服务器端断开连接
1012	Service Restart	服务器由于重启而断开连接
1013	Try Again Later	服务器由于临时原因断开连接，如服务器过载，因此断开一部分客户端连接
1014		由 WebSocket 标准保留以便未来使用
1015	TLS Handshake	保留，表示连接由于无法完成 TLS 握手而关闭（如无法验证服务器证书）
1016～1999		由 WebSocket 标准保留以便未来使用

续表

状 态 码	名 称	说 明
2000～2999		由 WebSocket 拓展保留使用
3000～3999		可以由库或框架使用，不应由应用使用，可以在 IANA 注册，先到先得
4000～4999		可以由应用使用

说明：本表格内容引用自 mozilla 官方文档，网址为 https://developer.mozilla.org/zh-CN/docs/Web/API/CloseEvent#status_codes。

10. send(data)

将参数 data 代表的数据发送到服务器端，data 必须是以下类型之一。

（1）string：文本字符串，字符串将以 UTF-8 格式添加到缓冲区，并且 bufferedAmount 属性将加上该字符串以 UTF-8 格式编码时的字节数的值。

（2）ArrayBuffer：原始二进制数据，发送类型化数组对象所使用的底层二进制数据，将二进制数据内容添加到缓冲区，并且 bufferedAmount 属性将增加必要的字节数。

（3）Blob：将 Blob 类型中的原始数据通过二进制帧传输到服务器端，bufferedAmount 的值将按原始数据的字节大小增加。

（4）TypedArray 或 DataView：类型数组类型，可以通过二进制帧发送任何二进制数据类型，其二进制数据内容将被添加到缓冲区，bufferedAmount 属性将增加必要的字节数。

11. close

WebSocket 的 close 事件，在一个 WebSocket 连接关闭时触发，可以通过 addEventListener 方法或者 onclose 属性添加事件处理程序：

```
addEventListener("close", (event) =>{});

onclose =(event) =>{};
```

其中，event 包含如下 3 个特定属性。

（1）code：只读属性，一个包含服务器发送的结束代码的无符号 short 类型。

（2）reason：只读属性，一个指示服务器关闭连接原因的字符串。

（3）wasClean：只读属性，一个指示连接是否已完全关闭的布尔值。

12. error

WebSocket 的 error 事件，在一个 WebSocket 连接因错误而关闭（例如，某些数据无法发送）时触发，可以通过 addEventListener 方法或 onerror 属性添加事件处理程序：

```
addEventListener("error", (event) =>{});

onerror =(event) =>{};
```

13. message

WebSocket 的 message 事件，当通过 WebSocket 接收数据时，将触发该事件，可以通过 addEventListener 方法或 onmessage 属性添加事件处理程序：

```
addEventListener("message", (event) =>{});

onmessage =(event) =>{};
```

其中，event 包含如下两个特定属性。

（1）data：只读属性，包含来自发送者的数据，数据类型依赖 Websocket 的消息类型及 WebSocket.binaryType 的值。

如果消息类型是 text，则 data 为字符串类型。

如果消息类型是 binary，则根据属性 binaryType 推断 data 的类型：如果 binaryType 是 arraybuffer 类型，则推断为 ArrayBuffer 类型；如果 binaryType 是 blob 类型，则推断为 Blob 类型。

（2）origin：表示消息来源的只读字符串。

14. open

WebSocket 的 open 事件，在一个 WebSocket 连接打开后触发，可以通过 addEventListener 方法或 onopen 属性添加事件处理程序：

```
addEventListener("open", (event) =>{});

onopen =(event) =>{};
```

13.3 WebSocket 仓颉类库

13.3.1 WebSocketFrameType

表示帧类型的枚举，包括以下 7 个构造器。

（1）ContinuationWebFrame：表示 continuation 帧类型，对应 opcode 为%x0 的情形。

（2）TextWebFrame：表示 text 帧类型，对应 opcode 为%x1 的情形。

（3）BinaryWebFrame：表示 binary 帧类型，对应 opcode 为%x2 的情形。

（4）CloseWebFrame：表示 close 帧类型，对应 opcode 为%x8 的情形。

（5）PingWebFrame：表示 ping 帧类型，对应 opcode 为%x9 的情形。

（6）PongWebFrame：表示 pong 帧类型，对应 opcode 为%xA 的情形。

（7）UnknownWebFrame：表示其余帧类型，暂不支持，对应 opcode 为上述值之外的情形。

13.3.2 WebSocketFrame

封装 WebSocket 帧的类，包括以下属性。

（1）public prop fin：Bool：表示当前帧是否是最后一个分片。

（2）public prop frameType：WebSocketFrameType：当前帧的帧类型。

（3）public prop payload：Array<UInt8>：表示当前帧的载荷数据，如果是分片数据帧，用户则需要在接收完整的消息后将所有分片的载荷数据按接收序拼接。

13.3.3 WebSocket

封装 WebSocket 服务的类，提供 WebSocket 连接的握手、读、写、关闭等功能，包括以下主要成员。

1）public prop subProtocol：String

获取与对端协商到的子协议，协商时客户端提供一个按偏好排序的子协议列表，服务器端从中选取一个或 0 个子协议。

2）public prop logger：Logger

日志记录器。

3）public func read()：WebSocketFrame

从连接中读取一个帧，如果连接上的数据未就绪，则会阻塞，该函数非线程安全。

在读取时要注意，数据帧（Text、Binary）可以分片，需要多次调用 read 函数将所有分片帧读完，然后将分片帧的载荷数据按接收序拼接。Text 帧的载荷数据为 UTF-8 编码，在接收到完整的消息后，可以调用 String.fromUtf8 函数将拼接后的载荷数据转换成字符串。Binary 帧的载荷数据的意义由使用它的应用确定，在接收到完整的消息后，将拼接后的载荷数据传给上层应用。

控制帧（Close、Ping、Pong）不可分片，但可以穿插在分片的数据帧之间。分片的数据帧之间不可出现其他数据帧，如果收到穿插的分片数据帧，则需要当作错误处理。

在调用 read 函数时，如果底层连接错误，则将抛出 SocketException 异常，如果收到不符合协议规定的帧，则将抛出 WebSocketException 异常，并且给对端发送 Close 帧说明错误信息，然后断开底层连接；如果从连接中读数据时对端已关闭连接，则将抛出 ConnectionException 异常。

4）public func write(frameType：WebSocketFrameType，byteArray：Array<UInt8>，frameSize!：Int64=FRAMESIZE)

将数据以 WebSocket 帧的形式发送给对端，该函数非线程安全。

在发送数据帧（Text、Binary）时，传入的 byteArray 如果大于 frameSize（默认 4×1024 字节），函数则会将其分成小于或等于 frameSize 的 payload 以分片帧的形式发送，否则不分片。

如果发送控制帧（Close、Ping、Pong），则传入的 byteArray 的大小需要小于或等于 125

字节，Close 帧的前两字节为状态码，Close 帧发送之后，禁止再发送数据帧，如果发送，则会抛出异常。

调用方需要保证传入的 byteArray 符合协议，如 Text 帧的载荷数据需要是 UTF-8 编码，如果数据帧设置了 frameSize，则需要大于 0，否则抛出异常；当发送数据帧时，如果 frameSize 小于或等于 0，则抛出异常；当用户发送控制帧时，如果传入的数据大于 125 字节，则抛出异常；如果调用方传入非 Text、Binary、Close、Ping、Pong 类型的帧类型，则抛出异常；当发送 Close 帧时，如果传入非法的状态码，或 reason 数据超过 123 字节，则抛出异常；如果发送完 Close 帧后继续发送数据帧，则抛出异常；如果调用 closeConn 函数关闭连接后调用写函数，则抛出异常。

5) public func writeCloseFrame(status!: ?UInt16=None, reason!: String=""): Unit

发送 Close 帧，Close 帧发送之后，禁止再发送数据帧，如果调用方不设置 status，则 reason 不会被发送。

6) public func writePingFrame(byteArray: Array<UInt8>): Unit

发送 Ping 帧的函数，byteArray 为负荷数据。

7) public func writePongFrame(byteArray: Array<UInt8>): Unit

发送 Pong 帧的函数，byteArray 为负荷数据。

8) public func closeConn(): Unit

直接关闭底层 WebSocket 连接的函数；正常的关闭流程需要先将 Close 帧发送给对端，并等待对端回应的 Close 帧后方可关闭底层连接。

9) public static func upgradeFromServer(ctx: HttpContext, subProtocols!: ArrayList<String> = ArrayList<String>(), origins!: ArrayList<String> = ArrayList<String>(), userFunc!: (HttpRequest) -> HttpHeaders = {_: HttpRequest => HttpHeaders()}): WebSocket

服务器端升级到 WebSocket 协议的函数，通常在 handler 中使用，其中 ctx 表示 HTTP 上下文，subProtocols 表示支持的子协议，如果不设置，则表示不支持子协议，origins 表示支持的 origin 白名单，origins 如果不设置，则表示接受所有 origin 的握手请求，参数 userFunc 用来自定义处理升级请求的行为，如处理 Cookie 等，传入的 userFunc 要求返回一个 HttpHeaders 对象，其会通过 101 响应返回客户端(升级失败的请求则不会)。

10) public static func upgradeFromClient(client: Client, url: URL, version!: Protocol=HTTP1_1, subProtocols!: ArrayList<String> = ArrayList<String>(), headers!: HttpHeaders=HttpHeaders()): (WebSocket, HttpHeaders)

客户端升级到 WebSocket 协议的函数，其中 client 表示用于请求的客户端对象，version 表示创建 Socket 使用的 HTTP 版本，只支持 HTTP1_1 和 HTTP2_0 向 WebSocket 升级，url 表示用于请求的 url 对象，该 url 的 scheme 为 ws 或 wss，subProtocols 表示用户配置的子协议列表，按偏好排名，默认为空，若用户配置了子协议，则会随着升级请求发送给服务器端，headers 表示需要随着升级请求一同发送的非升级必要首部，如

Cookie 等。

如果升级成功，则返回 WebSocket 对象及状态码为 101 响应的首部；如果底层连接错误，则抛出 SocketException 异常，如果握手时 HTTP 请求过程中出现错误，则抛出 HttpException 异常；如果升级失败，升级响应验证不通过，则抛出 WebSocketException 异常。

13.4 WebSocket 简单示例

本节通过一个简单示例演示 WebSocket 的基本用法，本示例包括 3 部分，第 1 部分是基于控制台的 WebSocket 服务器端，第 2 部分是基于控制台的 WebSocket 客户端，第 3 部分是基于浏览器的 WebSocket 客户端。在本示例中，客户端可以将消息发送到服务器端，服务器端接收到消息后再原样发回客户端，类似于回显服务器的功能，为了简单起见，假设客户端和服务器端发送的都是文本帧。

13.4.1 WebSocket 服务器端实现

服务器端启动一个 HTTP Server，监听 8081 端口，注册路径/websocket 的处理程序为 handlerWS，该处理程序将负责 WebSocket 的握手和通信，示例代码如下：

```
//Chapter13/websocket_server/src/demo.cj

from net import http.*
from std import log.*
from std import collection.*

main() {
    let server =ServerBuilder().addr("0.0.0.0").port(8081).build()

    //注册路径/webSocket 的处理程序
    server.distributor.register("/websocket", handlerWS)
    server.logger.level =LogLevel.WARN
    //启动服务
    server.serve()
}

//处理 ws 通信
func handlerWS(ctx: HttpContext): Unit {
    //WebSocket 当前版本尚不支持扩展，从请求中删除扩展信息
    ctx.request.headers.del("Sec-Websocket-Extensions")
    let webSocketServer =WebSocket.upgradeFromServer(ctx)
    var (frameType, data) =readFullFrameFromWebSocket(webSocketServer)
    while (true) {
        match (frameType) {
```

```
            case TextWebFrame =>//文本数据
                let msg =String.fromUtf8(data)
                //将接收的消息输出到控制台
                println("${ctx.request.remoteAddr}: ${msg}")

                //将接收的消息回写到客户端
                webSocketServer.write(TextWebFrame, data)
            case BinaryWebFrame =>()   //本示例不考虑二进制数据

            case CloseWebFrame =>  //如果断开连接就退出
                println("${ctx.request.remoteAddr}:quit")
                break

            case _ =>()
        }
        (frameType, data) =readFullFrameFromWebSocket(webSocketServer)
    }
}

//从 WebSocket 读取一条完整的消息,返回帧类型和帧包含的数据
func readFullFrameFromWebSocket(websocketServer: WebSocket):
(WebSocketFrameType, Array<UInt8>) {
    let data =ArrayList<UInt8>()
    var frameType =WebSocketFrameType.TextWebFrame

    //读取一帧
    var frame =websocketServer.read()
    while (true) {
        match (frame.frameType) {
            case ContinuationWebFrame =>//延续帧
                data.appendAll(frame.payload)
                //是否是消息的最后一个分片,如果是,则表明接收到了完整的消息
                if (frame.fin) {
                    break
                }
            case TextWebFrame | BinaryWebFrame =>//文本帧或者二进制帧
                frameType =frame.frameType

                //这种帧类型应该是第 1 个数据帧或者分片,如果 data 不为空,则说明不是第 1 个
                if (!data.isEmpty()) {
                    throw Exception("invalid frame")
                }

                data.appendAll(frame.payload)
                //是否是消息的最后一个分片,如果是,则表明接收到了完整的消息
                if (frame.fin) {
                    break
                }
```

```
            case CloseWebFrame =>//连接断开
                frameType = frame.frameType
                websocketServer.write(CloseWebFrame)
                break
            case PingWebFrame =>//ping
                frameType = frame.frameType
                websocketServer.writePongFrame()
            case _ => ()
        }
        //读取下一帧
        frame = websocketServer.read()
    }

    return (frameType, data.toArray())
}
```

在函数 handlerWS 的开始，有这样一行代码：

```
ctx.request.headers.del("Sec-Websocket-Extensions")
```

该行代码的作用是删除请求中名称为 Sec-Websocket-Extensions 的首部，因为 Chrome 浏览器发起的 WebSocket 握手请求会自动包含该首部，该首部的作用是协商 WebSocket 扩展，而在笔者编写本书时，仓颉 WebSocket 类尚未支持 WebSocket 扩展，如果不做特殊处理，在客户端为浏览器时，执行 WebSocket 握手则可能会抛出异常：Exception during process：WebSocketException：websocket extensions not supported yet。

另外一个要注意的函数是 readFullFrameFromWebSocket，该函数会自动处理消息分片的情形，在接收完所有的分片后会组装成完整的消息并返回。

编译后运行该示例，命令如下：

```
cjc .\demo.cj
.\main.exe
```

因为服务器端尚未接收到客户端的消息，所以在控制台里暂时没有其他的输出。

13.4.2 WebSocket 控制台客户端实现

控制台客户端启动一个 HTTP Client 对象，然后对 WebSocket 服务器端（网址 ws://127.0.0.1:8081/websocket）发起 WebSocket 升级请求，要求升级到 WebSocket 协议，升级成功后，应用会循环读取用户的控制台输入，把信息发送到服务器端，对于由服务器端发送过来的信息，也自动在控制台输出，示例代码如下：

```
//Chapter13/websocket_client/src/demo.cj

from net import http.*
from std import console.*
```

```
from std import collection.*
from encoding import url.*

//异常退出标志
var quit = false

main() {
    let wsUrl = "ws://127.0.0.1:8081/websocket"

    //创建 HTTP 客户端对象
    var client = ClientBuilder().build()
    let (webSocketServer, header) = WebSocket.upgradeFromClient(client,
URL.parse(wsUrl))

    //启动一个线程,用于读取服务器的消息
    spawn {
        try {
            dealWithServerMsg(webSocketServer)
        } catch (exp: WebSocketException) {
            println("Error reading data from WebSocket:${exp}")
        } catch (exp: Exception) {
            println(exp)
        }
        quit = true
        println("Enter to quit!")
    }

    //循环读取用户的输入并发送到回显服务器
    while (true) {
        let readContent = Console.stdIn.readln().getOrThrow().trimAscii()

        //服务器端出现异常,退出程序
        if (quit) {
            return
        }

        if (readContent == "quit") {
            webSocketServer.write(CloseWebFrame)
            return
        } else {
            webSocketServer.write(TextWebFrame, readContent.toArray())
        }
    }
}

//处理服务器端消息
func dealWithServerMsg(webSocketServer: WebSocket) {
    var (frameType, data) = readFullFrameFromWebSocket(webSocketServer)
    while (true) {
```

```
            match (frameType) {
                case TextWebFrame =>
                    let msg = String.fromUtf8(data)
                    //将接收的消息输出到控制台
                    println("Server: ${msg}")

                case BinaryWebFrame => ()

                case CloseWebFrame => break

                case _ => ()
            }
            (frameType, data) = readFullFrameFromWebSocket(webSocketServer)
        }
    }

//从 WebSocket 读取一条完整的消息,返回帧类型和帧包含的数据
func readFullFrameFromWebSocket(websocketServer: WebSocket):
(WebSocketFrameType, Array<UInt8>) {
    let data = ArrayList<UInt8>()
    var frameType = WebSocketFrameType.TextWebFrame

    //读取一帧
    var frame = websocketServer.read()
    while (true) {
        match (frame.frameType) {
            case ContinuationWebFrame => //延续帧
                data.appendAll(frame.payload)
                //是否是消息的最后一个分片,如果是,则表明接收到了完整的消息
                if (frame.fin) {
                    break
                }
            case TextWebFrame | BinaryWebFrame => //文本帧或者二进制帧
                frameType = frame.frameType

                //这种帧类型应该是第 1 个数据帧或者分片,如果 data 不为空,则说明不是第 1 个
                if (!data.isEmpty()) {
                    throw Exception("invalid frame")
                }

                data.appendAll(frame.payload)
                //是否是消息的最后一个分片,如果是,则表明接收到了完整的消息
                if (frame.fin) {
                    break
                }
            case CloseWebFrame => //连接断开
                frameType = frame.frameType
                //websocketServer.write(CloseWebFrame, frame.payload)
                break
```

```
            case PingWebFrame =>//ping
                frameType = frame.frameType
                websocketServer.writePongFrame(frame.payload)
            case _ => ()
        }

        //读取下一帧
        frame = websocketServer.read()
    }

    return (frameType, data.toArray())
}
```

编译后运行该示例，并且在控制台输入“Hi cangjie!”，命令及回显如下：

```
cjc .\demo.cj
.\main.exe
Hi cangjie!
Server: Hi cangjie!
```

此时查看服务器端，可以看到输出如下：

```
127.0.0.1:53469: Hi cangjie!
```

输出表明，客户端发送的消息被成功地发送到了服务器端，服务器端解析并在控制台输出后，又发回到了客户端，客户端接收到服务器端的消息，成功解析后也在控制台输出。

13.4.3 WebSocket 浏览器客户端实现

WebSocket 更常用的场景是浏览器，也就是通过浏览器的 WebSocket API 和服务器端进行通信，本示例在网页启动后会自动连接 WebSocket 服务器，并且允许用户将消息发送到服务器端，同时会接收服务器端的消息并且在网页中显示出来，示例代码如下：

```
//Chapter13/websocket_client/src/client.html

<!DOCTYPE html>
<html>

<head>
    <title>
        WebSocket 演示
    </title>

</head>

<body>
```

```
    <div>
        <div id="divMsg" style="background-color:whitesmoke">

        </div>
        <div>
            <input type="text" id="txtMsg" placeholder="输入要发送的内容">
<button name="btnSend" id="btnSend">发送</button>
        </div>
    </div>

    <script>
        var txtMsg =document.getElementById('txtMsg')
        var btnSend =document.getElementById('btnSend')
        var divMsg =document.getElementById('divMsg')

        var webSocket =new WebSocket('ws://127.0.0.1:8081/websocket')

        webSocket.addEventListener("open", function () {
            divMsg.innerHTML =divMsg.innerHTML +"<div>连接成功！</div>"
        })

        webSocket.addEventListener("message", function (e) {
            divMsg.innerHTML =divMsg.innerHTML +"<div>Server:" +e.data +"</div>"
        })

        btnSend.addEventListener("click", function () {
            var msg =txtMsg.value

            webSocket.send(msg)
        })
    </script>
</body>

</html>
```

打开该网页会自动连接服务器，如图 13-2 所示。

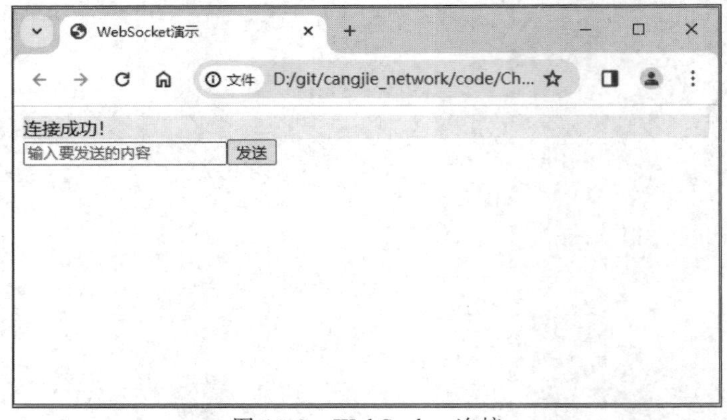

图 13-2　WebSocket 连接

在输入框输入“你好,仓颉!”,然后单击“发送”按钮会将信息发送到服务器端并接收服务器端回传的消息,如图 13-3 所示。

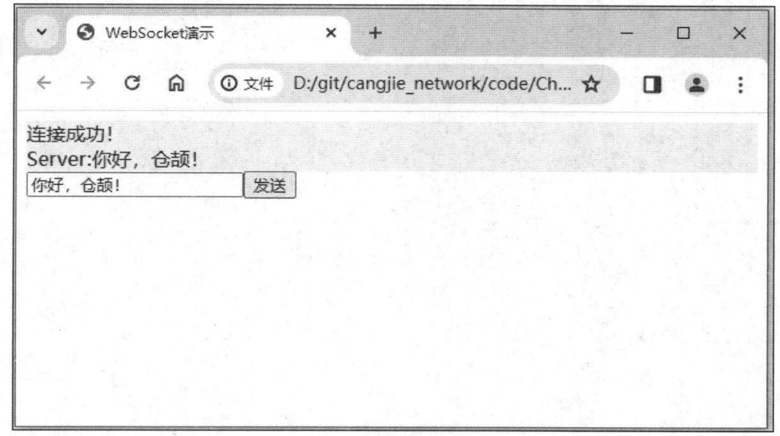

图 13-3 服务器端消息显示

此时查看服务器端,可以看到输出如下:

```
127.0.0.1:53520: 你好,仓颉!
```

这样就实现了基于浏览器的基本 WebSocket 通信。

13.5 加密的多端聊天室示例

本节通过一个在线聊天室的示例演示更多的 WebSocket 功能,为了提高安全性,通信过程使用 TLS 加密保护,为此在服务器端使用了数字证书,客户端请求的协议模式也从 ws 变更为 wss。本示例也同样分为 3 部分,即基于控制台的服务器和客户端,以及基于浏览器的客户端。

13.5.1 聊天室服务器端实现

聊天室服务器端包含 3 个仓颉代码文件,分别是 chat_msg.cj、chat_client.cj 及 demo.cj,为了提供数字证书,服务器端还包括一个 keys 子文件夹,该文件夹内包含 ca.crt、localhost.crt、server.key 等数字证书相关文件,复用之前章节中生成的文件即可。

chat_msg.cj 定义了聊天室消息类型的枚举 MsgType 及消息本身的类 ChatMessage,为了支持 JSON 序列化,ChatMessage 还实现了 JSON 序列化和反序列化的接口,示例代码如下:

```
//Chapter13/chat_room_server/src/chat_msg.cj

from std import time.*
```

```
from encoding import json.stream.*
from std import io.ByteArrayStream

//聊天室消息
public class ChatMessage <: JsonSerializable &
JsonDeserializable<ChatMessage>{
    public ChatMessage(
        //消息类型
        var msgType: MsgType,
        //消息内容
        var message: String,
        //发送人
        var sender: String,
        //接收人
        var receiver: String
    ) {}

    //JSON 序列化
    public func toJson(w: JsonWriter): Unit {
        w.startObject()
        w.writeName("msgType").writeValue(msgType.toString())
        w.writeName("message").writeValue(message)
        w.writeName("sender").writeValue(sender)
        w.writeName("receiver").writeValue(receiver)
        w.endObject()
    }

    //从 JSON 生成消息实例
    public static func fromJson(r: JsonReader): ChatMessage {
        let chatMsg =ChatMessage(MsgType.UNKNOWN, "", "", "")
        while (let Some(v) <-r.peek()) {
            match (v) {
                case BeginObject =>
                    r.startObject()
                    while (r.peek() !=EndObject) {
                        let n =r.readName()
                        match (n) {
                            case "msgType" =>chatMsg.msgType =
MsgType.fromName(r.readValue<String>())
                            case "message" =>chatMsg.message =
r.readValue<String>()
                            case "sender" =>chatMsg.sender =
r.readValue<String>()
                            case "receiver" =>chatMsg.receiver =
r.readValue<String>()
                            case _ =>()
                        }
                    }
                    r.endObject()
```

```
                    break
                case _ =>throw Exception()
            }
        }
        return chatMsg
    }

    //从字节数组生成消息实例
    public static func fromByteArray(data: Array<Byte>): ChatMessage {
        var bas =ByteArrayStream()
        bas.write(data)
        var reader =JsonReader(bas)
        fromJson(reader)
    }
}

//消息类型
public enum MsgType <: ToString {
    SETNICKNAME     //设置昵称
    | SENDMSG       //发送消息
    | USERLIST      //用户列表
    | UNKNOWN       //未知消息

    public override func toString() {
        match (this) {
            case SETNICKNAME =>"SETNICKNAME"
            case SENDMSG =>"SENDMSG"
            case USERLIST =>"USERLIST"
            case UNKNOWN =>"UNKNOWN"
        }
    }

    public static func fromName(typeName: String): MsgType {
        let upperCmdName =typeName.toAsciiUpper()
        match (upperCmdName) {
            case "SETNICKNAME" =>SETNICKNAME
            case "SENDMSG" =>SENDMSG
            case "USERLIST" =>USERLIST
            case _ =>UNKNOWN
        }
    }
}
```

为了简单起见，本示例只实现了 SETNICKNAME(设置昵称)、SENDMSG(发送消息)、USERLIST(用户列表)3 种消息类型，读者可以根据自己的实际需要进行扩展。

chat_client.cj 定义了代表聊天室成员的类 ChatClient，记录了用户的昵称和 WebSocket 实例，代码如下：

```
//Chapter13/chat_room_server/src/chat_client.cj

from encoding import json.stream.*

//聊天成员客户端
public class ChatClient {
    //WebSocket 写锁
    let mtxSocket = ReentrantMutex()
    public ChatClient(var nickName: String, let webSocket: WebSocket) {
    }

    //将消息发送到 WebSocket
    public func send(msg: ChatMessage) {
        let stream = ByteArrayStream()
        let writer = JsonWriter(stream)
        writer.writeValue(msg)
        writer.flush()

        try {
            mtxSocket.lock()
            webSocket.write(WebSocketFrameType.BinaryWebFrame,
stream.readToEnd())
        } finally {
            mtxSocket.unlock()
        }
    }
}
```

因为 WebSocket 的 write 函数不是线程安全的，但在服务器端可能会有两个线程对同一个 WebSocket 进行写的操作，所以在 send 函数里通过 WebSocket 的写锁 mtxSocket 对 write 函数进行保护，防止出现线程竞争。

服务器端实现的主要功能在源文件 demo.cj 中，代码如下：

```
//Chapter13/chat_room_server/src/demo.cj

from net import http.*
from std import fs.*
from std import log.*
from std import os.*
from encoding import json.stream.*
from std import io.*
from std import console.*
from std import sync.*
from net import tls.*
from std import collection.*
from crypto import x509.*

//所有客户端的字典
```

```
let clientDict =HashMap<String, ChatClient>()

//客户端字典锁
let mtxDict =ReentrantMutex()

//退出标志
var quit =false

main() {
    let tlsCfg =buildTlsServerCfg()
    let server =ServerBuilder().addr("0.0.0.0").port(8081).tlsConfig(tlsCfg).
build()
    //注册路径/WebSocket 的处理程序
    server.distributor.register("/websocket", handlerWSS)
    server.logger.level =LogLevel.WARN

    //使用独立的线程启动服务
    spawn {
        server.serve()
    }

    //后台服务,定时地将所有的用户昵称发送给每个用户
    spawn {
        while (!quit) {
            sendUserList()
            sleep(Duration.second * 30)
        }
    }

    //监听控制台输入,如果输入 quit 就退出程序
    while (!quit) {
         let readContent = Console.stdIn.readln().getOrThrow().trimAscii().
toAsciiLower()

        //如果用户输入 quit 就退出程序
        if (readContent =="quit") {
            quit =true
        } else if (readContent =="listuser") { //输入 listuser 命令列出所有客户端昵称
            showUserList()
        }
    }
}

//将所有用户昵称发送给每个用户
func sendUserList() {
    let userList =ArrayList<String>()

    mtxDict.lock()
    for (client in clientDict.values()) {
```

```
        userList.append(client.nickName)
    }
    mtxDict.unlock()

    let nickNameList =String.join(userList.toArray(), delimiter: ",")
    let userListMsg =ChatMessage(MsgType.USERLIST, nickNameList, "", "")

    sendMsgToAll(userListMsg)
}

//在控制台输出聊天室用户列表
func showUserList() {
    println("当前聊天室用户:")
    mtxDict.lock()

    for (client in clientDict.values()) {
        println(client.nickName)
    }
    mtxDict.unlock()
}

//处理 wss 通信
func handlerWSS(ctx: HttpContext): Unit {
    //由于 WebSocket 当前版本尚不支持扩展,所以从请求中删除扩展信息
    ctx.request.headers.del("Sec-Websocket-Extensions")

    let webSocketServer =WebSocket.upgradeFromServer(ctx)

    mtxDict.lock()
    clientDict.put(ctx.request.remoteAddr,
ChatClient(ctx.request.remoteAddr, webSocketServer))
    mtxDict.unlock()

    var (frameType, data) =readFullFrameFromWebSocket(webSocketServer)
    while (true) {
        match (frameType) {
            case TextWebFrame =>() //文本数据,本示例不处理文本帧的情形

            case BinaryWebFrame =>//二进制帧,先转换为 ChatMessage 类型,然后进行处理
                let msg =ChatMessage.fromByteArray(data)
                //方便调试,将消息内容输出到控制台
                printMsg(msg)
                dealWithChatMessage(msg, ctx.request.remoteAddr)

            case CloseWebFrame =>//如果断开连接就退出
                println("${ctx.request.remoteAddr}:quit")
                removeFromClientDict(ctx.request.remoteAddr)
                break
```

```
            case _ => ()
        }
        (frameType, data) = readFullFrameFromWebSocket(webSocketServer)
    }
}

//从客户端字典中移除给定地址对应的客户端
func removeFromClientDict(clientAddr: String) {
    mtxDict.lock()
    clientDict.remove(clientAddr)
    mtxDict.unlock()
}

//将消息输出到控制台
func printMsg(msg: ChatMessage) {
    let stream = ByteArrayStream()
    let writer = JsonWriter(stream)
    writer.writeValue(msg)
    writer.flush()
    println(String.fromUtf8(stream.readToEnd()))
}

//处理接收的消息
func dealWithChatMessage(msg: ChatMessage, addr: String) {
    match (msg.msgType) {
        case SENDMSG => sendMsgToAll(msg)
        case SETNICKNAME => setNickName(msg.message, addr)
        case USERLIST => sendMsgToAll(msg)
        case _ => ()
    }
}

//设置用户昵称,这里没有校验重复昵称
func setNickName(nickName: String, addr: String) {
    try {
        mtxDict.lock()
        if (clientDict.contains(addr)) {
            clientDict[addr].nickName = nickName
        }
    } catch (ex: Exception) {
        println(ex)
    } finally {
        mtxDict.unlock()
    }
}

//将消息发送给所有客户端(如果某个客户端异常就从字典移除)
func sendMsgToAll(msg: ChatMessage) {
    var closeClientList = ArrayList<String>()
```

```
    var currentAddr = ""
    try {
        mtxDict.lock()
        for ((addr, chatClient) in clientDict) {
            currentAddr = addr
            chatClient.send(msg)
        }
    } catch (ex: Exception) {
        println(ex)
        closeClientList.append(currentAddr)
    } finally {
        mtxDict.unlock()
    }

    if (closeClientList.size > 0) {
        mtxDict.lock()
        for (addr in closeClientList) {
            clientDict.remove(addr)
        }

        mtxDict.unlock()
    }
}

//将消息发送给特定接收人
func sendMsgToReceiver(msg: ChatMessage) {
    try {
        mtxDict.lock()
        for ((addr, chatClient) in clientDict) {
            if (chatClient.nickName == msg.receiver) {
                chatClient.send(msg)
                return
            }
        }
    } catch (ex: Exception) {
        println(ex)
    } finally {
        mtxDict.unlock()
    }
}

//从 WebSocket 读取一条完整的消息,返回帧类型和帧包含的数据
func readFullFrameFromWebSocket(websocketServer: WebSocket):
(WebSocketFrameType, Array<UInt8>) {
    let data = ArrayList<UInt8>()
    var frameType = WebSocketFrameType.TextWebFrame

    //读取一帧
    var frame = websocketServer.read()
```

```
    while (true) {
        match (frame.frameType) {
            case ContinuationWebFrame =>//延续帧
                data.appendAll(frame.payload)
                //是否是消息的最后一个分片,如果是,则表明接收到了完整的消息
                if (frame.fin) {
                    break
                }
            case TextWebFrame | BinaryWebFrame =>//文本帧或者二进制帧
                frameType = frame.frameType

                //这种帧类型应该是第 1 个数据帧或者分片,如果 data 不为空,则说明不是第 1 个
                if (!data.isEmpty()) {
                    throw Exception("invalid frame")
                }

                data.appendAll(frame.payload)
                //是否是消息的最后一个分片,如果是,则表明接收到了完整的消息
                if (frame.fin) {
                    break
                }
            case CloseWebFrame =>//连接断开
                frameType = frame.frameType
                websocketServer.write(CloseWebFrame)
                break
            case PingWebFrame =>//ping
                frameType = frame.frameType
                websocketServer.writePongFrame()
            case _ =>()
        }
        //读取下一帧
        frame =websocketServer.read()
    }

    return (frameType, data.toArray())
}

//构造服务器端 TLS 配置
func buildTlsServerCfg() {
    let separator =getSeparator()

    //获取服务器端证书
    let certPath =currentDir().info.path.toString() +
"${separator}keys${separator}localhost.crt"
    let certContent =String.fromUtf8(File.readFrom(certPath))
    let x509 =X509Certificate.decodeFromPem(certContent)

    //获取服务器端证书的私钥
    let privateKeyPath =currentDir().info.path.toString() +
```

```
"${separator}keys${separator}server.key"
    let privateKeyContent = String.fromUtf8(File.readFrom(privateKeyPath))
    let privateKey = PrivateKey.decodeFromPem(privateKeyContent)

    //获取给服务器端证书签名的 CA 根证书
    let caPath = currentDir().info.path.toString() +
"${separator}keys${separator}ca.crt"
    let caContent = String.fromUtf8(File.readFrom(caPath))
    let ca = X509Certificate.decodeFromPem(caContent)

    //服务器端证书和 CA 证书组成证书链
    let certChain = Array<X509Certificate>([x509[0], ca[0]])

    //生成服务器端 TLS 配置
    var tlsCfg = TlsServerConfig(certChain, privateKey)

    //协商应用层协议为 HTTP/1.1
    tlsCfg.supportedAlpnProtocols = ["http/1.1"]

    return tlsCfg
}

@When[os == "linux"]
func getSeparator() {
    return "/"
}

//当操作系统是 Windows 时编译该函数
@When[os == "windows"]
func getSeparator() {
    return "\\"
}
```

在本示例中，通过函数 buildTlsServerCfg 构造了 TLS 通信需要的服务器端数字证书配置，然后启动 HTTP 服务在 8081 端口监听客户端的请求，将路径/websocket 的处理程序注册为 handlerWSS，该函数负责处理 WSS 协议的握手和通信。

聊天室的一个重要功能就是给各个客户端发送最新的聊天人员信息，在本示例中，发送用户列表是通过函数 sendUserList 实现的，为了定时发送，服务器端启动了一个线程，在后台定时调用 sendUserList，代码如下：

```
    spawn {
        while (!quit) {
            sendUserList()
            sleep(Duration.second * 30)
        }
    }
```

为了方便调试程序，服务器端提供了两个辅助功能，一个是在控制台输入 listuser 命令，可以在控制台打印所有的聊天室成员，该功能是通过 showUserList 函数实现的；另一个是在控制台打印服务器端收到的所有消息内容，该功能是通过函数 printMsg 实现的。

服务器端可能收到两种消息类型，一种是 SETNICKNAME，服务器端通过函数 setNickName 设置聊天成员的昵称；另一种是 SENDMSG，服务器端通过函数 sendMsgToAll 把消息发送给每位聊天室成员。

编译后运行该示例，命令如下：

```
cjc *.cj
.\main.exe
```

因为有多个源码文件，所以这里在编译时为了方便使用了通配符 *.cj。

13.5.2 聊天室控制台客户端实现

控制台客户端包括两个源码文件，第 1 个是 chat_msg.cj，和 13.5.1 节中的同名源码文件一样，此处就不再重复列出代码了；另一个是 demo.cj，代码如下：

```
//Chapter13/chat_room_client/src/demo.cj

from net import http.*
from std import fs.*
from std import console.*
from net import tls.*
from std import collection.*
from crypto import x509.*
from encoding import url.*
from std import sync.*

//退出标志
var quit = false

var nickName = ""

//用户昵称列表
let userNickNameList = AtomicReference<ArrayList<String>>(ArrayList<String>())

main() {
    let wssUrl = "wss://127.0.0.1:8081/websocket"

    //设置 TLS 配置
    var tlsCfg = getTlsCfg()

    //创建 HTTP 客户端对象
    var client = ClientBuilder().tlsConfig(tlsCfg).build()
```

```
    println("请输入您的昵称:")
    while (nickName == "") {
        if (let Some(content) <- Console.stdIn.readln()) {
            nickName = content.trimAscii()
        }
    }

    //从 HTTPS 协议升级 WSS 协议
    let (webSocketServer, header) = WebSocket.upgradeFromClient(client,
URL.parse(wssUrl))

    //设置昵称的消息
    let nickNameMsg = ChatMessage(MsgType.SETNICKNAME, nickName, "", "")

    //将设置昵称的消息发送给服务器
    sendMsg(webSocketServer, nickNameMsg)

    //启动一个线程,用于读取服务器的消息
    spawn {
        try {
            dealWithServerMsg(webSocketServer)
        } catch (exp: WebSocketException) {
            println("Error reading data from WebSocket:${exp}")
        } catch (exp: Exception) {
            println(exp)
        }
        quit = true
        println("Enter to quit!")
    }

    println("输入 quit 退出应用")
    println("输入 listuser 查看当前聊天室用户昵称")
    println("直接输入信息会发送给所有人")
    println("输入:+昵称+空格+聊天内容 对指定用户说话:")
    //循环读取用户的输入并发送到回显服务器
    while (!quit) {
        var readContent = ""
        while (readContent == "") {
            if (let Some(content) <- Console.stdIn.readln()) {
                readContent = content.trimAscii()
            }
        }

        //如果出现异常,则退出程序
        if (quit) {
            return
        }

        //如果用户输入 quit,就将关闭连接帧发送给服务器
```

```
        if (readContent =="quit") {
            webSocketServer.write(CloseWebFrame)
            webSocketServer.closeConn()
            quit =true
        } else if (readContent.toAsciiLower() =="listuser") {
          //如果输入 listuser 命令就列出所有聊天室用户昵称
            showUserList()
        } else { //否则输入聊天信息
            if (readContent.startsWith(":")) {
                let inputArray =readContent[1..].split(" ", 2)
                if (inputArray.size ==2) {
                    let chatMsg =ChatMessage(MsgType.SENDMSG,
inputArray[1], nickName, inputArray[0])
                    sendMsg(webSocketServer, chatMsg)
                }
            } else {
                let chatMsg =ChatMessage(MsgType.SENDMSG,
readContent, nickName, "")
                sendMsg(webSocketServer, chatMsg)
            }
        }
    }
}

//将消息发送到服务器端
func sendMsg(webSocketServer: WebSocket, msg: ChatMessage) {
    let stream =ByteArrayStream()
    let writer =JsonWriter(stream)
    writer.writeValue(msg)
    writer.flush()

    webSocketServer.write(WebSocketFrameType.BinaryWebFrame,
stream.readToEnd())
}

//获取 TLS 配置
func getTlsCfg() {
    //设置 TLS 配置
    var tlsCfg =TlsClientConfig()
    tlsCfg.verifyMode =TrustAll

    //协商应用层支持 HTTP/1.1 协议
    tlsCfg.alpnProtocolsList =["http/1.1"]
    return tlsCfg
}

//处理从服务器端接收的消息
func dealWithServerMsg(webSocketServer: WebSocket) {
    var (frameType, data) =readFullFrameFromWebSocket(webSocketServer)
```

```
    while (true) {
        match (frameType) {
            case TextWebFrame => () //文本数据,本示例不处理文本帧的情形

            case BinaryWebFrame => //二进制帧,先转换为 ChatMessage 类型,然后进行处理
                let msg = ChatMessage.fromByteArray(data)
                dealWithChatMessage(msg)

            case CloseWebFrame => //如果断开连接就设置退出标志
                quit = true
                break

            case _ => ()
        }
        (frameType, data) = readFullFrameFromWebSocket(webSocketServer)
    }
}

//处理接收的消息
func dealWithChatMessage(msg: ChatMessage) {
    match (msg.msgType) {
        case SENDMSG => showMsg(msg)
        case USERLIST => setUserList(msg)
        case _ => ()
    }
}

//显示接收的消息
func showMsg(msg: ChatMessage) {
    if (msg.sender != "") {
        print("${msg.sender}")
        if (msg.receiver != "") {
            print("对${msg.receiver}")
        }
        print("说:")
    }
    println(msg.message)
}

//显示当前所有用户昵称
func showUserList() {
    let userList = userNickNameList.load()
    println("当前用户信息:")
    for (user in userList) {
        println(user)
    }
}

//设置用户列表
```

```
func setUserList(msg: ChatMessage) {
    let userList =ArrayList<String>(msg.message.split(",", removeEmpty: true))
    userNickNameList.store(userList)
}

//从 WebSocket 读取一条完整的消息,返回帧类型和帧包含的数据
func readFullFrameFromWebSocket(websocketServer: WebSocket):
(WebSocketFrameType, Array<UInt8>) {
    let data =ArrayList<UInt8>()
    var frameType =WebSocketFrameType.TextWebFrame

    //读取一帧
    var frame =websocketServer.read()
    while (true) {
        match (frame.frameType) {
            case ContinuationWebFrame =>//延续帧
                data.appendAll(frame.payload)
                //是否是消息的最后一个分片,如果是,则表明接收到了完整的消息
                if (frame.fin) {
                    break
                }
            case TextWebFrame | BinaryWebFrame =>//文本帧或者二进制帧
                frameType =frame.frameType

                //这种帧类型应该是第 1 个数据帧或者分片,如果 data 不为空,则说明不是第 1 个
                if (!data.isEmpty()) {
                    throw Exception("invalid frame")
                }

                data.appendAll(frame.payload)
                //是否是消息的最后一个分片,如果是,则表明接收到了完整的消息
                if (frame.fin) {
                    break
                }
            case CloseWebFrame =>//连接断开
                frameType =frame.frameType
                break
            case PingWebFrame =>//ping
                frameType =frame.frameType
                websocketServer.writePongFrame(frame.payload)
            case _ =>()
        }
        //读取下一帧
        frame =websocketServer.read()
    }

    return (frameType, data.toArray())
}
```

在本示例中，应用启动后会要求输入客户端在聊天室的昵称，然后在完成通信协议从https升级为wss后，通过sendMsg函数把修改昵称的消息发送给服务器端。函数dealWithServerMsg负责读取服务器端发送过来的消息，对于通过二进制帧发送过来的消息，在转换为ChatMessage类型后，调用函数dealWithChatMessage进行处理；客户端只会收到SENDMSG和USERLIST两种消息类型，第1种通过函数showMsg进行处理，也就是输出到控制台；第2种通过函数setUserList进行处理，把接收的用户列表保存到原子引用变量userNickNameList中。客户端也可以接收控制台的输入，如果控制台输入的命令是listuser，则会通过函数showUserList把userNickNameList存储的用户列表打印出来。

编译后运行该示例，并且将昵称设置为Java，命令及回显如下：

```
cjc *.cj
.\main.exe
请输入您的昵称:
Java
输入 quit 退出应用
输入 listuser 查看当前聊天室用户昵称
直接输入信息会发送给所有人
输入:+昵称+空格+聊天内容 对指定用户说话:
```

13.5.3 聊天室浏览器客户端实现

基于浏览器的客户端功能和基于控制台的客户端功能类似，不过对于聊天室用户列表，浏览器客户端可以通过下拉列表直接显示出来，用户在发送消息时，可以直接选择要聊天的对象，浏览器客户端示例代码如下：

```
//Chapter13/chat_room_client/src/client.html

<!DOCTYPE html>
<html>

<head>
    <title>
        聊天室演示
    </title>

</head>

<body>

    <div>
        <div id="divMsg" style="background-color:whitesmoke">

        </div>
        <div>
```

```
            <span>设置昵称:</span>
            <input type="text" id="txtNickName"><button name="btnSet"
id="btnSet">设置</button>
        </div>
        <div>对
            <select id="lbNickName">
                <option>所有人</option>
            </select>
            说:
            <input type="text" id="txtMsg" placeholder="输入要发送的内容">
<button name="btnSend" id="btnSend">发送</button>
        </div>
    </div>

    <script>
        var txtNickName =document.getElementById('txtNickName')
        var btnSet =document.getElementById('btnSet')
        var txtMsg =document.getElementById('txtMsg')
        var btnSend =document.getElementById('btnSend')
        var divMsg =document.getElementById('divMsg')
        var lbNickName =document.getElementById('lbNickName')

        var webSocket =new WebSocket('wss://127.0.0.1:8081/websocket')

        webSocket.addEventListener("open", function () {
            divMsg.innerHTML =divMsg.innerHTML +"<div>连接成功! </div>"
        })

        //接收消息
        webSocket.addEventListener("message", function (e) {
            const fileReader =new FileReader()
            fileReader.readAsText(e.data)
            fileReader.onload =e =>{
                const result =e.target.result
                dealwithMessage(result)
            }
        })

        //设置昵称
        btnSet.addEventListener("click", function () {
            var nickName =txtNickName.value
            const setNickNameMsg ={ "msgType": "SETNICKNAME", "message":
nickName, "sender": nickName, "receiver": "" }
            sendMessage(setNickNameMsg);
        })

        //发送消息
        btnSend.addEventListener("click", function () {
            var nickName =txtNickName.value
```

```
            var msg =txtMsg.value
            var target =
lbNickName.options.item(lbNickName.selectedIndex).innerText

            if (target =="所有人") {
                target =""
            }

            const sendMsg ={ "msgType": "SENDMSG", "message": msg,
"sender": nickName, "receiver": target }
            sendMessage(sendMsg)
        })

        //发送消息
        function sendMessage(message) {
            const encoder =new TextEncoder();
            const binaryData =encoder.encode(JSON.stringify(message));
            webSocket.send(binaryData)
        }

        //处理接收的消息
        function dealwithMessage(message) {
            const msg =JSON.parse(message)
            var msgInfo ="<div>"
            if (msg.msgType =="SENDMSG") {
                if (msg.sender !="") {
                    msgInfo =msgInfo +"<b>"+msg.sender+"</b>"
                    if (msg.receiver !="") {
                        msgInfo =msgInfo +"对" +"<b>"+msg.receiver+"</b>"
                    }
                    msgInfo =msgInfo +"说:"
                }
                msgInfo =msgInfo +msg.message +"</div>"
                divMsg.innerHTML =divMsg.innerHTML +msgInfo
            } else if (msg.msgType =="USERLIST") {
                let nickNameList =msg.message.split(",");
                let len =lbNickName.options.length
                for (i =0; i <len; i++) {
                    lbNickName.options.remove(0)
                }

                var option =document.createElement("option");
                option.text ="所有人";
                lbNickName.options.add(option)
                for (i =0; i <nickNameList.length; i++) {
                    var option =document.createElement("option");
```

```
                    option.text =nickNameList[i]
                    lbNickName.options.add(option)
                }
            }
        }
    </script>
</body>

</html>
```

打开该网页会自动连接服务器,如图 13-4 所示。

图 13-4 wss 浏览器客户端

在设置昵称输入框输入昵称,如“仓颉”,然后单击“设置”按钮,即可设置当前浏览器的昵称为“仓颉”,然后可以再打开一个浏览器,将昵称设置为 PHP,过几十秒后,可以在用户的下拉列表看到所有的用户昵称,如图 13-5 所示。

图 13-5 用户列表

选中“所有人”，然后在消息输入框输入“仓颉是最好的编程语言”，单击“发送”按钮，即可发送到服务器端，如图 13-6 所示。

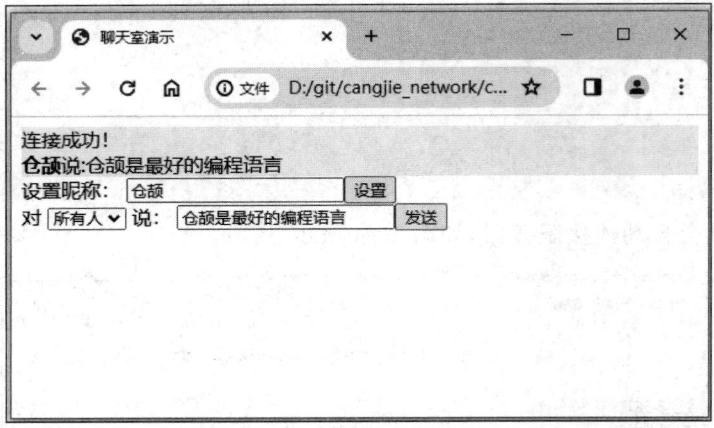

图 13-6　对所有人发言

然后切换到另一个昵称为 PHP 的浏览器，选中昵称 Java，在消息输入框输入“仓颉说得对！”，单击“发送”按钮，如图 13-7 所示。

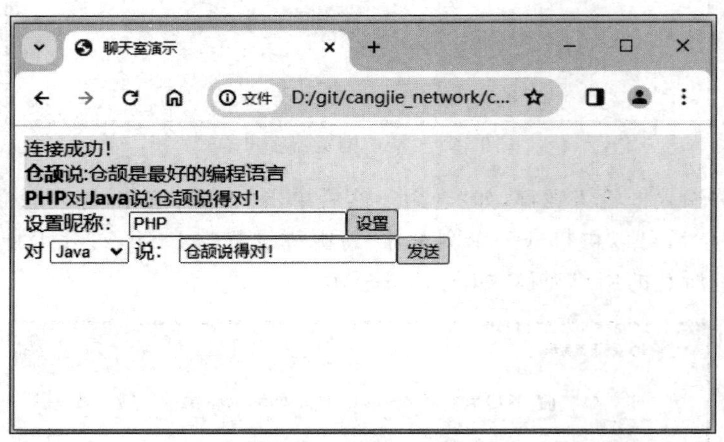

图 13-7　对单个人发言

最后切换到控制台客户端，输入“：PHP I completely agree!”，可以看到控制台的累计输入/输出如下：

```
请输入您的昵称：
Java
输入 quit 退出应用
输入 listuser 查看当前聊天室用户昵称
直接输入信息会发送给所有人
```

```
输入:+昵称+空格+聊天内容 对指定用户说话:
仓颉说:仓颉是最好的编程语言
PHP 对 Java 说:仓颉说得对!
:PHP I completely agree!
Java 对 PHP 说:I completely agree!
```

这样,就实现了基本的多端聊天室功能,当然,实际使用的聊天室非常复杂,本示例只是展示 WebSocket 的用法,读者可以根据需要开发增强的功能。

参 考 文 献

钟志永,姚珺. 大学计算机应用基础[M]. 重庆：重庆大学出版社,2012.

续表

书　　名	作　　者
深入理解 Go 语言	刘丹冰
Spring Boot 3.0 开发实战	李西明、陈立为
全解深度学习——九大核心算法	于浩文
HuggingFace 自然语言处理详解——基于 BERT 中文模型的任务实战	李福林
动手学推荐系统——基于 PyTorch 的算法实现(微课视频版)	於方仁
深度学习——从零基础快速入门到项目实践	文青山
LangChain 与新时代生产力——AI 应用开发之路	陆梦阳、朱剑、孙罗庚、韩中俊
图像识别——深度学习模型理论与实战	于浩文
编程改变生活——用 PySide6/PyQt6 创建 GUI 程序(基础篇·微课视频版)	邢世通
编程改变生活——用 PySide6/PyQt6 创建 GUI 程序(进阶篇·微课视频版)	邢世通
编程改变生活——用 Python 提升你的能力(基础篇·微课视频版)	邢世通
编程改变生活——用 Python 提升你的能力(进阶篇·微课视频版)	邢世通
Python 量化交易实战——使用 vn.py 构建交易系统	欧阳鹏程
Python 从入门到全栈开发	钱超
Python 全栈开发——基础入门	夏正东
Python 全栈开发——高阶编程	夏正东
Python 全栈开发——数据分析	夏正东
Python 编程与科学计算(微课视频版)	李志远、黄化人、姚明菊 等
Python 数据分析实战——从 Excel 轻松入门 Pandas	曾贤志
Python 概率统计	李爽
Python 数据分析从 0 到 1	邓立文、俞心宇、牛瑶
Python 游戏编程项目开发实战	李志远
Java 多线程并发体系实战(微课视频版)	刘宁萌
从数据科学看懂数字化转型——数据如何改变世界	刘通
Dart 语言实战——基于 Flutter 框架的程序开发(第 2 版)	亢少军
Dart 语言实战——基于 Angular 框架的 Web 开发	刘仕文
FFmpeg 入门详解——音视频原理及应用	梅会东
FFmpeg 入门详解——SDK 二次开发与直播美颜原理及应用	梅会东
FFmpeg 入门详解——流媒体直播原理及应用	梅会东
FFmpeg 入门详解——命令行与音视频特效原理及应用	梅会东
FFmpeg 入门详解——音视频流媒体播放器原理及应用	梅会东
FFmpeg 入门详解——视频监控与 ONVIF+GB28181 原理及应用	梅会东
Python 玩转数学问题——轻松学习 NumPy、SciPy 和 Matplotlib	张骞
Pandas 通关实战	黄福星
深入浅出 Power Query M 语言	黄福星
深入浅出 DAX——Excel Power Pivot 和 Power BI 高效数据分析	黄福星
从 Excel 到 Python 数据分析:Pandas、xlwings、openpyxl、Matplotlib 的交互与应用	黄福星
云原生开发实践	高尚衡
云计算管理配置与实战	杨昌家
HarmonyOS 从入门到精通 40 例	戈帅
OpenHarmony 轻量系统从入门到精通 50 例	戈帅
AR Foundation 增强现实开发实战(ARKit 版)	汪祥春
AR Foundation 增强现实开发实战(ARCore 版)	汪祥春